교육의 힘으로
세상의 차이를 좁혀 갑니다
차이가 차별로 이어지지 않는 미래를 위해
EBS가 가장 든든한 친구가 되겠습니다.

모든 교재 정보와 다양한 이벤트가 가득!
EBS 교재사이트 book.ebs.co.kr

본 교재는 EBS 교재사이트에서
eBook으로도 구입하실 수 있습니다.

50일 수학 하

기획 및 개발
이소민
최다인

본 교재의 강의는 TV와 모바일 APP, EBS*i* 사이트(www.ebs*i*.co.kr)에서 무료로 제공됩니다.

발행일 2024. 3. 31. **2쇄 인쇄일** 2024. 9. 25. **신고번호** 제2017-000193호 **펴낸곳** 한국교육방송공사 경기도 고양시 일산동구 한류월드로 281
표지디자인 ㈜무닉 **편집** ㈜동국문화 **인쇄** ㈜타라티피에스
인쇄 과정 중 잘못된 교재는 구입하신 곳에서 교환하여 드립니다. 신규 사업 및 교재 광고 문의 pub@ebs.co.kr

정답과 풀이 PDF 파일은 EBS*i* 사이트(www.ebs*i*.co.kr)에서 내려받으실 수 있습니다.

교재 내용 문의 교재 및 강의 내용 문의는 EBS*i* 사이트 (www.ebs*i*.co.kr)의 학습 Q&A 서비스를 활용하시기 바랍니다.

교재 정오표 공지 발행 이후 발견된 정오 사항을 EBS*i* 사이트 정오표 코너에서 알려 드립니다. 교재 → 교재 자료실 → 교재 정오표

교재 정정 신청 공지된 정오 내용 외에 발견된 정오 사항이 있다면 EBS*i* 사이트를 통해 알려 주세요. 교재 → 교재 정정 신청

◆ 본책과 워크북을 함께 학습하면 학습 효과 상승!

50일 수학 하

CONTENTS

EBS 50일 수학 하

THEME 06 함수

THEME 07 여러 가지 도형

CONTENTS

CONTENTS

THEME 09 삼각비와 원의 성질

THEME 10 도형의 방정식

STRUCTURE

50일 수학이란

"50일 만에 초·중·고 수학의 맥을 잡다."

예 방정식의 맥

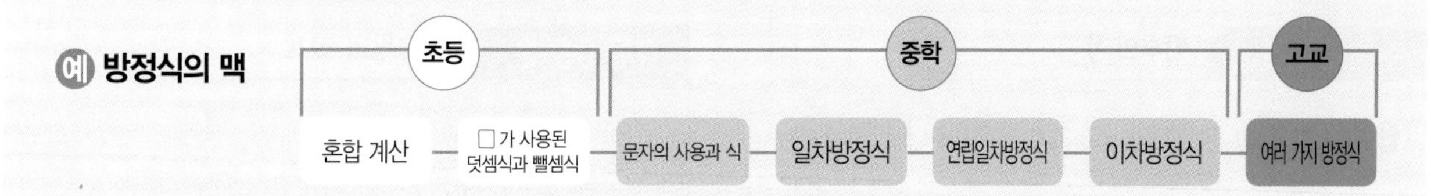

초등, 중학교 때 놓쳤어도, 50일 만에 수학의 맥을 잡다.

고등학교에서 배우는 수학은 초등, 중학교의 내용을 기초로 하고 있습니다. 그래서 초등, 중학교의 수학 개념에 대한 이해가 부족하면 고등학교 수학을 제대로 공부할 수 없습니다. 50일 수학은 THEME 별로 초등부터 고 1까지의 수학 개념을 하나의 맥으로 연결한 개념 유형 문제집으로, 고등학교 교과서에 수록된 수학 문제를 푸는 데 사용되는 초등, 중학교 수학 개념을 되짚어 볼 수 있습니다. 또한, 유형 유제를 통하여 원리를 연습하여 THEME 별로 개념을 마스터할 수 있습니다.

초등, 중학교 때 수학을 못 했어도 50일 만에 수학의 맥을 잡아봅시다. 그동안 수학의 기초가 부족해서, 어떻게 공부해야 할지 몰라서 답답했다면 이제부터 50일 수학과 함께 다시 시작해봅시다.

취약점을 파악하여 선택적으로 학습한다.

수학을 공부하면서 어려웠던 단원을 생각해 보고, 그 단원에 맞는 THEME를 선택하여 맥을 잡아봅시다. 예를 들어 여러 가지 방정식 단원이 어렵게 느껴진다면 중학교 때의 일차방정식과 이차방정식뿐만 아니라 초등학교 때의 □가 사용된 덧셈식과 뺄셈식까지도 개념 이해가 부족한 것일 수 있습니다. 이때, 'THEME 04 방정식'을 선택하여 학습한다면 방정식에 대한 모든 것을 알 수 있습니다.

방정식뿐만 아니라 다항식, 여러 가지 도형, 원의 성질 등의 다른 영역이 취약하더라도 문제없습니다. 취약한 THEME를 선택하여 각각의 맥을 따라 학습하고 기본기를 다져봅시다. 50일 수학과 함께라면 어렵게만 느껴졌던 부족한 수학 개념을 단기간에 보충할 수 있습니다.

풀이 강의는 추후 제공될 예정입니다.

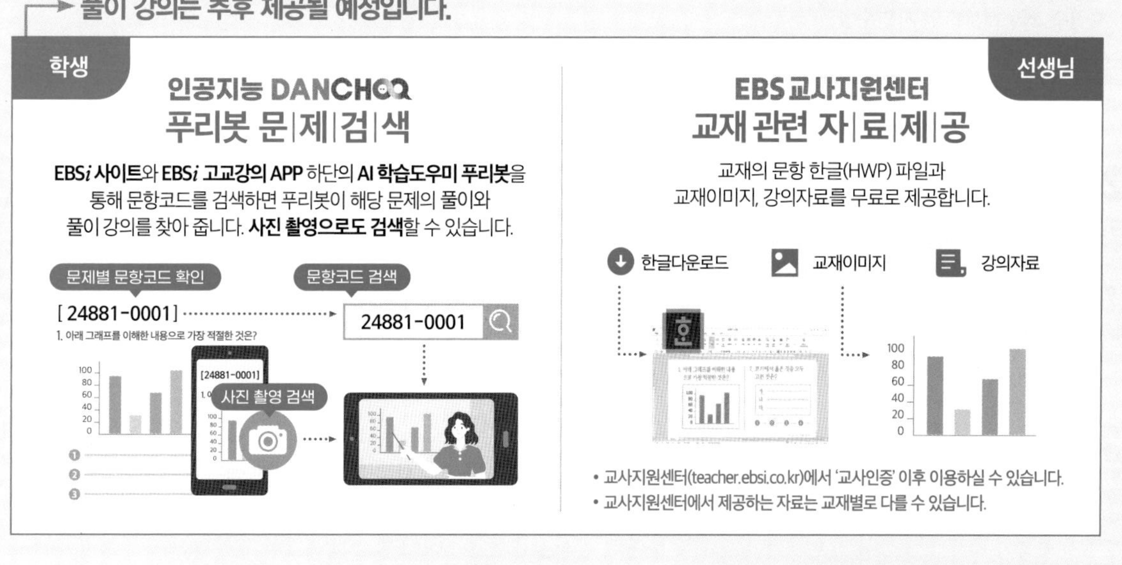

THEME

06

함수

유형 06-1 함수의 뜻

함수 : x의 값이 정해지면 y의 값이 오직 하나로 정해지는 관계

⇒ y가 x의 함수일 때, 기호로 $y=f(x)$로 나타낸다.

| 예 | 한 변의 길이가 x인 정삼각형의 둘레의 길이 y

x	1	2	3	…
y	3	6	9	…

⇨ $y=3x$

y가 x의 함수이므로 $f(x)=3x$로 나타내기도 한다.
이때 $f(1)=3$, $f(2)=6$, $f(3)=9$, …이다.

001

➲24881-0001

다음 **보기** 중 y가 x의 함수인 것을 모두 고르시오.

보기
ㄱ. $y=7x$
ㄴ. y는 x의 약수
ㄷ. 한 변의 길이가 x인 정사각형의 둘레의 길이 y
ㄹ. 자연수 x와 서로소인 자연수 y

002

➲24881-0002

넓이가 46 m^2인 직사각형의 가로의 길이를 x m, 세로의 길이를 y m라 할 때, y는 x의 함수이다. 이 함수를 $y=f(x)$라 할 때, $f(x)$를 구하시오.

003

➲24881-0003

함수 $f(x)=5x$에 대하여 $f(2)$의 값을 구하시오.

유형 06-2 순서쌍과 좌표

(1)

(2)

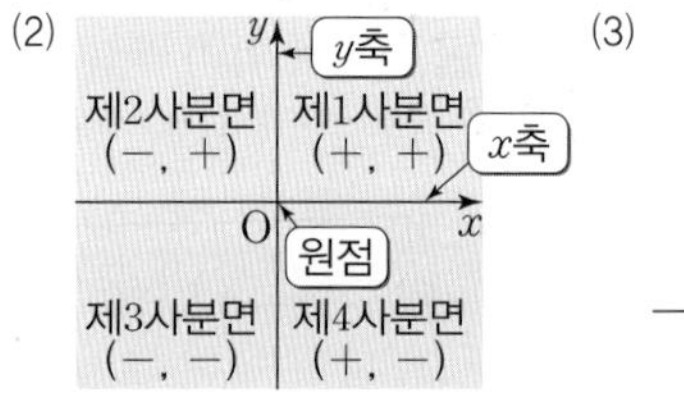

(3)

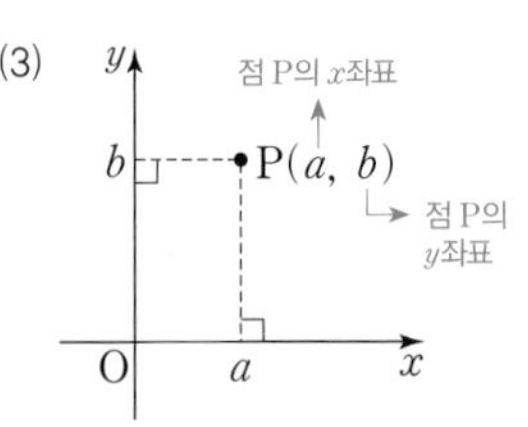

| 예 | x좌표가 2, y좌표가 -3인 점 P의 좌표는 P$(2, -3)$이고 점 P는 제4사분면 위에 있다. $(+, -)$

004

➲24881-0004

다음 수직선 위의 두 점 A, B의 좌표를 각각 구하시오.

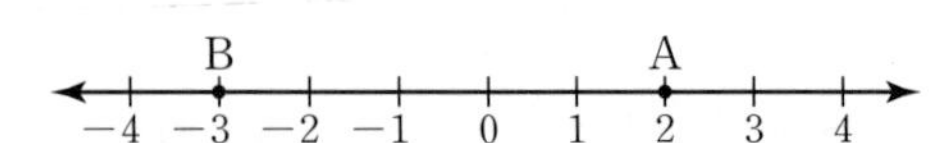

005

➲24881-0005

오른쪽 좌표평면 위의 점 A, B의 좌표를 각각 구하고 점 C$(3, -2)$를 좌표평면에 표시하시오.

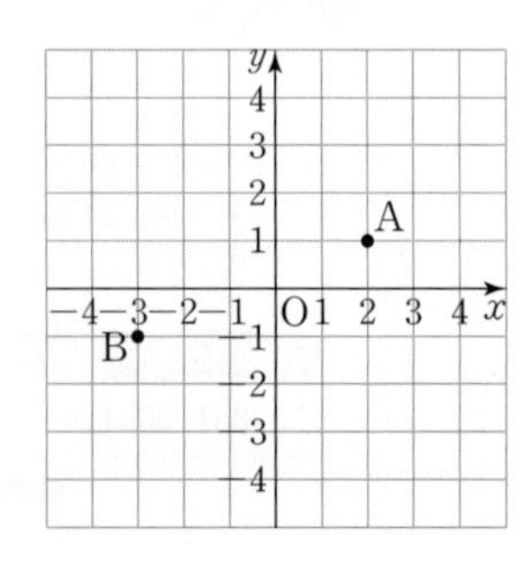

006

➲24881-0006

다음 중 제2사분면 위에 있는 점은?

① $(2, 1)$ ② $(3, -2)$ ③ $(0, 0)$
④ $(-1, 1)$ ⑤ $(-2, -1)$

유형 06-3 일차함수와 그 그래프

(1) 일차함수는

$y=ax+b$ (a, b는 상수, $a\neq0$)의 꼴이다.
→ x에 대한 일차식

(2) 일차함수 $y=ax+b$의 그래프는 일차함수 $y=ax$의 그래프를 y축의 방향으로 b만큼 평행이동한 직선이다.

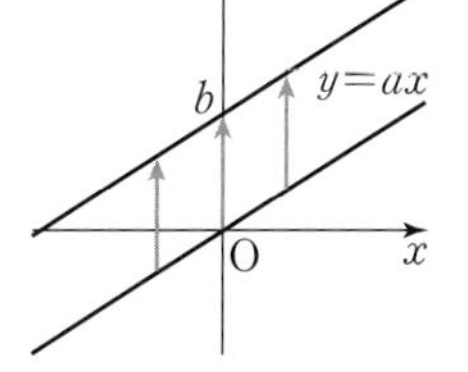

| 예 | $y=3x$의 그래프를 y축의 방향으로 2만큼 평행이동한 직선의 식은 $y=3x+2$이다.

007

24881-0007

다음 중 일차함수가 아닌 것은?

① $y=-7x$ ② $y=5x-9$

③ $y=\frac{x}{2}$ ④ $y=x^2-x+1-x^2$

⑤ $y=\frac{x-1}{x}$

008

24881-0008

다음 중 y가 x에 대한 일차함수가 아닌 것을 모두 고르면? (정답 2개)

① 밑변의 길이가 x cm이고 높이가 10 cm인 삼각형의 넓이 y cm^2

② 500원짜리 연필 한 자루와 x원짜리 지우개 3개를 사고 지불한 금액 y원

③ 한 변의 길이가 x cm인 정사각형의 넓이 y cm^2

④ 7시간 동안 시속 x km로 이동한 거리 y km

⑤ x각형의 모든 대각선의 개수 y

009

24881-0009

다음 일차함수의 그래프를 y축의 방향으로 [ ] 안의 수만큼 평행이동한 그래프가 나타내는 일차함수의 식을 구하시오.

(1) $y=4x$ [2] (2) $y=2x+4$ [-3]

(3) $y=-2x+3$ [-3] (4) $y=-4x-5$ [7]

유형 06-4 기울기와 절편

일차함수 $y=ax+b(a\neq0)$에 대하여

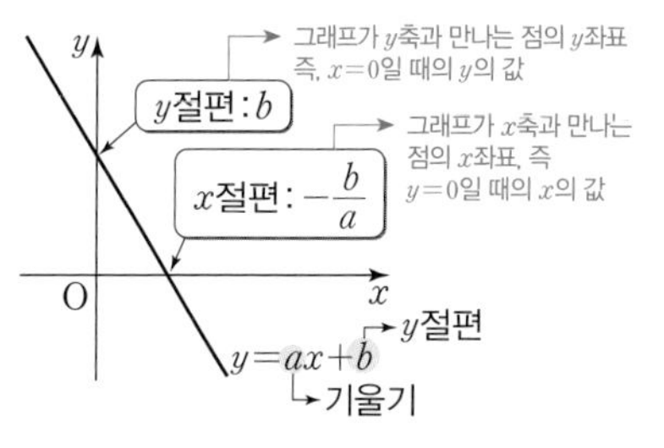

| 예 | $y=3x+1$의 기울기와 x절편, y절편

$y=3x+1$ (3 → 기울기, 1 → y절편)

$y=0$을 대입하면 $x=-\frac{1}{3}$이므로 x절편은 $-\frac{1}{3}$이다.

→ $0=3x+1$, $3x=-1$, $x=-\frac{1}{3}$

010

24881-0010

다음 함수의 x절편을 구하시오.

(1) $y=3x+3$ (2) $y=-x+4$

011

24881-0011

기울기가 5이고 y절편이 -9인 직선을 그래프로 하는 일차함수의 식을 구하시오.

012

24881-0012

일차함수 $y=3x+6$의 기울기를 a, x절편을 b, y절편을 c라 할 때, $a+b+c$의 값은?

① 4 ② 5 ③ 6

④ 7 ⑤ 8

유형 06-5 일차함수의 식 (1)

기울기가 $a(a\neq0)$이고 한 점 (x_1, y_1)을 지나는 직선을 그래프로 하는 일차함수의 식을 구하기 위해

① 일차함수를 $y=ax+b$로 놓는다.

② ①의 식에 $x=x_1$, $y=y_1$을 대입하여 b의 값을 구한다.

| 예 | 기울기가 -3이고 점 $(1, 2)$를 지나는 직선을 그래프로 하는 일차함수의 식을 $y=-3x+b$로 놓자. (→ 기울기를 x의 계수로 놓는다.)

$x=1$, $y=2$를 대입하면

$2=-3+b$, $b=5$

따라서 구하는 일차함수의 식은 $y=-3x+5$ (→ 기울기)

013
⊃24881-0013

기울기가 3이고 점 $(2, 9)$를 지나는 직선을 그래프로 하는 일차함수의 식은?

① $y=2x+4$ ② $y=x+6$ ③ $y=3x+3$
④ $y=3x+6$ ⑤ $y=6x+3$

014
⊃24881-0014

기울기가 -2이고 점 $(1, 6)$을 지나는 직선의 y절편은?

① 2 ② 4 ③ 6
④ 8 ⑤ 10

015
⊃24881-0015

기울기가 -3이고 x절편이 3인 직선을 그래프로 하는 일차함수의 식을 구하시오.

유형 06-6 일차함수의 식 (2)

서로 다른 두 점 (x_1, y_1), $(x_2, y_2)(x_1\neq x_2)$를 지나는 직선을 그래프로 하는 일차함수의 식을 구하기 위해

① 기울기를 $\frac{y_2-y_1}{x_2-x_1}$로 구한다. (→ $\frac{(y\text{의 값의 증가량})}{(x\text{의 값의 증가량})}=(\text{기울기})$)

② ①에서 구한 기울기를 가지며 점 (x_1, y_1)을 지나는 직선을 그래프로 하는 일차함수의 식을 구한다. (→ 점 (x_2, y_2)를 지나는 직선을 구해도 된다.)

| 예 | 두 점 $(1, -1)$, $(3, 2)$를 지나는 직선을 그래프로 하는 일차함수의 식은

$(\text{기울기})=\frac{2-(-1)}{3-1}=\frac{3}{2}$이므로 $y=\frac{3}{2}x+b$로 놓자. (→ 기울기)

$x=1$, $y=-1$을 대입하면 $-1=\frac{3}{2}+b$, $b=-\frac{5}{2}$

따라서 구하는 일차함수의 식은 $y=\frac{3}{2}x-\frac{5}{2}$

016
⊃24881-0016

두 점 $\mathrm{A}(0, 1)$, $\mathrm{B}(1, 0)$을 지나는 직선을 그래프로 하는 일차함수의 식을 구하시오.

017
⊃24881-0017

x절편이 2이고 점 $(3, 4)$를 지나는 직선을 그래프로 하는 일차함수의 식이 $y=ax+b$일 때, $a+b$의 값은?

(단, a, b는 상수이다.)

① -1 ② -2 ③ -3
④ -4 ⑤ -5

018
⊃24881-0018

일차함수의 그래프가 세 점 $\mathrm{A}(4, 3)$, $\mathrm{B}(-1, -2)$, $\mathrm{C}(6, a)$를 지난다고 할 때, a의 값은?

① 4 ② 5 ③ 6
④ 7 ⑤ 8

유형 06-7 일차함수의 그래프의 성질 (1)

일차함수 $y=ax+b(a\neq0)$의 그래프에 대하여

(1) $a>0$일 때, x의 값이 증가하면 y의 값도 증가한다. (↗) → 그래프가 오른쪽 위로 향한다.

(2) $a<0$일 때, x의 값이 증가하면 y의 값은 감소한다. (↘) → 그래프가 오른쪽 아래로 향한다.

(3) $b>0$일 때, y축의 양의 부분과 만난다.

(4) $b<0$일 때, y축의 음의 부분과 만난다.

| 예 | $y=x+2$는 x의 값이 증가하면 y의 값도 증가하며 y축의 양의 부분과 만난다. (y축의 양의 부분 → y절편)

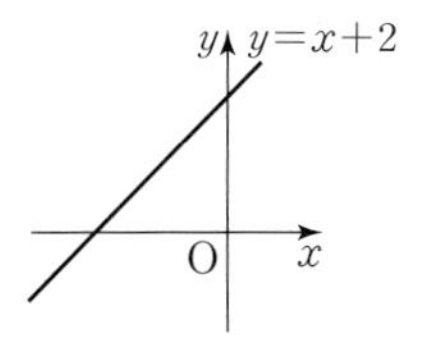

유형 06-8 일차함수의 그래프의 성질 (2)

두 일차함수 $y=ax+b$, $y=cx+d(a\neq0,\ c\neq0)$에 대하여 두 그래프의 위치 관계는 다음과 같다.

(1) $a=c$, $b=d$이면 두 그래프는 서로 일치 → 기울기와 y절편이 모두 같을 때

(2) $a=c$, $b\neq d$이면 두 그래프는 서로 평행 → 기울기는 같고 y절편은 다를 때

(3) $a\neq c$이면 두 그래프는 한 점에서 만남 → 기울기가 다를 때

| 예 | $y=-3x+1$, $y=-3x+2$ (기울기 같다, y절편 다르다) → 서로 평행

$y=2x-3$, $y=4x+2$ (기울기 다르다) → 한 점에서 만난다

019

➲24881-0019

다음 중 일차함수 $y=3x-1$의 그래프에 대한 설명으로 옳지 않은 것은?

① x의 값이 증가하면 y의 값도 증가한다.
② x절편은 양수이다.
③ y절편은 음수이다.
④ 제1, 3, 4사분면을 지난다.
⑤ y축의 양의 부분과 만난다.

020

➲24881-0020

$a<0$, $b>0$일 때, $y=ax+b$의 그래프가 될 수 있는 것은?

①
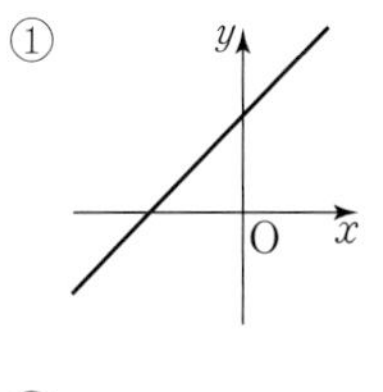

②
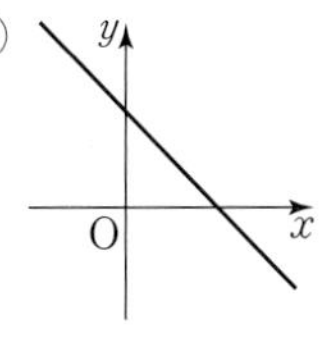

③
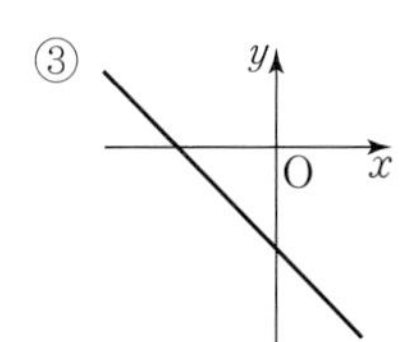

④
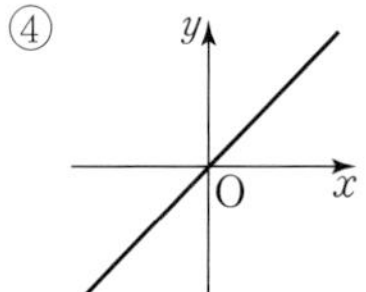

⑤
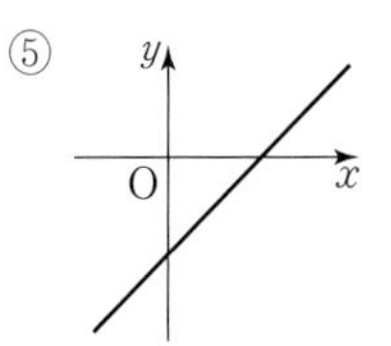

021

➲24881-0021

다음 중 일차함수 $y=2x+1$의 그래프와 서로 평행한 그래프를 가지는 일차함수를 모두 고르면? (정답 2개)

① $y=3x+1$ ② $y=2x-1$ ③ $y=2x+1$
④ $y=-2x-1$ ⑤ $y=2x$

022

➲24881-0022

일차함수 $y=3x-2$의 그래프와 평행하고 점 $(-2, 3)$을 지나는 직선을 그래프로 하는 일차함수의 식은?

① $y=-3x-6$ ② $y=3x+4$ ③ $y=3x+7$
④ $y=3x+9$ ⑤ $y=-3x-8$

023

➲24881-0023

일차함수 $y=ax-7$의 그래프는 일차함수 $y=-2x+1$의 그래프와 평행하고, 점 $(-2, b)$를 지날 때, ab의 값은?

(단, $a\neq0$, a, b는 상수)

① 3 ② 6 ③ 8
④ 10 ⑤ 12

유형 06-9 일차함수와 일차방정식 (1)

미지수가 2개인 일차방정식 $ax+by+c=0$ ($a\neq0$, $b\neq0$, a, b, c는 상수)의 그래프는 일차함수 $y=-\frac{a}{b}x-\frac{c}{b}$의 의 그래프와 같다.

y를 x에 대한 식으로 정리 / 기울기 / y절편

$$ax+by+c=0 \Longleftrightarrow y=-\frac{a}{b}x-\frac{c}{b}$$

| 예 | $2y-3x+6=0$의 그래프는
(y를 x에 대한 식으로 바꾼다.)
$y=\frac{3}{2}x-3$의 그래프와 같다.

024

⊃24881-0024

다음 일차함수 중 그 그래프가 일차방정식 $2x+4y+9=0$의 그래프와 같은 것은?

① $y=-\frac{1}{2}x-\frac{9}{4}$　② $y=-\frac{1}{2}x+\frac{9}{4}$
③ $y=\frac{1}{2}x+\frac{9}{4}$　④ $y=\frac{1}{2}x-\frac{9}{4}$
⑤ $y=2x+\frac{9}{4}$

025

⊃24881-0025

일차방정식 $2ax+2y+1=0$의 그래프의 기울기가 3일 때, 상수 a의 값은?

① -1　② -2　③ -3
④ -4　⑤ -5

026

⊃24881-0026

일차방정식 $7x-2y+14=0$의 그래프의 x절편을 a, y절편을 b라 할 때, ab의 값은?

① -8　② -10　③ -12
④ -14　⑤ -16

유형 06-10 일차함수와 일차방정식 (2)

(1) $x=p$ ($p\neq0$, p는 상수)의 그래프는 점 $(p, 0)$을 지나고, y축에 평행한 직선이다. → $x=p$ 위의 점의 x좌표가 모두 p이다.

(2) $y=q$ ($q\neq0$, q는 상수)의 그래프는 점 $(0, q)$를 지나고, x축에 평행한 직선이다. → $y=q$ 위의 점의 y좌표가 모두 q이다.

(3) $x=0$의 그래프는 y축이고, $y=0$의 그래프는 x축이다.

| 예 |

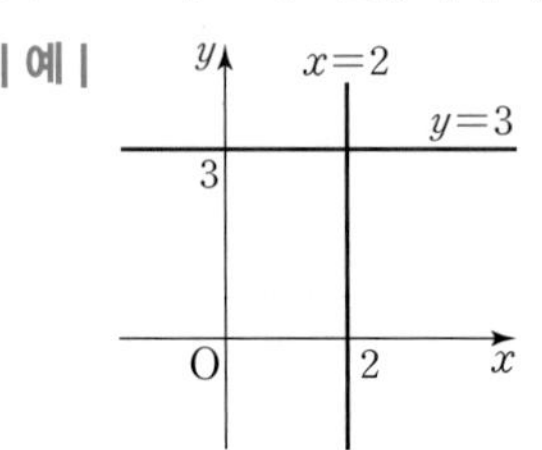

$x=2$의 그래프는 y축에 평행하며 점 $(2, 0)$을 지나고, $y=3$의 그래프는 x축에 평행하며 점 $(0, 3)$을 지난다. (점 $(0, 3)$, $(1, 3)$, $(2, 3)$ 등 y좌표가 3인 점들을 모두 지난다.)

027

⊃24881-0027

두 점 $(1, 1)$, $(1, 3)$을 지나는 직선을 그래프로 하는 일차방정식을 구하시오.

028

⊃24881-0028

일차방정식 $ax+y+b=0$의 그래프가 x축과 평행하며 점 $(2, 5)$를 지난다고 한다. 이때 상수 a, b에 대하여 $a+b$의 값은?

① -1　② -2　③ -3
④ -4　⑤ -5

029

⊃24881-0029

두 점 $(3, a-3)$, $(-1, -a+5)$를 지나는 직선이 y축에 수직일 때, a의 값은?

① 1　② 2　③ 3
④ 4　⑤ 5

유형 06-11 두 직선의 교점과 연립방정식

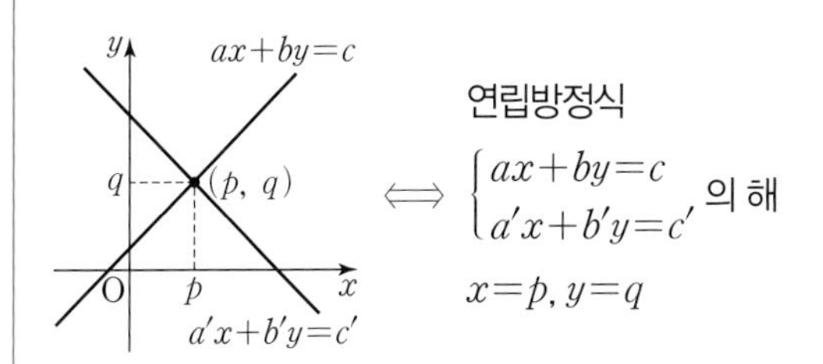

연립방정식 $\begin{cases} ax+by=c \\ a'x+b'y=c' \end{cases}$ 의 해 $\Longleftrightarrow$ $x=p, y=q$

| 예 | 두 직선 $\begin{cases} y=-2x+4 \\ y=-\frac{1}{2}x+\frac{5}{2} \end{cases}$ $\Longleftrightarrow$ 연립방정식 $\begin{cases} 2x+y=4 \\ x+2y=5 \end{cases}$

그래프의 교점 : $(1, 2)$ 해 : $x=1, y=2$

030

⊃24881-0030

연립방정식 $\begin{cases} -2x+y=0 \\ x+y-3=0 \end{cases}$ 에서 두 일차방정식의 그래프가 오른쪽 그림과 같을 때, 이 연립방정식의 해는?

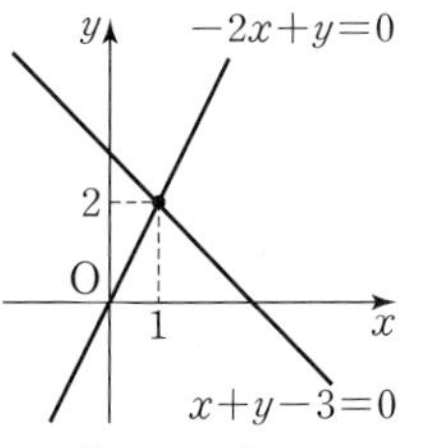

① $(0, 2)$ ② $(1, 3)$ ③ $(-1, 2)$
④ $(2, 1)$ ⑤ $(1, 2)$

031

⊃24881-0031

연립방정식 $\begin{cases} x-2y+1=0 \\ ax+y+1=0 \end{cases}$ 에서 두 일차방정식의 그래프가 오른쪽 그림과 같을 때, 상수 a의 값을 구하시오. (단, $a\neq0$이다.)

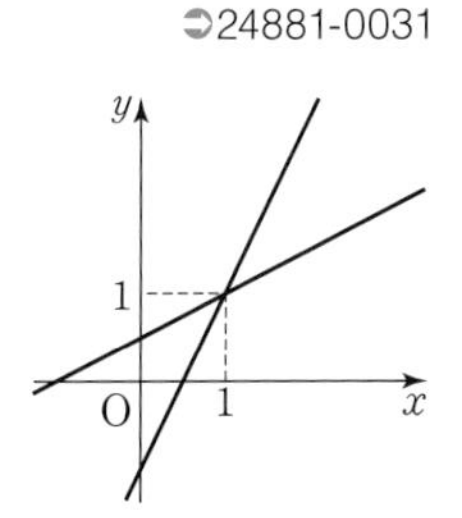

032

⊃24881-0032

연립방정식 $-x+3y=5$, $2x-ay=6$의 해가 존재하지 않을 때, 상수 a의 값은? (단, $a\neq0$이다.)

① 5 ② 6 ③ 7
④ 8 ⑤ 9

유형 06-12 이차함수와 $y=x^2$의 그래프

1. 함수 $y=f(x)$가 이차함수
⇨ $y=ax^2+bx+c$ ($a\neq0$, a, b, c는 상수)
(ax^2+bx+c: x에 대한 이차식)

2. $y=x^2$의 그래프

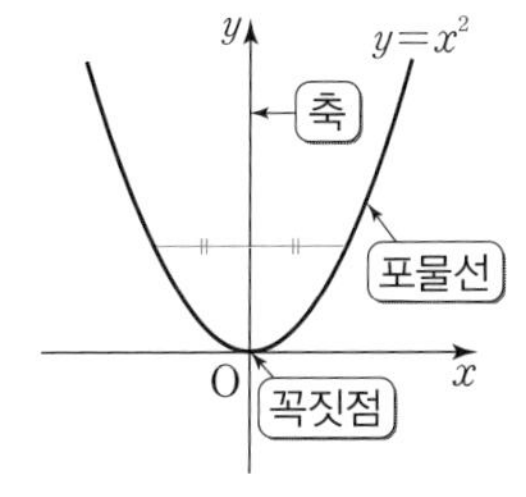

(1) 포물선은 y축에 대하여 대칭이다.
(2) 포물선과 축의 교점이 꼭짓점이다. 즉, 원점이 꼭짓점이다.
(3) 축의 방정식은 $x=0$, 즉 y축이다.

033

⊃24881-0033

다음 중 y가 x에 대한 이차함수가 아닌 것을 모두 고르면? (정답 2개)

① $y=2x^2+x-1$ ② $y=x^2-(2+x+x^2)$
③ $y=x(x+2)$ ④ $y=\frac{1}{x^2+x}$
⑤ $y=x^2+2$

034

⊃24881-0034

점 $(3, a^2)$이 이차함수 $y=x^2$의 그래프 위의 점일 때, 양수 a의 값을 구하시오.

035

⊃24881-0035

다음 중 이차함수 $y=x^2$의 그래프에 대한 설명으로 옳지 않은 것은?

① 축의 방정식은 $x=0$이다.
② 점 $(2, 4)$를 지난다.
③ 꼭짓점의 좌표는 $(0, 0)$이다.
④ y축에 대하여 대칭이다.
⑤ $x<0$일 때, x의 값이 증가하면 y의 값도 증가한다.

유형 06-13 이차함수 $y=ax^2$의 그래프의 성질

(1) 원점을 꼭짓점으로 하고, y축을 축으로 하는 포물선이다.
(2) $a>0$이면 아래로 볼록하고, $a<0$이면 위로 볼록하다.
(3) a의 절댓값이 클수록 포물선의 폭이 좁아진다.
(4) $y=-ax^2$의 그래프와 x축에 대하여 대칭이다.

| 예 |

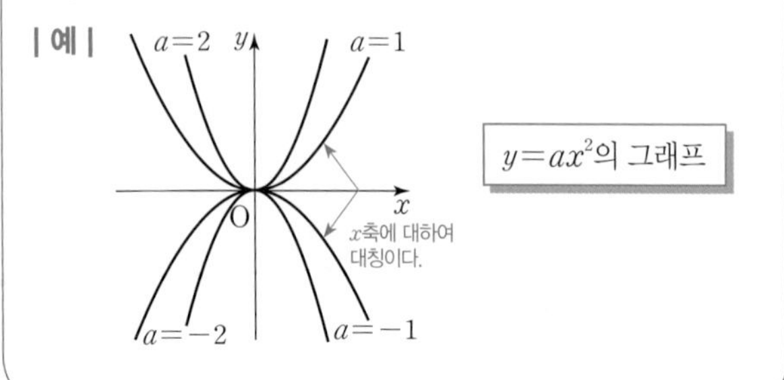

유형 06-14 이차함수 $y=a(x-p)^2+q$의 그래프

이차함수 $y=ax^2$의 그래프를 x축의 방향으로 p만큼, y축의 방향으로 q만큼 평행이동하면

$$y=ax^2 \xrightarrow[\text{평행이동}]{x\text{축의 방향으로 }p\text{만큼}} y=a(x-p)^2$$

$$\xrightarrow[\text{평행이동}]{y\text{축의 방향으로 }q\text{만큼}} y=a(x-p)^2+q$$

| 예 | $y=-2x^2$의 그래프를 x축의 방향으로 1만큼 평행이동하면 $y=-2(x-1)^2$이고, 이를 y축의 방향으로 3만큼 평행이동하면 $y=-2(x-1)^2+3$이다.
↳ 꼭짓점의 좌표는 (1, 3)이다.

036

24881-0036

다음 **보기**에 있는 이차함수의 그래프 중 위로 볼록한 것의 개수는?

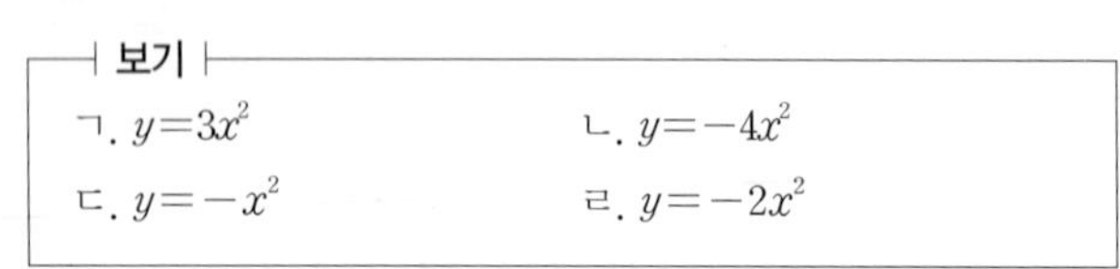

보기

ㄱ. $y=3x^2$　　ㄴ. $y=-4x^2$

ㄷ. $y=-x^2$　　ㄹ. $y=-2x^2$

① 0　② 1　③ 2
④ 3　⑤ 4

037

24881-0037

오른쪽 그림과 같이 $y=ax^2$의 그래프가 $y=x^2$의 그래프보다 폭이 좁을 때, 다음 중 상수 a의 값이 될 수 있는 것은?

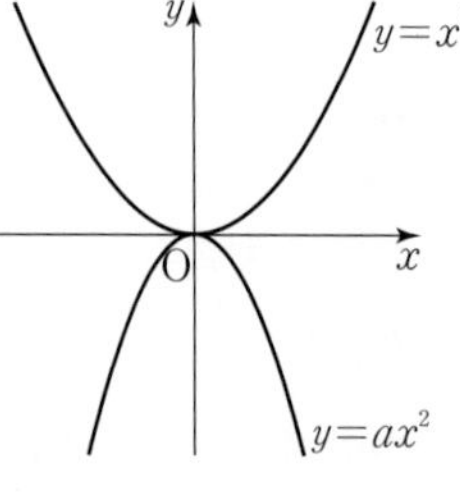

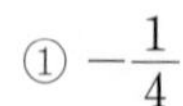

① $-\frac{1}{4}$　② $-\frac{1}{2}$
③ $-\frac{2}{3}$　④ $-\frac{3}{4}$
⑤ $-\frac{5}{4}$

038

24881-0038

이차함수 $y=-2x^2$의 그래프를 x축의 방향으로 3만큼 평행이동한 그래프의 식과 꼭짓점의 좌표를 각각 구하시오.

039

24881-0039

이차함수 $y=ax^2$의 그래프를 x축의 방향으로 1만큼, y축의 방향으로 3만큼 평행이동한 이차함수의 그래프가 점 $(2, 7)$을 지날 때, 상수 a의 값은?

① 1　② 2　③ 3
④ 4　⑤ 5

040

24881-0040

이차함수 $y=2x^2$의 그래프를 x축의 방향으로 -2만큼, y축의 방향으로 1만큼 평행이동하면 점 $(1, a)$를 지난다. 이때 a의 값은?

① 18　② 19　③ 20
④ 21　⑤ 22

유형 06-15 이차함수의 최대, 최소 (1)

1. 이차함수 $y=a(x-p)^2+q$의 최댓값 또는 최솟값

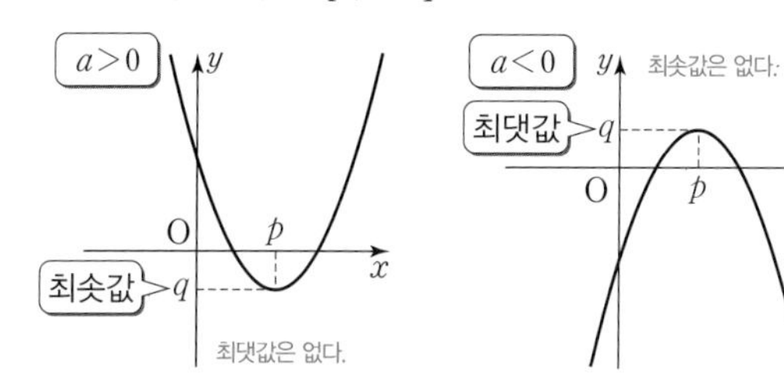

$x=p$일 때, 최솟값 q $x=p$일 때, 최댓값 q

2. $y=ax^2+bx+c$는 $y=a(x-p)^2+q$의 꼴로 바꾸어 최댓값 또는 최솟값을 구한다.

| 예 | $y=3x^2+6x+2$는 $y=3(x+1)^2-1$이므로 $x=-1$일 때 최솟값 -1을 갖고, 최댓값은 없다.
→ 양수이므로 최솟값만 가진다.

041
➲24881-0041

이차함수 $y=2(x-1)^2-3$에 대한 설명으로 옳은 것은?

① 최댓값 -3을 갖고, 최솟값은 없다.
② 최댓값 -1을 갖고, 최솟값은 없다.
③ 최솟값 -3을 갖고, 최댓값은 없다.
④ 최솟값 -1을 갖고, 최댓값은 없다.
⑤ 최솟값 -5를 갖고, 최댓값은 없다.

042
➲24881-0042

$x=-3$일 때 최댓값은 -8이고, 그 그래프가 점 $(-4, -10)$을 지나는 이차함수의 식은?

① $y=-(x+3)^2+8$ ② $y=(x-3)^2+8$
③ $y=2(x-3)^2-8$ ④ $y=-(x+3)^2-8$
⑤ $y=-2(x+3)^2-8$

043
➲24881-0043

이차함수 $y=x^2+2x-4$의 최솟값은?

① -1 ② -3 ③ -5
④ -7 ⑤ -9

044
➲24881-0044

이차함수 $y=-3x^2+6x+k$의 최댓값이 5일 때, 상수 k의 값은?

① 1 ② 2 ③ 3
④ 4 ⑤ 5

045
➲24881-0045

다음 이차함수 중 최솟값이 없는 것은?

① $y=x^2+1$ ② $y=2(x-1)^2$
③ $y=x^2+2x$ ④ $y=-(x+3)^2+1$
⑤ $y=2x^2+4x+3$

유형 06-16 이차함수의 그래프와 이차방정식의 관계

(이차함수 $y=ax^2+bx+c$의 그래프와 x축의 교점의 개수)
=(이차방정식 $ax^2+bx+c=0$의 서로 다른 실근의 개수)
이차방정식 $ax^2+bx+c=0$의 판별식을 $D=b^2-4ac$라 할 때, 다음이 성립한다.

D의 부호	$ax^2+bx+c=0$의 근	$y=ax^2+bx+c$의 그래프와 x축과의 위치 관계
$D>0$	서로 다른 두 실근	서로 다른 두 점에서 만난다.
$D=0$	중근	한 점에서 만난다(접한다).
$D<0$	서로 다른 두 허근	만나지 않는다.

→ 이차방정식의 해는 이차함수의 그래프와 x축이 만나는 점의 x좌표이다.

046

24881-0046

이차함수 $y=x^2+3x+2$의 그래프와 x축의 교점의 x좌표를 모두 구하시오.

047

24881-0047

다음 이차함수의 그래프와 x축의 교점의 개수를 구하시오.

(1) $y=2x^2+x-1$

(2) $y=x^2+2x+1$

(3) $y=-2x^2+2x-8$

(4) $y=x^2-3x+2$

048

24881-0048

이차함수 $y=-2x^2+4x+k$의 그래프가 x축과 한 점에서 만날 때, 상수 k의 값은?

① -1 ② -2 ③ -3
④ -4 ⑤ -5

049

24881-0049

이차함수 $y=ax^2-2(a+1)x+a-3$의 그래프가 x축과 만나지 않을 때, 실수 a의 값의 범위를 구하시오.

050

24881-0050

이차함수 $y=-2x^2+a$의 그래프를 x축의 방향으로 1만큼, y축의 방향으로 -5만큼 평행이동한 그래프가 x축과 접할 때, 상수 a의 값은?

① 1 ② 2 ③ 3
④ 4 ⑤ 5

유형 06-17 이차함수의 그래프와 직선의 위치 관계

이차함수 $y=ax^2+bx+c$의 그래프와 직선 $y=mx+n$의 위치 관계는 $ax^2+(b-m)x+c-n=0$의 판별식을 D라 할 때

($ax^2+bx+c=mx+n$을 (좌변)=(이차식), (우변)=0이 되도록 정리한 식이다.)

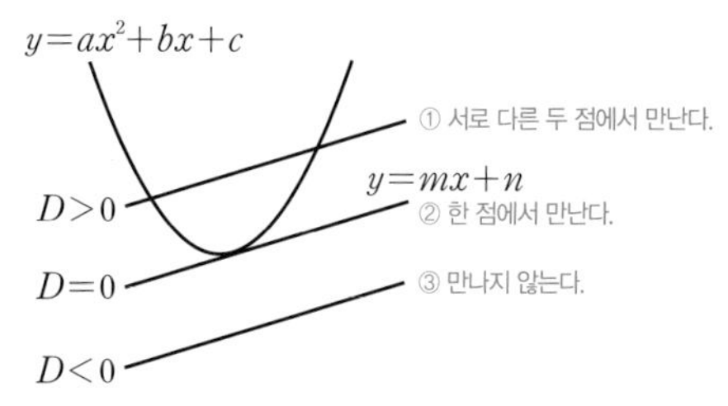

| 예 | 이차함수 $y=x^2+3x$의 그래프와 직선 $y=2x+1$에 대하여 이차방정식 $x^2+3x=2x+1$, 즉 $x^2+3x-(2x+1)=x^2+x-1=0$의 판별식 D는 $D=1^2-4\times1\times(-1)=5>0$이므로 두 그래프는 서로 다른 두 점에서 만난다. ($ax^2+bx+c=0$에 대하여 $D=b^2-4ac$이다.)

051

➲24881-0051

이차함수 $y=x^2-3x+a$의 그래프가 직선 $y=2x-1$과 만나는 점의 x좌표가 1과 4일 때, 상수 a의 값은?

① 1 ② 2 ③ 3 ④ 4 ⑤ 5

052

➲24881-0052

이차함수 $y=-2x^2-x+1$의 그래프와 다음 직선의 위치 관계를 말하시오.

(1) $y=x-1$

(2) $y=3x+3$

053

➲24881-0053

이차함수 $y=x^2-3x+1$의 그래프와 직선 $y=x+k$가 한 점에서 만날 때, 상수 k의 값은?

① -3 ② -1 ③ 2 ④ 4 ⑤ 6

054

➲24881-0054

이차함수 $y=x^2-3x$의 그래프와 직선 $y=-5x+k$가 만날 때, 실수 k의 최솟값을 구하시오.

055

➲24881-0055

이차함수 $y=-x^2-x+2$의 그래프와 직선 $y=-3x+k$가 만나지 않도록 하는 정수 k의 최솟값은?

① 2 ② 4 ③ 6 ④ 8 ⑤ 10

유형 06-18 이차함수의 최대, 최소 (2)

이차함수 $y=ax^2+bx+c$의 최댓값 또는 최솟값은 $y=a(x-p)^2+q$의 꼴로 변형하여 구한다.

(1) x의 값의 범위가 실수 전체인 경우

① $a>0$이면
$x=p$일 때 최솟값 q를 가지며 최댓값은 없다.

② $a<0$이면
$x=p$일 때 최댓값 q를 가지며 최솟값은 없다.

(2) $\alpha \le x \le \beta$인 경우 → x의 값의 범위가 주어질 경우 경계의 값도 고려해야 한다.
$f(\alpha), f(\beta), f(p)$ 중 최댓값과 최솟값을 찾으면 된다.

| 예 | $-2\le x\le 2$에서 $y=x^2+2x+4$에 대하여
$f(x)=x^2+2x+4=(x+1)^2+3$
이다. ↳ 경계값인 $x=-2$, $x=2$와 꼭짓점의 x좌표인 $x=-1$의 함숫값을 비교한다.
$f(-2)=4$, $f(-1)=3$, $f(2)=12$이므로
최댓값은 12, 최솟값은 3이다.

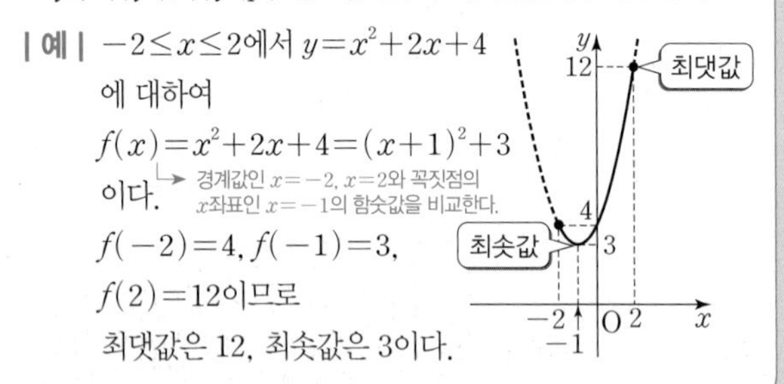

056
➲24881-0056

이차함수 $y=2(x-1)^2-1$은 x의 값의 범위가 실수 전체일 때 $x=\alpha$에서 최솟값을 가지며, $2\le x\le 3$에서는 $x=\beta$일 때 최솟값을 가진다. 이때 $\alpha+\beta$의 값은?

① 1 ② 2 ③ 3 ④ 4 ⑤ 5

057
➲24881-0057

실수 전체의 집합에서 정의된 이차함수 $y=3x^2-6x+4$는 $x=a$에서 최솟값 b를 가진다. 상수 a, b에 대하여 $a+b$의 값은?

① -2 ② -1 ③ 0 ④ 1 ⑤ 2

058
➲24881-0058

$2\le x\le 5$일 때, 이차함수 $y=x^2-6x+4$의 최댓값과 최솟값을 각각 구하시오.

059
➲24881-0059

$1\le x\le 4$일 때, 이차함수 $y=x^2-6x+k$는 최솟값 -4를 가진다. 이때 상수 k의 값은?

① 1 ② 2 ③ 3 ④ 4 ⑤ 5

060
➲24881-0060

이차함수 $y=-2x^2+4kx+6k+1$의 최댓값이 9가 되도록 하는 모든 실수 k의 값의 합은?

① -1 ② -2 ③ -3 ④ -4 ⑤ -5

유형 06-19 함수의 정의역, 공역, 치역

집합 X에서 집합 Y로의 함수 f

(1)

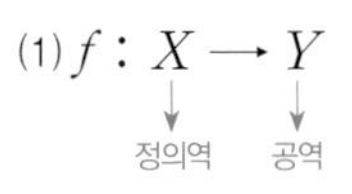

(2)

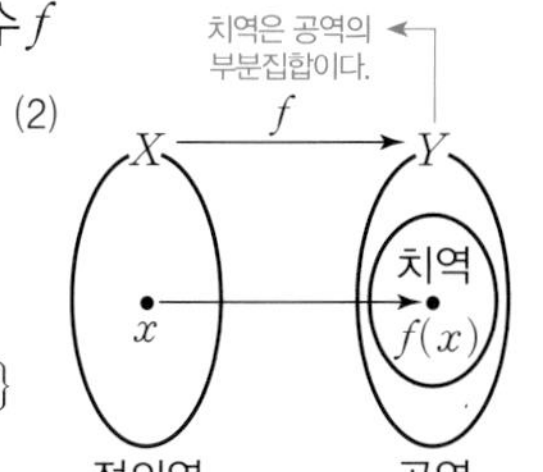

(3) (치역)$=\{f(x) \mid x \in X\}$
↳ 함숫값

정의역과 공역이 각각 같은 두 함수 f, g에 대하여
$f(x)=g(x)$ $(x \in X)$이면, f와 g는 서로 같다고 한다.

| 예 | 집합 $X=\{1, 2, 3\}$이 정의역이고 정수 전체의 집합이 공역인 함수 $f(x)=2x$에 대하여

$f(1)=2, f(2)=4, f(3)=6$

이므로 치역은 $\{2, 4, 6\}$이다.
↳ 치역은 공역의 부분집합이며 함숫값들이 치역의 원소가 된다.

061

24881-0061

함수 f가 오른쪽 그림과 같을 때, 정의역, 공역, 치역을 각각 구하시오.

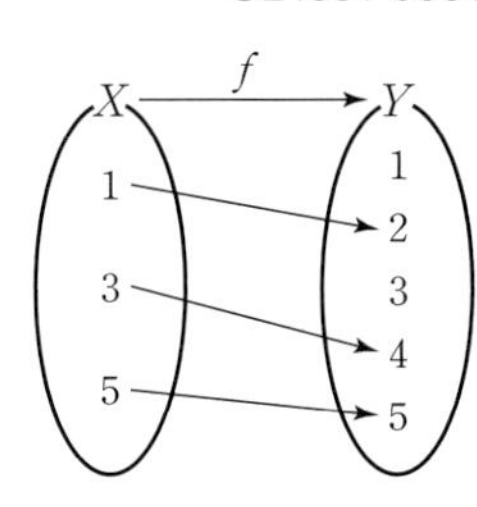

062

24881-0062

두 집합 $X=\{0, 1, 2, 3\}$, $Y=\{-1, 0, 1, 2\}$에 대하여 다음 중 X에서 Y로의 함수인 것은?

① $f(x)=-2x+3$　② $f(x)=x^2-1$
③ $f(x)=\sqrt{x+1}$　④ $f(x)=\dfrac{1}{x+2}$
⑤ $f(x)=|x-2|$

063

24881-0063

정의역이 집합 $X=\{-2, -1, 0, 1\}$인 함수 $f(x)=x^2+1$의 치역의 모든 원소의 합은?

① 10　② 8　③ 6
④ 4　⑤ 2

064

24881-0064

두 집합 $X=\{0, 1, a\}$, $Y=\{0, b\}$에 대하여 X에서 Y로의 함수 f가 $f(x)=x^2$일 때, 실수 a, b에 대하여 $a+b$의 값은? (단, $a<0$이다.)

① -2　② 0　③ 2
④ 4　⑤ 6

065

24881-0065

집합 $X=\{a, b\}$를 정의역으로 하는 두 함수 f, g가 $f(x)=x^2+2x-4$, $g(x)=5x-6$이다. $f=g$가 성립하도록 하는 상수 a, b에 대하여 $a+b$의 값은?

① 1　② 2　③ 3
④ 4　⑤ 5

유형 06-20 일대일함수와 일대일대응

1. **일대일함수**

정의역의 임의의 두 원소 x_1, x_2에 대하여

$x_1 \neq x_2$이면 $f(x_1) \neq f(x_2)$이다.

2. **일대일대응**

일대일함수이며, 공역과 치역이 같은 함수

| 예 |

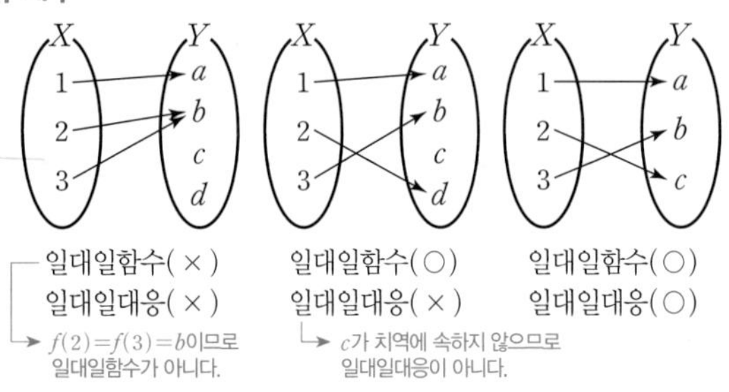

066

➲24881-0066

다음 중 일대일함수를 모두 찾으시오.

(1) $y=x^2$　　(2) $y=2x-1$

(3) $y=|x|$　　(4) $y=\sqrt{x}$

067

➲24881-0067

두 집합 $X=\{a, b, c\}$, $Y=\{1, 2, 3, 4\}$에 대하여 다음을 구하시오.

(1) X에서 Y로의 함수의 개수

(2) X에서 Y로의 일대일함수의 개수

068

➲24881-0068

정의역이 $X=\{x|1\leq x\leq 3\}$, 공역이 $Y=\{y|2\leq y\leq 6\}$인 함수 $f(x)=ax+b(a<0)$가 일대일대응일 때, 상수 a, b에 대하여 ab의 값은?

① -8　② -10　③ -12　④ -14　⑤ -16

유형 06-21 항등함수와 상수함수

1. **항등함수** → 함숫값이 자기 자신이어야 한다.

$f: X \to X$에 대하여 $f(x)=x$인 함수

2. **상수함수** → x의 값에 관계없이 함숫값이 일정하다.

$f: X \to Y$에 대하여 $f(x)=c$ (c는 상수)인 함수

| 예 |

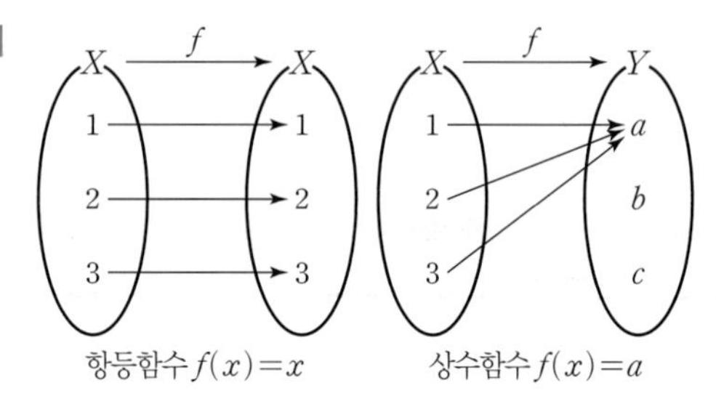

069

➲24881-0069

집합 $X=\{1, 2, 3\}$에 대하여 X에서 X로의 상수함수의 개수를 a, 항등함수의 개수를 b라 할 때, $a+b$의 값은?

① 2　② 4　③ 6　④ 8　⑤ 10

070

➲24881-0070

집합 $X=\{-1, 1\}$에서 정의된 함수 f가 **보기**와 같을 때, 다음 중 항등함수인 것만을 있는 대로 고른 것은?

보기
ㄱ. $f(x)=x^3$　ㄴ. $f(x)=x^2+x-1$　ㄷ. $f(x)=2x+1$

① ㄱ　② ㄴ　③ ㄱ, ㄴ　④ ㄴ, ㄷ　⑤ ㄱ, ㄴ, ㄷ

071

➲24881-0071

집합 $X=\{1, 2, 3\}$에 대하여 함수 f는 X에서 X로의 항등함수, 함수 g는 X에서 X로의 상수함수라 한다. $g(2)=3$일 때, $f(3)+g(1)$의 값은?

① 5　② 6　③ 7　④ 8　⑤ 9

유형 06-22 합성함수와 그 성질

1. 두 함수 $f : X \longrightarrow Y$, $g : Y \longrightarrow Z$의 합성함수 $g \circ f$는
$g \circ f : X \longrightarrow Z$, $(g \circ f)(x) = g(f(x))$

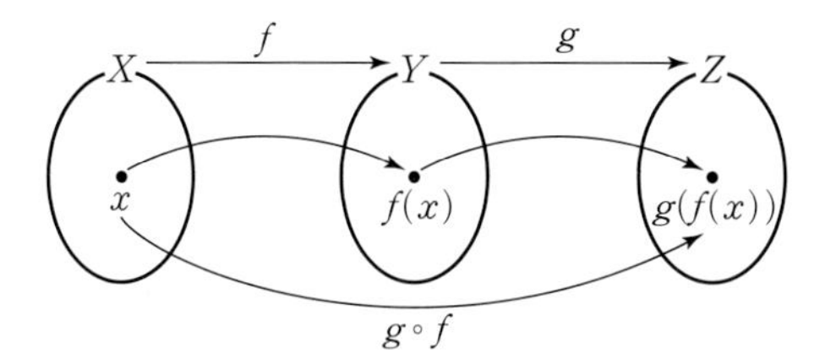

2. 합성이 가능한 세 함수 f, g, h에 대하여
   (1) 일반적으로 $f \circ g \neq g \circ f$
   (함수의 합성에 대한 교환법칙이 성립하지 않는다.)
   (2) $(f \circ g) \circ h = f \circ (g \circ h)$
   (함수의 합성에 대한 결합법칙이 성립한다.)

| 예 | $f(x) = 2x$, $g(x) = x^2$에 대하여
$(f \circ g)(x) = f(g(x)) = f(x^2) = 2x^2$
$(g \circ f)(x) = g(f(x)) = g(2x) = 4x^2$
] $f \circ g \neq g \circ f$

072
➲24881-0072

두 함수 $f(x) = x^2 + 2$, $g(x) = -2x + 1$에 대하여 다음을 구하시오.

(1) $(f \circ g)(x)$
(2) $(g \circ f)(x)$

073
➲24881-0073

함수 $f(x) = 2x + k$가 $(f \circ f)(-1) = 5$를 만족시킬 때, 상수 k의 값은?

① 1 ② 2 ③ 3
④ 4 ⑤ 5

074
➲24881-0074

두 함수 $f(x) = x - 2$, $g(x) = x^2$에 대하여
$(f \circ f)(0) + (f \circ g)(1) - (g \circ f)(1)$의 값은?

① -6 ② -4 ③ -2
④ 1 ⑤ 3

075
➲24881-0075

두 함수 $f(x) = -x^2 + 2x + 1$, $g(x) = x - 2$에 대하여
$(f \circ g)(a) = (g \circ f)(a)$를 만족시키는 실수 a의 값은?

① 1 ② $\frac{3}{2}$ ③ 2
④ $\frac{5}{2}$ ⑤ 3

076
➲24881-0076

이차함수 $y = f(x)$의 그래프가 오른쪽 그림과 같다. 함수 h를 $h(x) = (f \circ f)(x)$라 할 때, $h(-1) + h(0) + h(3)$의 값은?

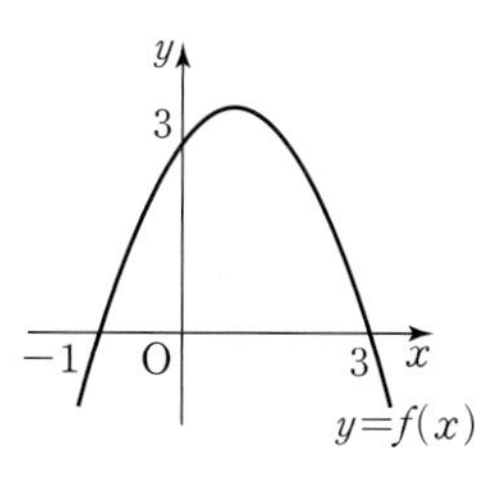

① 3 ② 4
③ 5 ④ 6
⑤ 7

유형 06-23 역함수

일대일대응인 함수 f의 역함수 $f^{-1}: Y \longrightarrow X$

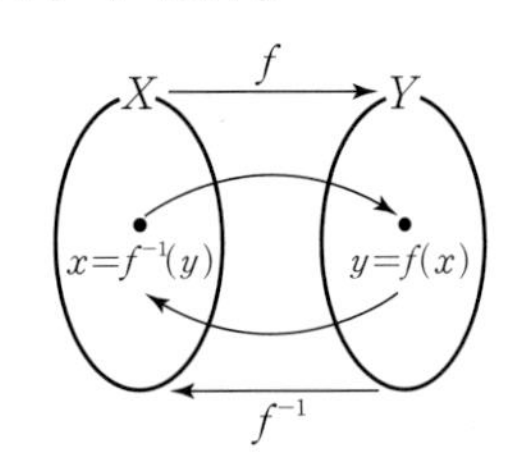

$$y=f(x) \iff x=f^{-1}(y)$$

| 예 | (1) $f(x)=3x+1$에 대하여 $f(1)=4$이므로 $f^{-1}(4)=1$이다.
└→ $f(a)=b$이면 $f^{-1}(b)=a$이다.

(2) $y=3x+1 \xrightarrow[\text{푼다}]{x\text{에 관하여}} x=\dfrac{y-1}{3} \xrightarrow[\text{바꾼다}]{x,\,y\text{를 서로}} y=\dfrac{x-1}{3}$

이므로 $f(x)=3x+1$에 대하여 $f^{-1}(x)=\dfrac{x-1}{3}$이다.

077
24881-0077

오른쪽 그림과 같은 함수 $f: X \longrightarrow Y$에 대하여 다음 값을 구하시오.

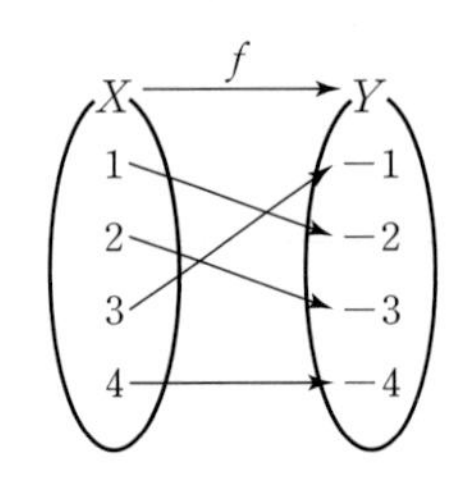

(1) $f(3)$

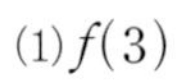

(2) $f^{-1}(-3)$

(3) $f^{-1}(-1)+f^{-1}(-4)$

078
24881-0078

함수 $f(x)=4x-3$의 역함수 $f^{-1}(x)$를 구하시오.

079
24881-0079

두 함수 $f(x)=4x-5$, $g(x)=-3x+1$에 대하여 $(f \circ g^{-1})(k)=3$을 만족시키는 실수 k의 값은?

① -1 ② -2 ③ -3
④ -4 ⑤ -5

유형 06-24 역함수의 성질

(1) $f: X \longrightarrow Y$, $f^{-1}: Y \longrightarrow X$에 대하여

① $(f^{-1} \circ f)(x)=x\ (x \in X)$

② $(f \circ f^{-1})(y)=y\ (y \in Y)$

(2) $f: X \longrightarrow Y$, $g: Y \longrightarrow Z$에 대하여

$(g \circ f)^{-1}=f^{-1} \circ g^{-1}$

| 예 | $f(x)=2x+3$이라 하면 $f^{-1}(x)=\dfrac{x-3}{2}$

$$(f \circ f^{-1})(x)=f(f^{-1}(x))=f\left(\frac{x-3}{2}\right)$$
$$=2\times\frac{x-3}{2}+3=x$$
$$(f^{-1} \circ f)(x)=f^{-1}(f(x))=f^{-1}(2x+3)$$
$$=\frac{2x+3-3}{2}=x$$

$f \circ f^{-1}$와 $f^{-1} \circ f$는 모두 항등함수이다.

080
24881-0080

오른쪽 그림과 같은 함수 $f: X \longrightarrow Y$에 대하여 다음을 구하시오.

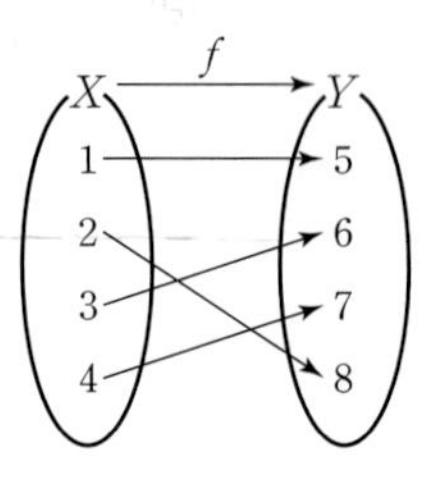

(1) $f(2)$ (2) $f^{-1}(8)$

(3) $(f^{-1} \circ f)(2)$ (4) $(f \circ f^{-1})(6)$

081
24881-0081

두 함수 $f(x)=2x+1$, $g(x)=3x-5$에 대하여 $((f \circ (g \circ f)^{-1} \circ g) \circ f)(3)$의 값을 구하시오.

082
24881-0082

두 함수 $f(x)=x+1$, $g(x)=-2x+4$에 대하여 $(f^{-1} \circ g^{-1})(x)=ax+b$일 때, 상수 a, b에 대하여 $a+b$의 값을 구하시오.

유형 06-25 역함수의 그래프

함수 $y=f(x)$의 그래프는 함수 $y=f^{-1}(x)$의 그래프와 직선 $y=x$에 대하여 대칭이다.

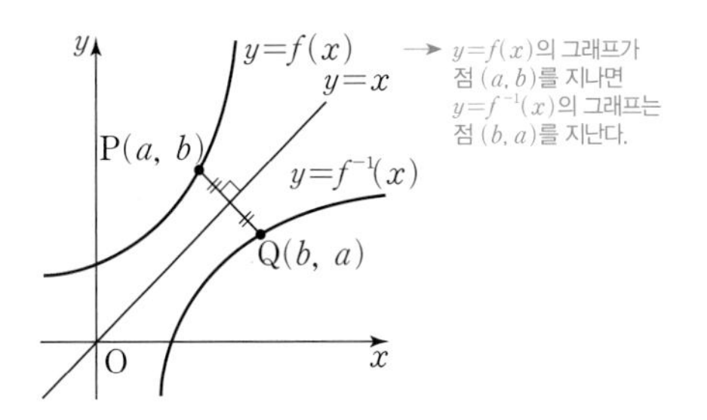

| 예 | $y=f(x)$의 그래프가 점 $(1, 2)$를 지나면 $y=f^{-1}(x)$의 그래프는 점 $(2, 1)$을 지난다.
→ $f(1)=2$
→ $f^{-1}(2)=1$

083

24881-0083

다음은 $y=f(x)$의 그래프이다. 이를 이용하여 $y=f^{-1}(x)$의 그래프를 그리시오.

(1) $f(x)=2x+1$

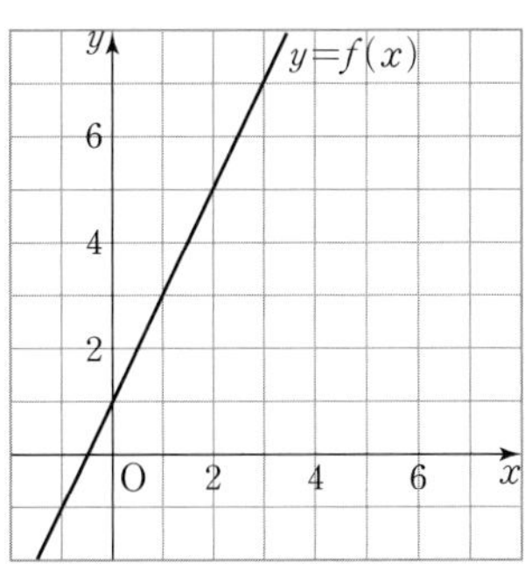

(2) $f(x)=-\frac{1}{2}x+2$

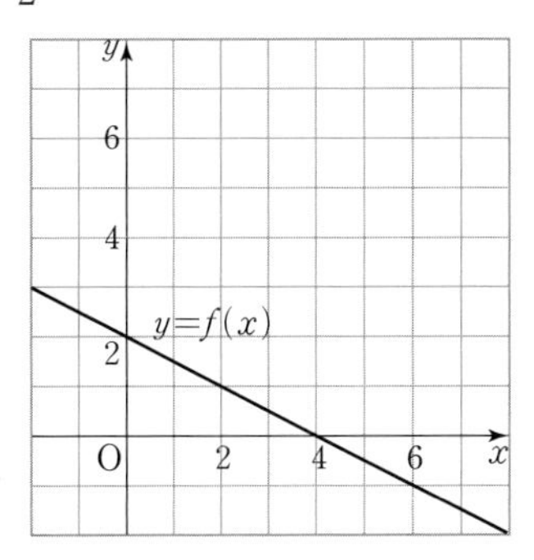

084

24881-0084

정의역이 $X=\{1, 2, 3, 4\}$인 함수 f가 다음을 만족시킨다.

$$f(1)=3,\ f(2)=2,\ f(3)=1,\ f(4)=0$$

두 함수 $y=f(x)$와 $y=f^{-1}(x)$의 그래프의 교점을 모두 고르면? (정답 3개)

① $(0, 4)$　② $(4, 0)$　③ $(2, 2)$
④ $(1, 3)$　⑤ $(3, 1)$

085

24881-0085

함수 $f(x)=4x^3$과 그 역함수 $f^{-1}(x)$에 대하여 두 함수 $y=f(x)$와 $y=f^{-1}(x)$의 그래프의 교점의 좌표를 모두 구하시오.

086

24881-0086

함수 $f(x)=(x-2)^2(x\geq2)$와 그 역함수 $f^{-1}(x)$에 대하여 두 함수 $y=f(x)$와 $y=f^{-1}(x)$의 그래프의 교점을 P라 할 때, 선분 OP의 길이는? (단, 점 O는 원점이다.)

① $\sqrt{2}$　② $2\sqrt{2}$　③ $3\sqrt{2}$
④ $4\sqrt{2}$　⑤ $5\sqrt{2}$

유형 06-26 유리식의 연산

→ 두 다항식 A, $B(B\neq0)$에 대해 $\frac{A}{B}$의 꼴로 나타낸 식

1. 유리식의 덧셈과 뺄셈

$$\frac{A}{B}+\frac{C}{D}=\frac{AD+BC}{BD},\quad \frac{A}{B}-\frac{C}{D}=\frac{AD-BC}{BD}$$

통분하여 계산한다. 통분하여 계산한다.

2. 유리식의 곱셈과 나눗셈

$$\frac{A}{B}\times\frac{C}{D}=\frac{AC}{BD},\quad \frac{A}{B}\div\frac{C}{D}=\frac{A}{B}\times\frac{D}{C}=\frac{AD}{BC}$$

역수로 고쳐서 곱한다.

| 예 | (1) $\frac{1}{x}+\frac{2}{x-2}=\frac{x-2+2x}{x(x-2)}=\frac{3x-2}{x(x-2)}$

통분한다.

(2) $\frac{x+2}{x^2+x}\div\frac{2x+4}{x}=\frac{x+2}{x(x+1)}\times\frac{x}{2(x+2)}$

역수를 곱한다.

$=\frac{1}{2(x+1)}$

087

➲24881-0087

다음 식을 간단히 하시오.

(1) $\frac{2x+8}{x+4}$

(2) $\frac{x^3+27}{x+3}$

088

➲24881-0088

다음 식을 계산하시오.

(1) $\frac{1}{x-1}+\frac{1}{x+2}$

(2) $3-\frac{2}{x+1}$

(3) $\frac{x+1}{2x}\times\frac{x^2}{x^2-1}$

(4) $\frac{x^2+3x+2}{x-3}\div\frac{x+2}{2x-6}$

089

➲24881-0089

$\frac{1}{x(x+1)}+\frac{1}{(x+1)(x+2)}$을 간단히 하면 $\frac{a}{x(x+b)}$이다. 이때 상수 a, b에 대하여 $a+b$의 값은?

① 4 ② 6 ③ 8
④ 10 ⑤ 12

090

➲24881-0090

등식 $\frac{2x}{x+1}+\frac{1}{x-2}=\frac{(x-1)(ax+b)}{(x+1)(x-2)}$를 만족시키는 상수 a, b에 대하여 $a+b$의 값은?

① 1 ② 2 ③ 3
④ 4 ⑤ 5

091

➲24881-0091

$2-\cfrac{1}{1+\cfrac{2}{x-3}}$을 간단히 하시오.

유형 06-27 유리함수의 그래프 (1)

유리함수 $y=\frac{k}{x-p}+q\ (k\neq0)$의 그래프

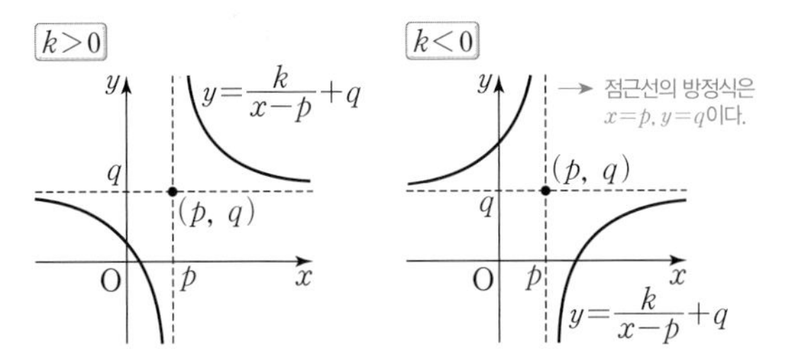

$y=\frac{k}{x}$ $\xrightarrow[p\text{만큼 평행이동}]{x\text{축의 방향으로}}$ $y=\frac{k}{x-p}$ $\xrightarrow[q\text{만큼 평행이동}]{y\text{축의 방향으로}}$ $y=\frac{k}{x-p}+q$

| 예 | $y=\frac{3}{x}$의 그래프를 x축의 방향으로 2만큼 평행이동한 (x 대신 $x-2$를 대입한다.) 그래프의 식은 $y=\frac{3}{x-2}$이고, 이 그래프를 y축의 방향으로 1만큼 평행이동한 (y 대신 $y-1$을 대입한다.) 그래프의 식은 $y=\frac{3}{x-2}+1$이다.

092

24881-0092

유리함수 $y=\frac{2}{x}$의 그래프를 x축의 방향으로 1만큼 평행이동한 그래프는 점 $(2, a)$를 지난다. 이때 상수 a의 값은?

① 1 ② 2 ③ 3 ④ 4 ⑤ 5

093

24881-0093

유리함수 $y=\frac{k}{x}$의 그래프가 두 점 $(3, 4)$, $(2, m)$을 지날 때, 상수 k, m에 대하여 $k+m$의 값은?

① 6 ② 12 ③ 15 ④ 18 ⑤ 24

094

24881-0094

유리함수 $y=\frac{k}{x-p}+q$의 그래프가 점 $(0, 4)$를 지나고, 점근선의 방정식이 $x=2$, $y=1$일 때, 상수 p, q, k의 값을 각각 구하시오.

095

24881-0095

유리함수 $y=\frac{k}{x-2}+1$의 그래프가 점 $(4, 0)$을 지날 때, 이 그래프가 지나지 않는 사분면은?

① 제1사분면 ② 제2사분면 ③ 제3사분면 ④ 제4사분면 ⑤ 제2사분면, 제3사분면

096

24881-0096

유리함수 $f(x)=\frac{k}{x+a}+b$의 그래프는 치역이 $\{y\,|\,y\neq-3$인 실수$\}$이고, 두 점 $(1, -4)$와 $(0, -5)$를 지난다. $-5\leq x\leq-3$에서 함수 $f(x)$의 최댓값은?

① -1 ② -2 ③ -3 ④ -4 ⑤ -5

유형 06-28 유리함수의 그래프 (2)

유리함수 $y=\frac{ax+b}{cx+d}(ad-bc\neq0,\ c\neq0)$의 그래프는

$y=\frac{k}{x-p}+q(k\neq0)$의 꼴로 바꾸어 그린다. → 점근선의 방정식은 $x=p$, $y=q$이다.

| 예 | $y=\frac{2x+3}{x+1}=\frac{2(x+1)+1}{x+1}=\frac{1}{x+1}+2$의 그래프

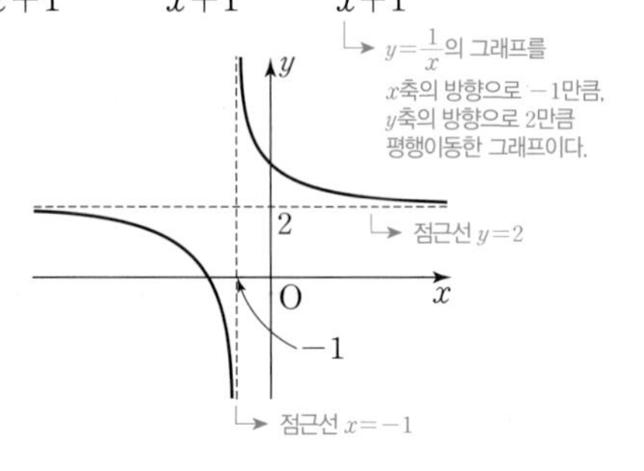

→ $y=\frac{1}{x}$의 그래프를 x축의 방향으로 -1만큼, y축의 방향으로 2만큼 평행이동한 그래프이다.

097

⊃24881-0097

유리함수 $y=\frac{x+1}{x-1}$의 그래프는 $y=\frac{a}{x-1}+b$의 그래프와 같다. 상수 a, b에 대하여 $a+b$의 값은?

① 1 ② 2 ③ 3 ④ 4 ⑤ 5

098

⊃24881-0098

유리함수 $y=\frac{2x+7}{x+2}$의 그래프의 점근선의 방정식은 $x=a$, $y=b$이다. 이때 $a+b$의 값은?

① -2 ② -1 ③ 0 ④ 1 ⑤ 2

099

⊃24881-0099

다음 **보기**의 함수의 그래프 중 유리함수 $y=\frac{3}{x}$의 그래프를 평행이동하여 겹쳐질 수 있는 것만을 있는 대로 고른 것은?

보기

ㄱ. $y=\frac{2}{x}$ ㄴ. $y=\frac{3}{x-1}+2$ ㄷ. $y=\frac{-2x+5}{x-1}$

① ㄱ ② ㄴ ③ ㄷ ④ ㄴ, ㄷ ⑤ ㄱ, ㄴ, ㄷ

100

⊃24881-0100

$0\leq x\leq2$에서 함수 $y=\frac{-4x+1}{2x+3}$의 최댓값을 M, 최솟값을 m이라 할 때, Mm의 값은?

① -3 ② $-\frac{1}{3}$ ③ 1 ④ $\frac{1}{3}$ ⑤ 3

101

⊃24881-0101

함수 $f(x)=\frac{x+3}{-x+1}$의 역함수 $g(x)$에 대하여 $g(-5)$의 값은?

① 1 ② 2 ③ 3 ④ 4 ⑤ 5

유형 06-29 무리식과 무리함수

1. 무리식

근호를 포함한 식 중 유리식으로 나타낼 수 없는 식

| 예 | $\sqrt{x-5}$, $\sqrt{x^2+y}$, $\dfrac{1}{\sqrt{x-1}}$ → 근호 안에 미지수가 있고 유리식으로 나타낼 수 없다.

2. 무리함수

$y=$(x에 대한 무리식)

| 예 | $y=\sqrt{x}$, $y=\sqrt{3x-1}$ → 근호 안이 0 이상이 되도록 정의역이 정해진다. $y=\sqrt{3x-1}$의 정의역 X는 $3x-1\geq 0$이어야 하므로 $X=\left\{x \middle| x\geq\frac{1}{3}\right\}$이다.

102

24881-0102

다음 **보기** 중 무리식을 있는 대로 고른 것은?

보기

ㄱ. $\dfrac{2\sqrt{x}+4}{\sqrt{x}+2}$ ㄴ. $(\sqrt{x+1})^2$

ㄷ. $\sqrt{x^2-x}$ ㄹ. $\dfrac{x}{\sqrt{x+1}}$

① ㄱ, ㄷ ② ㄷ ③ ㄴ, ㄷ
④ ㄷ, ㄹ ⑤ ㄱ, ㄷ, ㄹ

103

24881-0103

다음 무리식의 분모를 유리화하시오.

(1) $\dfrac{x-1}{\sqrt{x}-1}$

(2) $\dfrac{2}{\sqrt{x+2}-\sqrt{x}}$

104

24881-0104

두 무리식 $2\sqrt{11-3x}$와 $\sqrt{x+2}$의 값이 모두 실수가 되도록 하는 모든 정수 x의 개수는?

① 3 ② 6 ③ 9
④ 12 ⑤ 15

105

24881-0105

함수 $f(x)=\sqrt{2x-1}$의 정의역은 $\{x|x\geq a\}$이고 함수 $g(x)=\sqrt{2-3x}$의 정의역은 $\{x|x\leq b\}$라 할 때, 상수 a, b에 대하여 ab의 값은?

① 1 ② $\dfrac{1}{2}$ ③ $\dfrac{1}{3}$
④ -1 ⑤ $-\dfrac{3}{2}$

106

24881-0106

정의역이 $\{x|x\geq 3\}$인 함수 $y=-(x-3)^2+4$의 역함수가 $y=\sqrt{-x+a}+b$일 때, 상수 a, b에 대하여 $a+b$의 값은?

① 4 ② 5 ③ 6
④ 7 ⑤ 8

유형 06-30 무리함수의 그래프 (1)

(1) $a>0$일 때

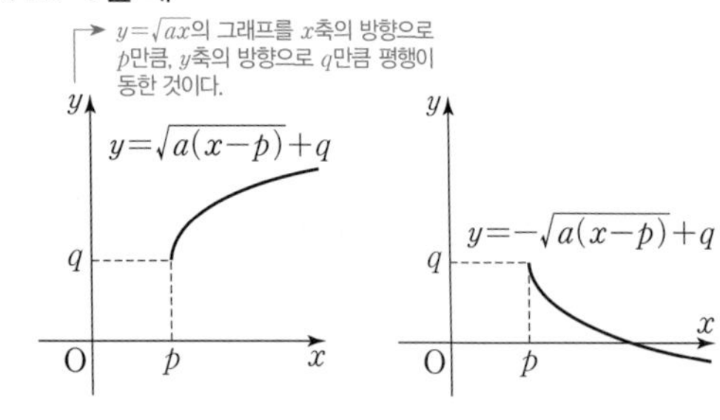

(2) $a<0$일 때

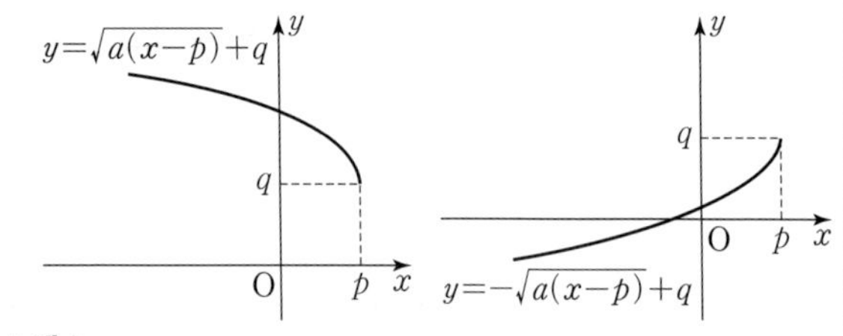

| 예 |

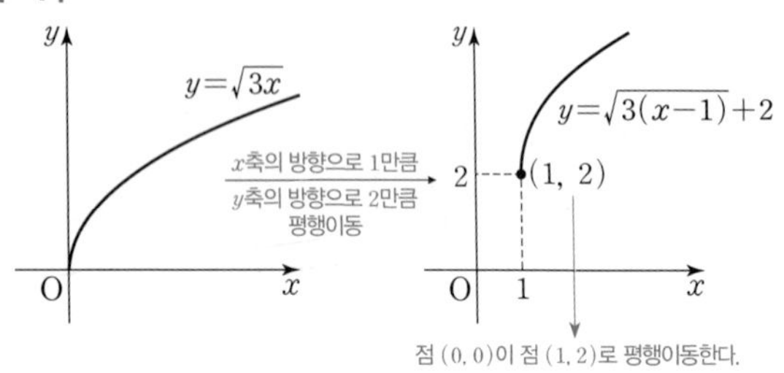

107

➲24881-0107

무리함수 $y=\sqrt{3x}$의 그래프를 x축의 방향으로 2만큼, y축의 방향으로 3만큼 평행이동한 그래프의 식을 구하시오.

108

➲24881-0108

무리함수 $f(x)=\sqrt{kx}$의 그래프가 점 $(8, 4)$를 지날 때, 상수 k에 대하여 $f(k)$의 값은?

① $\sqrt{2}$ ② 2 ③ $2\sqrt{2}$ ④ 4 ⑤ 8

109

➲24881-0109

무리함수 $y=\sqrt{k+x}$를 x축의 방향으로 $-k$만큼, y축의 방향으로 2만큼 평행이동한 그래프가 점 $(3, 5)$를 지날 때, 상수 k의 값은?

① 1 ② 2 ③ 3 ④ 4 ⑤ 5

110

➲24881-0110

다음 **보기**의 무리함수 중 그 그래프가 제4사분면을 지나는 것을 있는 대로 고른 것은?

보기

ㄱ. $y=\sqrt{x-2}-1$
ㄴ. $y=\sqrt{-(x-2)}+3$
ㄷ. $y=\sqrt{x}+2$
ㄹ. $y=-\sqrt{-(x-1)}+3$

① ㄱ ② ㄱ, ㄴ ③ ㄱ, ㄷ ④ ㄷ, ㄹ ⑤ ㄴ, ㄷ, ㄹ

111

➲24881-0111

다음 함수의 그래프 중 평행이동에 의하여 $y=\sqrt{3x+2}$의 그래프와 일치시킬 수 있는 것은?

① $y=\sqrt{-3x+2}$
② $y=\sqrt{2x-2}+1$
③ $y=\sqrt{3x-1}+2$
④ $y=-\sqrt{3x+1}$
⑤ $y=-\sqrt{\frac{1}{2}x+3}+2$

유형 06-31 무리함수의 그래프 (2)

$y=\sqrt{ax+b}+c=\sqrt{a\left(x+\frac{b}{a}\right)}+c$ → $x=-\frac{b}{a}$일 때, 최솟값 c를 갖는다.

⇒ $y=\sqrt{ax}$의 그래프를 x축의 방향으로 $-\frac{b}{a}$만큼,

y축의 방향으로 c만큼 평행이동한 그래프

(1) $a>0$일 때

정의역 : $\left\{x \middle| x\geq -\frac{b}{a}\right\}$, 치역 : $\{y|y\geq c\}$

(2) $a<0$일 때

정의역 : $\left\{x \middle| x\leq -\frac{b}{a}\right\}$, 치역 : $\{y|y\geq c\}$

| 예 | $y=\sqrt{2x+4}+3$의 그래프는

$y=\sqrt{2x+4}+3=\sqrt{2(x+2)}+3$이므로

$y=\sqrt{2x}$의 그래프를 x축의 방향으로 -2만큼, y축의 방향으로 3만큼 평행이동한 그래프이다. ← x대신 $x+2$를 y대신 $y-3$을 대입하여 얻을 수 있다.

정의역은 $\{x|x\geq -2\}$이고 최솟값은 3이다.

→ 근호 $\sqrt{2x+4}$에서 $2x+4\geq 0$

112

24881-0112

무리함수 $y=\sqrt{3x}$의 그래프를 x축의 방향으로 1만큼, y축의 방향으로 2만큼 평행이동한 그래프의 정의역과 치역을 각각 구하시오.

113

24881-0113

무리함수 $y=\sqrt{2x+a}+5$는 $x=-2$일 때, 최솟값 b를 가진다. 이때, 상수 a, b에 대하여 $a+b$의 값은?

① 5 ② 6 ③ 7 ④ 8 ⑤ 9

114

24881-0114

무리함수 $y=a\sqrt{-x+c}+b$의 그래프가 다음과 같을 때, $a+b+c$의 값은? (단, a, b, c는 상수이다.)

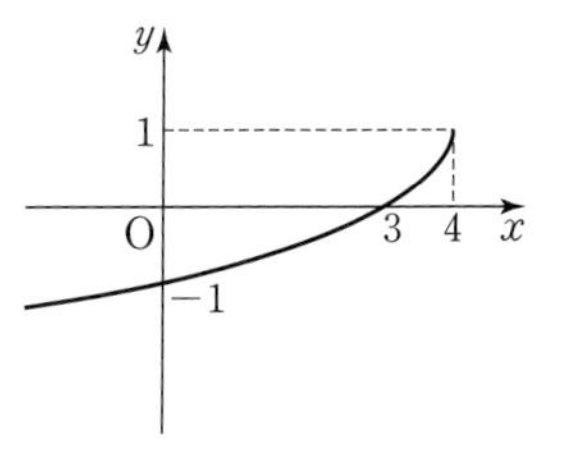

① 1 ② 2 ③ 3 ④ 4 ⑤ 5

115

24881-0115

$a\leq x\leq 6$일 때, 무리함수 $y=\sqrt{x+3}-4$의 최댓값은 M, 최솟값은 -2이다. 실수 a, M의 합 $a+M$의 값은?

① -2 ② -1 ③ 0 ④ 1 ⑤ 2

116

24881-0116

함수 $f(x)=\sqrt{ax+b}$에 대하여 $f(1)=2$, $f(2)=1$이 성립할 때, $-3\leq x\leq 1$에서 함수 $f(x)$의 최댓값은?

(단, a, b는 상수이다.)

① 1 ② 2 ③ 3 ④ 4 ⑤ 5

THEME

07

여러 가지 도형

유형 07-1 직선, 반직선, 선분

선	직선 AB	반직선 AB	선분 AB
기호	$\overleftrightarrow{AB}$	$\overrightarrow{AB}$	$\overline{AB}$
그림	A B	A B	A B
특징	$\overleftrightarrow{AB}=\overleftrightarrow{BA}$	$\overrightarrow{AB}\neq\overrightarrow{BA}$	$\overline{AB}=\overline{BA}$

→ $\overrightarrow{AB}$와 $\overrightarrow{BA}$는 서로 다른 반직선으로 방향이 반대이다.

참고
- 한 직선 위의 서로 다른 두 점을 지나는 직선은 모두 같은 직선이다.
- 시작점과 방향이 각각 같은 반직선은 서로 같다.
- 양 끝점이 각각 같은 선분은 서로 같다.

| 예 | 한 직선 위의 세 점 A, B, C 중에서 두 점을 골라 만들 수 있는 서로 다른 직선은 $\overleftrightarrow{AB}$의 1개, 서로 다른 반직선은 $\overrightarrow{AB}$, $\overrightarrow{BC}$, $\overrightarrow{CA}$, $\overrightarrow{BA}$의 4개, 서로 다른 선분은 $\overline{AB}$, $\overline{BC}$, $\overline{AC}$의 3개이다.

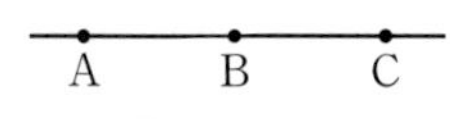

[001~002] 다음 **보기**의 그림을 보고 물음에 답하시오.

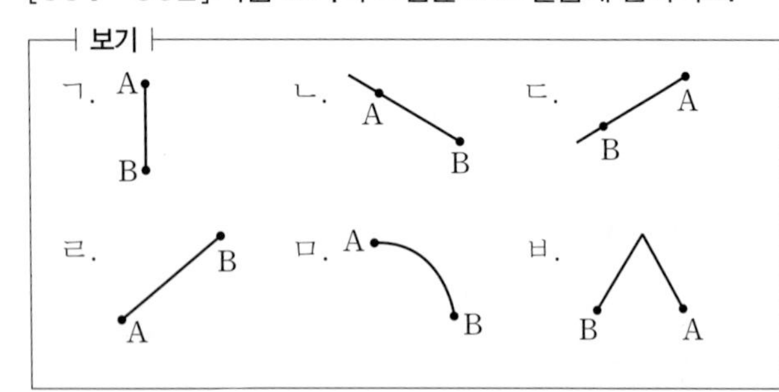

001
⊃24881-0117

선분을 모두 고르시오.

002
⊃24881-0118

반직선 AB를 고르시오.

003
⊃24881-0119

오른쪽 그림과 같이 어느 세 점도 한 직선 위에 있지 않은 네 점 A, B, C, D를 이용하여 그을 수 있는 서로 다른 직선의 개수를 구하시오.

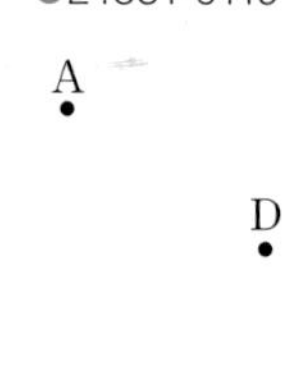

004
⊃24881-0120

오른쪽 그림과 같이 한 직선 위의 세 점 A, B, C에 대하여 다음 중 옳지 않은 것은?

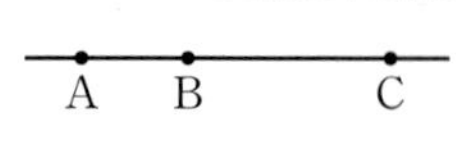

① $\overline{BC}=\overline{CA}$ ② $\overrightarrow{CA}=\overrightarrow{CB}$ ③ $\overleftrightarrow{AB}=\overleftrightarrow{CA}$
④ $\overline{AC}=\overline{CA}$ ⑤ $\overrightarrow{AC}=\overrightarrow{AB}$

005
⊃24881-0121

다음 중 옳지 않은 것은?

① 직선은 양쪽 끝이 정해지지 않은 곧은 선이다.
② $\overline{AB}$는 두 점 A, B 사이의 가장 짧은 선이다.
③ 양 끝점이 같은 선분은 서로 같다.
④ $\overrightarrow{AB}$와 $\overrightarrow{BA}$는 서로 같다.
⑤ 한 직선 위의 서로 다른 두 점을 지나는 직선은 모두 같은 직선이다.

유형 07-2 두 점 사이의 거리와 중점

1. **두 점 A, B 사이의 거리** : 선분 AB의 길이
   ↳ 두 점을 잇는 무수히 많은 선들 중 길이가 가장 짧은 선의 길이
2. **$\overline{AB}$의 중점** : $\overline{AB}$를 이등분하는 점

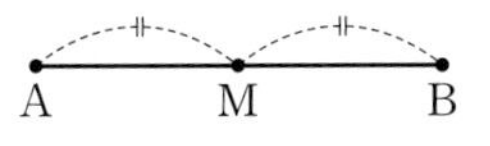

⇨ $\overline{AM}=\overline{BM}=\frac{1}{2}\overline{AB}$
↳ $\overline{AB}=2\overline{AM}=2\overline{BM}$

↳ 선분의 중점에서 선분의 양 끝점에 이르는 거리가 서로 같다.

| 예 | 점 M이 $\overline{AB}$의 중점이고
$\overline{AB}=6$ cm일 때,
$\overline{AM}=\overline{BM}=\frac{1}{2}\times6=3$(cm)
↳ 점 M에서 두 점 A, B에 이르는 거리가 서로 같다.

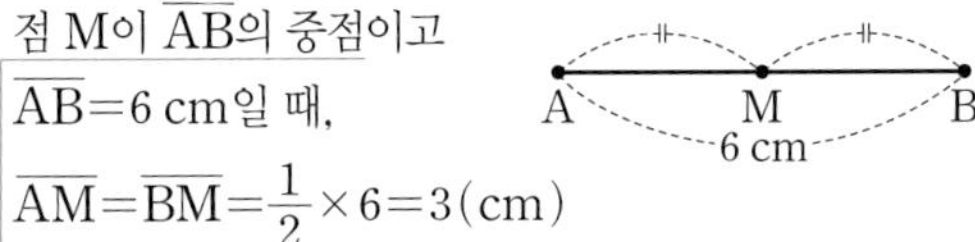

006

24881-0122

오른쪽 그림과 같은 사각형 ABCD에서 두 점 A, B 사이의 거리를 x cm, 두 점 B, C 사이의 거리를 y cm라 할 때, $x+y$의 값을 구하시오.

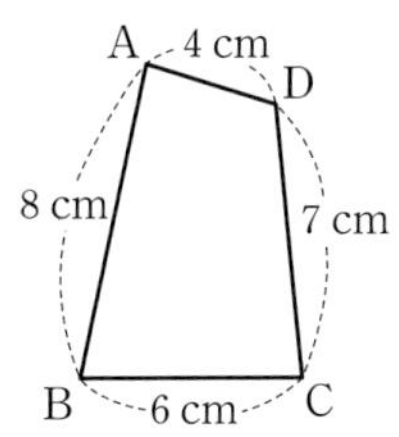

007

24881-0123

다음 그림에서 $\overline{AB}$의 중점을 M, $\overline{MB}$의 중점을 N, $\overline{AM}$의 중점을 P라 할 때, 다음 중 옳지 않은 것은?

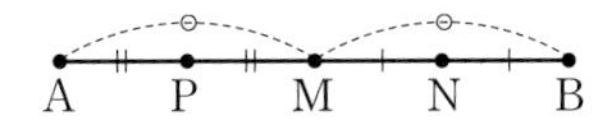

① $\overline{AB}=2\overline{PN}$ ② $\overline{MN}=\overline{AP}$ ③ $\overline{MB}=\frac{1}{2}\overline{AB}$
④ $\overline{PM}=\frac{1}{3}\overline{AB}$ ⑤ $\overline{AN}=3\overline{MN}$

008

24881-0124

다음 그림에서 $\overline{AB}$의 중점을 C, $\overline{AC}$의 중점을 D라 하고 $\overline{AD}=2$ cm일 때, $\overline{AB}$의 길이를 구하시오.

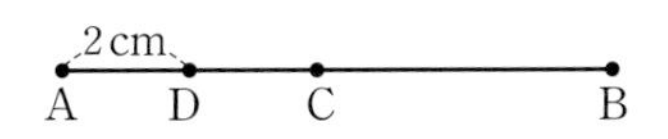

유형 07-3 각

1. 각 AOB
   ➡ 기호 : ∠AOB 또는
   ∠BOA, ∠O, ∠a
   ↳ 각을 읽을 때에는 각의 꼭짓점이 가운데 오도록 읽는다.

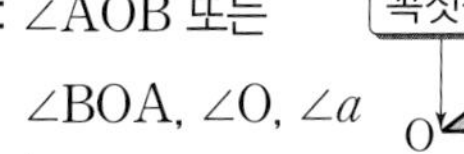
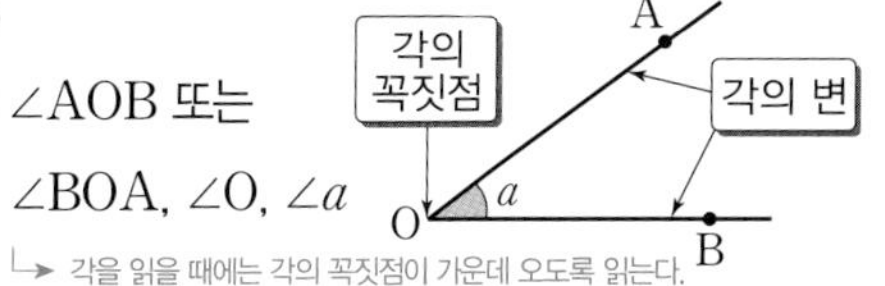

2. 각의 크기에 따른 분류

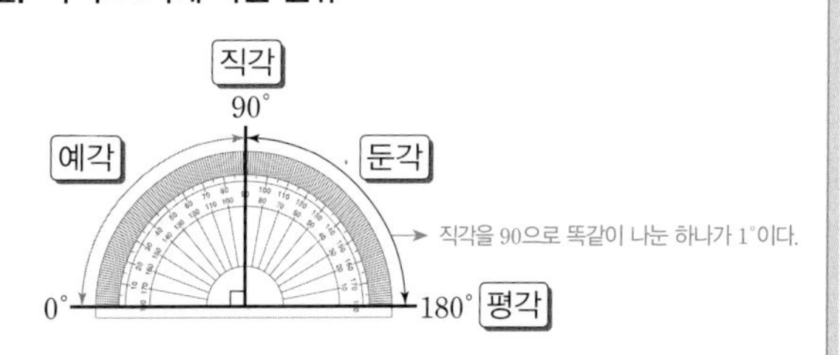

| 예 | 오른쪽 삼각형에서 각의 개수는 3이고, ∠A=30°, ∠C=100°이므로 ∠A는 예각, ∠C는 둔각이다.
↳ ∠A, ∠B, ∠C의 3개이다.

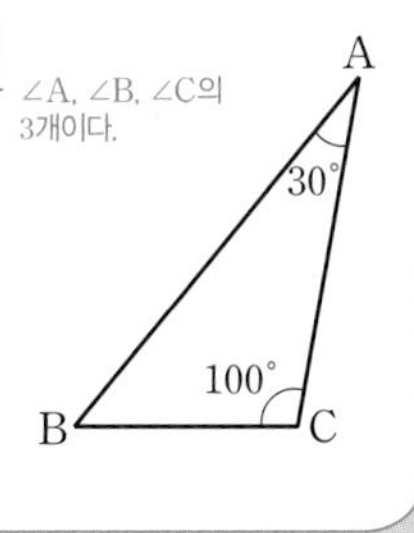

009

24881-0125

오른쪽 도형에 대한 설명으로 옳지 않은 것은?

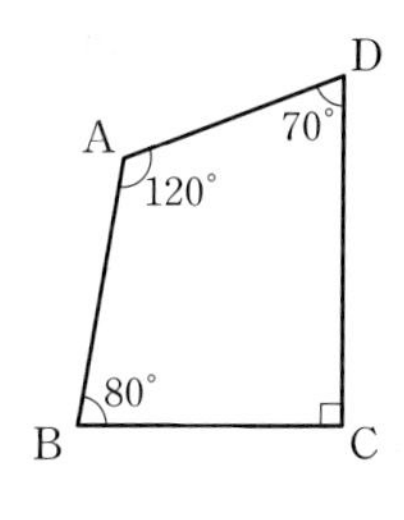

① ∠A는 둔각이다.
② ∠B는 예각이다.
③ ∠C는 직각이다.
④ ∠D는 평각이다.
⑤ 내각의 개수는 4이다.

010

24881-0126

각도에 대한 설명으로 옳지 않은 것은?

① 180°는 둔각이다.
② 각의 크기를 각도라 한다.
③ 평각은 예각보다 각의 크기가 더 크다.
④ 각도를 나타내는 단위에는 1도가 있다.
⑤ 직각을 90으로 똑같이 나눈 하나를 1도라 한다.

유형 07-4 각의 종류

1. **맞꼭지각** : 서로 마주보는 두 각으로 크기가 서로 같다. → 교각 중의 두 각이다.

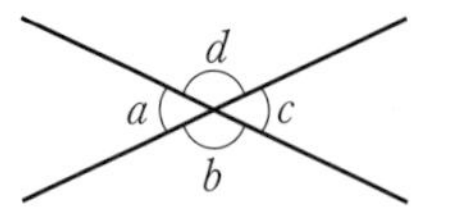

➡ $\angle a=\angle c$, $\angle b=\angle d$

2. **동위각** : 같은 위치에 있는 각

➡ $\angle a$와 $\angle e$, $\angle b$와 $\angle f$, $\angle c$와 $\angle g$, $\angle d$와 $\angle h$

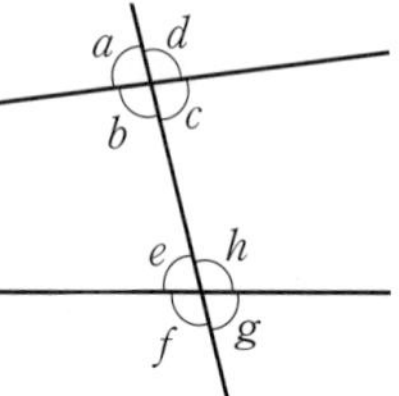

3. **엇각** : 엇갈린 위치에 있는 각

➡ $\angle b$와 $\angle h$, $\angle c$와 $\angle e$

→ 동위각과 엇각은 두 직선이 한 직선과 만날 때 생긴다.

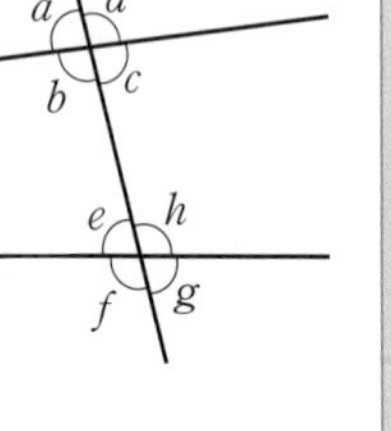

| 예 | 오른쪽 그림에서

$\angle a=90^\circ$ (맞꼭지각)

$\angle b=\angle c=180^\circ-90^\circ=90^\circ$

$\angle d=\angle e=180^\circ-95^\circ=85^\circ$

$\angle f=95^\circ$ (맞꼭지각) → 평각을 이루는 두 각의 크기의 합은 180°이다.

또, $\angle f$의 동위각은 $\angle c$, $\angle f$의 엇각은 $\angle b$이다.

011

➲24881-0127

오른쪽 그림에서 $\overleftrightarrow{AB}$, $\overleftrightarrow{CD}$, $\overleftrightarrow{EF}$가 한 점 O에서 만날 때, 다음 중 서로 맞꼭지각이 <u>아닌</u> 것은?

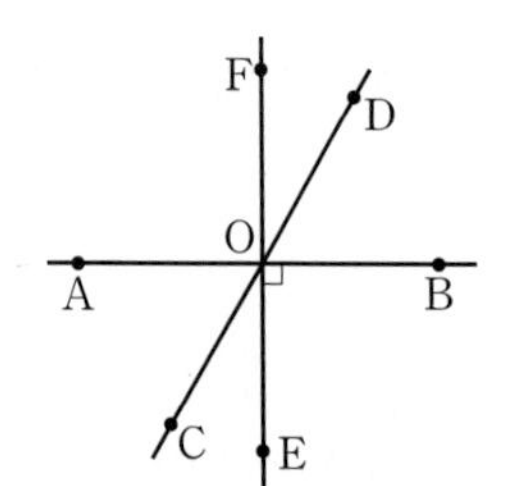

① $\angle$AOF와 $\angle$BOE
② $\angle$COE와 $\angle$DOF
③ $\angle$BOC와 $\angle$AOD
④ $\angle$AOE와 $\angle$DOB
⑤ $\angle$EOD와 $\angle$FOC

012

➲24881-0128

오른쪽 그림에서 x의 값을 구하시오.

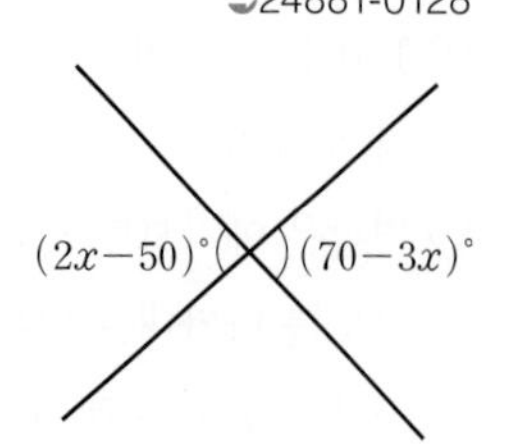

013

➲24881-0129

오른쪽 그림에서 $\angle a$, $\angle b$의 크기를 각각 구하시오.

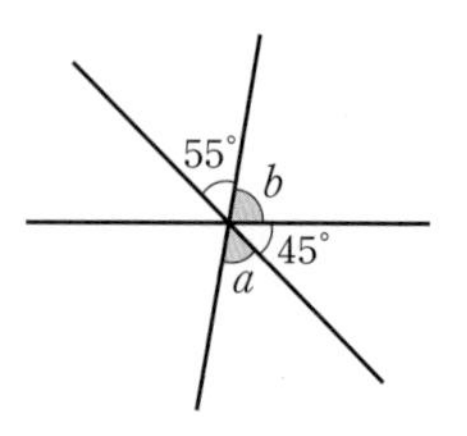

014

➲24881-0130

오른쪽 그림에서 $\angle a$의 동위각의 크기와 $\angle b$의 엇각의 크기의 합을 구하시오.

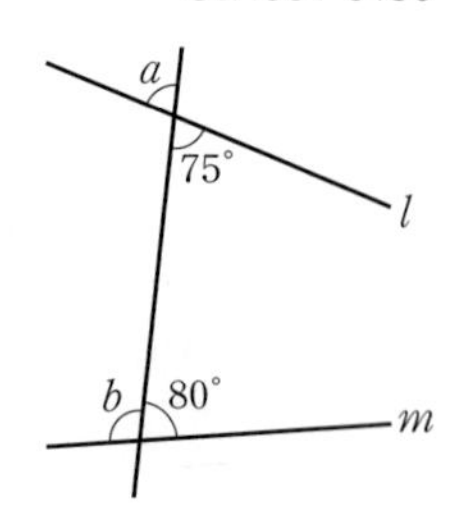

015

➲24881-0131

오른쪽 그림에 대한 설명으로 옳지 <u>않은</u> 것은?

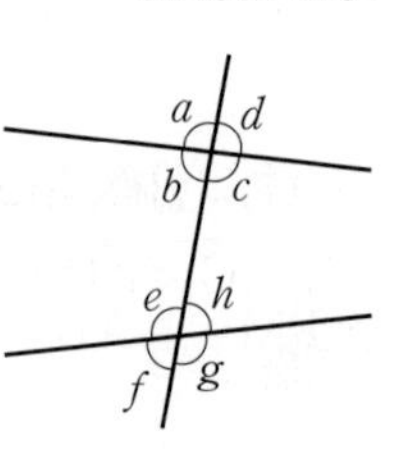

① $\angle b$의 동위각은 $\angle f$이다.
② $\angle c$의 엇각은 $\angle e$이다.
③ $\angle d$의 크기는 $\angle h$의 크기와 같다.
④ $\angle e$의 엇각의 크기는 $\angle a$의 크기와 같다.
⑤ $\angle f$의 동위각의 크기는 $\angle d$의 크기와 같다.

유형 07-5 도형의 각의 크기의 합

(1) 삼각형의 세 내각의 크기의 합은 180°이다.

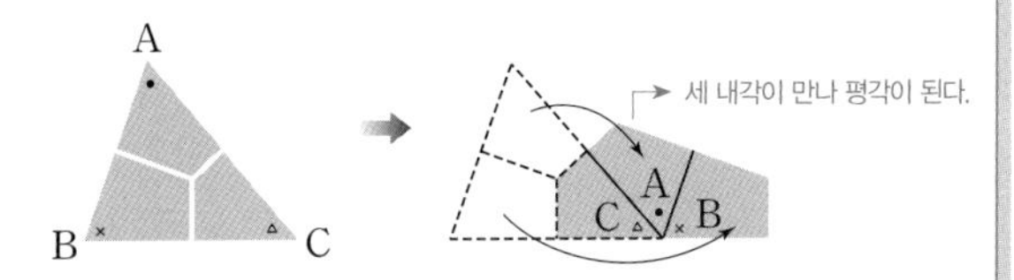

(2) 사각형의 네 내각의 크기의 합은 360°이다.

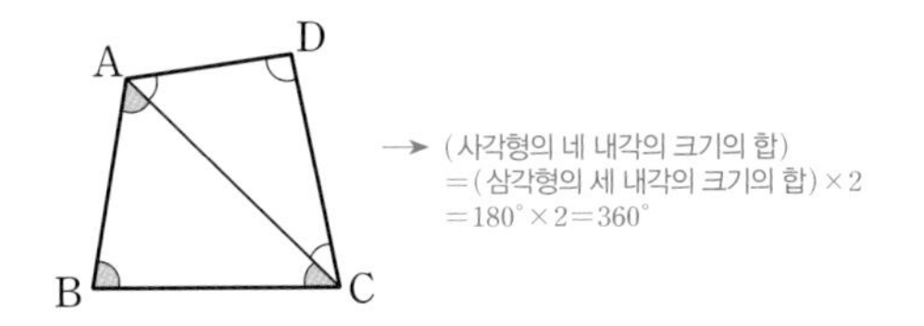

| 예 | 오른쪽 그림에서

$\angle A+\angle B+\angle C=180^\circ$ (세 내각의 크기의 합)

이므로

$80^\circ+\angle B+55^\circ=180^\circ$

따라서 $\angle B=45^\circ$

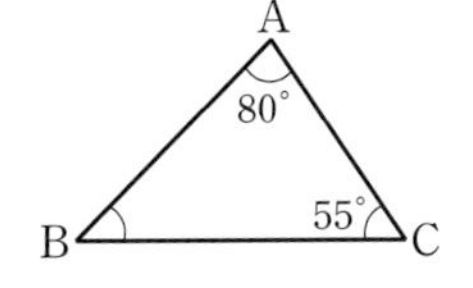

유형 07-6 삼각형의 분류

1. 각의 크기에 따른 삼각형의 분류

삼각형	예각삼각형	직각삼각형	둔각삼각형
그림			
특징	예각이 3개	직각이 1개	둔각이 1개

2. 변의 길이에 따른 삼각형의 분류 (정삼각형도 이등변삼각형이다.)

삼각형	이등변삼각형	정삼각형
그림		
뜻	$\overline{AB}=\overline{AC}$	$\overline{AB}=\overline{BC}=\overline{CA}$
성질	$\angle B=\angle C$	$\angle A=\angle B=\angle C$

016

24881-0132

다음 중 삼각형의 세 내각의 크기가 아닌 것은?

① 30°, 60°, 90°
② 45°, 60°, 75°
③ 20°, 30°, 130°
④ 15°, 65°, 90°
⑤ 10°, 55°, 115°

017

24881-0133

오른쪽 그림과 같은 사각형 ABCD에서 $\angle C=\angle D+20^\circ$일 때, $\angle D$의 크기를 구하시오.

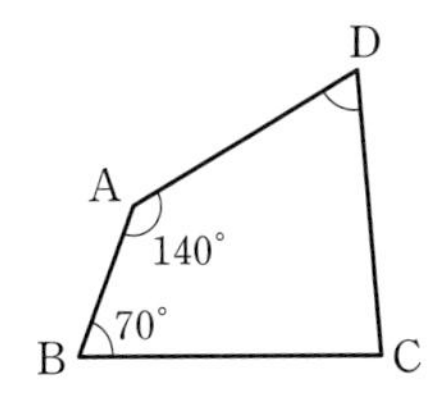

018

24881-0134

오른쪽 그림에서 x의 값을 구하시오.

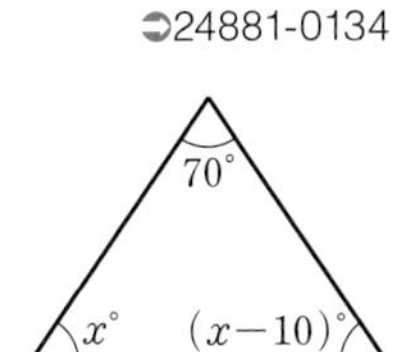

019

24881-0135

오른쪽 그림과 같은 삼각형 ABC에 대한 설명으로 옳은 것은?

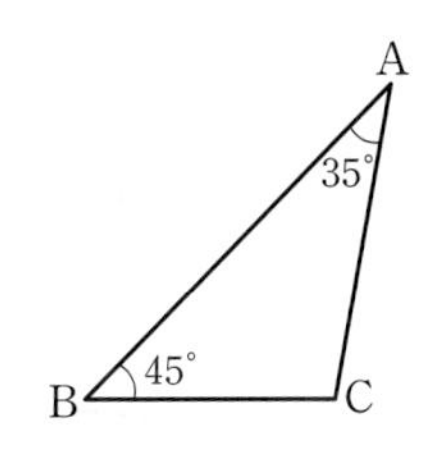

① $\angle ABC$는 직각이다.
② $\angle C$의 크기는 110°이다.
③ 삼각형 ABC는 둔각삼각형이다.
④ 두 변의 길이가 같은 삼각형이다.
⑤ $\angle A$와 $\angle B$의 크기의 합은 $\angle ACB$의 크기보다 크다.

020

24881-0136

다음 그림과 같은 삼각형 ABC에서 $\angle A$의 크기를 구하시오.

(1) (2)

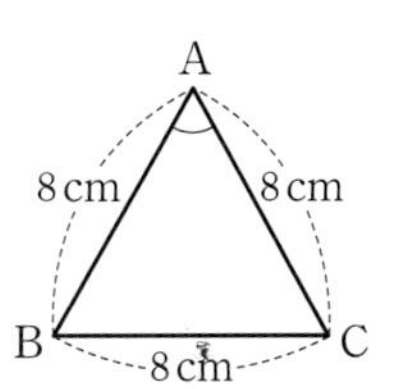

유형 07-7 삼각형의 작도

1. **삼각형** ABC
   ➡ 기호 : △ABC
   참고 사각형 ABCD
   ➡ 기호 : □ABCD

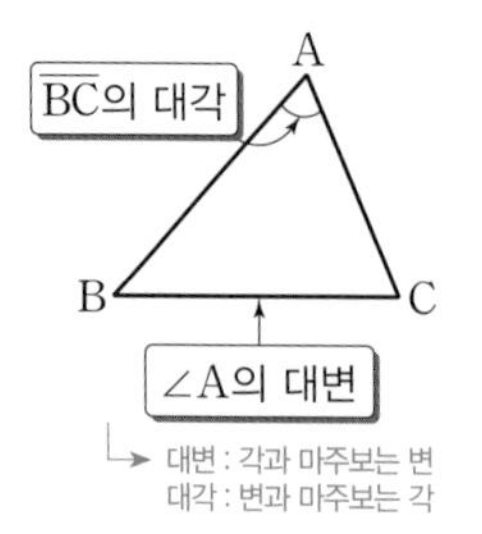

2. **삼각형의 작도** : 눈금 없는 자와 컴퍼스만으로 삼각형을 그리는 것
3. **삼각형이 하나로 정해지기 위한 조건**
   (1) 세 변의 길이를 알 때 → 단, 삼각형의 세 변의 길이는 다음을 만족해야 한다. (삼각형의 한 변의 길이)<(다른 두 변의 길이의 합)
   (2) 두 변의 길이와 그 끼인각의 크기를 알 때
   (3) 한 변의 길이와 양 끝각의 크기를 알 때

| 예 | 두 변 $\overline{AB}$, $\overline{BC}$의 길이가 주어진 △ABC는 $\overline{AC}$의 길이 혹은 끼인각 ∠B의 크기를 알 때, 크기와 모양이 하나로 정해진다.

→ 삼각형의 세 변의 길이가 주어져도 삼각형의 가장 긴 변의 길이가 다른 두 변의 길이의 합보다 크거나 같으면 삼각형이 될 수 없다.

021

24881-0137

다음 중 삼각형의 세 변의 길이가 될 수 있는 것을 모두 고르면? (정답 2개)

① 3 cm, 3 cm, 6 cm ② 5 cm, 6 cm, 12 cm
③ 7 cm, 7 cm, 7 cm ④ 3 cm, 4 cm, 9 cm
⑤ 4 cm, 7 cm, 9 cm

022

24881-0138

다음 주어진 조건을 이용하여 △ABC를 작도하려고 할 때, △ABC를 하나로 작도할 수 없는 것은?

① $\overline{AB}=5$, $\overline{BC}=6$, $\overline{CA}=7$
② $\overline{AB}=6$, $\overline{BC}=5$, $\angle A=45^\circ$
③ $\overline{BC}=7$, $\overline{CA}=5$, $\angle C=60^\circ$
④ $\overline{AC}=8$, $\angle A=30^\circ$, $\angle C=90^\circ$
⑤ $\overline{BC}=9$, $\angle B=75^\circ$, $\angle C=60^\circ$

유형 07-8 수직

(1) $\overleftrightarrow{AB}$, $\overleftrightarrow{CD}$가 직각을 이룰 때, $\overleftrightarrow{AB}$와 $\overleftrightarrow{CD}$는 서로 수직이다. (→ 직교한다.)
   ➡ 기호 : $\overleftrightarrow{AB}\perp\overleftrightarrow{CD}$

(2) $\overline{AB}\perp l$, $\overline{AM}=\overline{BM}$일 때, 직선 l은 $\overline{AB}$의 수직이등분선이다.

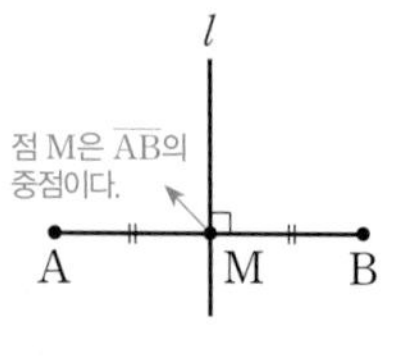

(3) 점 P에서 직선 l에 수선의 발을 내릴 때
   ① 점 H : 수선의 발 → $\overline{PH}\perp l$
   ② $\overline{PH}$: 점 P와 직선 l 사이의 거리

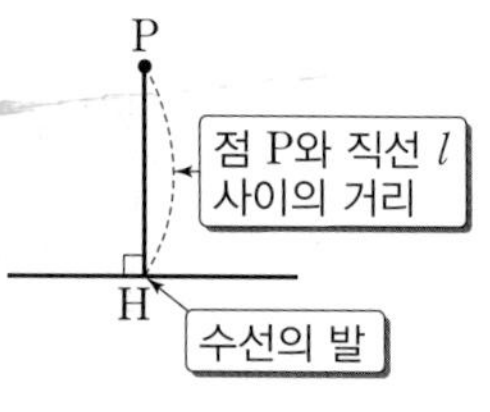

| 예 | 한 칸의 길이가 1인 모눈종이에서 점 A, B, C에서 직선 l에 내린 수선의 발은 각각 D, E, F이고, 점 C와 직선 l 사이의 거리는 2이다. (→ $\overline{CF}$의 길이와 같다.)

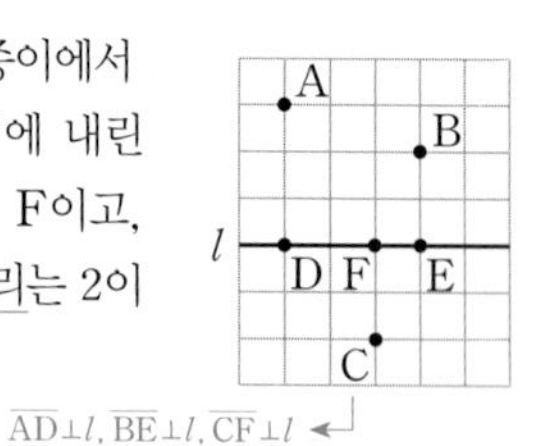

$\overline{AD}\perp l$, $\overline{BE}\perp l$, $\overline{CF}\perp l$

023

24881-0139

오른쪽 그림과 같은 사각형 ABCD에 대한 설명으로 옳지 않은 것은?

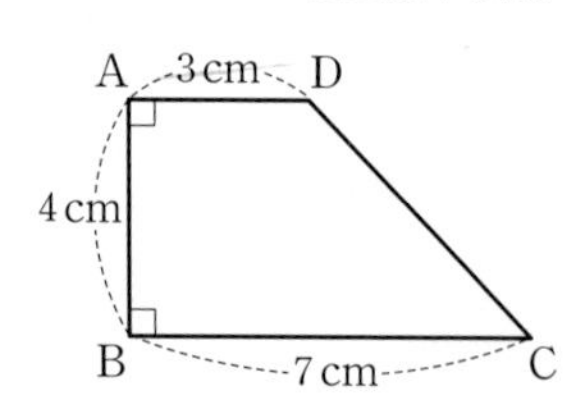

① $\overleftrightarrow{AB}$는 $\overleftrightarrow{BC}$의 수선이다.
② $\overline{AD}$와 $\overline{BC}$는 평행하다.
③ 점 B에서 $\overline{AD}$에 내린 수선의 발은 점 A이다.
④ 점 C와 점 D 사이의 거리는 4 cm이다.
⑤ $\overline{AB}$와 $\overline{AD}$는 직교한다.

024

24881-0140

오른쪽 그림에서 직선 l이 $\overline{AB}$의 수직이등분선이고, $\overline{AB}=4$ cm일 때, 다음 □ 안에 알맞은 수나 기호를 쓰시오.

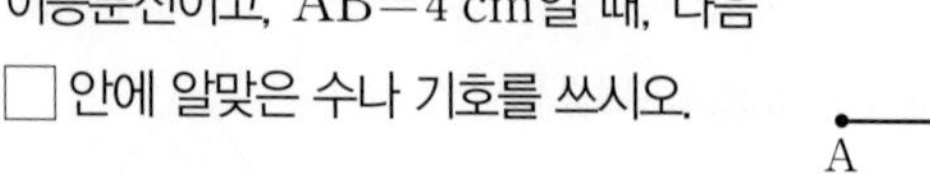

(1) $\overline{AB}=$□$\overline{BM}$ (2) $\overline{AM}=$□ cm (3) l□$\overline{AB}$

유형 07-9 평행

1. 평행

두 직선 l, m이 만나지 않을 때, 두 직선 l, m은 평행하다.

➡ 기호 : $l /\!/ m$

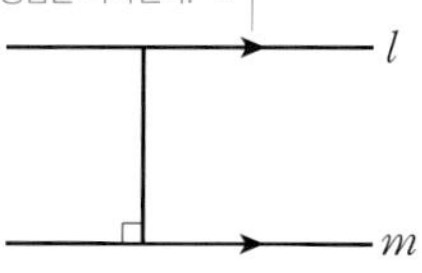

2. 평행선의 성질

$l /\!/ m$이면

(1) $\angle a = \angle b$ (동위각)

(2) $\angle a = \angle c$ (엇각)

→ 평행할 때만 동위각, 엇각의 크기가 같고, 항상 같지는 않음에 유의한다.

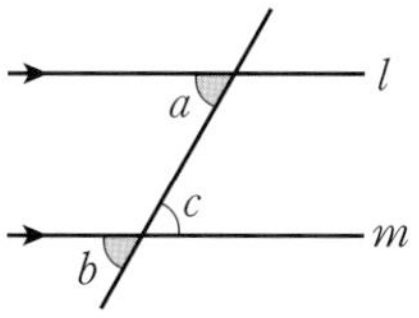

| 예 | 오른쪽 그림에서 $l /\!/ m$일 때 $\angle x$의 크기를 구하기 위해 두 직선 l, m에 평행한 직선 n을 그으면

$l /\!/ n$이므로

$\angle a = 35°$ (엇각),

$n /\!/ m$이므로

$\angle b = 45°$ (엇각)

⇨ $\angle x = \angle a + \angle b$

$= 35° + 45° = 80°$

→ 평행한 보조선을 그어 평행선의 성질을 이용한다.

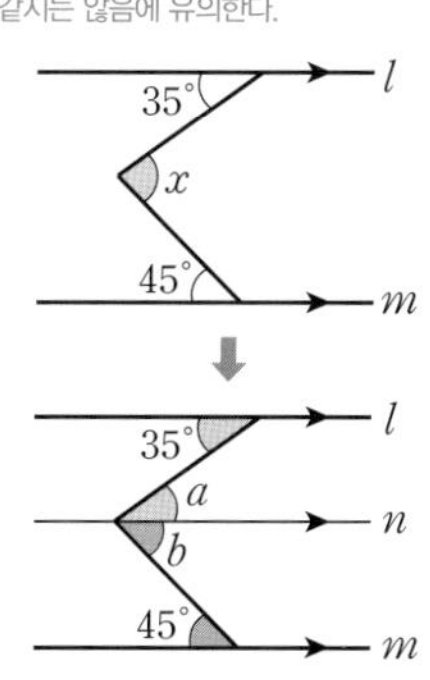

025

➲24881-0141

오른쪽 그림에서 $l /\!/ m$일 때, $\angle a$, $\angle b$의 크기를 각각 구하시오.

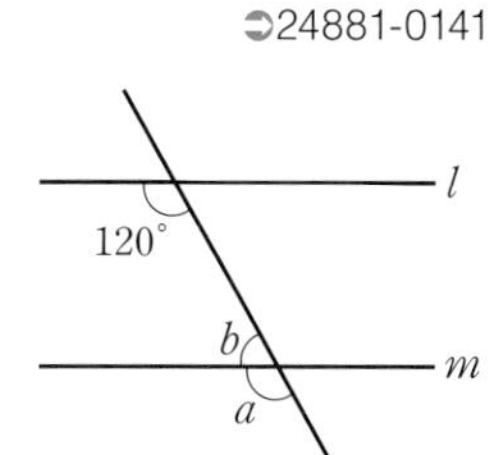

026

➲24881-0142

오른쪽 그림에서 $l /\!/ m$일 때, $\angle a$, $\angle b$, $\angle c$의 크기를 각각 구하시오.

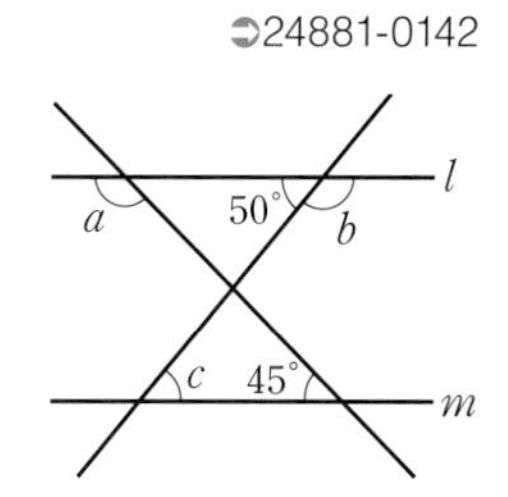

027

➲24881-0143

다음 그림에서 $l /\!/ m$일 때, $\angle x$의 크기를 구하시오.

(1)

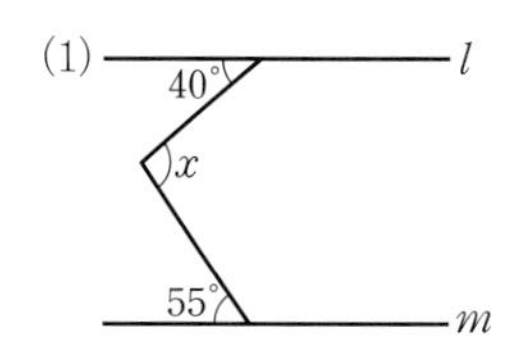

(2)

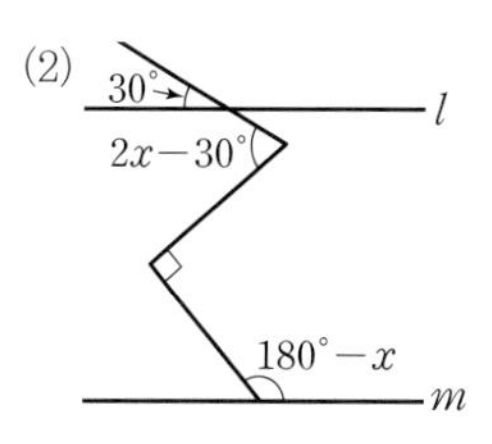

028

➲24881-0144

오른쪽 그림에서 $l /\!/ m$이고, $\angle ABD = 3\angle DBC$일 때, $\angle DBC$의 크기는?

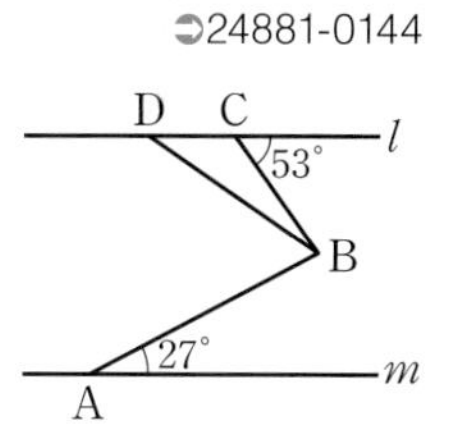

① 20°　② 21°　③ 22°　④ 23°　⑤ 24°

029

➲24881-0145

오른쪽 그림은 직사각형 모양의 종이를 $\overline{EF}$를 접는 선으로 하여 접은 것이다. $\angle GEF = 62°$일 때, $\angle EGF$의 크기는?

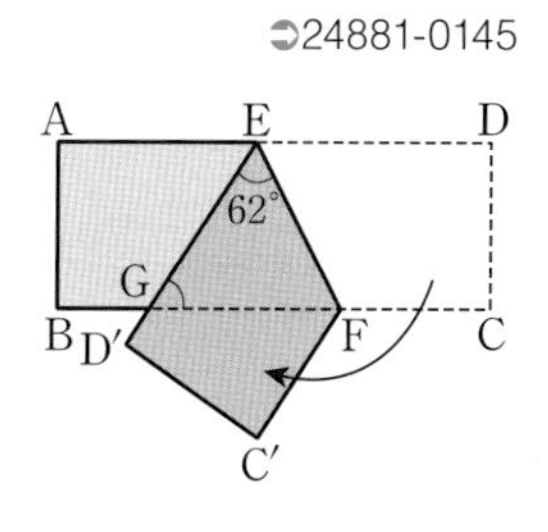

① 54°　② 56°　③ 58°　④ 60°　⑤ 62°

유형 07-10 두 직선이 평행할 조건

다음 조건 중 하나를 만족하면 $l /\!/ m$이다.

(1) $\angle a = \angle b$ (동위각)

(2) $\angle a = \angle c$ (엇각)

| 예 | 오른쪽 그림의 두 직선 l, m은 동위각의 크기가 같으므로 $l /\!/ m$이고 (그림에서 85°로 같다.)
두 직선 l, n은 동위각의 크기가 같지 않으므로 평행하지 않다. (그림에서 85°와 90°로 같지 않다.)

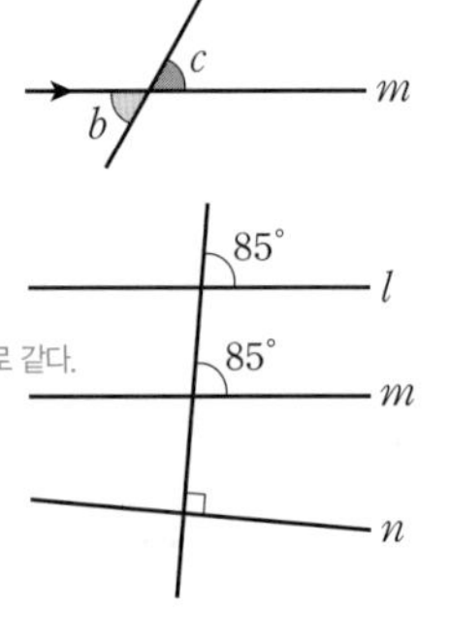

유형 07-11 다각형과 정다각형

1. **다각형** : 선분으로만 둘러싸인 평면도형
   (곡선이나 끊어진 부분이 있는 도형은 다각형이 아니다.)

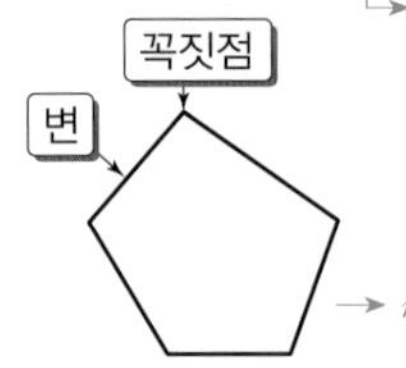

⇨ 오각형의 꼭짓점, 변, 각의 개수는 각각 모두 5이다.
(n각형의 꼭짓점, 변, 각의 개수는 각각 모두 n이다.)

2. **정다각형** : 변의 길이가 모두 같고 각의 크기가 모두 같은 다각형

| 예 | 둘레의 길이가 24 cm인 정육각형(변의 개수가 6이다.)에서 한 변의 길이를 x cm라 하면 $6x=24$, $x=4$
따라서 정육각형의 한 변의 길이는 4 cm이다.

030

24881-0146

오른쪽 그림에서 $l /\!/ m$, $p /\!/ q$이기 위한 $\angle a$, $\angle b$의 크기를 각각 구하시오.

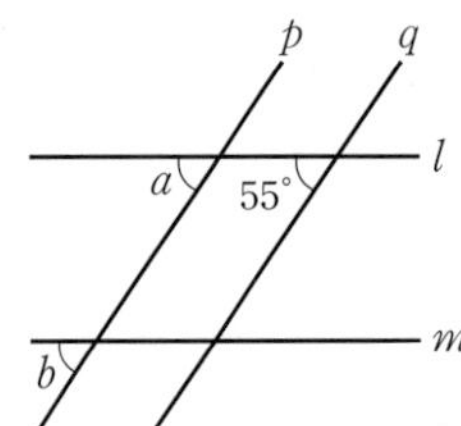

031

24881-0147

오른쪽 그림에서 $l /\!/ m$이기 위한 $\angle x$의 크기는?

① 30° ② 40° ③ 50° ④ 60° ⑤ 70°

032

24881-0148

오른쪽 그림에 대한 설명으로 옳지 않은 것은?

① $l /\!/ n$ ② $p /\!/ q$ ③ $\angle a=73°$ ④ $\angle b=125°$ ⑤ $p \perp m$

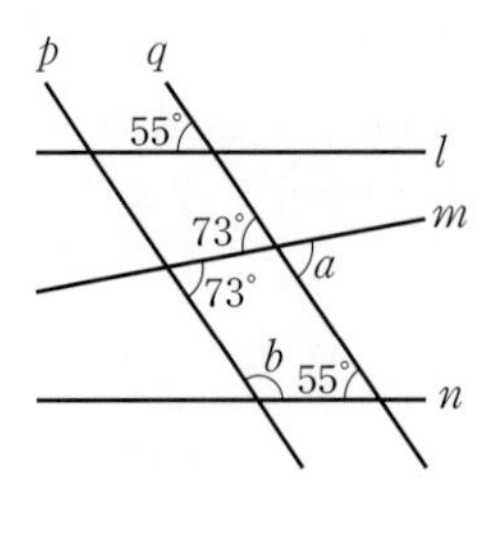

033

24881-0149

다음 조건을 모두 만족시키는 다각형의 이름을 쓰시오.

- 변의 개수는 15이다.
- 변의 길이가 모두 같고, 각의 크기도 모두 같다.

034

24881-0150

오른쪽 그림과 같은 정칠각형에서 한 변의 길이가 5 cm일 때, 이 정칠각형의 둘레의 길이를 구하시오.

035

24881-0151

한 변의 길이가 3 cm이고, 둘레의 길이가 36 cm인 정다각형의 변의 개수를 구하시오.

유형 07-12 다각형의 대각선

1. **대각선** : 다각형의 이웃하지 않은 두 꼭짓점을 이은 선분
2. n각형의 한 꼭짓점에서 그을 수 있는 대각선의 개수 :

   $n-3$ → 자기 자신과 이웃한 두 점을 제외한 점의 개수와 같다.
3. n각형의 대각선의 개수 : $\dfrac{n(n-3)}{2}$

| 예 | 오각형의 한 꼭짓점에서 그을 수 있는 대각선의 개수는 $5-3=2$ → $n=5$를 대입한다.

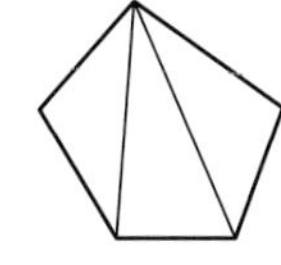

오각형의 대각선의 개수는 $\dfrac{5(5-3)}{2}=5$ → $n=5$를 대입한다.

036
➲24881-0152

한 꼭짓점에서 그을 수 있는 대각선의 개수가 6인 다각형은?

① 육각형 ② 칠각형 ③ 팔각형 ④ 구각형 ⑤ 십각형

037
➲24881-0153

다음 다각형의 대각선의 개수를 구하시오.

(1) 팔각형 (2) 십사각형

038
➲24881-0154

대각선의 개수가 14인 다각형의 변의 개수를 구하시오.

유형 07-13 다각형의 내각과 외각의 성질

한 꼭짓점에서의 내각과 외각의 크기의 합은 180°이다.

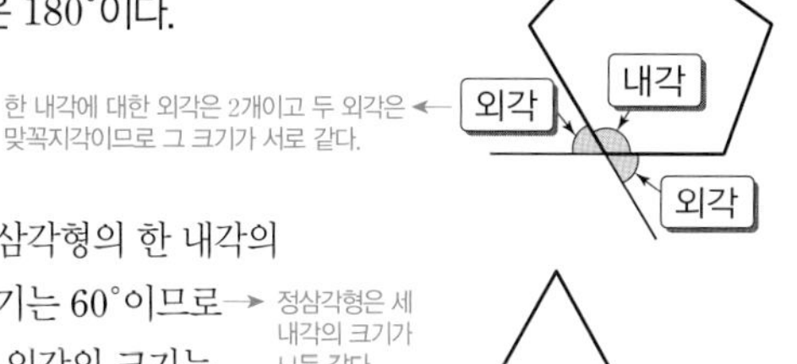

| 예 | 정삼각형의 한 내각의 크기는 60°이므로 → 정삼각형은 세 내각의 크기가 모두 같다.
한 외각의 크기는 $180^\circ-60^\circ=120^\circ$이다.

039
➲24881-0155

오른쪽 그림의 △ABC에서 다음을 구하시오.

(1) ∠C의 외각의 크기

(2) ∠A의 외각의 크기

040
➲24881-0156

오른쪽 그림과 같은 □ABCD에서 ∠BCD의 외각의 크기를 구하시오.

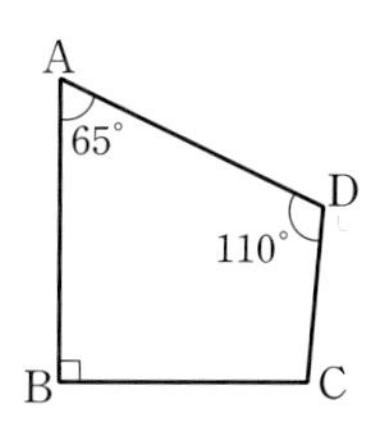

041
➲24881-0157

한 외각의 크기가 30°인 정다각형의 한 내각의 크기를 구하시오.

유형 07-14 삼각형의 내각과 외각의 성질

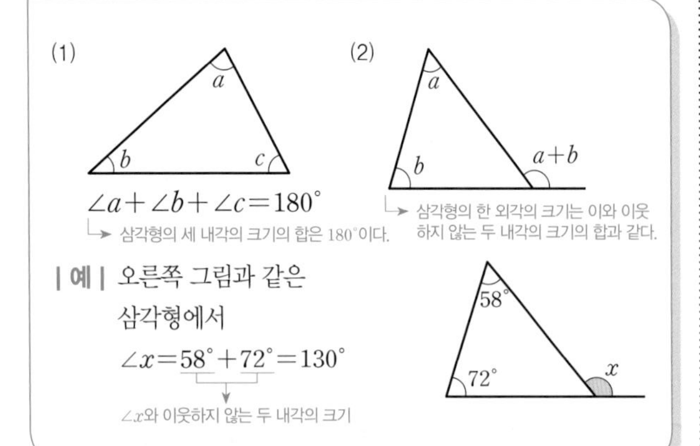

(1) $\angle a+\angle b+\angle c=180^\circ$
→ 삼각형의 세 내각의 크기의 합은 180°이다.

(2) → 삼각형의 한 외각의 크기는 이와 이웃하지 않는 두 내각의 크기의 합과 같다.

| 예 | 오른쪽 그림과 같은 삼각형에서

$\angle x=58^\circ+72^\circ=130^\circ$

$\angle x$와 이웃하지 않는 두 내각의 크기

042
⊃24881-0158

다음 그림에서 $\angle x$의 크기를 구하시오.

(1)

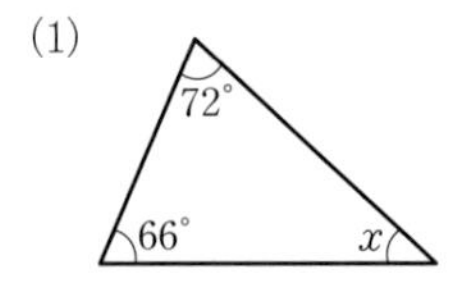

(2)

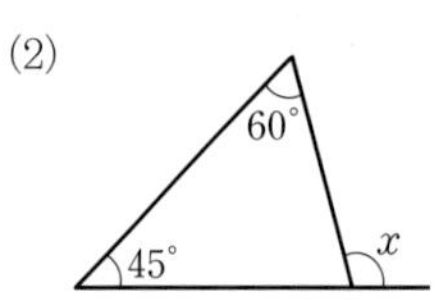

043
⊃24881-0159

세 내각의 크기가 $5:6:7$인 삼각형에서 크기가 가장 큰 내각의 크기를 구하시오.

044
⊃24881-0160

오른쪽 그림의 $\triangle$ABC에서 $\angle$BAD$=\angle$DAC일 때, $\angle$ADB의 크기를 구하시오.

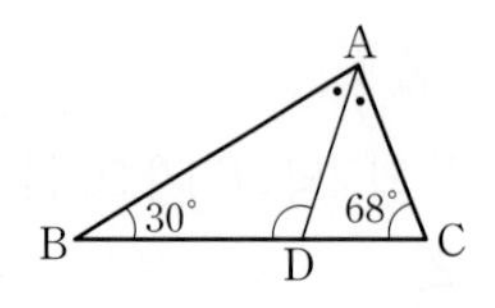

유형 07-15 다각형의 내각의 크기

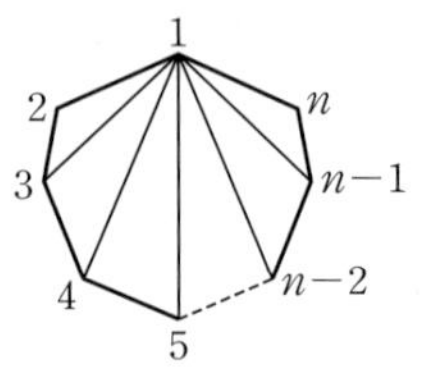

(1) n각형의 한 꼭짓점에서 그은 대각선에 의해 생기는 삼각형의 개수는 $(n-2)$이다.

(2) (n각형의 내각의 크기의 합)
$=180^\circ\times(n-2)$ → 삼각형 $(n-2)$개의 모든 내각의 크기의 합과 같다.

(3) (정n각형의 한 내각의 크기)$=\dfrac{180^\circ\times(n-2)}{n}$
→ 정다각형은 모든 내각의 크기가 같다.

| 예 | 정팔각형의 한 꼭짓점에서 그은 대각선에 의해 생기는 삼각형의 개수는

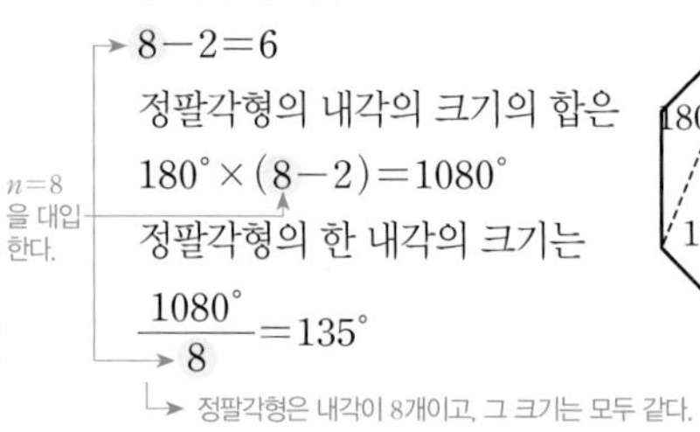

$8-2=6$
정팔각형의 내각의 크기의 합은
$180^\circ\times(8-2)=1080^\circ$
정팔각형의 한 내각의 크기는
$\dfrac{1080^\circ}{8}=135^\circ$

$n=8$을 대입한다.

→ 정팔각형은 내각이 8개이고, 그 크기는 모두 같다.

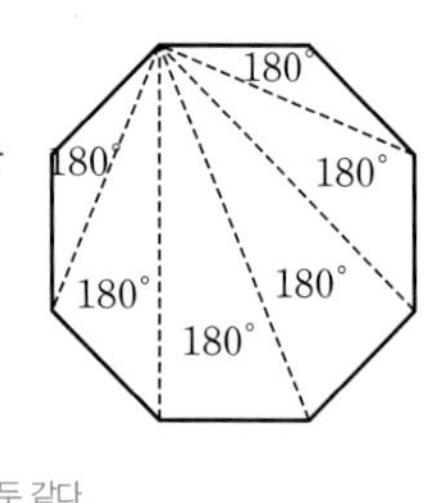

045
⊃24881-0161

한 꼭짓점에서 그은 대각선에 의해 생기는 삼각형의 개수가 5인 다각형의 내각의 크기의 합은?

① 180° ② 360° ③ 540° ④ 720° ⑤ 900°

046
⊃24881-0162

다음 그림에서 $\angle x$의 크기를 구하시오.

(1)

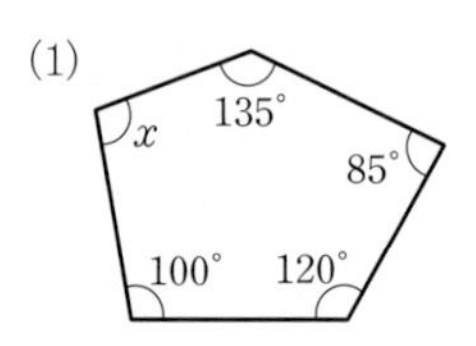

(2)

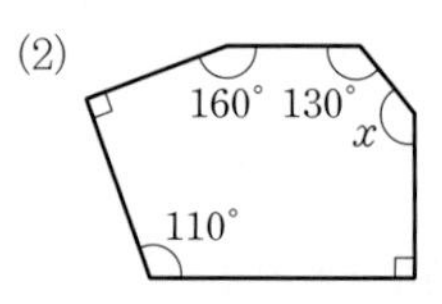

047
⊃24881-0163

한 내각의 크기가 160°인 정다각형을 구하시오.

유형 07-16 다각형의 외각의 크기

1. (다각형의 외각의 크기의 합)$=360^\circ$

2. (정n각형의 한 외각의 크기)$=\dfrac{360^\circ}{n}$
→ 정다각형은 모든 외각의 크기가 같다.

| 예 | 정팔각형의 외각의 크기의 합은 360°이므로

정팔각형의 한 외각의 크기는 $\dfrac{360^\circ}{8}=45^\circ$ → $n=8$을 대입한다.

참고 정팔각형의 한 내각의 크기는 $180^\circ-45^\circ=135^\circ$이다.
→ 정다각형의 한 내각의 크기를 구할 때, 한 외각의 크기를 이용하여 구하면 편리하다.

048

➲24881-0164

다음 그림에서 $\angle x$의 크기를 구하시오.

(1)

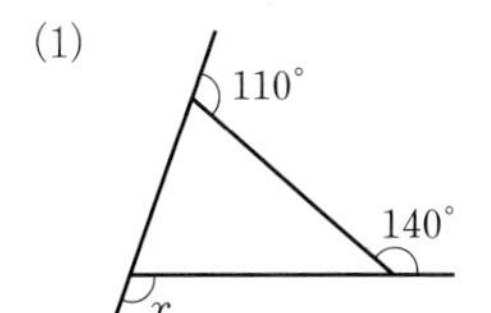

(2)

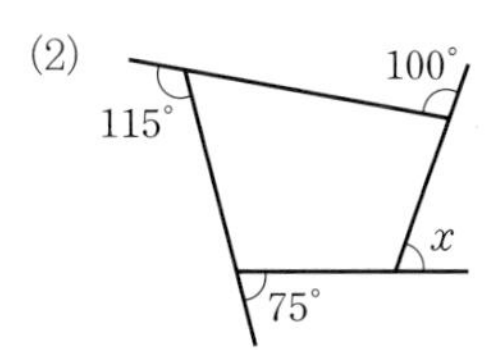

049

➲24881-0165

오른쪽 그림에서 $\angle x$의 크기를 구하시오.

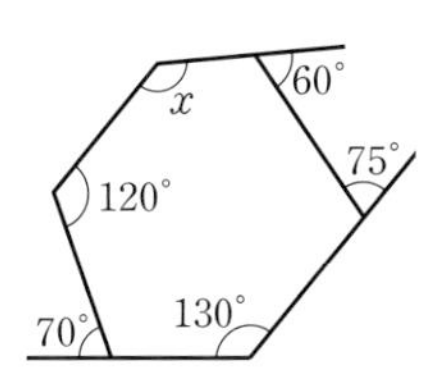

050

➲24881-0166

한 내각의 크기와 한 외각의 크기의 비가 $7:2$인 정다각형은?

① 정팔각형 ② 정구각형 ③ 정십각형
④ 정십이각형 ⑤ 정십오각형

유형 07-17 도형의 합동

1. **합동** : 도형을 포개었을 때 완전히 겹쳐지는 관계

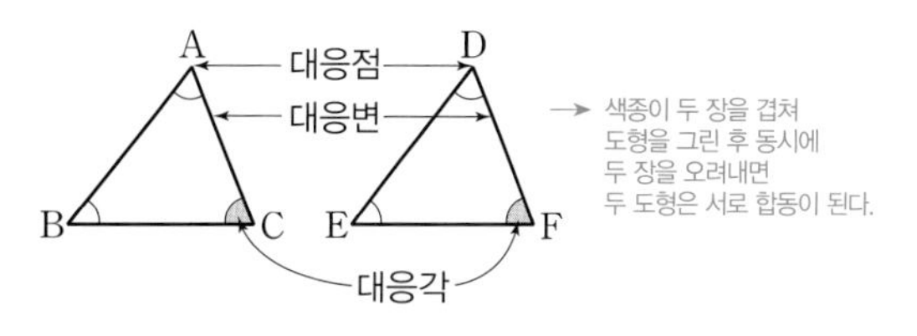

→ 색종이 두 장을 겹쳐 도형을 그린 후 동시에 두 장을 오려내면 두 도형은 서로 합동이 된다.

2. 삼각형 ABC와 삼각형 DEF가 합동일 때

(1) $\triangle ABC \equiv \triangle DEF$ → 대응하는 꼭짓점 순서대로 쓴다.

(2) $\overline{AB}=\overline{DE}$, $\overline{BC}=\overline{EF}$, $\overline{CA}=\overline{FD}$

(3) $\angle A=\angle D$, $\angle B=\angle E$, $\angle C=\angle F$
→ 합동인 두 도형은 대응변의 길이, 대응각의 크기가 각각 같다.

051

➲24881-0167

다음 그림에서 □ABCD와 □EFGH가 서로 합동일 때, 다음 중 옳은 것은?

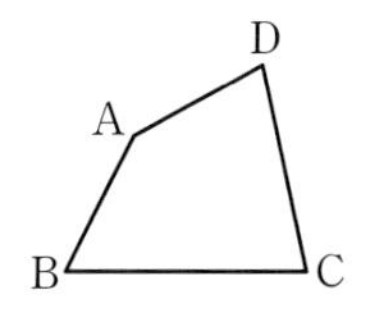

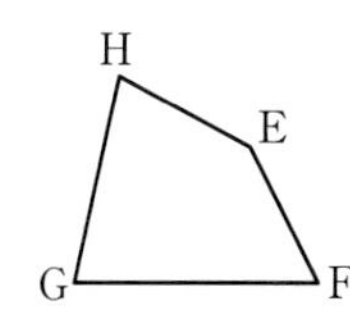

① $\overline{AB}=\overline{HG}$ ② $\overline{BC}=\overline{FG}$ ③ $\overline{DC}=\overline{EF}$
④ $\angle A=\angle H$ ⑤ $\angle C=\angle F$

052

➲24881-0168

다음 그림에서 □ABCD≡□PQRS이다. $\overline{RQ}$의 길이를 x cm, $\angle QPS$의 크기를 y°라 할 때, $x+y$의 값을 구하시오.

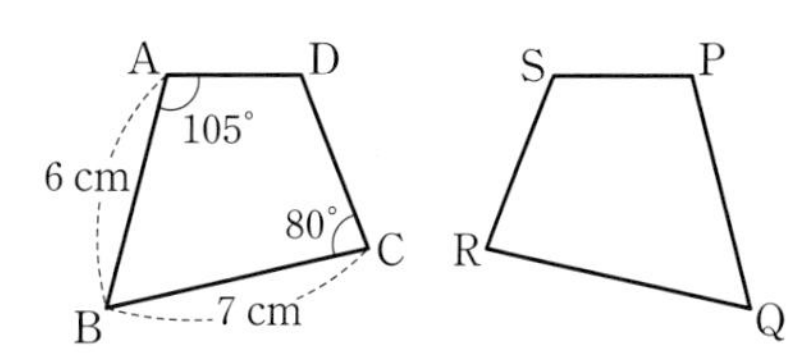

유형 07-18 삼각형의 합동 조건

다음 중 하나를 만족시키면 $\triangle ABC \equiv \triangle A'B'C'$이다.

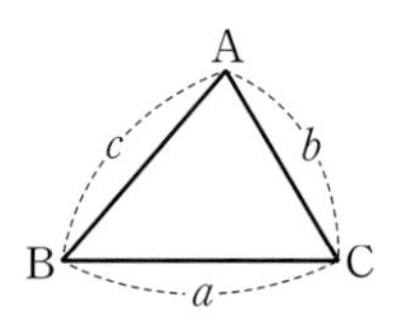

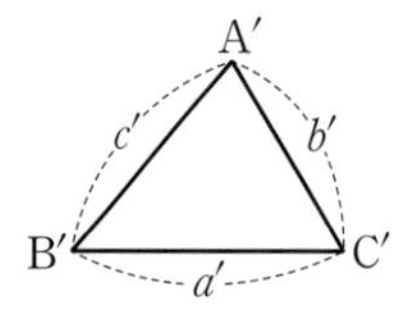

(1) $a=a'$, $b=b'$, $c=c'$ (SSS 합동)
↳ 세 쌍의 변의 길이가 각각 같을 때

(2) $a=a'$, $c=c'$, $\angle B=\angle B'$ (SAS 합동) → S(변 : Side) A(각 : Angle)
↳ 두 쌍의 변의 길이가 각각 같고, 그 끼인각의 크기가 같을 때

(3) $a=a'$, $\angle B=\angle B'$, $\angle C=\angle C'$ (ASA 합동)
↳ 한 쌍의 변의 길이가 같고, 그 양 끝각의 크기가 각각 같을 때

| 예 | $\triangle ABC$와 $\triangle DFE$에서
$\overline{AB}=\overline{DF}=4$ cm,
$\overline{BC}=\overline{FE}=6$ cm,
$\angle B=\angle F=65^\circ$
이므로
$\triangle ABC \equiv \triangle DFE$ (SAS 합동)

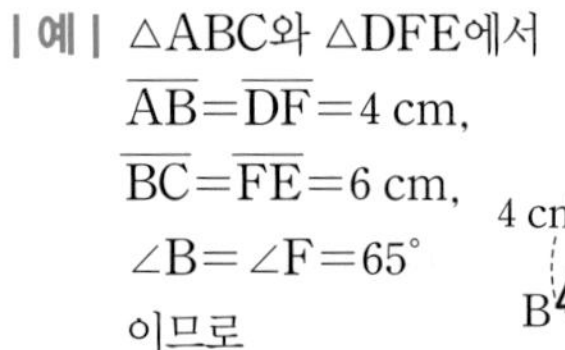

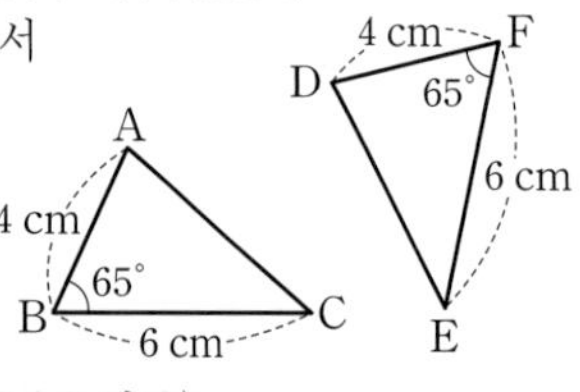

053

➲24881-0169

다음 그림에서 $\triangle ABC \equiv \triangle DEF$일 때, 다음을 구하시오.

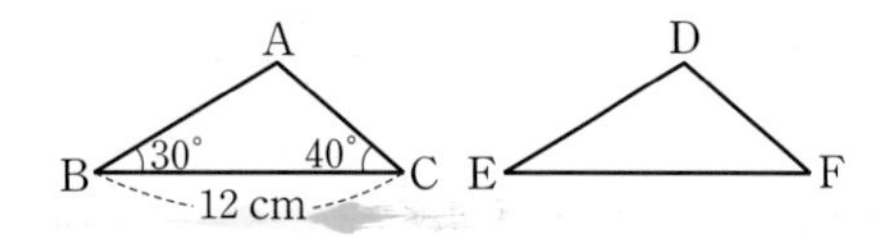

(1) $\angle D$의 크기

(2) $\overline{EF}$의 길이

054

➲24881-0170

다음 두 삼각형이 합동일 때, 이를 기호로 나타내고 합동 조건을 말하시오.

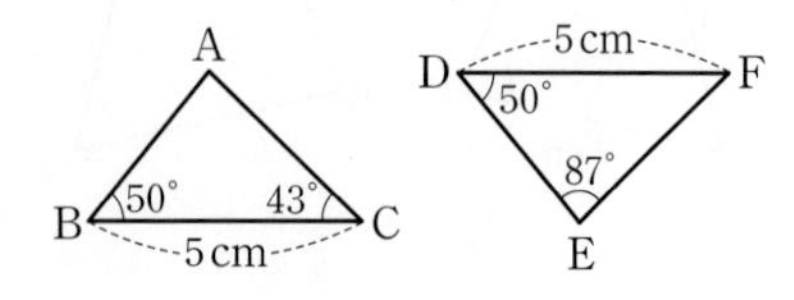

055

➲24881-0171

다음 중 서로 합동인 것끼리 짝 지으시오.

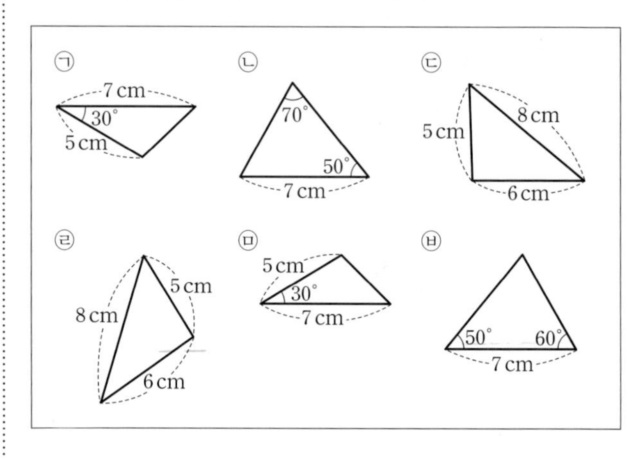

056

➲24881-0172

오른쪽 그림과 같이 $\triangle ABC$와 $\triangle DEF$에서 $\overline{AB}=\overline{DE}$, $\overline{BC}=\overline{EF}$일 때, 다음 중 $\triangle ABC \equiv \triangle DEF$이기 위한 조건을 모두 고르면? (정답 2개)

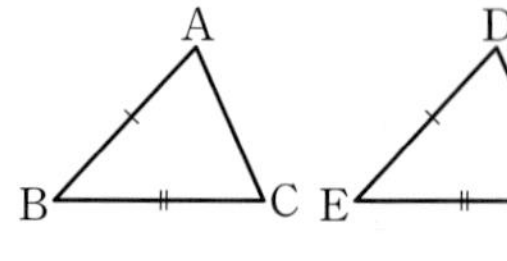

① $\overline{AB}=\overline{BC}$ ② $\overline{AC}=\overline{DF}$ ③ $\angle A=\angle D$
④ $\angle B=\angle E$ ⑤ $\angle C=\angle F$

057

➲24881-0173

다음 그림에 대한 설명으로 옳지 않은 것은?

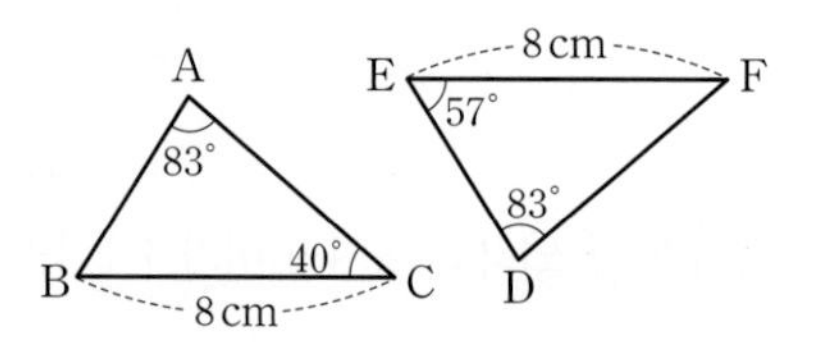

① $\angle B=\angle E$ ② $\angle C=\angle F$
③ $\overline{AB}=\overline{DE}$ ④ $\triangle ABC \equiv \triangle DEF$
⑤ $\overline{AC}=8$ cm

유형 07-19 여러 가지 사각형

1. 여러 가지 사각형

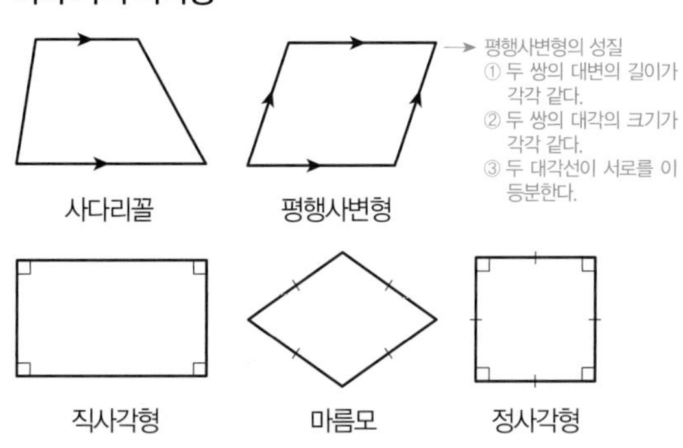

2. 여러 가지 사각형의 성질
   (1) 직사각형과 정사각형은 두 대각선의 길이가 같다.
   (2) 마름모와 정사각형은 두 대각선이 서로 수직이다.
   (3) 직사각형, 마름모, 정사각형은 평행사변형의 성질을 모두 만족시킨다.

[058~059] 다음 그림을 보고 물음에 답하시오.

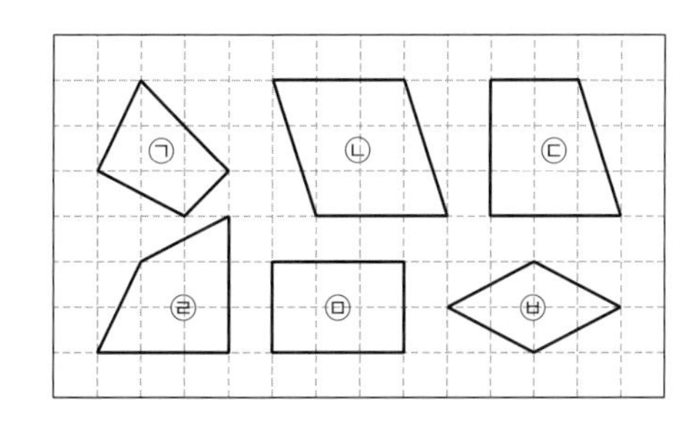

058
➲24881-0174

평행사변형인 것만을 모두 고르시오.

059
➲24881-0175

사다리꼴이면서 평행사변형이 아닌 사각형을 고르시오.

060
➲24881-0176

오른쪽 그림과 같이 $\overline{AB}=7$ cm인 평행사변형 ABCD의 네 변의 길이의 합이 22 cm일 때, $\overline{BC}$의 길이를 구하시오.

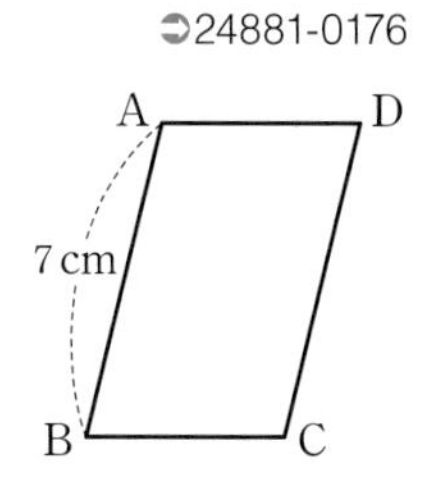

061
➲24881-0177

직사각형에 대한 설명으로 옳지 않은 것은?

① 두 대각선의 길이가 같다.
② 두 쌍의 대변의 길이가 각각 같다.
③ 두 대각선이 서로를 이등분한다.
④ 직사각형은 사다리꼴이다.
⑤ 직사각형은 마름모이다.

062
➲24881-0178

오른쪽 그림과 같은 직사각형 ABCD에서 $\overline{AD}=4$ cm, $\overline{DC}=2$ cm일 때, $\overline{AB}+\overline{BC}$의 값을 구하시오.

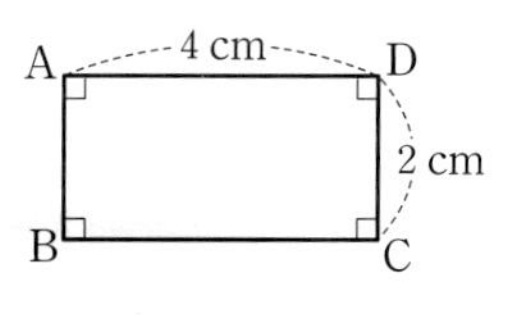

063
➲24881-0179

다음 조건을 모두 만족시키는 사각형은?

- 두 대각선의 중점이 일치한다.
- 두 대각선이 서로 수직이고, 내각의 크기가 모두 같다.

① 사다리꼴 ② 평행사변형 ③ 마름모
④ 직사각형 ⑤ 정사각형

유형 07-20 직사각형과 정사각형의 둘레의 길이

1. (직사각형의 둘레의 길이) → 직사각형의 대변의 길이는 각각 같다.
   $=\{(가로의 길이)+(세로의 길이)\}\times 2$

| 예 | 가로의 길이가 5 cm, 세로의 길이가 2 cm인 직사각형의 둘레의 길이는
$(5+2)\times 2=7\times 2=14$(cm) → 정사각형의 네 변의 길이는 모두 같다.

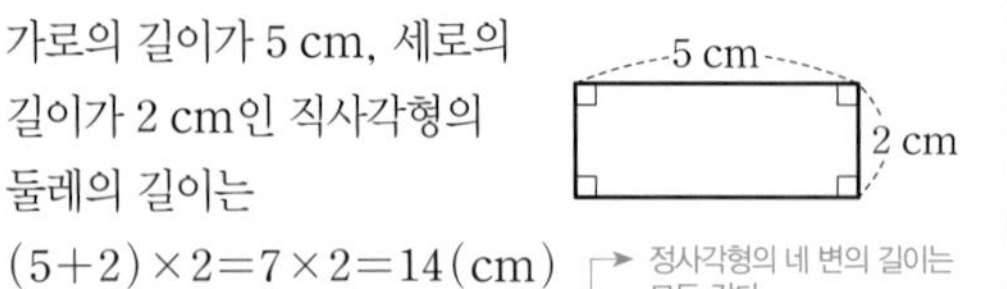

2. (정사각형의 둘레의 길이)=(한 변의 길이)×4

| 예 | 한 변의 길이가 3 cm인 정사각형의 둘레의 길이는
$3\times 4=12$(cm)
한 변의 길이 / 정사각형의 변의 개수

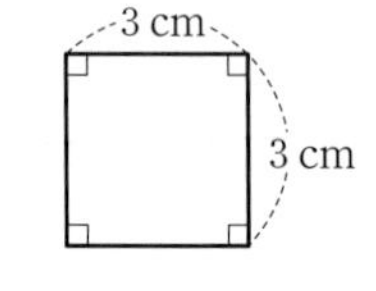

유형 07-21 직사각형과 정사각형의 넓이

1. (직사각형의 넓이)=(가로의 길이)×(세로의 길이)

| 예 | 가로의 길이가 5 cm, 세로의 길이가 2 cm인 직사각형의 넓이는 $5\times 2=10(cm^2)$

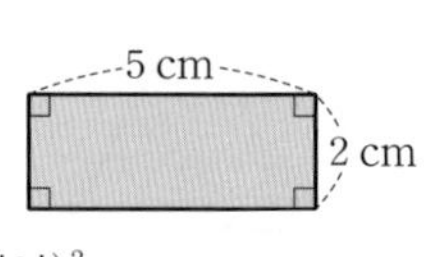

2. (정사각형의 넓이)=(한 변의 길이)^2 → 한 변의 길이를 두 번 곱한다.

| 예 | 한 변의 길이가 3 cm인 정사각형의 넓이는
$3^2=3\times 3=9(cm^2)$
→ 넓이의 단위에도 제곱을 붙여야 한다.

064

24881-0180

직사각형의 가로의 길이가 6 cm이고 둘레의 길이가 30 cm일 때, 세로의 길이를 구하시오.

065

24881-0181

다음 정사각형과 직사각형의 둘레의 길이가 같을 때, 직사각형의 세로의 길이를 구하시오.

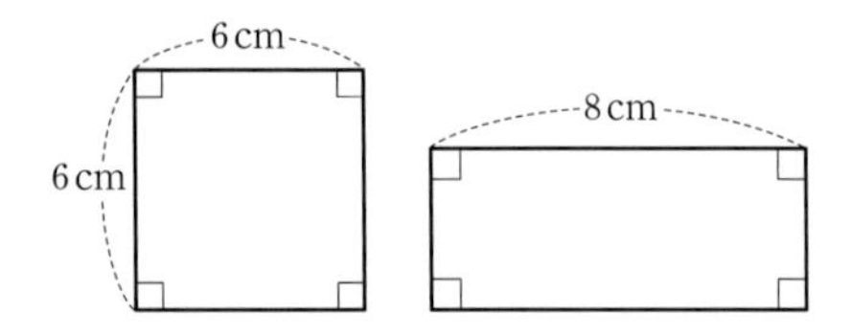

066

24881-0182

오른쪽 직사각형과 둘레의 길이가 같은 정사각형의 한 변의 길이를 구하시오.

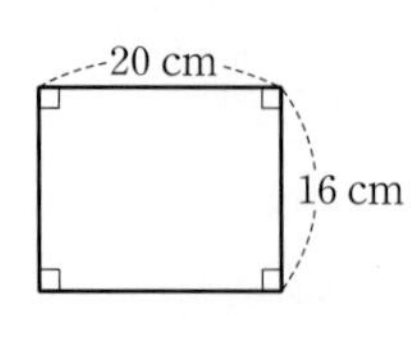

067

24881-0183

오른쪽 직사각형과 넓이가 같은 정사각형의 한 변의 길이를 구하시오.

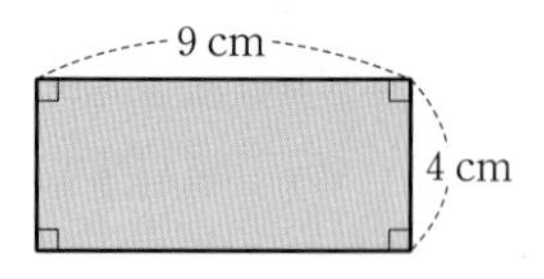

068

24881-0184

한 변의 길이가 9 cm인 직사각형의 넓이가 27 cm^2일 때, 이 직사각형의 둘레의 길이를 구하시오.

069

24881-0185

다음 도형의 넓이를 구하시오.

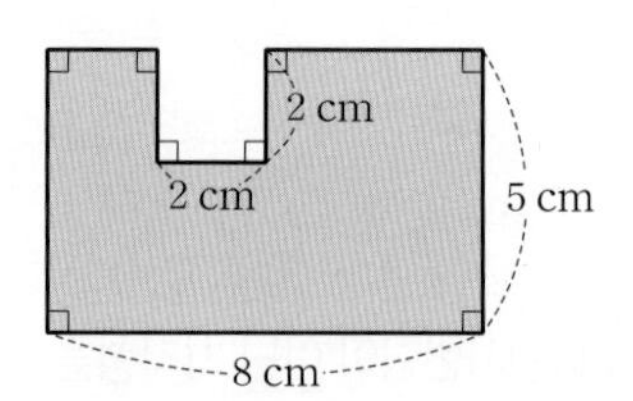

유형 07-22 평행사변형의 넓이

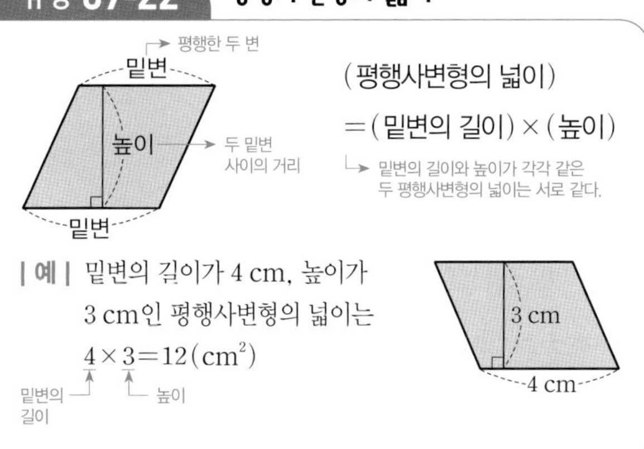

(평행사변형의 넓이)

=(밑변의 길이)×(높이)

↳ 밑변의 길이와 높이가 각각 같은 두 평행사변형의 넓이는 서로 같다.

| 예 | 밑변의 길이가 4 cm, 높이가 3 cm인 평행사변형의 넓이는

$4\times3=12(\text{cm}^2)$

밑변의 길이 / 높이

유형 07-23 삼각형의 넓이

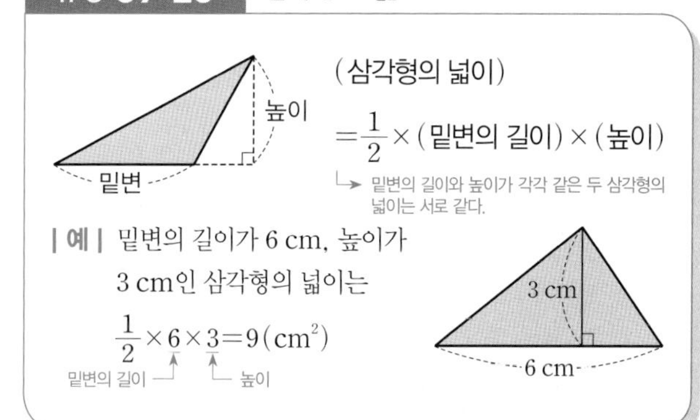

(삼각형의 넓이)

$=\frac{1}{2}\times$(밑변의 길이)×(높이)

↳ 밑변의 길이와 높이가 각각 같은 두 삼각형의 넓이는 서로 같다.

| 예 | 밑변의 길이가 6 cm, 높이가 3 cm인 삼각형의 넓이는

$\frac{1}{2}\times6\times3=9(\text{cm}^2)$

밑변의 길이 / 높이

070

➲24881-0186

오른쪽 평행사변형의 넓이를 구하시오.

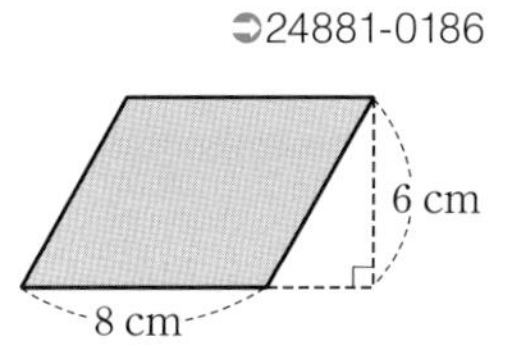

071

➲24881-0187

다음 그림과 같은 두 평행사변형의 넓이가 서로 같을 때, x의 값을 구하시오.

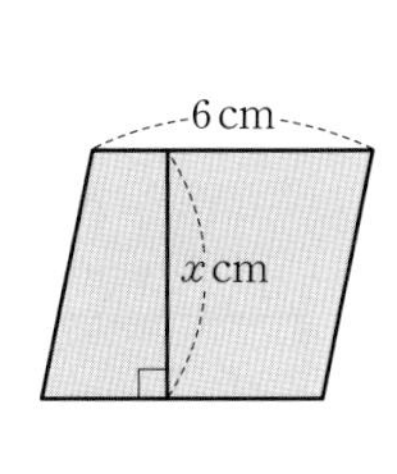

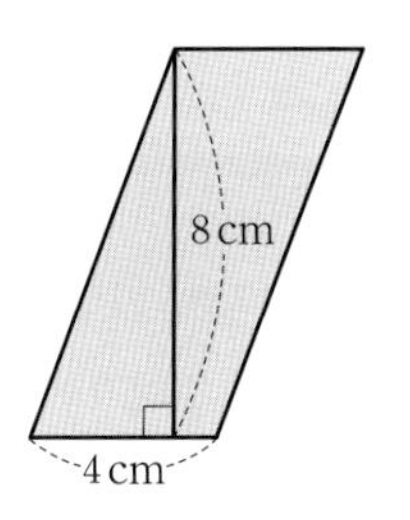

072

➲24881-0188

오른쪽 그림과 같이 가로의 길이가 20 cm, 세로의 길이가 6 cm인 직사각형 모양의 종이 2장을 겹쳐놓았을 때, 겹친 부분의 넓이를 구하시오.

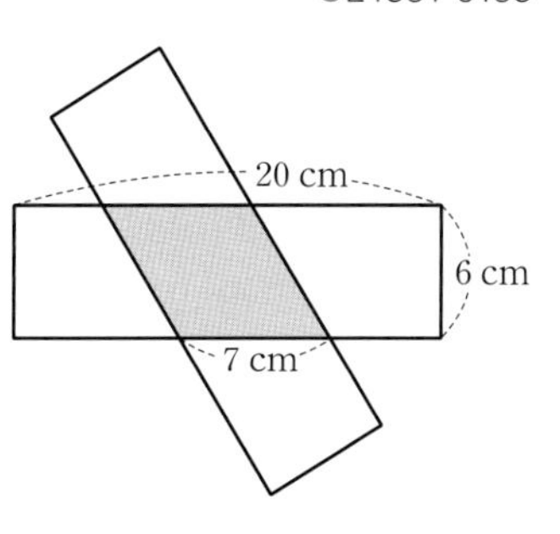

073

➲24881-0189

다음 삼각형의 넓이를 구하시오.

(1)

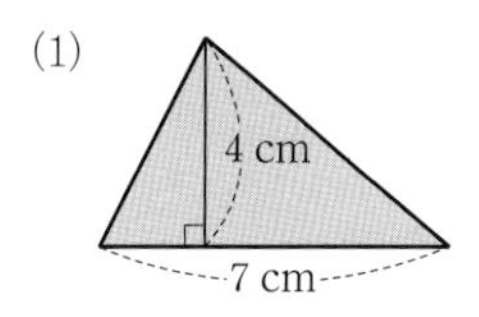

(2)

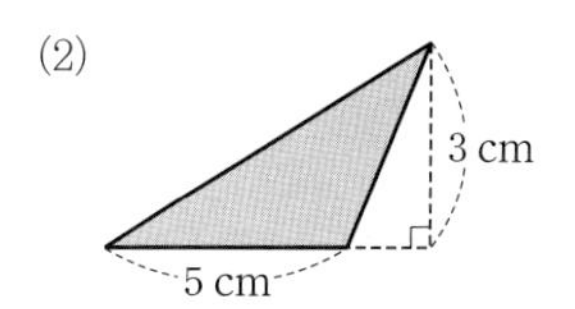

074

➲24881-0190

오른쪽 삼각형에서 x의 값을 구하시오.

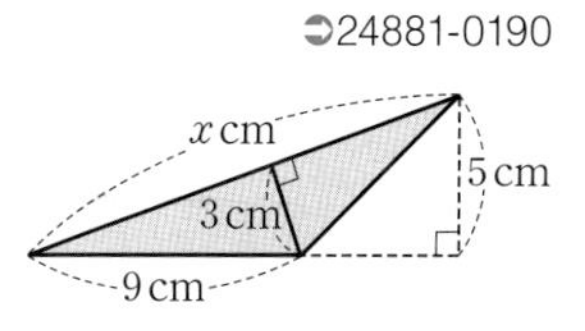

075

➲24881-0191

오른쪽 그림과 같은 도형에서 색칠한 부분의 넓이가 14 cm^2일 때, x의 값을 구하시오.

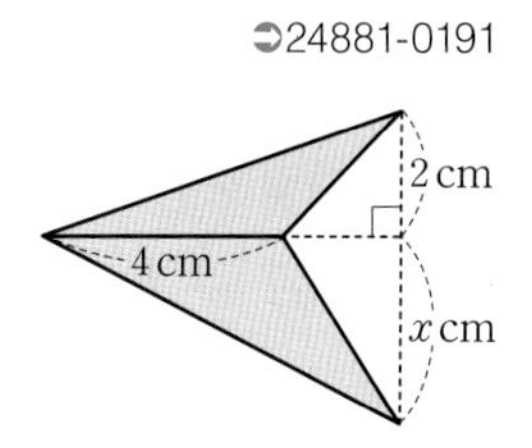

유형 07-24 사다리꼴의 넓이

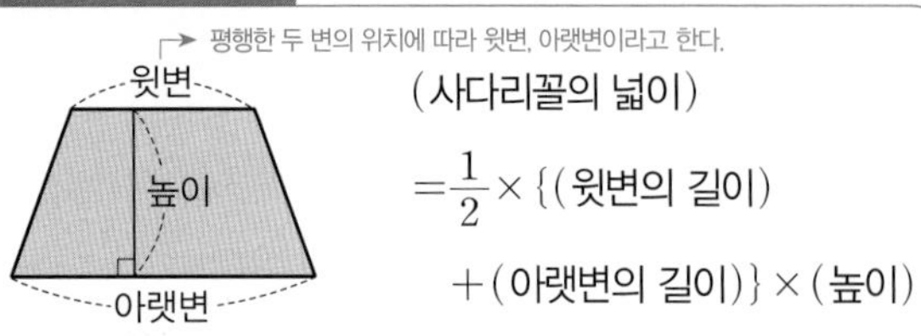

(사다리꼴의 넓이)

$=\frac{1}{2}\times\{$(윗변의 길이)

$+$(아랫변의 길이)$\}\times$(높이)

| 예 | 윗변의 길이가 5 cm, 아랫변의 길이가 7 cm, 높이가 6 cm인 사다리꼴의 넓이는

$\frac{1}{2}\times(5+7)\times6$

$=\frac{1}{2}\times12\times6=36(\text{cm}^2)$

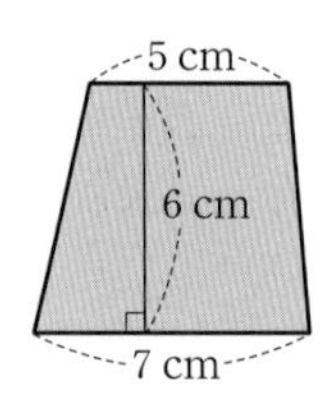

076

⊃24881-0192

다음 사다리꼴의 넓이를 구하시오.

(1)

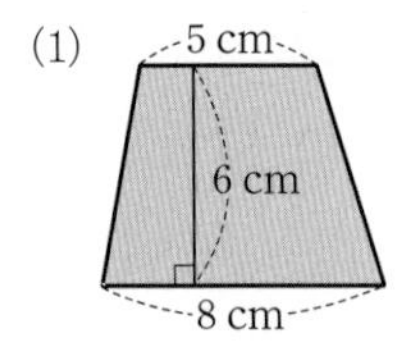

(2)

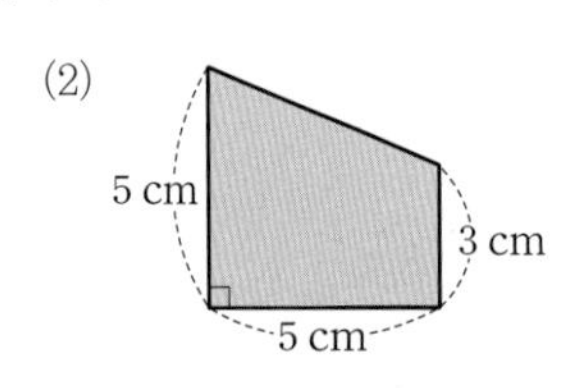

077

⊃24881-0193

오른쪽 그림과 같은 다각형의 넓이를 구하시오.

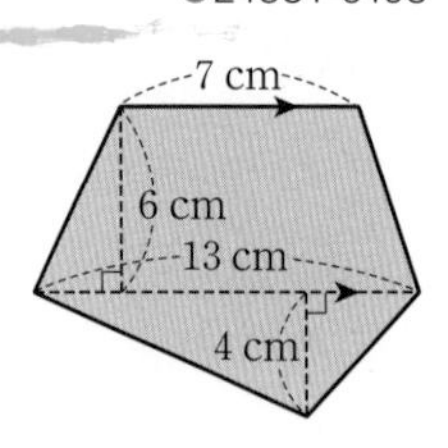

078

⊃24881-0194

오른쪽 그림과 같은 사다리꼴에서 높이와 넓이를 각각 구하시오.

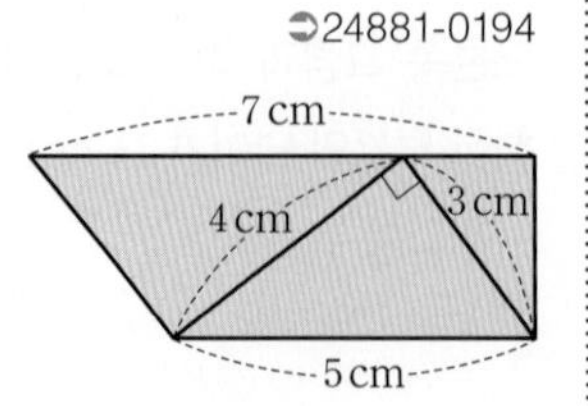

유형 07-25 마름모의 넓이

(1) 마름모의 두 대각선의 길이는 마름모와 네 점에서 만나는 직사각형의 가로, 세로의 길이와 각각 같다.

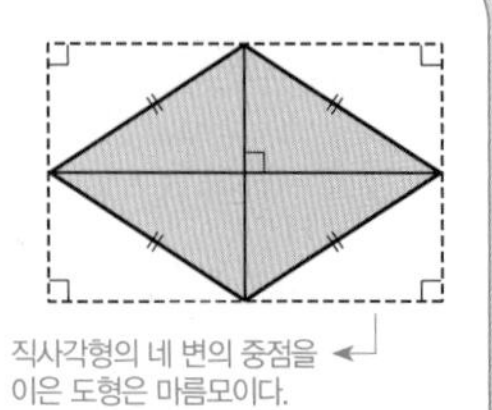

(2) (마름모의 넓이)

$=\frac{1}{2}\times$(한 대각선의 길이)$\times$(다른 대각선의 길이)

→ 마름모의 두 대각선은 서로 수직이다.

| 예 | 두 대각선의 길이가 각각 8 cm, 4 cm인 마름모의 넓이는

$\frac{1}{2}\times8\times4=16(\text{cm}^2)$

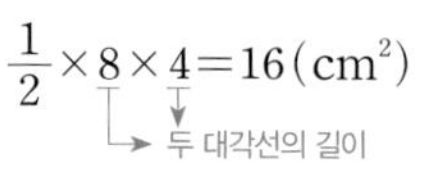

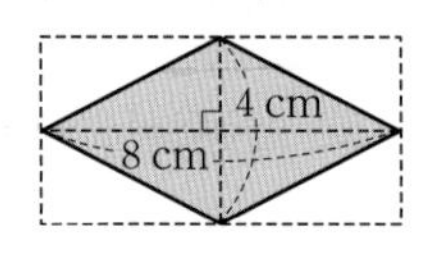

079

⊃24881-0195

다음 마름모의 넓이를 구하시오.

(1)

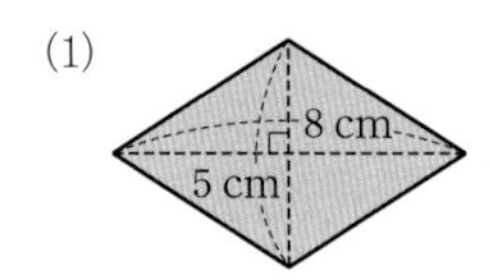

(2)

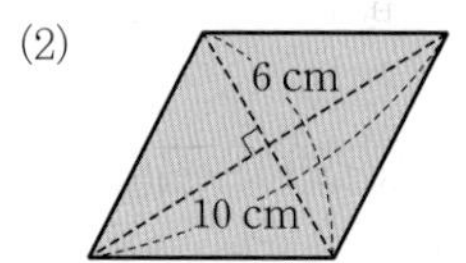

080

⊃24881-0196

오른쪽 그림과 같이 가로의 길이가 6 cm, 세로의 길이가 3 cm인 직사각형의 각 변의 중점을 이어서 마름모를 만들었을 때, 이 마름모의 넓이를 구하시오.

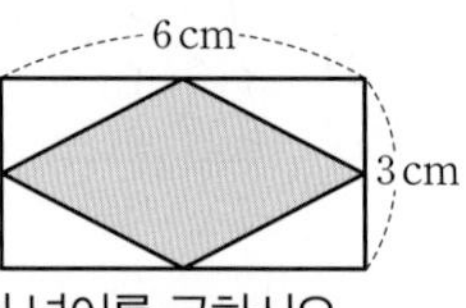

081

⊃24881-0197

오른쪽 그림과 같이 중심이 O이고, 반지름의 길이가 5 cm인 원 위의 네 점을 꼭짓점으로 하는 마름모를 그렸을 때, 색칠된 부분의 넓이를 구하시오.

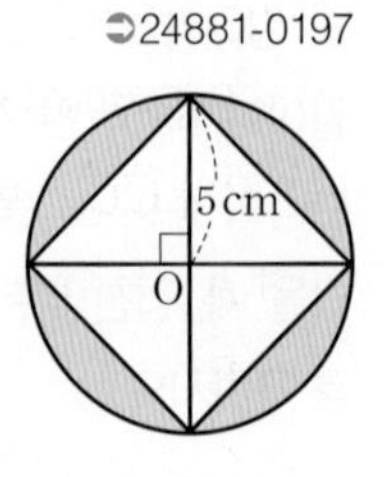

유형 07-26 위치 관계 (1)

(1) 점과 직선(평면)의 위치 관계

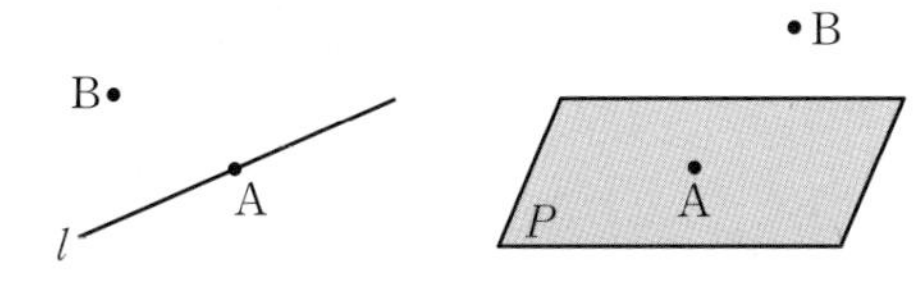

① 점 A가 직선 l (평면 P) 위에 있다.

② 점 B가 직선 l (평면 P) 위에 있지 않다.

(2) 평면에서 두 직선의 위치 관계

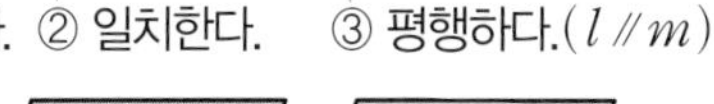

① 한 점에서 만난다. ② 일치한다. ③ 평행하다.($l /\!/ m$)

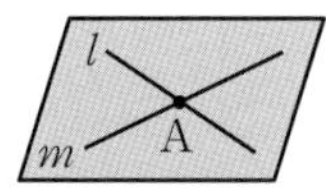

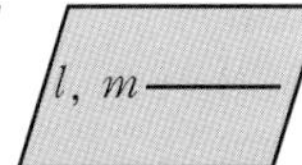

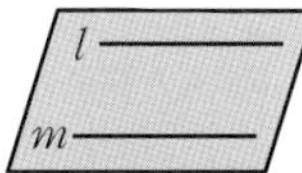

| 예 | 평행사변형 ABCD에서

① 점 A는 변 AB 위에 있다.

② 점 B는 변 CD 위에 있지 않다.

③ 점 C는 면 ABCD 위에 있다.

④ 변 AB와 변 AD는 한 점 A에서 만난다.

⑤ 변 AB와 변 DC는 만나지 않는다. $\overline{AB} /\!/ \overline{DC}$

유형 07-27 위치 관계 (2)

(1) 공간에서 두 직선의 위치 관계

① 한 점에서 만난다. ② 일치한다.

③ 평행하다. ④ 꼬인 위치에 있다.

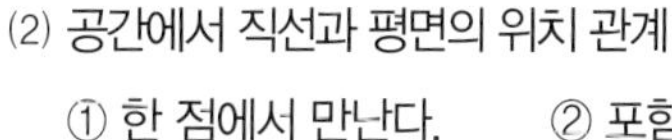

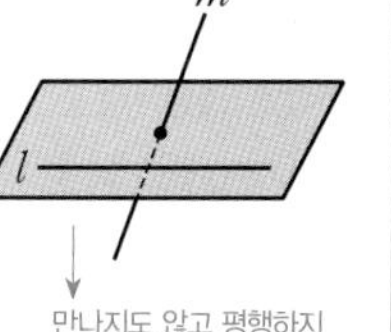

(2) 공간에서 직선과 평면의 위치 관계

① 한 점에서 만난다. ② 포함된다.

③ 평행하다(만나지 않는다).

(3) 공간에서 두 평면의 위치 관계

① 한 직선에서 만난다. ② 일치한다.

③ 평행하다(만나지 않는다).

| 예 | 오른쪽 그림의 삼각기둥에서 $\overline{AB}$와 만나는 모서리는 $\overline{AC}$, $\overline{AD}$, $\overline{BC}$, $\overline{BE}$의 4개, 평행한 모서리는 $\overline{DE}$의 1개, 꼬인 위치에 있는 모서리는 $\overline{CF}$, $\overline{DF}$, $\overline{EF}$의 3개이다.
(만나지도 않고 평행하지도 않다.)

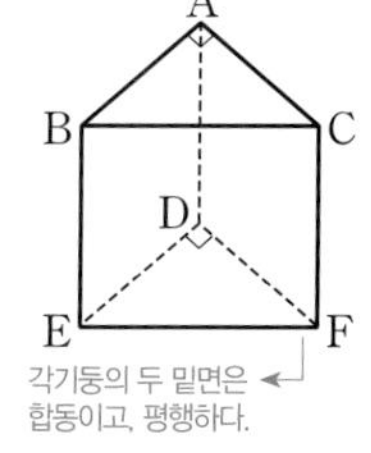
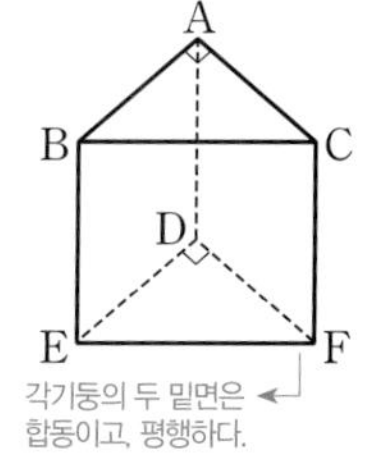

082

24881-0198

오른쪽 그림과 같은 직육면체에서 $\overline{AB}$와 만나는 모서리가 아닌 것은?

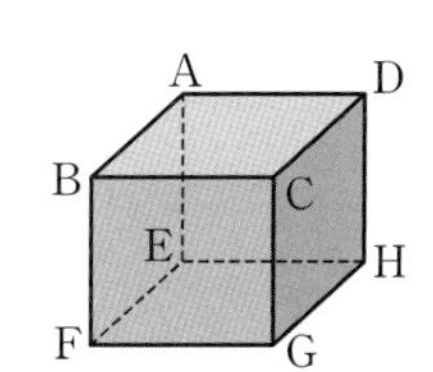

① $\overline{AD}$ ② $\overline{BC}$ ③ $\overline{AE}$
④ $\overline{CD}$ ⑤ $\overline{BF}$

083

24881-0199

오른쪽 사다리꼴 ABCD에 대한 설명으로 옳지 않은 것은?

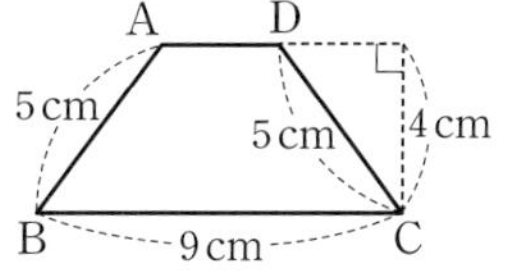

① 점 D는 변 AD 위에 있다.

② $\overleftrightarrow{AB}$와 $\overleftrightarrow{CD}$는 한 점에서 만난다.

③ 변 AD와 변 BC는 평행하다.

④ 점 B와 직선 AD 사이의 거리는 4 cm이다.

⑤ 점 C와 한 점에서 만나는 변의 개수는 3이다.

084

24881-0200

오른쪽 그림과 같은 직육면체에서 $\overline{CD}$와 꼬인 위치에 있는 모서리가 아닌 것은?

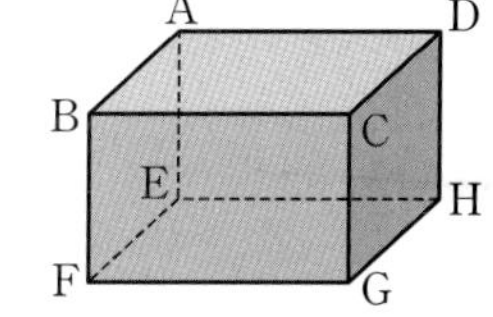

① $\overline{AE}$ ② $\overline{BF}$ ③ $\overline{EH}$
④ $\overline{FG}$ ⑤ $\overline{CG}$

085

24881-0201

오른쪽 그림의 육각기둥에 대하여 □ 안에 알맞은 수를 써넣으시오.

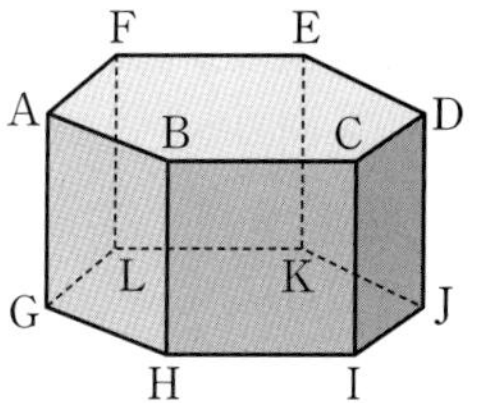

(1) $\overline{AB}$를 포함하는 면은 □ 개이다.

(2) 면 GHIJKL과 평행한 모서리는 □ 개이다.

(3) 면 ABCDEF에 수직인 모서리는 □ 개이다.

유형 07-28 선대칭

(1) 대응변의 길이는 같다.

⇨ $\overline{AB}=\overline{DC}$, $\overline{AE}=\overline{DE}$, $\overline{BF}=\overline{CF}$

(2) 대응각의 크기는 같다.

⇨ $\angle EAB=\angle EDC$, $\angle ABF=\angle DCF$

(3) 대응점을 이은 선분은 대칭축과 수직이다.

⇨ $\overline{AD}\perp\overline{EF}$, $\overline{BC}\perp\overline{EF}$

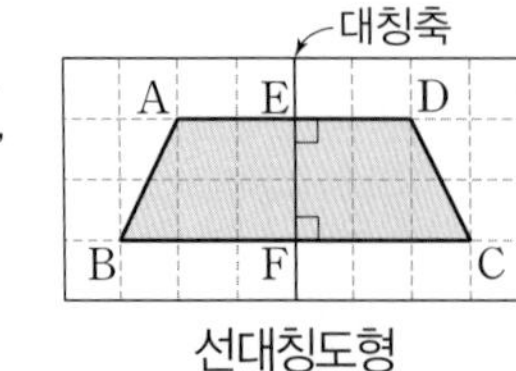

선대칭도형

↳ 대칭축을 기준으로 접으면 완전히 포개어지는 도형

| 예 | $\overline{EF}$가 대칭축일 때 → 대응변의 길이는 같다.

① $\overline{DC}=\overline{AB}=6$ cm

② $\angle DCF=\angle ABF=60°$

③ $\overline{BC}\perp\overline{EF}$이므로 ↳ 대응각의 크기는 같다.

$\angle EFC=90°$

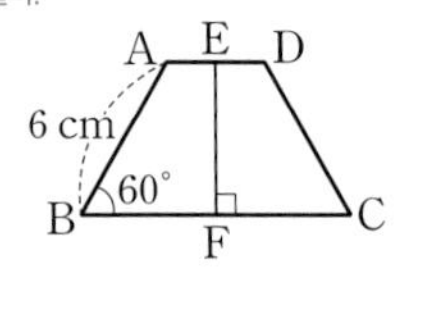

유형 07-29 점대칭

(1) 대응변의 길이는 같다.

⇨ $\overline{AB}=\overline{CD}$, $\overline{AD}=\overline{CB}$

(2) 대응각의 크기는 같다.

⇨ $\angle ABC=\angle CDA$, $\angle BAD=\angle DCB$

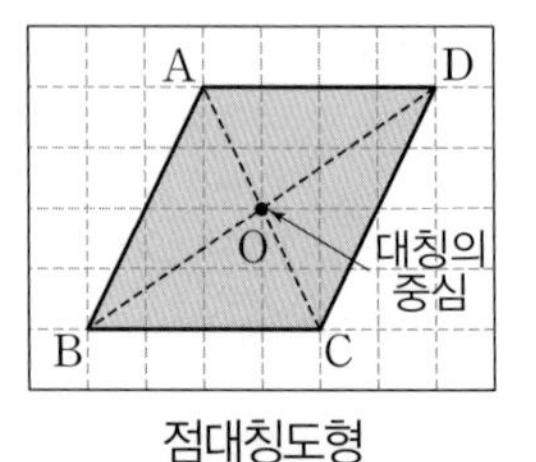

점대칭도형

대칭의 중심을 기준으로 180° 돌리면 완전히 겹쳐지는 도형

(3) 대칭의 중심에서 대응점에 이르는 거리는 같다.

⇨ $\overline{OA}=\overline{OC}$, $\overline{OB}=\overline{OD}$

| 예 | 점 O가 대칭의 중심일 때

① $\overline{BC}=\overline{EF}=3$ cm

② $\angle AFE=\angle DCB=60°$

③ $\overline{OE}=\overline{OB}=1$ cm

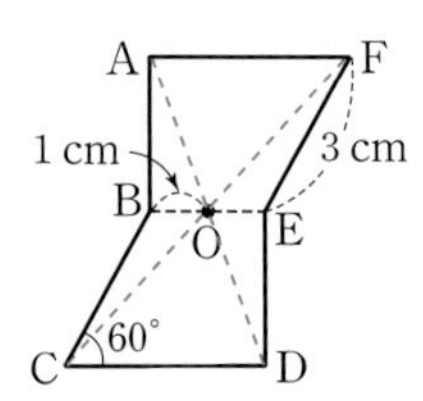

086

24881-0202

다음 도형들이 선대칭도형일 때, 그 대칭축을 잘못 그은 것은?

① 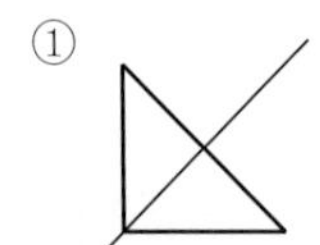

② 

③ 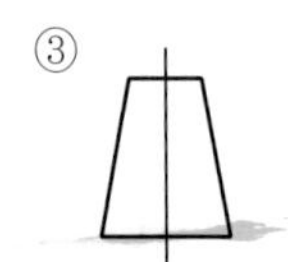

④ 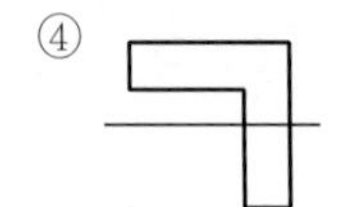

⑤ 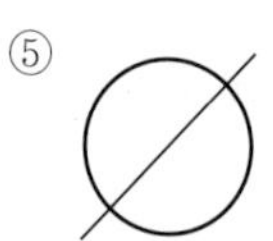

087

24881-0203

오른쪽 그림의 □ABCD가 $\overline{EF}$를 대칭축으로 하는 선대칭도형일 때, 다음 중 옳지 않은 것은?

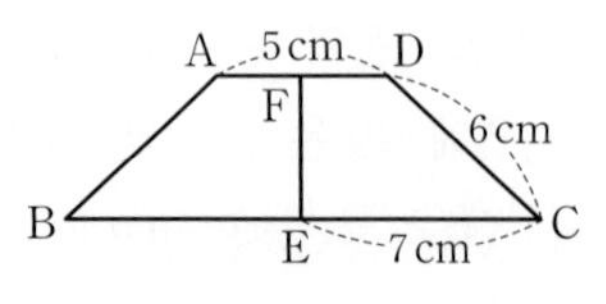

① $\angle B=\angle C$

② $\overline{AF}=2.5$ cm

③ $\overline{EF}\perp\overline{AD}$

④ $\overline{EF}=7$ cm

⑤ □ABCD의 둘레의 길이는 31 cm이다.

088

24881-0204

다음 중 항상 점대칭도형이 아닌 것은?

① 평행사변형 ② 사다리꼴 ③ 마름모

④ 직사각형 ⑤ 정사각형

089

24881-0205

오른쪽 그림과 같이 점 O를 대칭의 중심으로 하는 점대칭도형에 대하여 다음 중 옳지 않은 것은?

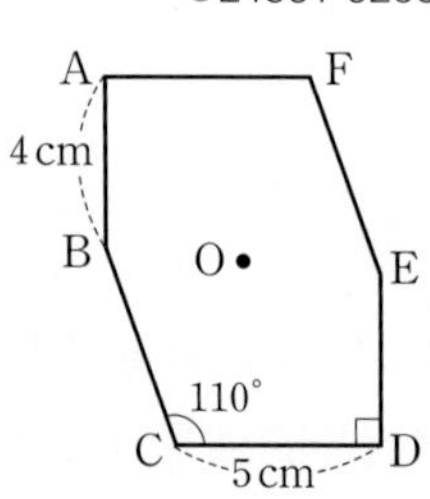

① $\overline{AB}\perp\overline{AF}$

② $\overline{AF}=5$ cm

③ $\angle EFA=110°$

④ $\overline{DE}=5$ cm

⑤ $\angle ABC=\angle DEF$

유형 07-30 원과 부채꼴

1. 원에서
   (1) 호 : 원의 일부
   (2) 현 : 원 위의 두 점을 이은 선분
   → 원의 중심을 지나는 현이 지름이다.

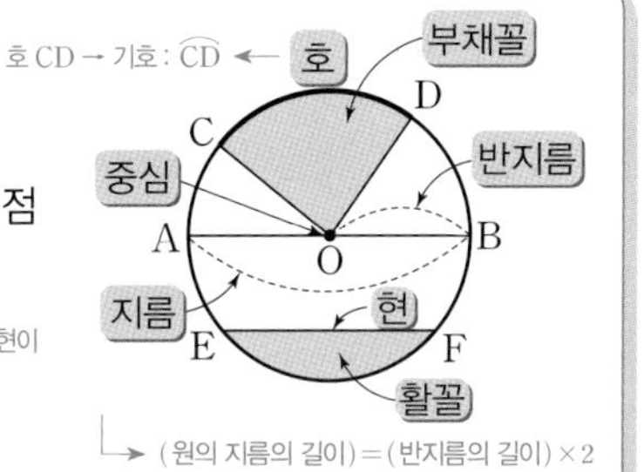

→ (원의 지름의 길이)=(반지름의 길이)×2

2. **부채꼴** : 두 반지름과 호로 이루어진 도형
   → 부채꼴 COD는 $\overline{OC}$, $\overline{OD}$와 $\widehat{CD}$로 이루어진 도형이다.
3. **활꼴** : 호와 현으로 이루어진 활 모양의 도형
   → 반원은 활꼴이면서 부채꼴인 도형이다.

090
➲24881-0206

오른쪽 그림과 같은 두 원의 중심이 각각 O, O′일 때, $\overline{OO'}$의 길이를 구하시오. (단, 두 원은 한 점 B에서만 만난다.)

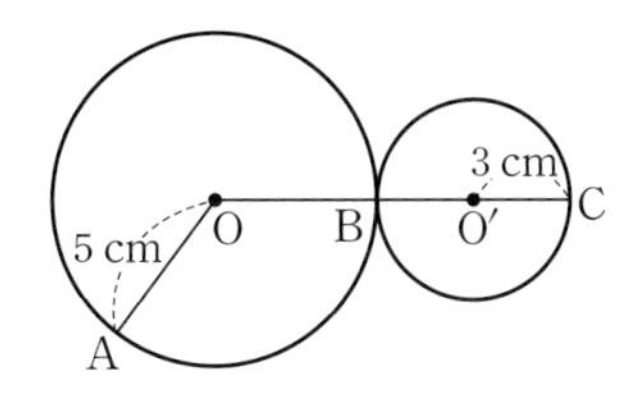

091
➲24881-0207

오른쪽 그림에서 점 O는 원의 중심이다. 다음 중 옳지 않은 것은?

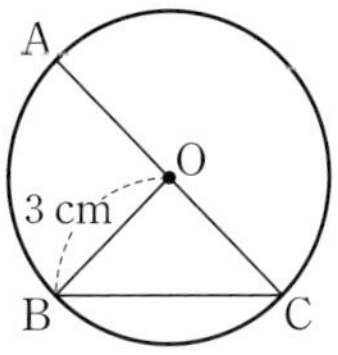

① $\overline{AC}=6$ cm
② $\overline{BC}=3$ cm
③ $\overline{OA}=3$ cm
④ 반원은 활꼴이다.
⑤ $\overline{OA}$, $\overline{OC}$와 $\widehat{AC}$로 이루어진 도형은 부채꼴이다.

092
➲24881-0208

오른쪽 그림과 같이 직사각형 안에 크기가 같은 원 2개를 꼭 맞도록 그렸을 때, 직사각형의 네 변의 길이의 합이 36 cm이다. 이때 원의 반지름의 길이와 직사각형의 넓이를 각각 구하시오.

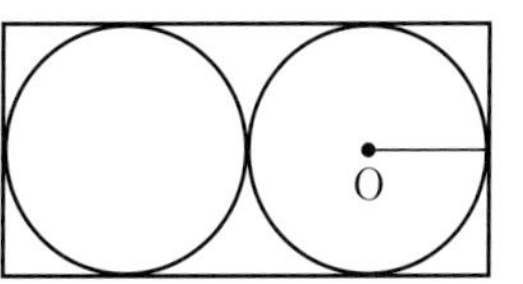

유형 07-31 원주율과 원주

1. $(\text{원주율})=\dfrac{(\text{원주})}{(\text{원의 지름의 길이})}=3.141592\cdots$
   → (원주)=(원의 둘레의 길이)
   → 순환하지 않는 무한소수
   ➡ 기호 : π (파이) → 원주율의 값은 항상 일정하다.
2. 반지름의 길이가 r인 원에서 (원주)$=2\pi r$

| 예 | 반지름의 길이가 6 cm인 원에서 원주는 $2\pi\times6=12\pi$ (cm)
→ 문제에서 π(파이)의 어림값이 주어진 경우가 아니면 일반적으로 기호 π를 이용하여 값을 나타낸다.

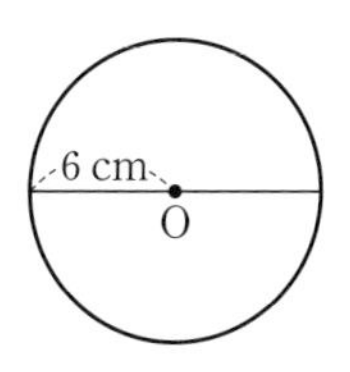

093
➲24881-0209

다음을 구하시오.

(1) 반지름의 길이가 6 cm인 원의 원주
(2) 원주가 14π cm인 원의 지름의 길이

094
➲24881-0210

다음 그림과 같이 반지름의 길이가 40 cm인 굴렁쇠 위의 한 점 P가 한 바퀴 굴러 점 P′의 위치에 왔을 때 $\overline{PP'}$의 길이를 구하시오.

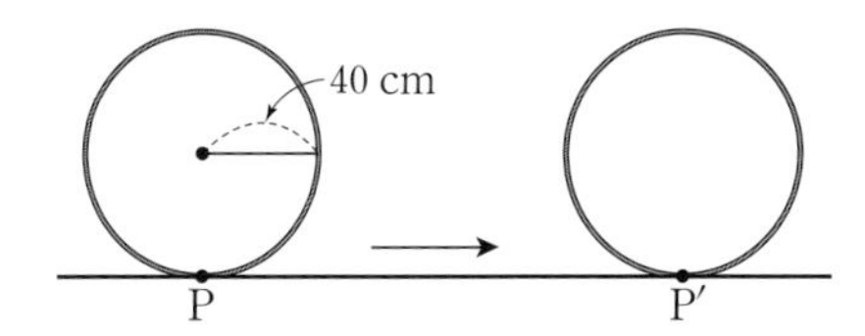

095
➲24881-0211

오른쪽 그림은 중심이 각각 O, O′, O″인 세 원으로 이루어진 도형이다. 색칠한 부분의 둘레의 길이를 구하시오. (단, 두 원 O′와 O″의 반지름의 길이는 서로 같다.)

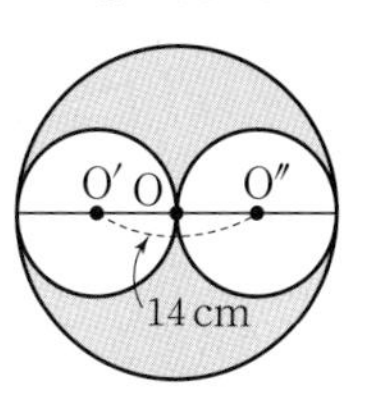

07 여러 가지 도형

유형 07-32 원의 넓이

반지름의 길이가 r인 원에서 (원의 넓이)$=\pi r^2$

| 예 | 반지름의 길이가 4 cm인 원의 넓이는
$\pi \times 4^2 = 16\pi\,(\text{cm}^2)$

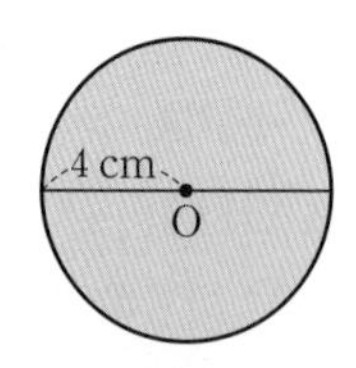

Why?! 원의 넓이가 왜 πr^2일까?

반지름의 길이가 r인 원을 한없이 잘게 잘라 붙이면 가로의 길이가 원주의 절반인 πr, 세로의 길이가 r인 직사각형이 된다.

⇨
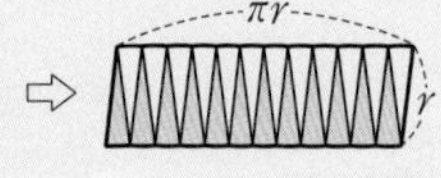

따라서 (원의 넓이)$=$(직사각형의 넓이)$=\pi r \times r = \pi r^2$

096

➲24881-0212

다음을 구하시오.

(1) 반지름의 길이가 10 cm인 원의 넓이

(2) 넓이가 $49\pi\ \text{cm}^2$인 원의 지름의 길이

097

➲24881-0213

다음 그림은 반지름의 길이가 8 cm인 원을 한없이 잘게 잘라 이어 붙여 직사각형을 만든 것이다. 이 직사각형의 가로의 길이와 세로의 길이를 각각 구하시오.

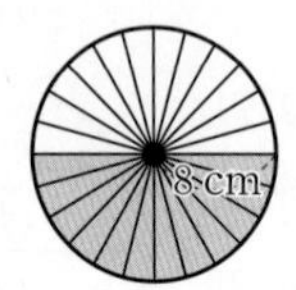

⇨
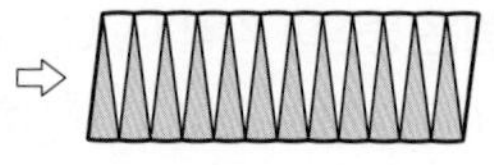

098

➲24881-0214

오른쪽 그림은 한 변의 길이가 12 cm인 정사각형 내부에 꼭 맞는 원을 그린 것이다. 색칠한 부분의 넓이를 구하시오.

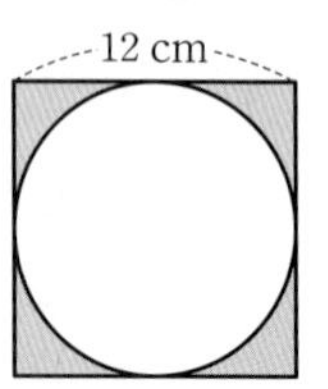

099

➲24881-0215

다음 그림과 같은 두 도형의 넓이가 서로 같을 때, x의 값을 구하시오.

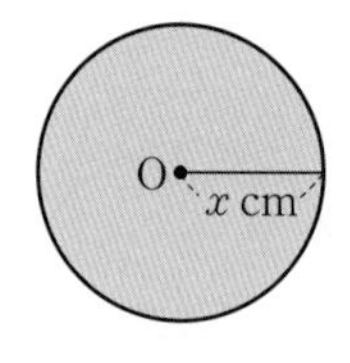

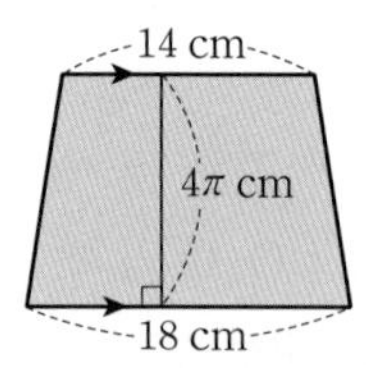

100

➲24881-0216

오른쪽 그림과 같이 중심이 O로 같은 두 원과 중심이 O′이고 두 원에 동시에 접하는 원에 대하여 색칠한 부분의 넓이를 구하시오.

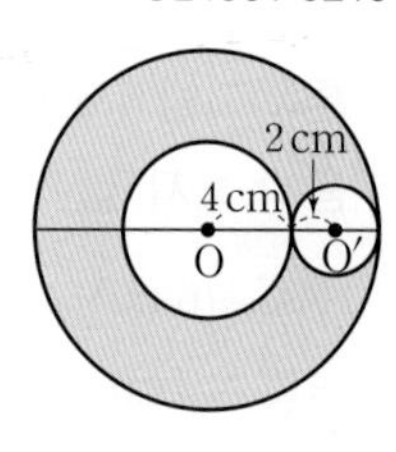

101

➲24881-0217

오른쪽 그림은 원 O의 반지름을 각각 지름으로 하는 두 반원을 원 O의 내부에 그린 것이다. 색칠한 부분의 넓이를 구하시오.

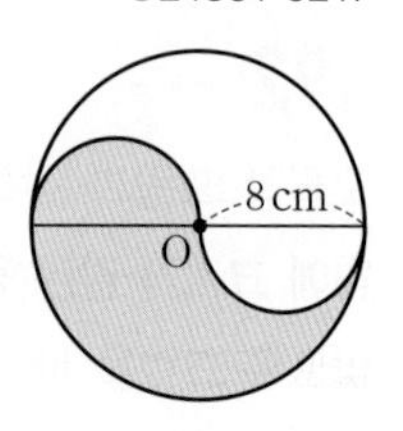

유형 07-33 부채꼴의 호의 길이와 넓이

반지름의 길이가 r, 중심각의 크기가 $x°$인 부채꼴에서

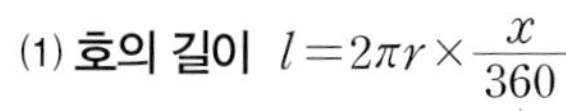
(1) **호의 길이** $l=2\pi r\times\frac{x}{360}$

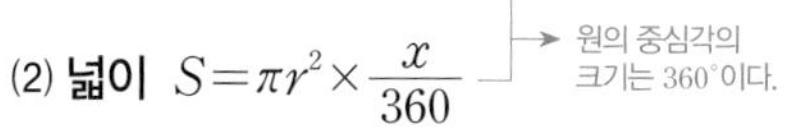
(2) **넓이** $S=\pi r^2\times\frac{x}{360}$ → 원의 중심각의 크기는 360°이다.

| 예 | 반지름의 길이가 8 cm이고 중심각의 크기가 45°인 부채꼴에서

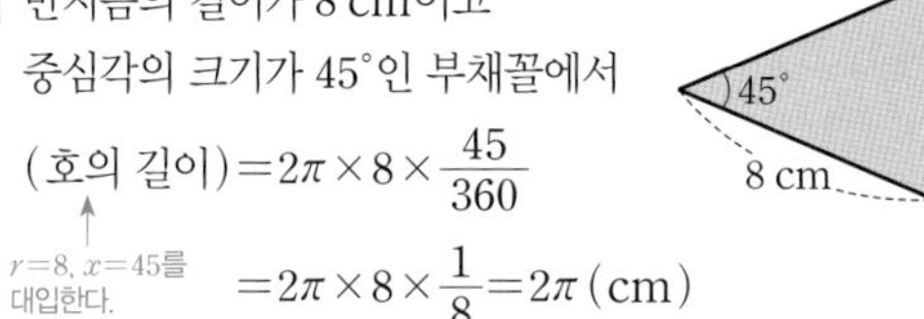
(호의 길이)$=2\pi\times8\times\frac{45}{360}$

$=2\pi\times8\times\frac{1}{8}=2\pi\,(\text{cm})$ ← $r=8$, $x=45$를 대입한다.

(넓이)$=\pi\times8^2\times\frac{45}{360}=\pi\times8^2\times\frac{1}{8}=8\pi\,(\text{cm}^2)$

유형 07-34 부채꼴의 호의 길이와 넓이 사이의 관계

반지름의 길이가 r, 호의 길이가 l인 부채꼴의 넓이 S에 대하여

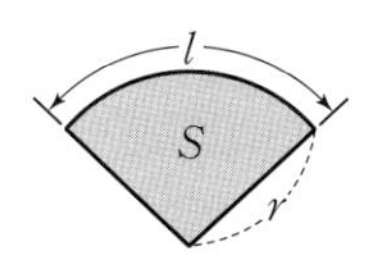

$S=\frac{1}{2}rl$ → 중심각의 크기를 몰라도 넓이를 구할 수 있다.

| 예 | 반지름의 길이가 4 cm인 부채꼴의 호의 길이가 3π cm일 때, 넓이 S는

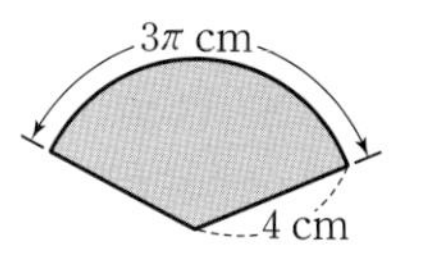

$S=\frac{1}{2}\times4\times3\pi=6\pi\,(\text{cm}^2)$
→ $r=4$, $l=3\pi$를 대입한다.

102

⊃24881-0218

오른쪽 그림과 같은 부채꼴의 호의 길이를 구하시오.

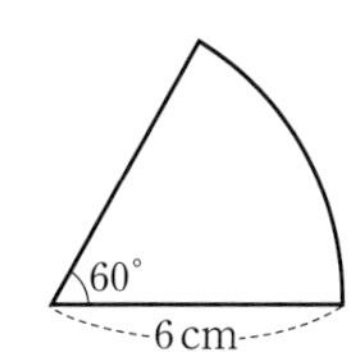

103

⊃24881-0219

오른쪽 그림과 같은 부채꼴의 넓이를 구하시오.

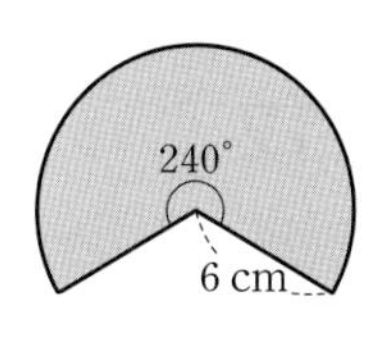

104

⊃24881-0220

중심각의 크기가 150°인 부채꼴의 호의 길이가 10π cm일 때, 부채꼴의 반지름의 길이를 구하시오.

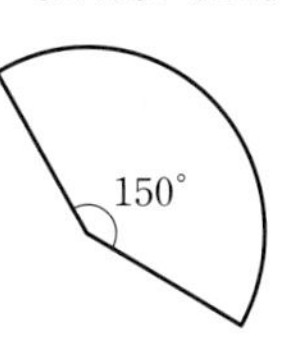

105

⊃24881-0221

다음 그림과 같은 부채꼴의 넓이를 구하시오.

(1)

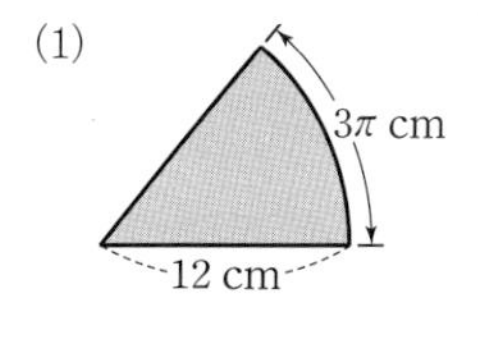

(2)

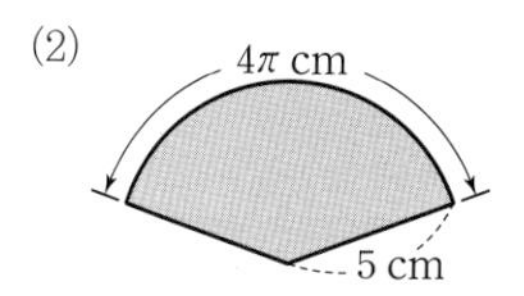

106

⊃24881-0222

호의 길이가 25π cm이고, 넓이가 $75\pi\text{ cm}^2$인 부채꼴의 반지름의 길이를 구하시오.

107

⊃24881-0223

반지름의 길이가 7 cm이고 넓이가 $21\pi\text{ cm}^2$인 부채꼴의 호의 길이를 구하시오.

유형 07-35 부채꼴의 성질

(1) 부채꼴 AOB, COD에서 호의 길이와 부채꼴의 넓이는 중심각의 크기에 비례한다.

→ 단, 현의 길이는 중심각의 크기에 비례하지 않는다.

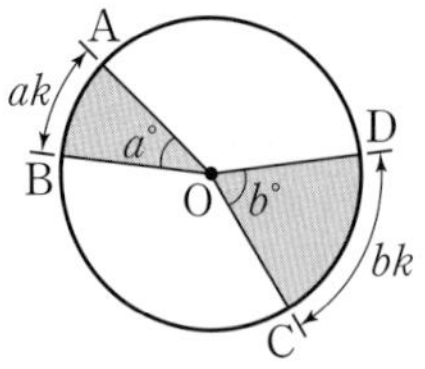

(2) 중심각의 크기가 같으면 호의 길이, 현의 길이, 부채꼴의 넓이가 각각 같다.

| 예 | 오른쪽 그림에서 부채꼴 AOB의 중심각의 크기가 $30°$, 부채꼴 COD의 중심각의 크기가 $120°$이므로 $\widehat{CD}$의 길이는 $\widehat{AB}$의 길이의 4배이다.

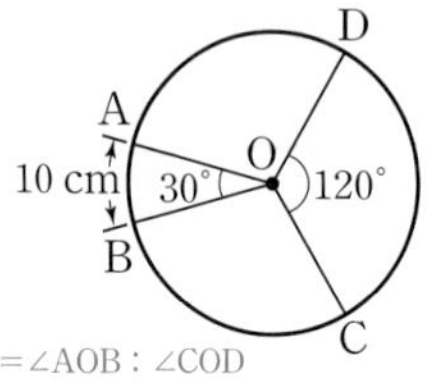

→ $\widehat{AB}:\widehat{CD}=\angle AOB:\angle COD=1:4$

따라서 $\widehat{CD}=4\widehat{AB}=4\times10=40(\text{cm})$ → $\overline{CD}\neq4\overline{AB}$

또, 부채꼴 COD의 넓이는 부채꼴 AOB의 넓이의 4배이다.

108

24881-0224

다음 그림에서 x의 값을 구하시오.

(1)

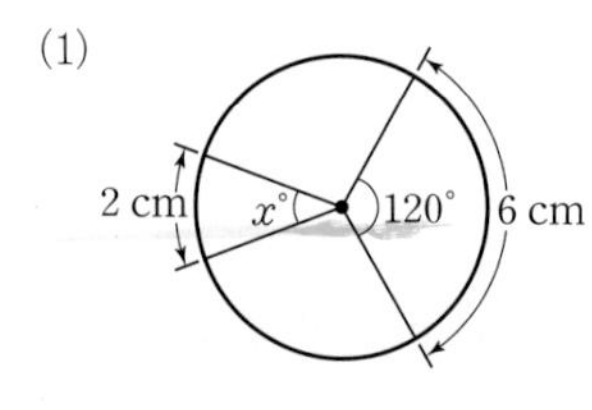

(2)

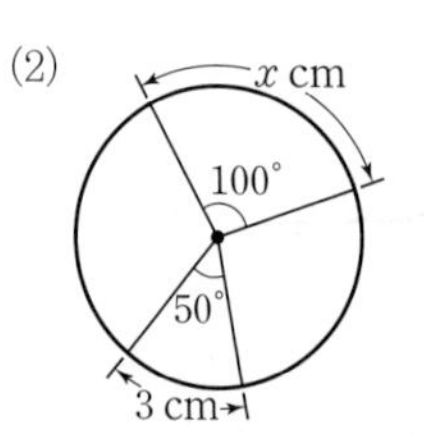

109

24881-0225

오른쪽 그림에서 부채꼴 AOB의 넓이가 $21\pi\ \text{cm}^2$일 때, 부채꼴 COD의 넓이를 구하시오.

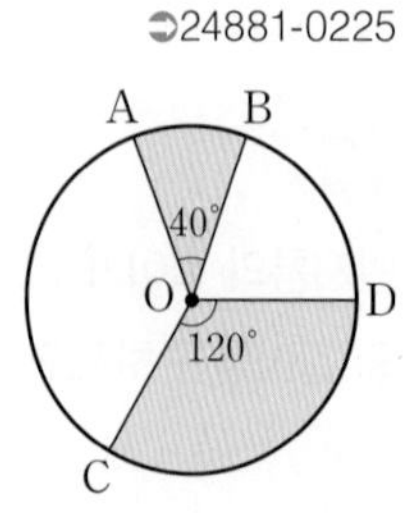

110

24881-0226

오른쪽 그림에 대한 설명으로 옳은 것을 모두 고르면? (정답 2개)

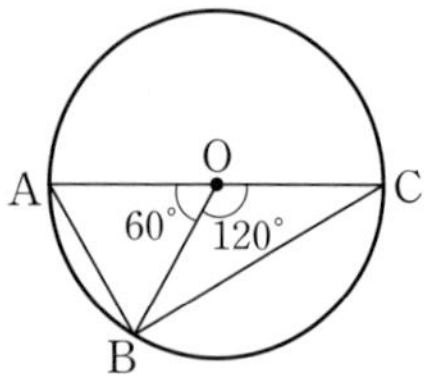

① $\widehat{BC}=2\widehat{AB}$

② $\overline{BC}=2\overline{AB}$

③ $\widehat{AB}=\overline{AB}$

④ $\triangle OBC$의 넓이는 $\triangle OAB$의 넓이의 2배이다.

⑤ 부채꼴 BOC의 넓이는 부채꼴 AOB의 넓이의 2배이다.

111

24881-0227

오른쪽 그림에서 $\overline{AB}\,/\!/\,\overline{CD}$이고 $\angle AOB=120°$, $\widehat{AC}=4$ cm일 때, $\widehat{BD}$의 길이는?

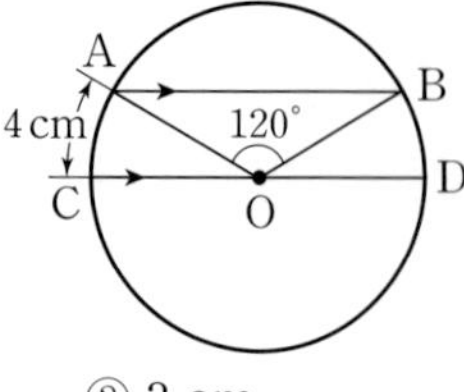

① 1 cm ② 2 cm ③ 3 cm

④ 4 cm ⑤ 5 cm

112

24881-0228

오른쪽 그림에서 $\overline{AD}\,/\!/\,\overline{OC}$, $\angle DAO=45°$이고, 부채꼴 COB의 넓이가 $25\ \text{cm}^2$일 때, 부채꼴 AOD의 넓이는?

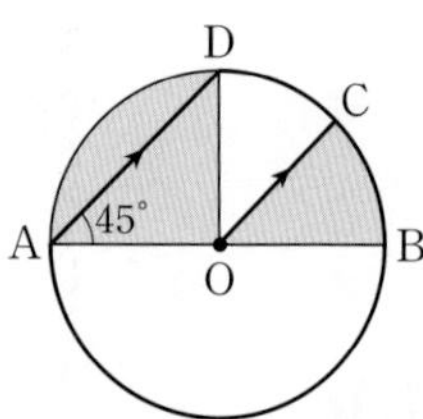

① $50\ \text{cm}^2$ ② $60\ \text{cm}^2$

③ $70\ \text{cm}^2$ ④ $80\ \text{cm}^2$

⑤ $90\ \text{cm}^2$

유형 07-36 다면체

1. **다면체** : 다각형인 면으로만 둘러싸인 입체도형
   → 곡면이 있는 입체도형은 다면체가 아니다.
2. 면의 개수에 따라 사면체, 오면체, …라 한다.

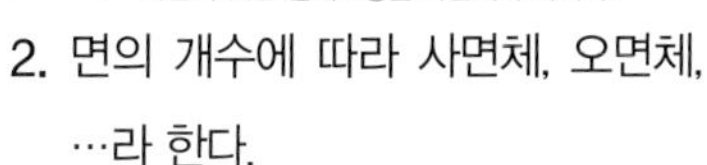

| 예 | 오른쪽 그림과 같은 다면체는 면의 개수가 5이므로 오면체, 모서리의 개수는 9, 꼭짓점의 개수는 6이다.

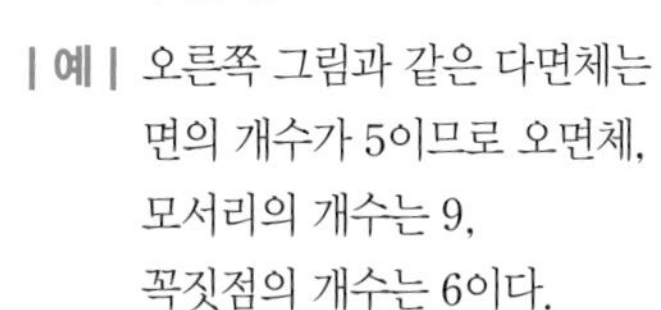

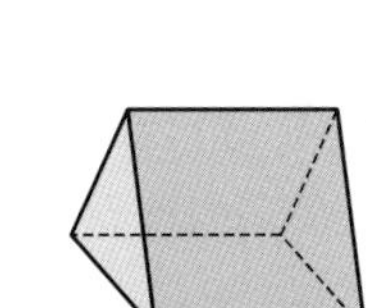

113

⊃24881-0229

다음 중 면의 개수가 가장 많은 다면체는?

① 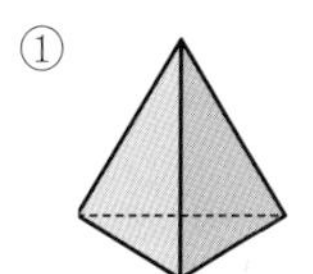

②  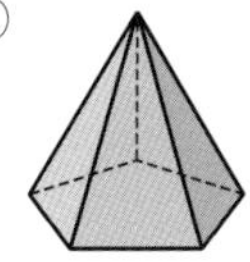

③  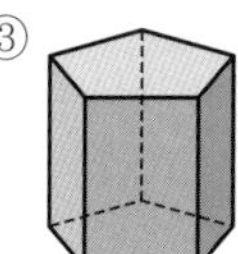

④ 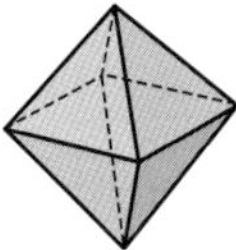

⑤ 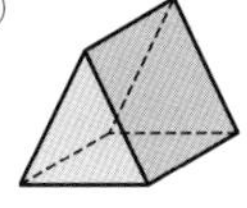

114

⊃24881-0230

오른쪽 그림에 대한 설명이다. □ 안에 알맞은 것을 써넣으시오.

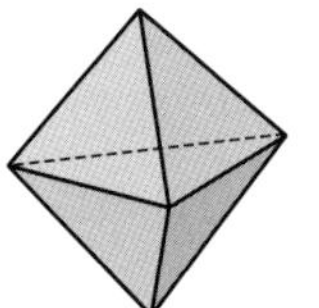

(1) 면의 모양은 모두 □이다.

(2) 면의 개수는 □이므로 □면체이다.

(3) 모서리의 개수와 꼭짓점의 개수의 차는 □이다.

유형 07-37 정다면체

1. **정다면체** : 각 면이 모두 합동인 정다각형이고, 각 꼭짓점에 모인 면의 개수가 같은 다면체
2. **정다면체의 종류** : 아래와 같이 5가지뿐이다.

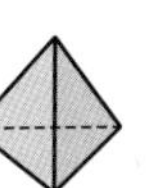
정사면체

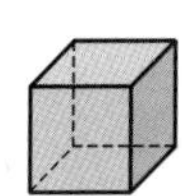
정육면체

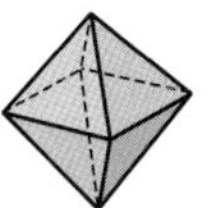
정팔면체

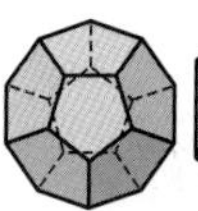
정십이면체

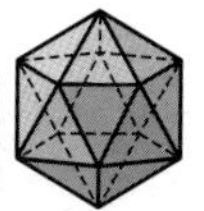
정이십면체

3. **정다면체의 특징** → 정다면체도 면의 개수에 따라 정사면체, 정육면체, …라 한다.

정다면체	정사면체	정육면체	정팔면체	정십이면체	정이십면체
면의 모양	정삼각형	정사각형	정삼각형	정오각형	정삼각형
꼭짓점의 개수	4	8	6	20	12
모서리의 개수	6	12	12	30	30
면의 개수	4	6	8	12	20
한 꼭짓점에 모인 면의 개수	3	3	4	3	5

115

⊃24881-0231

다음 조건을 모두 만족시키는 정다면체의 이름을 쓰시오.

- 면의 모양이 정삼각형이다.
- 한 꼭짓점에 모인 면의 개수가 4이다.

116

⊃24881-0232

다음 중 나머지 넷과 다른 하나는?

① 십각기둥의 면의 개수
② 정팔면체의 모서리의 개수
③ 육각기둥의 꼭짓점의 개수
④ 삼각기둥의 모서리의 개수
⑤ 정육면체의 모서리의 개수

유형 07-38 직육면체와 정육면체

1. 직육면체의 성질

(1) 서로 마주 보는 면은 평행하다.

(2) 서로 만나는 면은 수직이다.

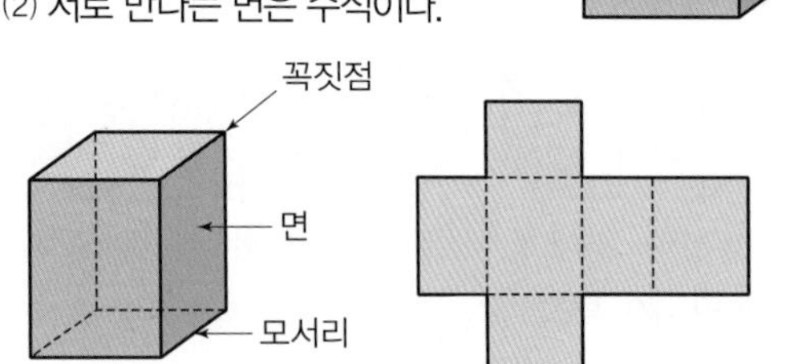

직육면체의 겨냥도
→ 보이는 모서리는 실선, 보이지 않는 모서리는 점선

직육면체의 전개도
→ 잘린 모서리는 실선, 잘리지 않은 모서리는 점선

2. 정육면체 : 직육면체에서 각 면이 정사각형인 경우
→ 정육면체도 직육면체이다.

| 예 | 직육면체의 각 점을 전개도에 나타내면

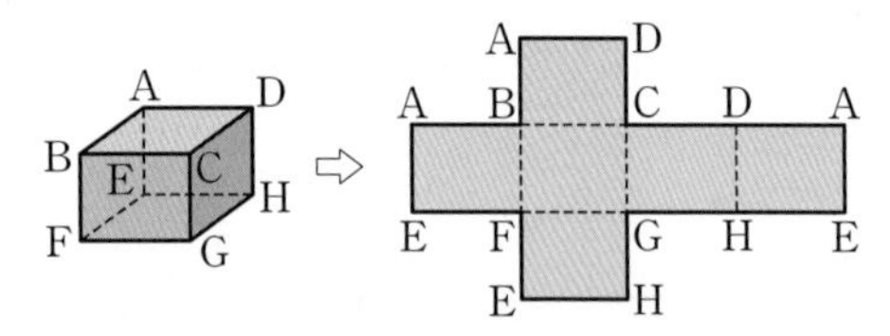

이때, 면 ABCD와 평행한 면은 면 EFGH의 1개이고,
면 ABCD와 수직인 면은
면 ABFE, 면 BFGC, 면 CGHD, 면 AEHD의 4개이다.
또, $\overline{AE}$와 평행한 모서리는
$\overline{BF}$, $\overline{CG}$, $\overline{DH}$의 3개이고,
$\overline{AE}$와 수직인 모서리는
$\overline{AB}$, $\overline{EF}$, $\overline{AD}$, $\overline{EH}$의 4개이다.

117

➲24881-0233

직육면체에 대한 다음 설명 중 옳지 않은 것은?

① 서로 만나는 면은 수직이다.
② 모서리의 개수는 12이다.
③ 꼭짓점의 개수는 8이다.
④ 3쌍의 평행한 면이 있다.
⑤ 한 면에 수직인 면의 개수는 3이다.

118

➲24881-0234

직육면체의 면의 개수를 a, 모서리의 개수를 b, 꼭짓점의 개수를 c라 할 때, $a-b+c$의 값을 구하시오.

119

➲24881-0235

오른쪽 그림과 같은 직육면체의 전개도에서 a, b, c의 값을 각각 구하시오.

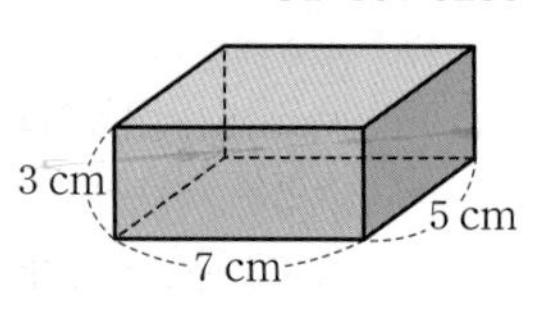

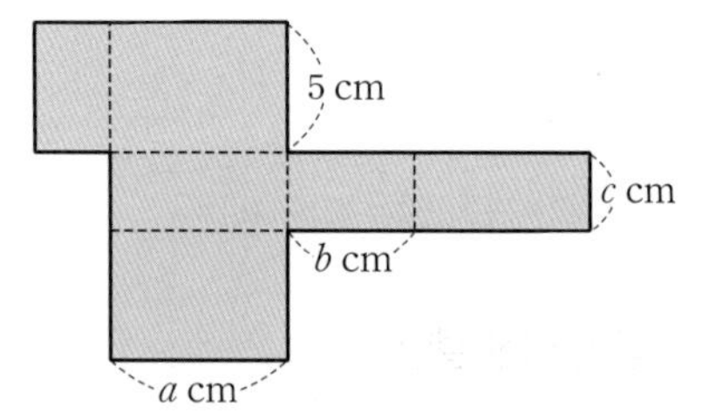

120

➲24881-0236

정육면체의 모든 모서리의 길이의 합이 36 cm일 때, x의 값을 구하시오.

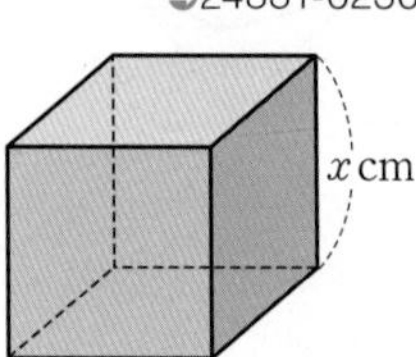

121

➲24881-0237

다음 그림과 같은 직육면체와 정육면체의 모든 모서리의 길이의 합이 서로 같을 때, x의 값을 구하시오.

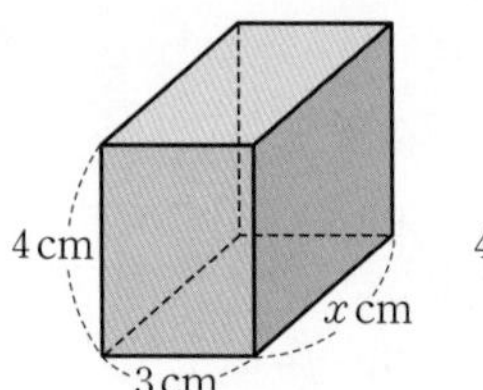

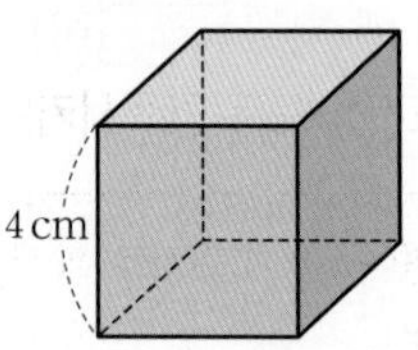

유형 07-39 각기둥

각기둥 : 기둥 모양의 다면체 → n각기둥은 밑면이 2개, 옆면이 n개이므로 면의 개수가 $(n+2)$이다.

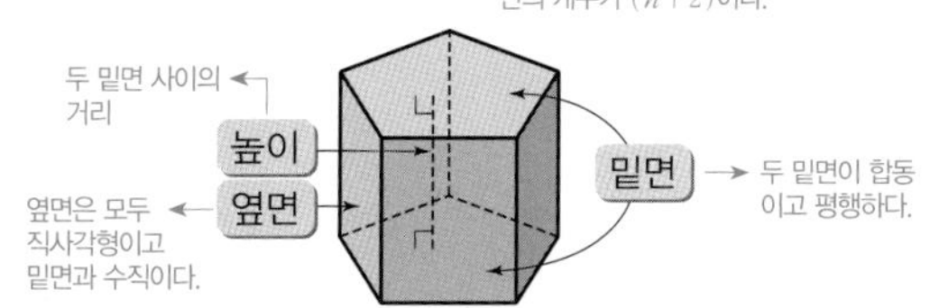

| 예 | 오른쪽 그림과 같은 직육면체에서 두 밑면은 합동이고 평행한 사각형, 옆면은 모두 직사각형이므로 직육면체는 사각기둥이다.

→ 밑면의 모양이 삼각형이면 삼각기둥, 사각형이면 사각기둥, …이라 한다. 정육면체도 사각기둥이다.

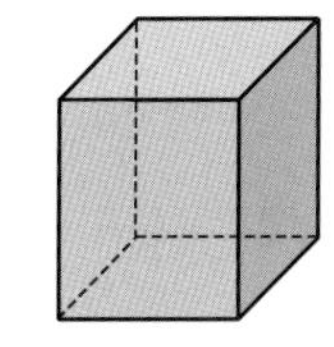

122

➲24881-0238

다음 중 각기둥에 대한 설명으로 옳지 않은 것은?

① 밑면의 개수가 2이다.
② 옆면이 직사각형이다.
③ 밑면과 옆면은 수직이다.
④ 밑면의 모양에 따라 이름이 정해진다.
⑤ 이웃하지 않은 옆면은 서로 평행하다.

123

➲24881-0239

오른쪽 팔각기둥의 면의 개수를 구하시오.

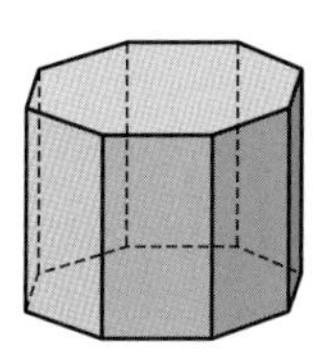

124

➲24881-0240

다음 조건을 모두 만족시키는 각기둥의 이름을 쓰시오.

- 밑면이 2개이고 서로 평행하다.
- 옆면의 모양이 모두 직사각형이다.
- 꼭짓점의 개수가 16이다.

유형 07-40 각기둥의 겉넓이와 부피

1. 각기둥의 전개도

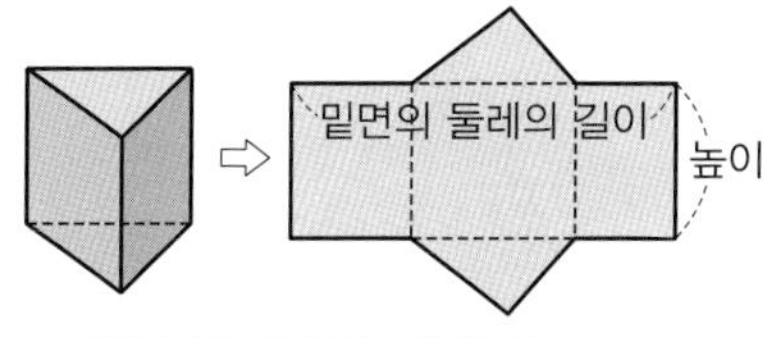

→ 옆면의 개수는 밑면의 변의 개수와 같다.

2. (각기둥의 겉넓이)
=(밑면의 넓이)×2+(옆면의 넓이)
→ (옆면의 넓이) =(밑면의 둘레의 길이)×(높이)

3. (각기둥의 부피)=(밑면의 넓이)×(높이)

| 예 | 오른쪽 그림과 같은 삼각기둥에서 밑면의 넓이는

$\frac{1}{2}\times4\times3=6(\text{cm}^2)$

옆면의 넓이는

$(4+5+3)\times8=96(\text{cm}^2)$이므로 (← 밑면의 둘레의 길이)

겉넓이는 $6\times2+96=108(\text{cm}^2)$,

부피는 $6\times8=48(\text{cm}^3)$이다.

4 cm, 3 cm, 5 cm, 8 cm

125

➲24881-0241

오른쪽 삼각기둥의 겉넓이와 부피를 각각 구하시오.

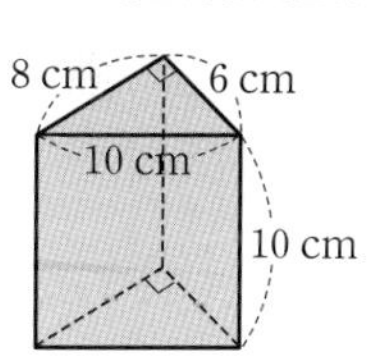

126

➲24881-0242

오른쪽 그림과 같은 전개도로 만들어지는 입체도형의 겉넓이가 84 cm^2일 때, 이 입체도형의 높이를 구하시오.

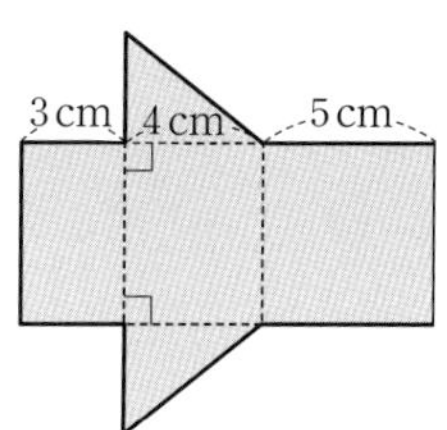

유형 07-41 각뿔

각뿔 : 뿔 모양의 다면체 → n각뿔은 밑면이 1개, 옆면이 n개이므로 면의 개수는 $(n+1)$이다.

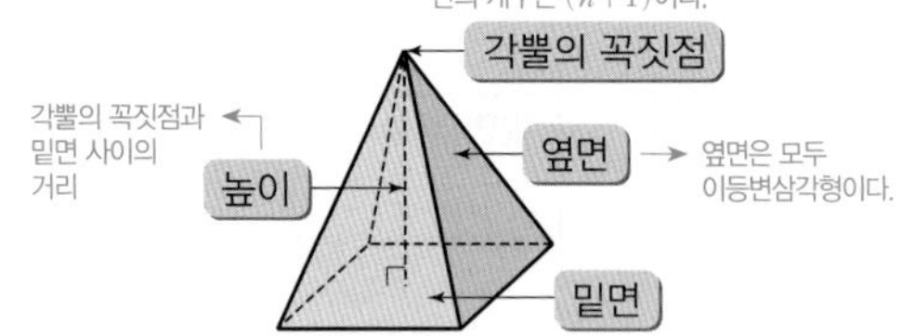

→ 옆면의 개수는 밑면의 변의 개수와 같고, 모든 면의 개수는 꼭짓점의 개수와 같다.

| 예 | 오른쪽 그림과 같은 다면체는 밑면이 오각형이고 옆면은 모두 한 꼭짓점에서 모이는 삼각형이므로 오각뿔이다.

→ 밑면의 모양에 따라 삼각뿔, 사각뿔, …이라 한다.

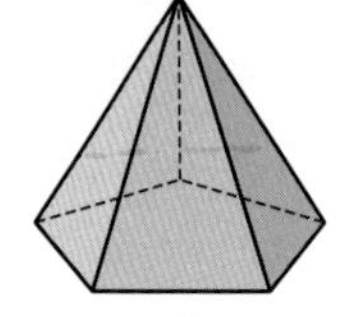

127

⊃24881-0243

오른쪽 그림과 같은 입체도형에 대한 설명으로 옳지 않은 것은?

① 다면체이다.
② 육각뿔이다.
③ 면의 개수가 7이다.
④ 꼭짓점의 개수가 6이다.
⑤ 모서리의 개수가 12이다.

128

⊃24881-0244

면의 개수가 13인 각뿔의 꼭짓점의 개수는?

① 10　② 11　③ 12
④ 13　⑤ 14

유형 07-42 각뿔대

각뿔대 : 각뿔을 밑면에 평행하게 잘랐을 때 각뿔이 아닌 쪽의 다면체

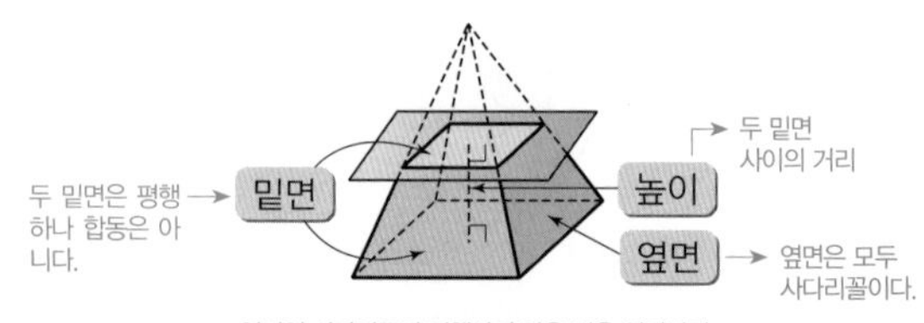

→ 옆면인 사다리꼴의 평행하지 않은 변을 연장하면 자르기 전의 각뿔의 꼭짓점에서 만난다.

| 예 | 오른쪽 그림은 오각뿔을 잘라 얻은 오각뿔대이며, 옆면은 모두 사다리꼴이다.

→ 밑면의 모양에 따라 삼각뿔대, 사각뿔대, …라 한다.

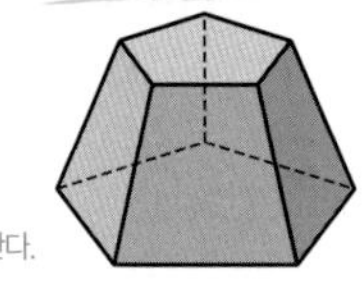

129

⊃24881-0245

십각뿔대의 꼭짓점의 개수를 구하시오.

130

⊃24881-0246

다음 중 면의 개수가 나머지 넷과 다른 하나는?

① 오각뿔　② 사각기둥　③ 사각뿔대
④ 사각뿔　⑤ 육면체

131

⊃24881-0247

다음 중 각뿔대에 대한 설명으로 옳은 것은?

① 옆면이 한 꼭짓점에서 만난다.
② 옆면은 모두 직사각형이다.
③ 두 밑면이 합동이다.
④ 모서리의 개수는 밑면의 변의 개수보다 2만큼 크다.
⑤ 꼭짓점의 개수는 밑면의 변의 개수의 2배이다.

유형 07-43 각뿔의 겉넓이

(각뿔의 겉넓이)=(밑면의 넓이)+(옆면의 넓이)

| 예 | 오른쪽 그림과 같은 정사각뿔에서
밑면의 넓이는
$5\times5=25(\text{cm}^2)$
옆면의 넓이는
$4\times\left(\frac{1}{2}\times5\times6\right)=60(\text{cm}^2)$이므로
겉넓이는 $25+60=85(\text{cm}^2)$이다.

정사각뿔의 옆면의 개수 → 4
한 옆면의 넓이 → $\frac{1}{2}\times5\times6$

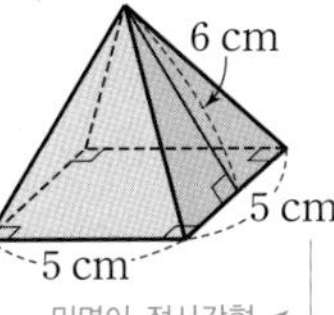

밑면이 정사각형이고 옆면이 모두 합동인 사각뿔을 정사각뿔이라 한다.

132

24881-0248

오른쪽 그림과 같은 정사각뿔의 겉넓이를 구하시오.

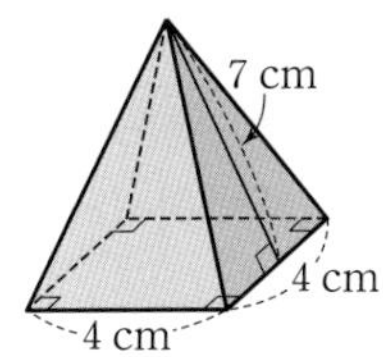

133

24881-0249

오른쪽 그림은 밑면이 정사각형인 정사각뿔의 전개도이다. 이 전개도로 만들어지는 정사각뿔의 겉넓이를 구하시오.

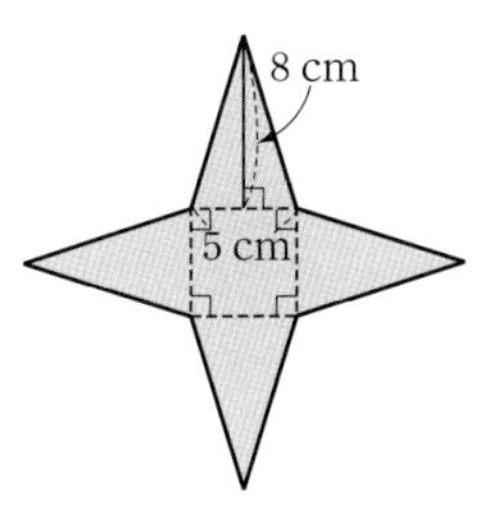

134

24881-0250

오른쪽 그림과 같이 한 변의 길이가 x cm인 정사각형을 밑면으로 하는 정사각뿔의 겉넓이가 56 cm^2일 때, x의 값을 구하시오.

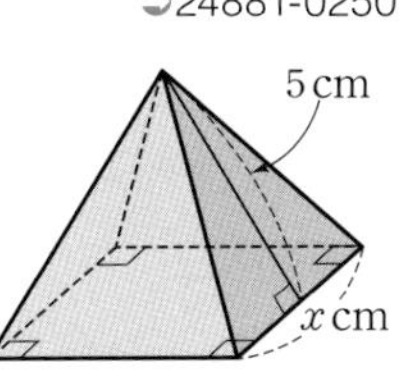

유형 07-44 각뿔의 부피

(각뿔의 부피)$=\frac{1}{3}\times$(밑면의 넓이)$\times$(높이)

→ 각뿔의 부피는 밑면의 넓이와 높이가 각각 같은 각기둥의 부피의 $\frac{1}{3}$이다.

| 예 | 오른쪽 그림의 정사각뿔에서
부피는
$\frac{1}{3}\times(4\times4)\times6=32(\text{cm}^3)$

밑면의 넓이 → (4×4)
높이 → 6

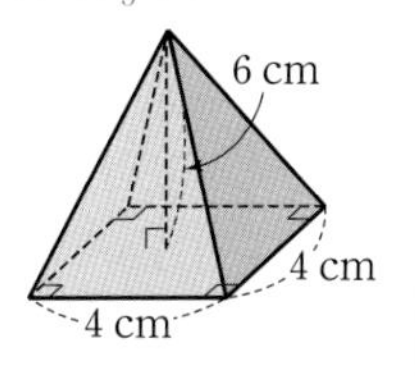

135

24881-0251

오른쪽 그림과 같은 사각뿔의 부피를 구하시오.

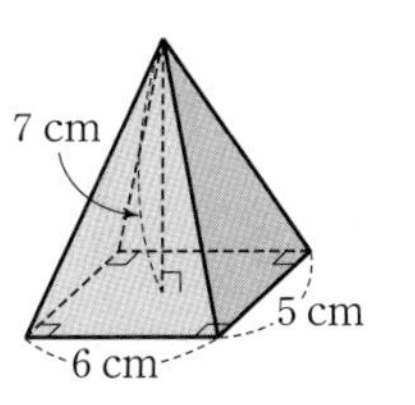

136

24881-0252

오른쪽 그림과 같은 높이가 6 cm인 정사각뿔의 부피가 50 cm^3일 때, 밑면의 한 변의 길이를 구하시오.

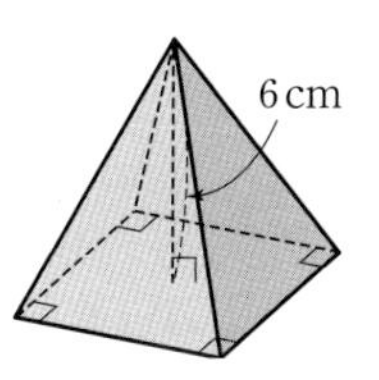

137

24881-0253

다음 그림과 같은 두 사각뿔 A, B의 부피가 같을 때, x의 값을 구하시오.

사각뿔 A

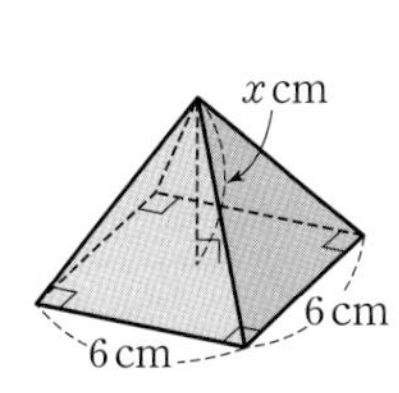

사각뿔 B

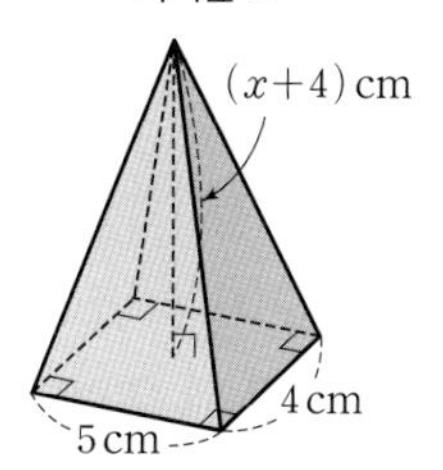

유형 07-45 각뿔대의 겉넓이

(각뿔대의 겉넓이)
=(두 밑면의 넓이의 합)+(옆면의 넓이)
→ 두 밑면은 합동이 아니므로 넓이를 각각 구하여 더한다.
→ 옆면은 사다리꼴이다.

| 예 | 오른쪽 그림과 같이 옆면이 모두 합동인 사각뿔대에서 두 밑면의 넓이의 합은
$(2\times2)+(5\times5)=29(\text{cm}^2)$
옆면의 넓이는

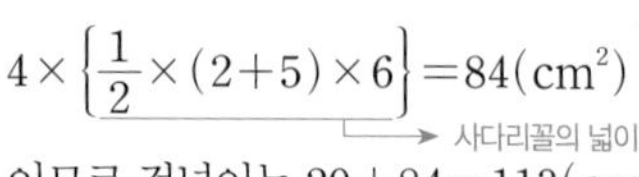

$4\times\left\{\frac{1}{2}\times(2+5)\times6\right\}=84(\text{cm}^2)$
→ 사다리꼴의 넓이

이므로 겉넓이는 $29+84=113(\text{cm}^2)$이다.

138

➲24881-0254

오른쪽 그림과 같은 사각뿔대에서 두 밑면은 각각 정사각형이고, 옆면은 모두 합동인 사다리꼴이다. 이 사각뿔대의 겉넓이를 구하시오.

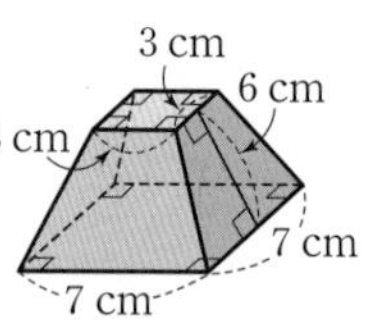

139

➲24881-0255

오른쪽 그림과 같은 오각뿔대에서 두 밑면은 각각 정오각형이고, 옆면은 모두 합동인 사다리꼴이다. 두 밑면의 넓이가 각각 20 cm^2, 60 cm^2이고 겉넓이가 130 cm^2일 때, 한 옆면의 넓이를 구하시오.

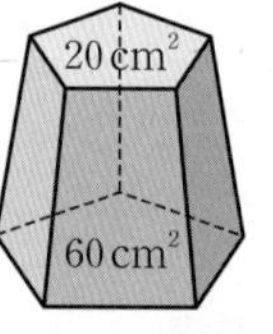

140

➲24881-0256

오른쪽 그림과 같은 사각뿔대에서 두 밑면은 각각 정사각형이고, 옆면은 모두 합동인 사다리꼴이다. 겉넓이가 296 cm^2일 때, 옆면인 사다리꼴의 높이를 구하시오.

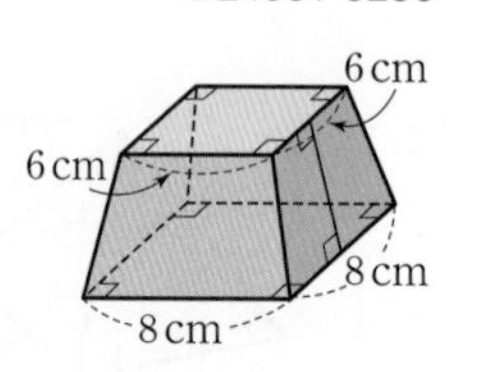

유형 07-46 각뿔대의 부피

(각뿔대의 부피)=(큰 각뿔의 부피)−(작은 각뿔의 부피)
→ 큰 각뿔과 작은 각뿔의 높이를 모두 알아야 구할 수 있다.

| 예 | 오른쪽 그림과 같은 사각뿔대에서
큰 사각뿔의 부피는
$\frac{1}{3}\times(6\times4)\times6=48(\text{cm}^3)$
→ 큰 사각뿔의 높이
→ 큰 사각뿔의 밑면의 넓이
작은 사각뿔의 부피는
$\frac{1}{3}\times(3\times2)\times3=6(\text{cm}^3)$이므로
→ 작은 사각뿔의 높이
→ 작은 사각뿔의 밑면의 넓이
사각뿔대의 부피는 $48-6=42(\text{cm}^3)$이다.

141

➲24881-0257

오른쪽 그림과 같은 사각뿔대의 부피를 구하시오.

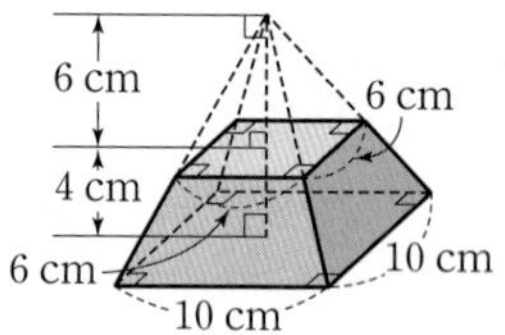

142

➲24881-0258

오른쪽 그림과 같은 삼각뿔대의 부피를 구하시오.

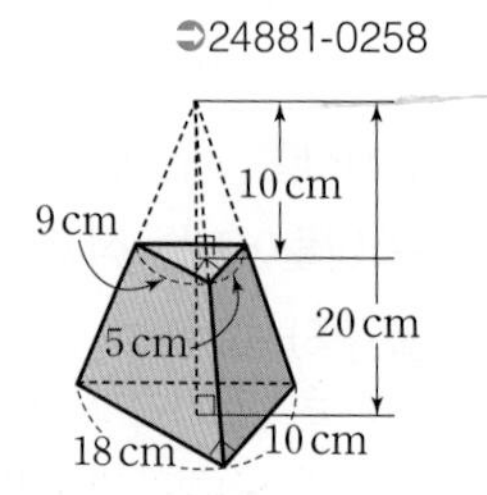

143

➲24881-0259

오른쪽 그림과 같이 부피가 84 cm^3인 사각뿔대에서 x의 값을 구하시오.

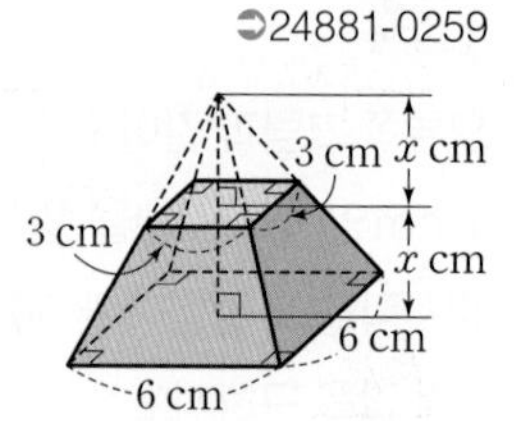

유형 07-47 회전체

1. **회전체** : 평면도형을 회전축 l을 중심으로 1회전 시켜 얻은 입체도형
2. **회전체의 종류**

→ 원뿔대는 원뿔을 밑면에 평행하게 잘라 얻을 수 있다.

회전체	원기둥	원뿔	원뿔대	구
회전체의 겨냥도				
회전시킨 도형	직사각형	직각삼각형	사다리꼴	반원

check!! 회전체를 자른 단면

① 회전체를 회전축에 수직인 평면으로 자른 단면은 항상 원이다.
② 회전체를 회전축을 포함하는 평면으로 자른 단면은 선대칭도형이고, 모두 합동이다.

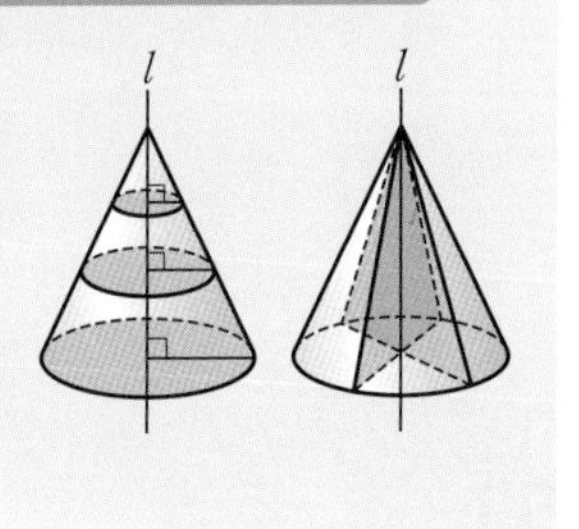

144

➲24881-0260

다음 중 직선 l을 회전축으로 하여 1회전 시킬 때, 오른쪽 그림과 같은 회전체가 되는 것은?

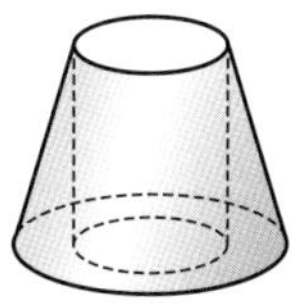

① 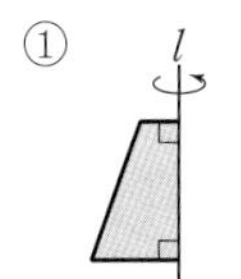
② 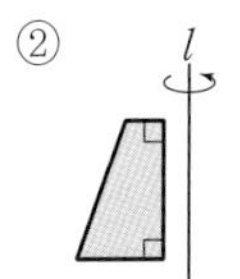
③ 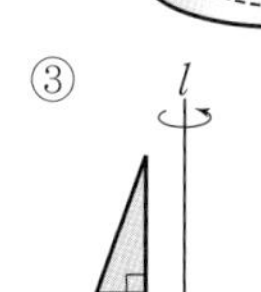
④ 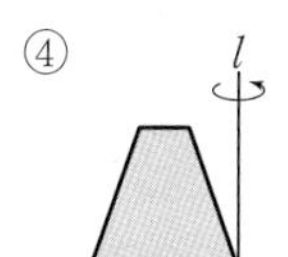
⑤ 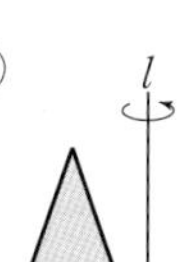 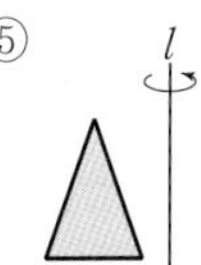

145

➲24881-0261

다음 중 회전체에 대한 설명으로 옳지 않은 것은?

① 직사각형의 한 변을 회전축으로 1회전 시켜 원기둥을 만들 수 있다.
② 원기둥, 원뿔, 원뿔대, 구는 모두 회전체이다.
③ 회전축에 수직인 평면으로 자른 단면은 원이다.
④ 회전축을 포함하는 평면으로 자른 단면은 선대칭도형이다.
⑤ 회전축에 수직인 평면으로 자른 단면은 모두 합동이다.

146

➲24881-0262

다음 **보기**의 입체도형 중에서 회전체를 모두 고르시오.

보기

ㄱ. 원뿔대	ㄴ. 정팔면체	ㄷ. 원뿔
ㄹ. 사각기둥	ㅁ. 구	ㅂ. 삼각뿔대

147

➲24881-0263

다음 중 평면도형과 그 평면도형의 어떤 한 변을 축으로 하여 1회전 시켜 얻은 입체도형을 알맞게 짝 지은 것은?

① 직사각형 – 원기둥
② 반원 – 원뿔
③ 직각삼각형 – 원뿔대
④ 정사각형 – 구
⑤ 사다리꼴 – 반구

148

➲24881-0264

다음 중 어떤 평면으로 잘라도 그 단면이 항상 원이 되는 회전체는?

① 원기둥
② 원뿔
③ 원뿔대
④ 구
⑤ 반구

유형 07-48 원기둥의 겉넓이와 부피

1. 원기둥의 전개도

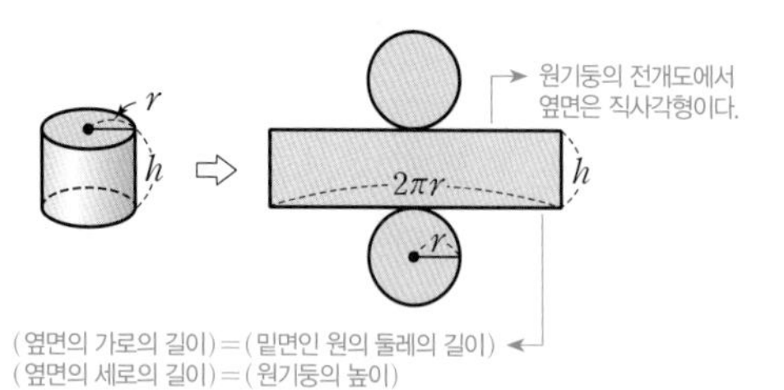

(옆면의 가로의 길이)=(밑면인 원의 둘레의 길이)
(옆면의 세로의 길이)=(원기둥의 높이)

2. 원기둥의 밑면의 반지름의 길이가 r이고 높이가 h일 때

(1) (원기둥의 겉넓이)$=2\pi r^2+2\pi rh$ (밑면의 넓이)×2, 옆면인 직사각형의 넓이

(2) (원기둥의 부피)$=\pi r^2 h$

→ 각기둥의 겉넓이와 부피를 구하는 방법과 동일하다.

| 예 | (원기둥의 겉넓이) → $r=3$, $h=5$를 각각 대입한다.

$=2\times(\pi\times3^2)+(2\pi\times3)\times5$

두 밑면의 넓이의 합 $=18\pi+30\pi=48\pi(\text{cm}^2)$

(원기둥의 부피)

$=\pi\times3^2\times5=45\pi(\text{cm}^3)$

→ (한 밑면의 넓이)×(높이)

149

⊃24881-0265

다음 그림과 같은 원기둥과 그 전개도에서 x, y의 값을 각각 구하시오.

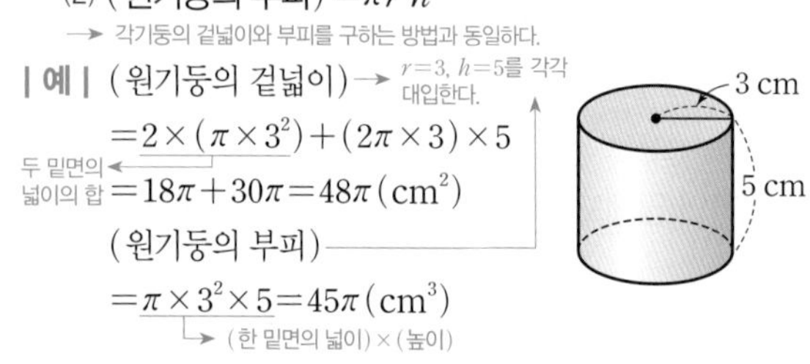

150

⊃24881-0266

오른쪽 그림과 같은 전개도로 만들어지는 입체도형의 겉넓이를 구하시오.

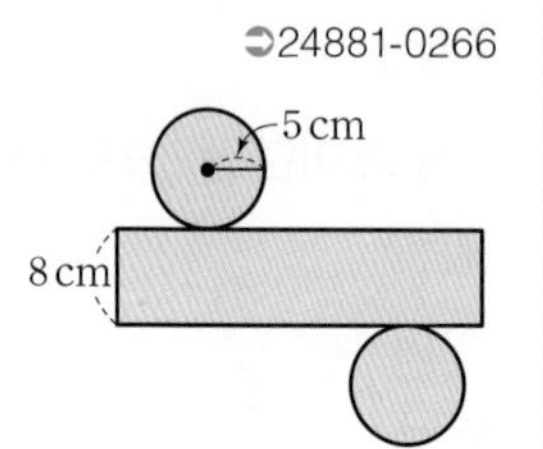

151

⊃24881-0267

다음 원기둥의 겉넓이와 부피를 각각 구하시오.

(1)

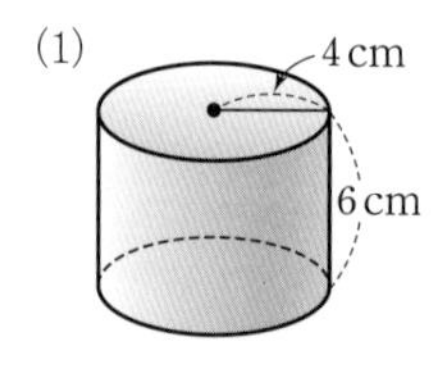

(2)

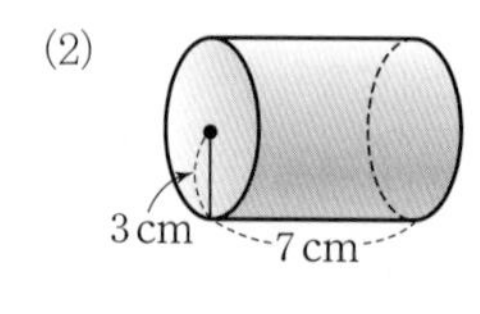

152

⊃24881-0268

오른쪽 그림과 같은 원기둥에서 밑면의 지름의 길이가 4 cm이고 원기둥의 겉넓이가 $20\pi\ \text{cm}^2$일 때, 이 원기둥의 부피를 구하시오.

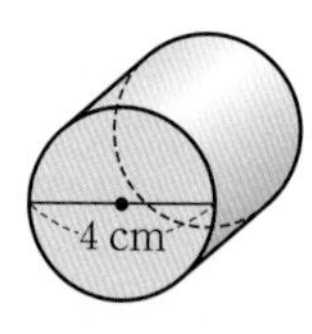

153

⊃24881-0269

밑면의 반지름의 길이가 6 cm인 원기둥의 부피가 $180\pi\ \text{cm}^3$일 때, 이 원기둥의 겉넓이를 구하시오.

154

⊃24881-0270

오른쪽 그림과 같은 두 원기둥 A, B의 부피가 같을 때, 원기둥 B의 높이를 구하시오.

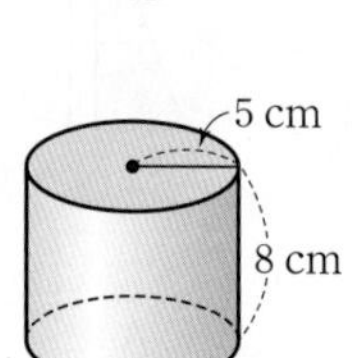

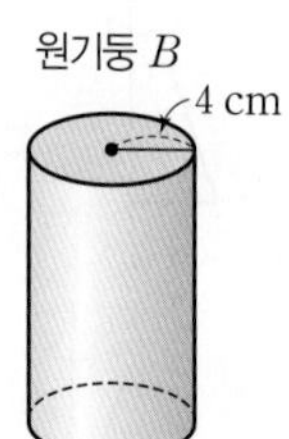

유형 07-49 원뿔의 겉넓이와 부피

1. 원뿔의 전개도

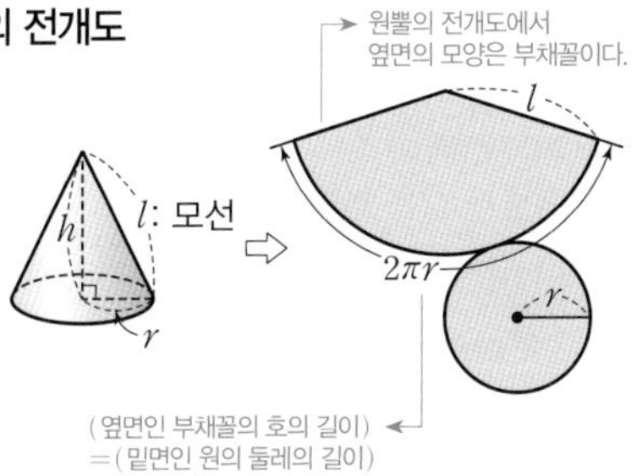

(옆면인 부채꼴의 호의 길이)
=(밑면인 원의 둘레의 길이)

2. 원뿔의 밑면의 반지름의 길이가 r, 모선의 길이가 l, 높이가 h일 때

(1) (원뿔의 겉넓이)$=\pi r^2+\pi l r$

→ 밑면인 원의 넓이

→ 옆면인 부채꼴의 넓이는 $\frac{1}{2}\times l\times 2\pi r=\pi l r$이다. (유형 07-34 참고)

(2) (원뿔의 부피)$=\frac{1}{3}\pi r^2 h$

→ 각뿔의 경우와 마찬가지로 원뿔의 부피도 원기둥의 부피의 $\frac{1}{3}$이다.

| 예 | 다음 그림과 같은 원뿔과 그 전개도에서

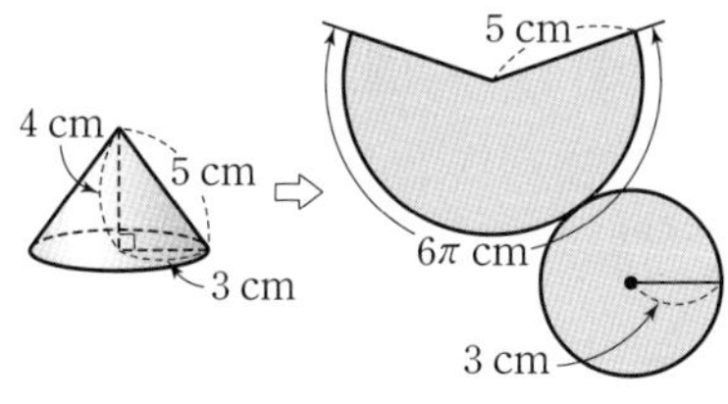

(원뿔의 겉넓이)$=\pi\times 3^2+\pi\times 5\times 3=24\pi\,(\mathrm{cm}^2)$

(원뿔의 부피)$=\frac{1}{3}\times\pi\times 3^2\times 4=12\pi\,(\mathrm{cm}^3)$

→ $r=3$, $h=4$, $l=5$를 각각 대입한다.

155

➲24881-0271

다음 원뿔의 겉넓이를 구하시오.

(1)

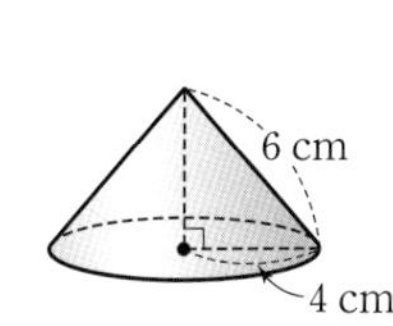

(2)

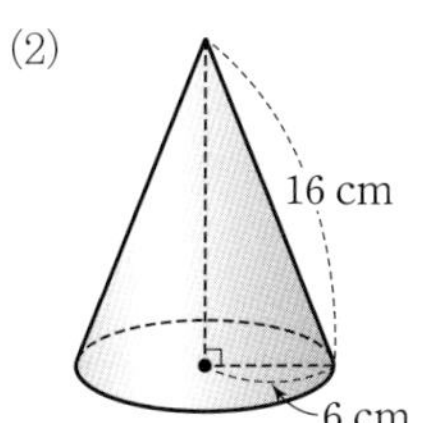

156

➲24881-0272

밑면의 넓이가 $64\pi\ \mathrm{cm}^2$인 원뿔의 모선의 길이가 10 cm일 때, 이 원뿔의 겉넓이를 구하시오.

157

➲24881-0273

오른쪽 그림과 같은 전개도를 갖는 원뿔의 겉넓이를 구하시오.

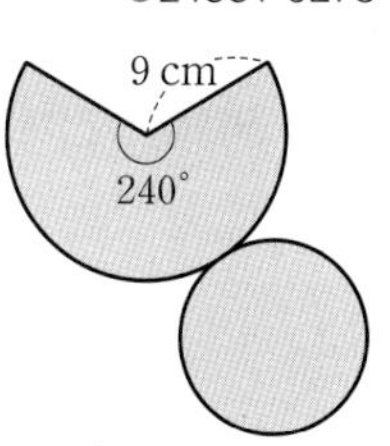

158

➲24881-0274

오른쪽 그림과 같은 원뿔의 부피를 구하시오.

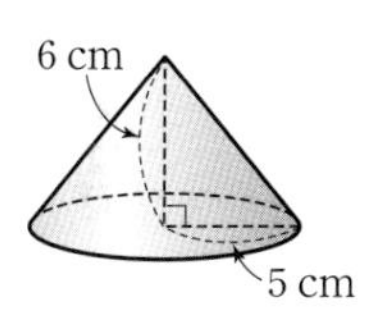

159

➲24881-0275

높이가 12 cm이고, 부피가 $36\pi\ \mathrm{cm}^3$인 원뿔의 밑면의 반지름의 길이는?

① 3 cm ② 4 cm ③ 5 cm
④ 6 cm ⑤ 7 cm

160

➲24881-0276

오른쪽 그림과 같이 원뿔 두 개를 붙여서 만든 입체도형의 부피를 구하시오.

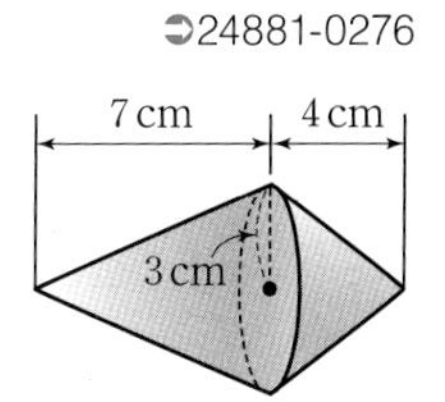

유형 07-50 원뿔대의 겉넓이

1. 원뿔대의 전개도

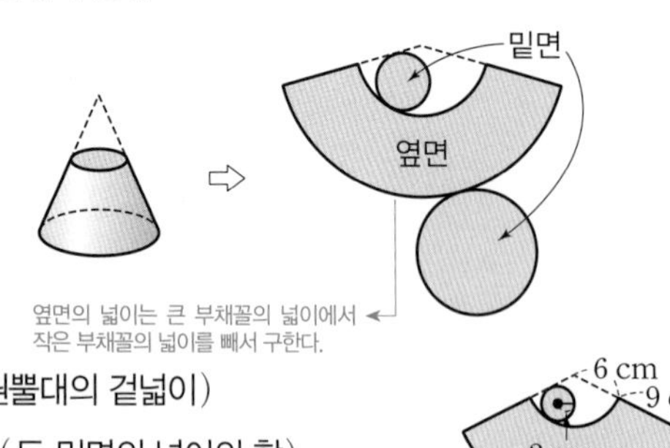

옆면의 넓이는 큰 부채꼴의 넓이에서 작은 부채꼴의 넓이를 빼서 구한다.

2. (원뿔대의 겉넓이)

$=$(두 밑면의 넓이의 합)

$+$(옆면의 넓이)

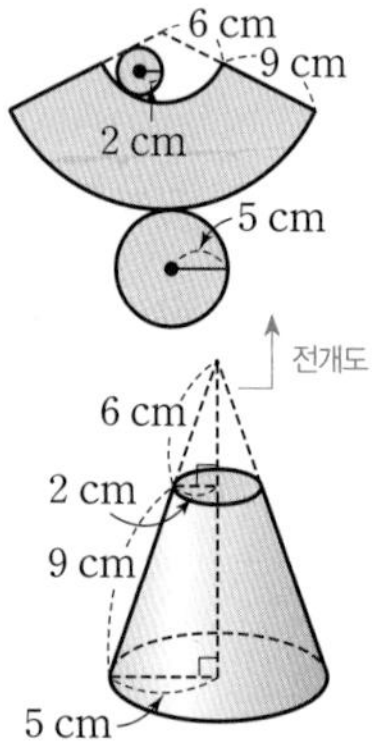

| 예 | 오른쪽 그림과 같은 원뿔대에서

두 밑면의 넓이의 합은

$(\pi\times2^2)+(\pi\times5^2)=29\pi(\text{cm}^2)$

옆면의 넓이는 (→ 작은 부채꼴의 넓이)

$(\pi\times15\times5)-(\pi\times6\times2)$ (큰 부채꼴의 넓이)

$=75\pi-12\pi=63\pi(\text{cm}^2)$

이므로 원뿔대의 겉넓이는

$29\pi+63\pi=92\pi(\text{cm}^2)$

모선의 길이가 l, 밑면의 반지름의 길이가 r인 원뿔의 옆면의 넓이는 πlr이다.

161

⊃24881-0277

오른쪽 그림의 원뿔대에 대하여 □ 안에 알맞은 수를 써넣으시오.

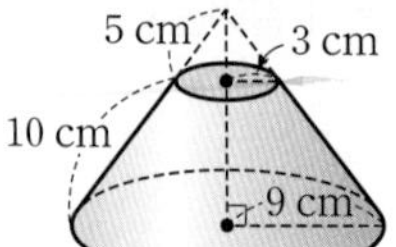

(1) 두 밑면의 넓이의 합은 □ cm^2이다.

(2) 옆면의 넓이는 □ cm^2이다.

(3) 겉넓이는 □ cm^2이다.

162

⊃24881-0278

오른쪽 그림과 같은 원뿔대의 겉넓이를 구하시오.

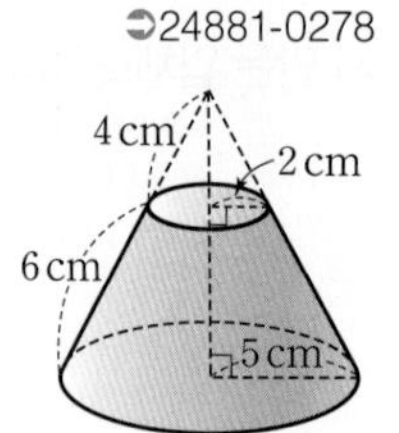

유형 07-51 원뿔대의 부피

(원뿔대의 부피)

$=$(큰 원뿔의 부피)$-$(작은 원뿔의 부피)

→ 자르기 전인 원뿔을 말한다.

→ 큰 원뿔과 작은 원뿔의 높이를 모두 알아야 구할 수 있다.

| 예 | 오른쪽 그림과 같은 원뿔대에서

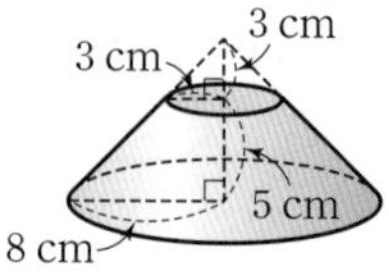

큰 원뿔의 부피는

$\frac{1}{3}\times\pi\times8^2\times8=\frac{512}{3}\pi(\text{cm}^3)$

작은 원뿔의 부피는

$\frac{1}{3}\times\pi\times3^2\times3=9\pi(\text{cm}^3)$

이므로 원뿔대의 부피는

$\frac{512}{3}\pi-9\pi=\frac{512-27}{3}\pi=\frac{485}{3}\pi(\text{cm}^3)$

163

⊃24881-0279

다음 그림과 같은 원뿔대의 부피를 구하시오.

(1)

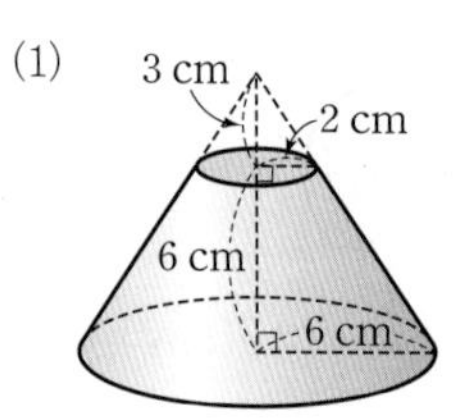

(2)

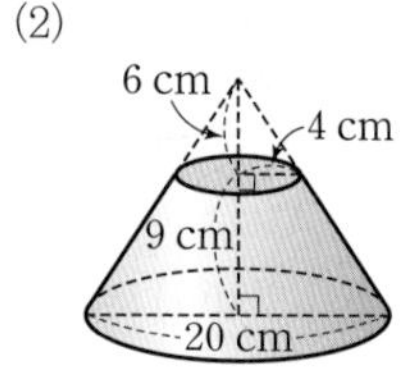

164

⊃24881-0280

오른쪽 그림과 같은 원뿔대에 대한 설명으로 옳지 않은 것은?

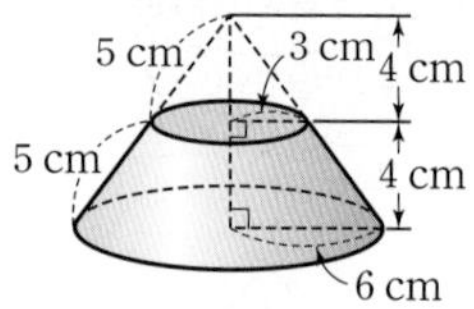

① 잘라낸 작은 원뿔의 높이는 4 cm이다.

② 잘라낸 작은 원뿔의 부피는 $12\pi\ \text{cm}^3$이다.

③ 자르기 전의 큰 원뿔의 높이는 8 cm이다.

④ 자르기 전의 큰 원뿔의 부피는 $90\pi\ \text{cm}^3$이다.

⑤ 원뿔대의 부피는 $84\pi\ \text{cm}^3$이다.

유형 07-52 구의 겉넓이와 부피

구의 반지름의 길이가 r일 때

(1) (구의 겉넓이)$=4\pi r^2$　　(2) (구의 부피)$=\frac{4}{3}\pi r^3$

→ 구는 전개도를 그릴 수 없다.

| 예 | 반지름의 길이가 6 cm인 구에서
겉넓이는 → $r=6$을 대입한다.
$4\pi\times6^2=144\pi(\text{cm}^2)$
부피는
$\frac{4}{3}\pi\times6^3=288\pi(\text{cm}^3)$

165

➲24881-0281

오른쪽 그림과 같은 구의 겉넓이와 부피를 각각 구하시오.

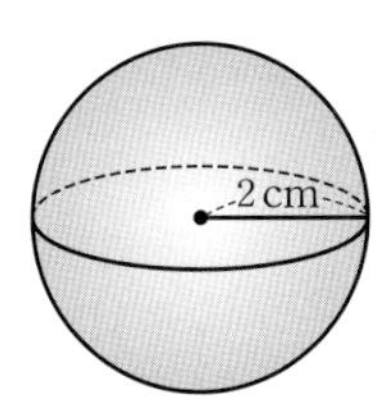

166

➲24881-0282

다음 그림과 같이 구의 일부를 잘라 낸 입체도형의 부피를 구하시오.

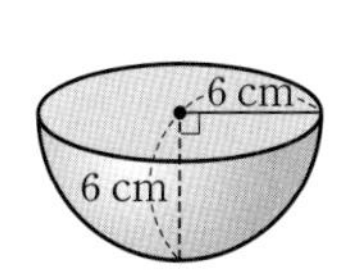

(2)

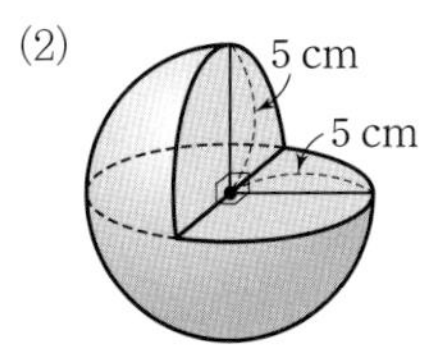

167

➲24881-0283

겉넓이가 $36\pi\ \text{cm}^2$인 구의 부피를 구하시오.

168

➲24881-0284

오른쪽 그림과 같은 입체도형의 부피를 구하시오.

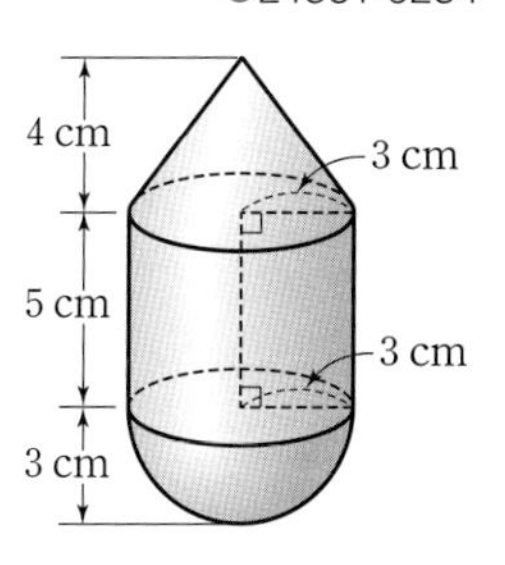

169

➲24881-0285

다음은 원기둥, 구, 원뿔의 부피를 비교하는 과정이다. □ 안에 들어갈 것으로 옳지 않은 것은?

원기둥의 부피는
$\pi r^2\times2r=$ (가)
구의 부피는 (나)
원뿔의 부피는
(다) $\times\pi r^2\times2r=$ (라)
이므로 원기둥, 구, 원뿔의 부피의 비는
3 : (마) : 1이다.

① (가) $2\pi r^3$　② (나) $\frac{4}{3}\pi r^3$　③ (다) $\frac{1}{2}$

④ (라) $\frac{2}{3}\pi r^3$　⑤ (마) 2

170

➲24881-0286

반지름의 길이가 3 cm인 구 모양의 쇠구슬을 녹여서 밑면의 반지름의 길이가 6 cm인 원뿔 모양의 추를 만들고자 할 때, 이 추의 높이를 구하시오.

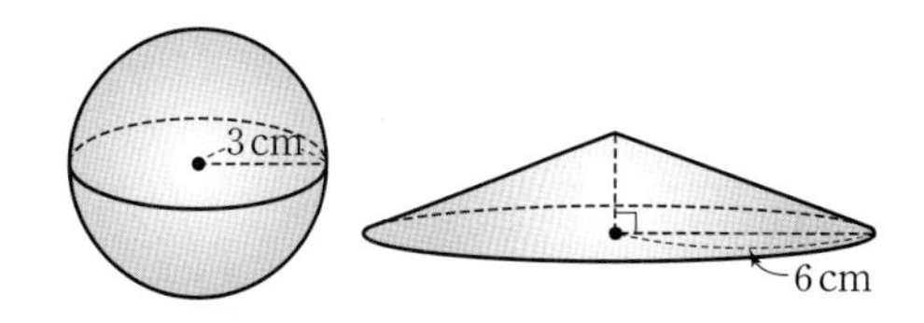

THEME

08

도형의 성질

유형 08-1 이등변삼각형의 성질 (1)

이등변삼각형의 두 밑각의 크기는 서로 같다.

| 예 | 오른쪽 그림과 같이 $\overline{AB}=\overline{AC}$인 이등변삼각형 ABC에서

$\angle B=\angle C=58^\circ$

$\angle A=180^\circ-2\times58^\circ=64^\circ$

→ (꼭지각의 크기)$=180^\circ-2\times$(밑각의 크기)

(밑각의 크기)$=\frac{1}{2}\times\{180^\circ-$(꼭지각의 크기)$\}$

$\angle$A가 꼭지각, $\angle$B, $\angle$C가 두 밑각이다.

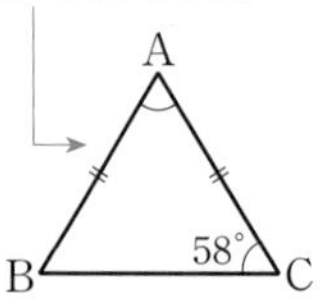

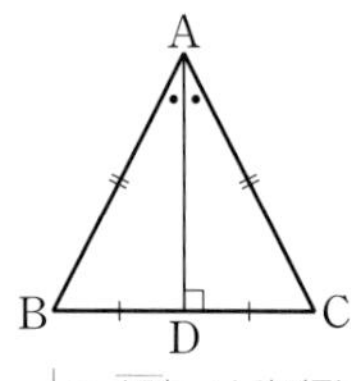

001

➲24881-0287

다음 삼각형에서 x의 값을 구하시오.

(1)

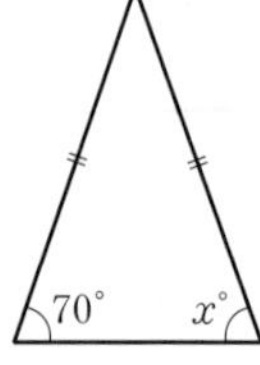

(2)

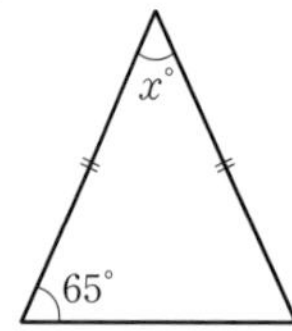

002

➲24881-0288

오른쪽 그림과 같이 $\overline{AB}=\overline{AC}$인 이등변삼각형 ABC에서 $\overline{AC}$ 위의 한 점 D에 대하여 $\overline{BC}=\overline{BD}$이고, $\angle C=70^\circ$일 때, $\angle x-\angle y$의 값을 구하시오.

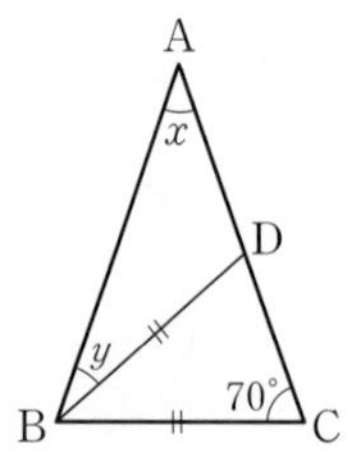

유형 08-2 이등변삼각형의 성질 (2)

이등변삼각형의 꼭지각의 이등분선은 밑변을 수직이등분한다. → $\overline{AD}\perp\overline{BC}$, $\overline{BD}=\overline{CD}$

➡ (꼭지각의 이등분선)

=(밑변의 수직이등분선)

A
B D C

↳ $\overline{AD}$는 $\angle$A의 이등분선이자 $\overline{BC}$의 수직이등분선이다.

| 예 | 오른쪽 그림과 같이 $\overline{AB}=\overline{AC}$인 이등변삼각형 ABC에서

$\angle BAD=\angle CAD=40^\circ$

$\overline{AD}\perp\overline{BC}$이므로 → $\angle ADB=90^\circ$

$\angle x=90^\circ-\angle BAD$

$=90^\circ-40^\circ=50^\circ$

$\overline{BD}=\overline{CD}=5$이므로 → 점 D는 $\overline{BC}$의 중점

$y=\overline{BD}+\overline{CD}=5+5=10$

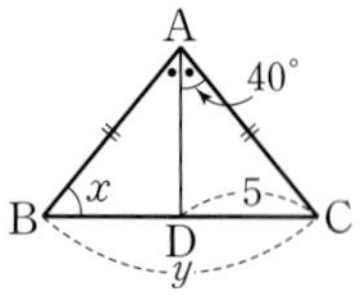

A 40° B x 5 C D y

003

➲24881-0289

오른쪽 그림과 같이 $\overline{AB}=\overline{AC}$인 이등변삼각형 ABC에서 $\overline{AD}$는 $\angle BAC$의 이등분선이고 $\angle BAD=35^\circ$일 때, $\angle ACD$의 크기를 구하시오.

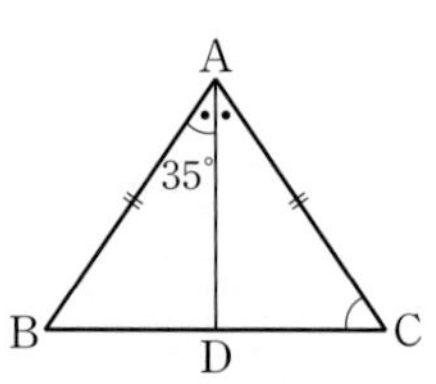

004

➲24881-0290

오른쪽 그림과 같이 $\overline{AB}=\overline{AC}$인 이등변삼각형 ABC에서 점 A에서 선분 BC에 내린 수선의 발을 D라 하자. $\overline{AD}=5$, $\overline{BC}=10$일 때, $\angle B$와 $\angle BAD$의 크기를 각각 구하시오.

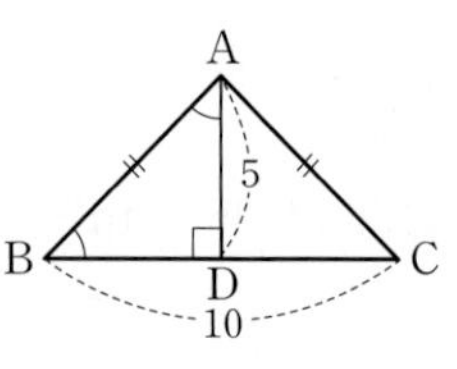

유형 08-3 이등변삼각형이 되는 조건

(→ 꼭지각을 낀 두 변의 길이가 같다.)

두 내각의 크기가 같은 삼각형은 이등변삼각형이다.

$\triangle$ABC에서 $\angle B = \angle C$이면 $\overline{AB} = \overline{AC}$이다.

| 예 | 오른쪽 그림에서

$\angle C = 180° - (40° + 70°)$
$= 180° - 110° = 70°$

이때 $\angle B = \angle C$이므로

$\triangle$ABC는 이등변삼각형이고

$\overline{AC} = \overline{AB} = 6$ cm이다.

따라서 $x = 6$

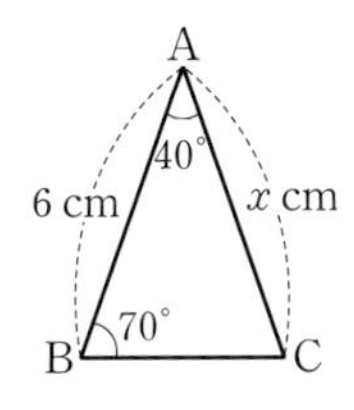

유형 08-4 직각삼각형의 합동 조건

두 직각삼각형은 다음 중 한 가지 조건을 만족하면 합동이다.

(1) 빗변의 길이와 한 예각의 크기가 각각 같을 때 (RHA 합동)

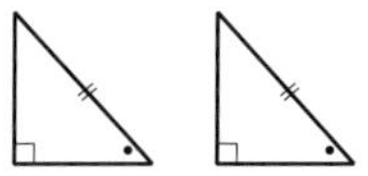

(2) 빗변의 길이와 다른 한 변의 길이가 각각 같을 때 (RHS 합동)

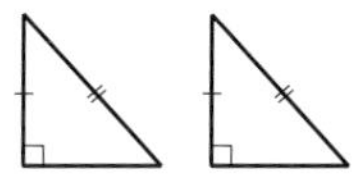

참고 빗변은 직각삼각형에서 직각의 대변이다.

→ R(직각 : Right angle)
H(빗변 : Hypotenuse)
A(각 : Angle)
S(변 : Side)

| 예 | 두 직각삼각형 ABC와 FDE에서

$\overline{AB} = \overline{FD} = 4$ cm,

$\angle B = \angle D = 60°$

이므로

$\triangle ABC \equiv \triangle FDE$ (→ 대응점 순서대로 쓴다.)

(RHA 합동)

따라서 $\overline{BC} = \overline{DE} = 2$ cm

→ 빗변의 길이가 아닌 다른 한 변의 길이와 한 예각의 크기가 같은 경우는 RHA합동이 아니다.

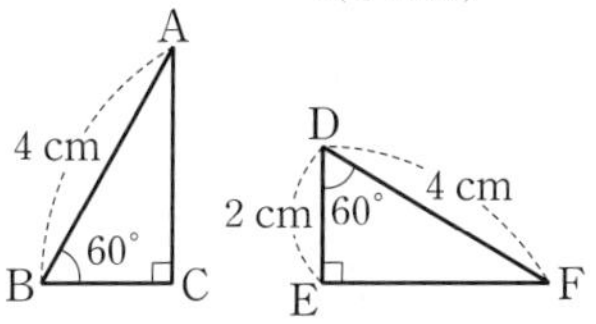

005

➲24881-0291

오른쪽 그림과 같은 $\triangle$ABC에서 $\angle A = 100°$, $\angle C = 40°$, $\overline{AB} = 5$ cm일 때, $\overline{AC}$의 길이를 구하시오.

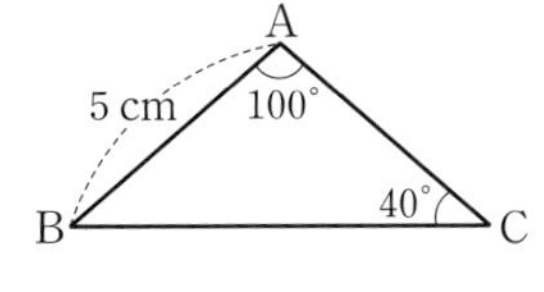

006

➲24881-0292

다음 중 이등변삼각형이 아닌 것은?

① 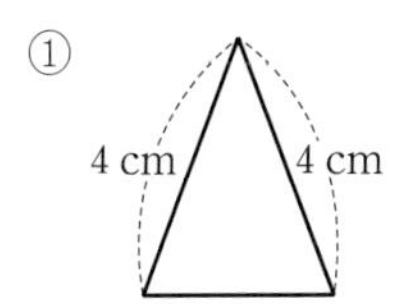

② 
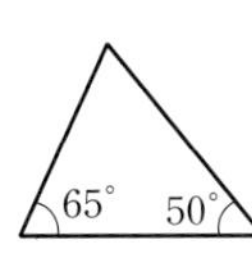

③ 
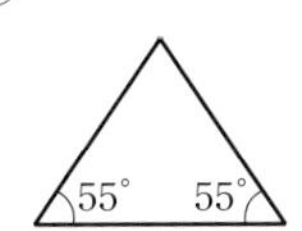

④ 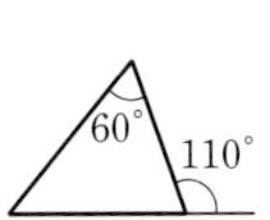

⑤ (45°)

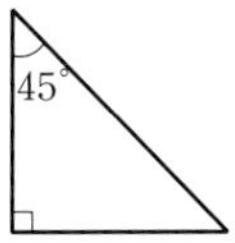

007

➲24881-0293

오른쪽 그림에서 $x+y$의 값을 구하시오.

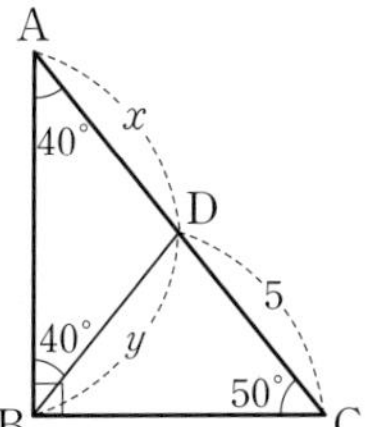

008

➲24881-0294

오른쪽 그림에서 x의 값을 구하시오.

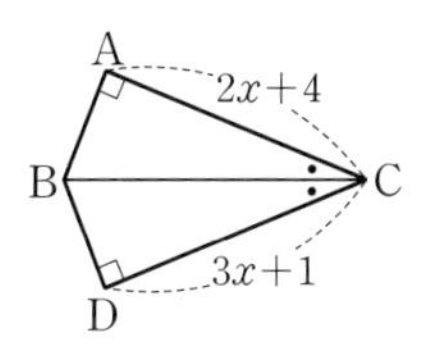

009

➲24881-0295

오른쪽 그림에서 x, y의 값을 각각 구하시오.

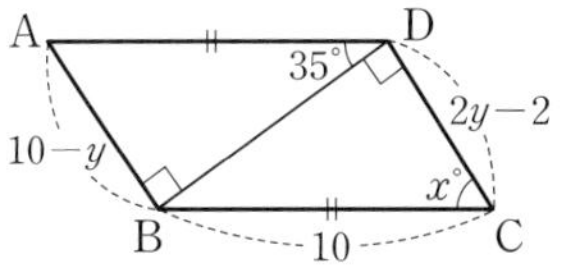

010

➲24881-0296

오른쪽 그림에서 $\overline{AC} = \overline{CE}$, $\overline{BD} = 10$일 때, $\overline{ED} + \overline{AB}$의 값을 구하시오.

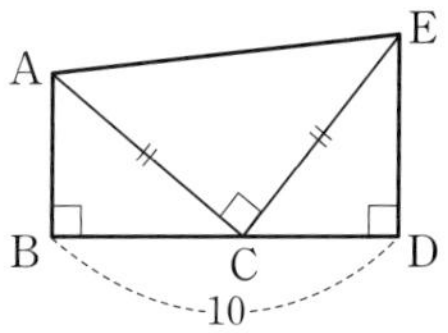

08 도형의 성질

유형 08-5 삼각형의 외심

삼각형의 외심 : 삼각형의 외접원의 중심

↳ 삼각형의 세 꼭짓점을 지나는 원

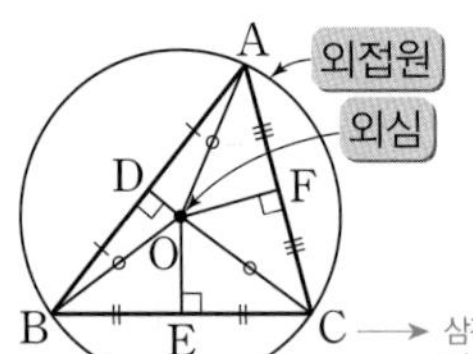

① $\overline{OD}$, $\overline{OE}$, $\overline{OF}$는 세 변의 수직이등분선

② $\overline{OA}=\overline{OB}=\overline{OC}$

↳ 외접원의 반지름의 길이

→ 삼각형의 외심에서 삼각형의 각 꼭짓점에 이르는 거리는 모두 같다.

| 예 | 점 O는 △ABC의 세 변의 수직이등분선의 교점이므로 △ABC의 외심이다.
따라서 $\overline{OA}=\overline{OB}=\overline{OC}$ 이므로 $x=3$, $y=3$

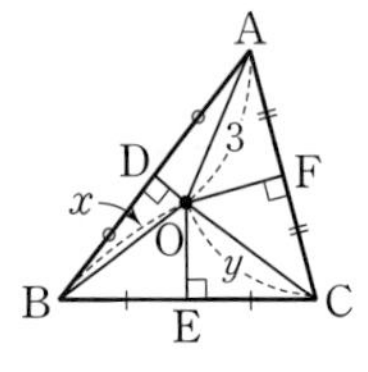

011

⊃24881-0297

오른쪽 그림에서 점 O가 △ABC의 외심일 때, 다음 중 옳지 않은 것은?

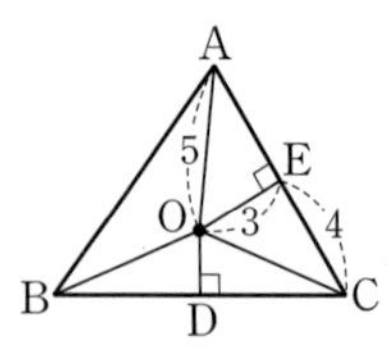

① $\overline{AE}=4$　　② $\overline{OB}=5$

③ $\overline{OC}=5$　　④ $\overline{OD}=2$

⑤ 외접원의 반지름의 길이는 5이다.

012

⊃24881-0298

오른쪽 그림에서 점 O가 $\overline{AB}=\overline{AC}$인 이등변삼각형 △ABC의 외심이고, $\overline{DB}=3$, $\overline{EC}=2$일 때, △ABC의 둘레의 길이는?

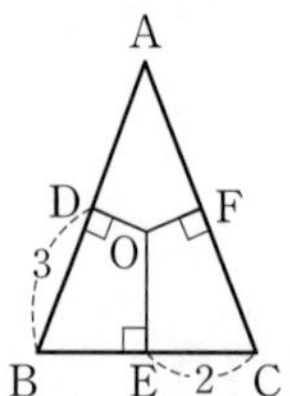

① 16　　② 17　　③ 18

④ 19　　⑤ 20

유형 08-6 삼각형의 외심과 각의 크기

점 O가 △ABC의 외심일 때 → △OAB, △OBC, △OCA는 모두 이등변삼각형이다.

(1)

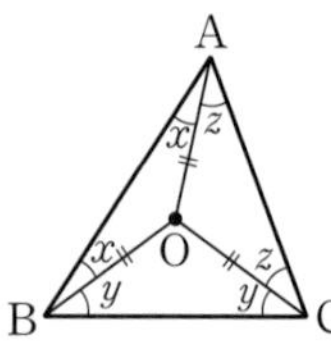

$2(\angle x+\angle y+\angle z)=180^\circ$

⇨ $\angle x+\angle y+\angle z=90^\circ$

(2)

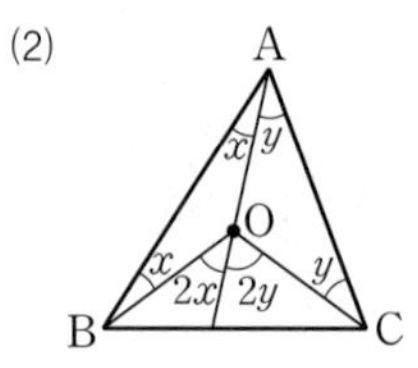

$\angle A=\angle x+\angle y$일 때

$\angle BOC=2\angle A$

↳ $\angle BOC=2(\angle x+\angle y)$이므로

| 예 | 점 O가 △ABC의 외심일 때

(1)

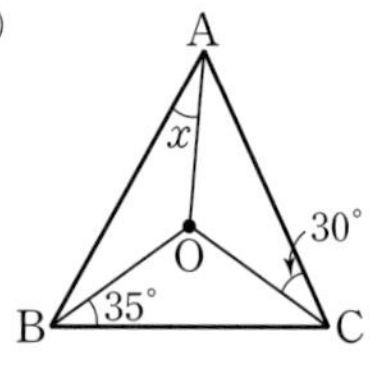

$\angle x+35^\circ+30^\circ=90^\circ$

따라서 $\angle x=25^\circ$

(2)

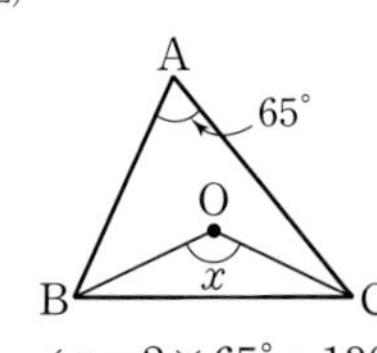

$\angle x=2\times65^\circ=130^\circ$

013

⊃24881-0299

오른쪽 그림에서 점 O가 △ABC의 외심일 때, $\angle x$의 크기를 구하시오.

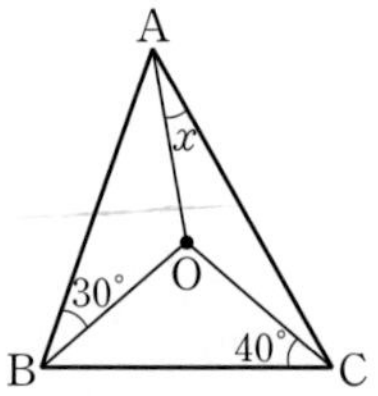

014

⊃24881-0300

오른쪽 그림에서 점 O가 △ABC의 외심이고 $\angle OAB=30^\circ$일 때, $\angle x+\angle y$의 값을 구하시오.

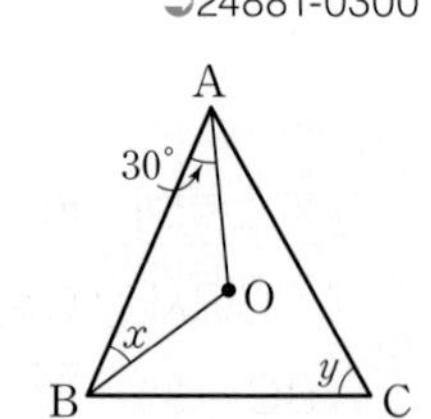

유형 08-7 삼각형의 외심의 위치

	예각삼각형	직각삼각형	둔각삼각형
외심과 외접원	O	O	O
외심의 위치	삼각형의 내부	빗변의 중점	삼각형의 외부

└→ 직각삼각형에서 (외접원의 반지름의 길이) $= \frac{1}{2} \times$ (빗변의 길이)이다.

| 예 | 점 O가 $\overline{AC}$의 중점일 때, 점 O는 $\triangle ABC$의 외심이다.

$\overline{OA} = \overline{OB}$이므로

$\angle A = \angle OBA$

$= 90^\circ - 30^\circ = 60^\circ$

△OAB는 이등변삼각형이므로 두 밑각의 크기가 같다.

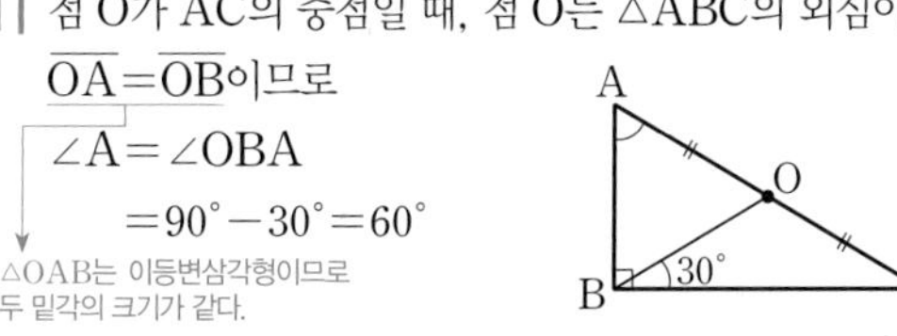

유형 08-8 삼각형의 내심

삼각형의 내심 : 삼각형의 내접원의 중심

└→ 삼각형의 세 변과 각각 한 점에서 만나는 원

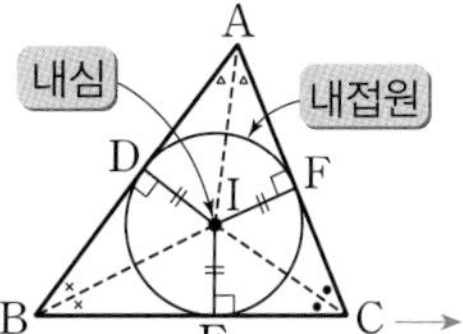

① $\overline{IA}$, $\overline{IB}$, $\overline{IC}$는 세 내각의 이등분선

② $\overline{ID} = \overline{IE} = \overline{IF}$

└→ 내접원의 반지름의 길이

→ 삼각형의 내심에서 삼각형의 각 변에 이르는 거리는 모두 같다.

| 예 | 점 I는 $\triangle ABC$의 세 내각의 이등분선의 교점이므로 $\triangle ABC$의 내심이다.

따라서 $\overline{ID} = \overline{IE} = \overline{IF}$

이므로 $x = 4$, $y = 4$

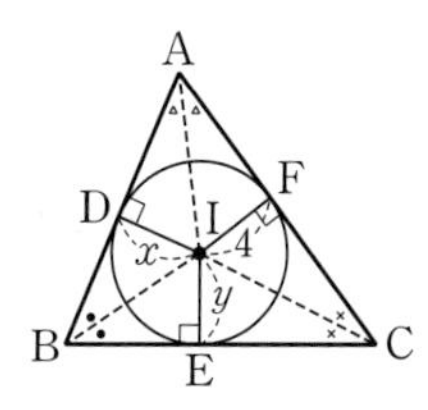

015

➲24881-0301

오른쪽 그림에서 점 O가 직각삼각형 ABC의 외심일 때, $\overline{OB}$의 길이를 구하시오.

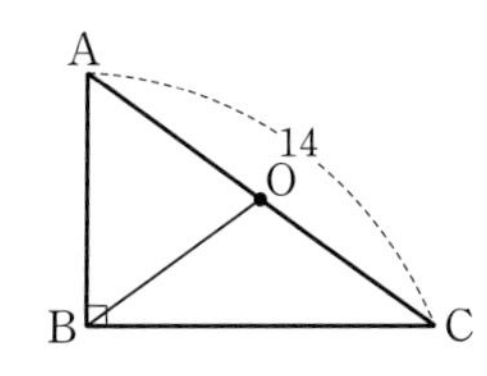

016

➲24881-0302

오른쪽 그림과 같이 $\angle A = 90^\circ$인 직각삼각형 ABC에서 점 O는 $\overline{BC}$의 중점이고 $\angle AOB = 50^\circ$일 때, $\angle C$의 크기를 구하시오.

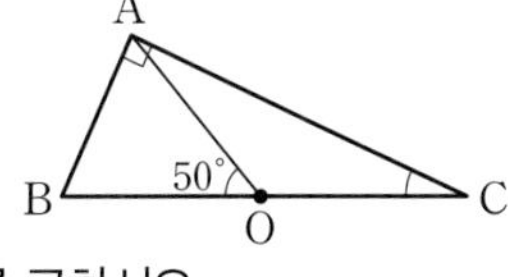

017

➲24881-0303

오른쪽 그림과 같이 $\angle B = 90^\circ$인 직각삼각형 ABC에서 점 O는 $\overline{AC}$의 중점이고 $\angle ABO = 30^\circ$, $\overline{BC} = 3$일 때, $\triangle ABC$의 외접원의 반지름의 길이를 구하시오.

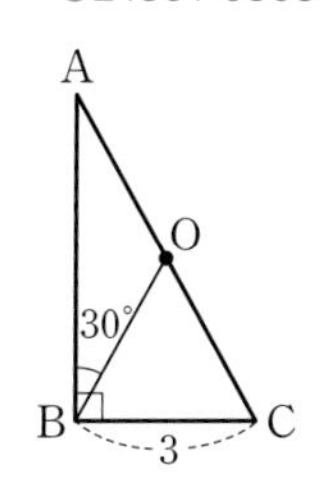

018

➲24881-0304

오른쪽 그림에서 점 I가 $\triangle ABC$의 내심일 때, 다음 중 옳지 않은 것은?

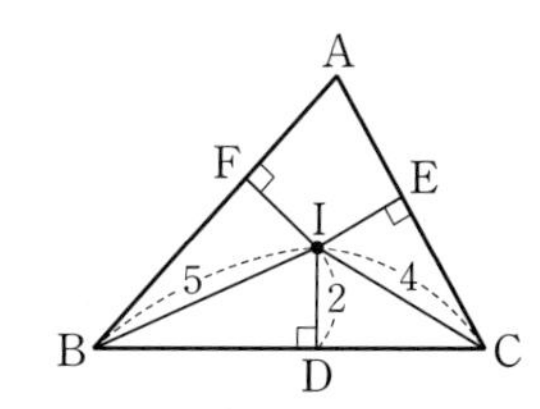

① $\overline{IE} = 2$

② $\overline{IF} = 2$

③ $\angle IBF = \angle IBD$

④ $\angle ICD = \angle ICE$

⑤ 내접원의 반지름의 길이는 5이다.

019

➲24881-0305

오른쪽 그림에서 점 I가 $\triangle ABC$의 내심이고 $\angle ICE = 35^\circ$, $\angle IBD = 30^\circ$일 때, x, y의 값을 각각 구하시오.

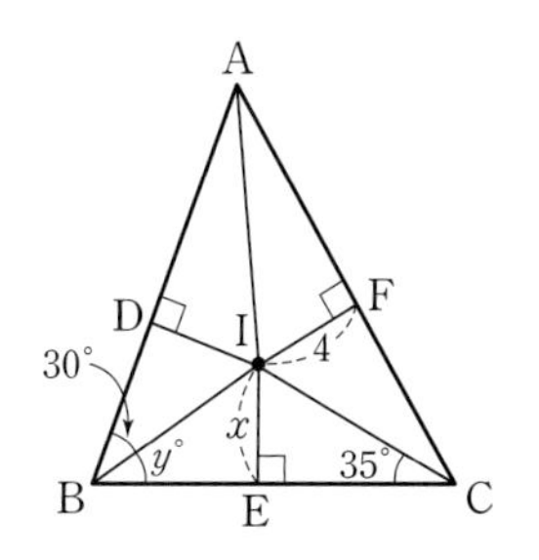

08 도형의 성질

유형 08-9 삼각형의 내심과 각의 크기

점 I가 △ABC의 내심일 때

(1)

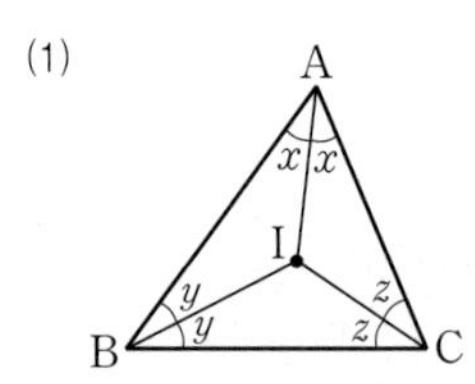

$2(\angle x+\angle y+\angle z)=180^\circ$

⇨ $\angle x+\angle y+\angle z=90^\circ$

(2)

삼각형에서 한 외각의 크기는 이와 이웃하지 않는 두 내각의 크기의 합과 같다.

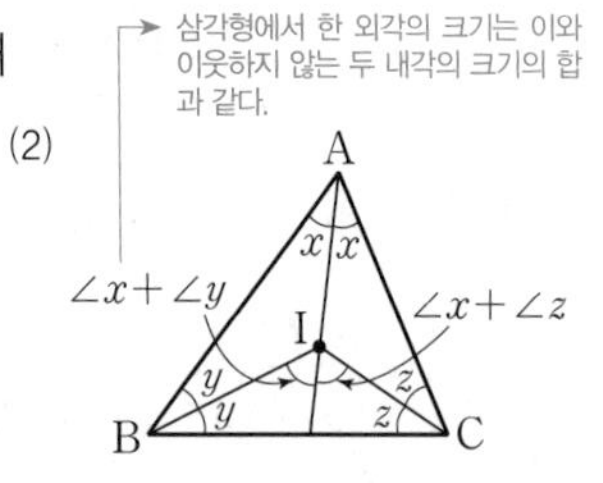

$\angle A=2\angle x$일 때

$\angle BIC=90^\circ+\frac{1}{2}\angle A$

$\angle BIC=(\angle x+\angle y+\angle z)+\angle x$이므로

| 예 | 점 I가 △ABC의 내심일 때

(1)

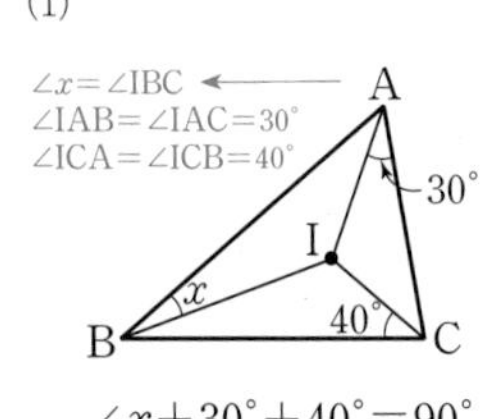

$\angle x+30^\circ+40^\circ=90^\circ$

따라서 $\angle x=20^\circ$

(2)

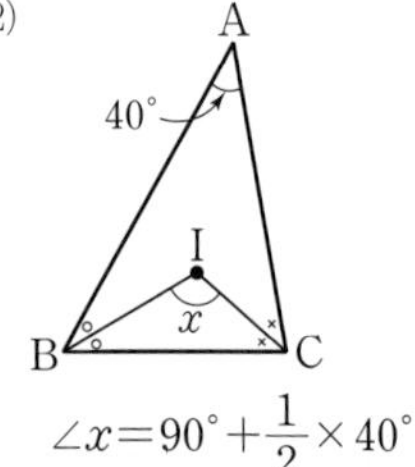

$\angle x=90^\circ+\frac{1}{2}\times40^\circ$

$=110^\circ$

020

➲24881-0306

오른쪽 그림에서 점 I가 △ABC의 내심일 때, $\angle x$의 크기를 구하시오.

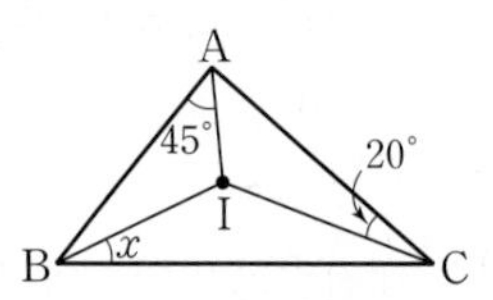

021

➲24881-0307

오른쪽 그림에서 점 I가 △ABC의 내심이고 $\angle ACI=25^\circ$일 때, $\angle AIB$의 크기를 구하시오.

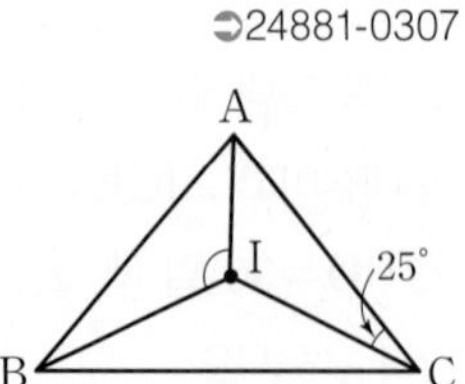

유형 08-10 삼각형의 내접원의 활용

$\triangle ABC=\triangle IBC+\triangle ICA+\triangle IAB$
$=\frac{ar}{2}+\frac{br}{2}+\frac{cr}{2}$

(1) (△ABC의 넓이)

$=\frac{r}{2}(a+b+c)$ → △ABC의 둘레의 길이

(2) $\overline{AD}=\overline{AF}$, $\overline{BD}=\overline{BE}$, $\overline{CE}=\overline{CF}$

| 예 | △ABC의 내접원의 반지름의 길이를 r cm라 하자.

△ABC의 넓이는

$\frac{1}{2}\times8\times6=24(\text{cm}^2)$

삼각형의 둘레의 길이는

$10+8+6=24(\text{cm})$

이므로 $24=\frac{r}{2}\times24$, $r=2$

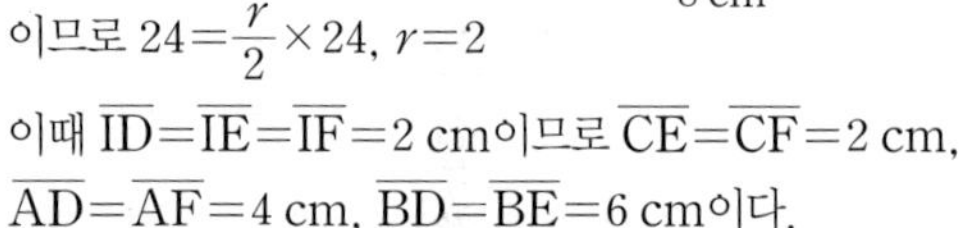

이때 $\overline{ID}=\overline{IE}=\overline{IF}=2$ cm이므로 $\overline{CE}=\overline{CF}=2$ cm,

$\overline{AD}=\overline{AF}=4$ cm, $\overline{BD}=\overline{BE}=6$ cm이다.

$\overline{AC}-\overline{CF}=6-2=4(\text{cm})$ $\overline{BC}-\overline{CE}=8-2=6(\text{cm})$

022

➲24881-0308

오른쪽 그림에서 점 I가 직각삼각형 ABC의 내심일 때, 내접원의 반지름의 길이를 구하시오.

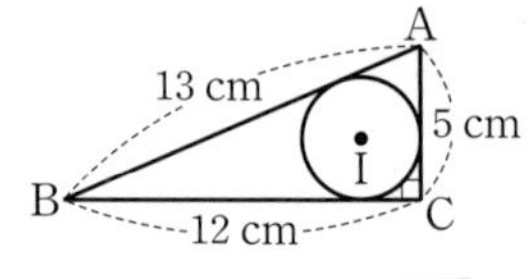

023

➲24881-0309

△ABC의 내접원의 넓이가 π cm²이고, △ABC의 넓이가 30 cm²인 △ABC의 둘레의 길이를 구하시오.

024

➲24881-0310

오른쪽 그림에서 점 I가 △ABC의 내심일 때, $\overline{BE}$의 길이를 구하시오.

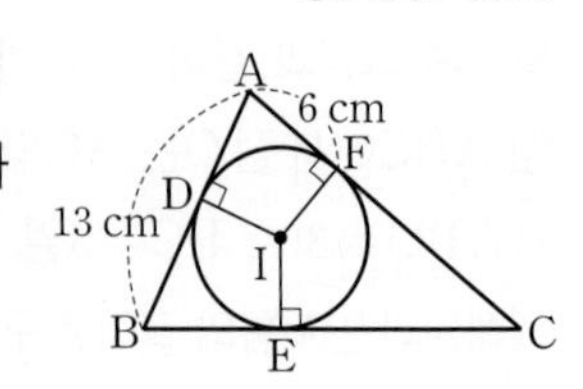

유형 08-11 평행사변형의 성질

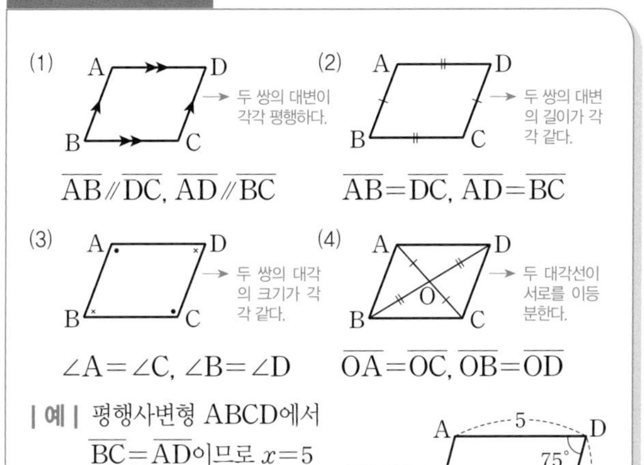

유형 08-12 평행사변형이 되는 조건

□ABCD가 평행사변형이 되는 조건

① $\overline{AB}/\!/\overline{DC}$, $\overline{AD}/\!/\overline{BC}$

② $\overline{AB}=\overline{DC}$, $\overline{AD}=\overline{BC}$

③ $\angle A=\angle C$, $\angle B=\angle D$

④ $\overline{AD}/\!/\overline{BC}$, $\overline{AD}=\overline{BC}$

⑤ $\overline{OA}=\overline{OC}$, $\overline{OB}=\overline{OD}$

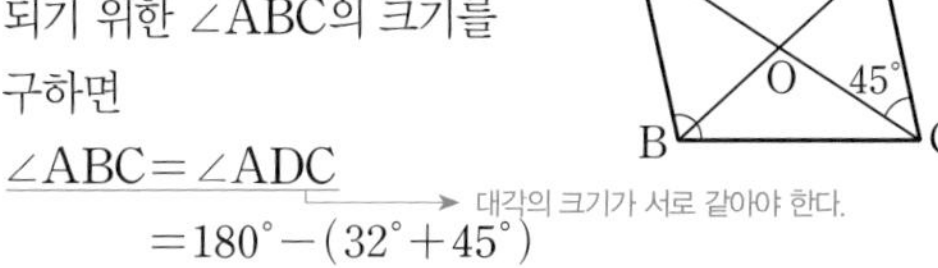

| 예 | □ABCD가 평행사변형이 되기 위한 $\angle ABC$의 크기를 구하면

$\angle ABC=\angle ADC$ (대각의 크기가 서로 같아야 한다.)

$=180^\circ-(32^\circ+45^\circ)$

$=103^\circ$

025

24881-0311

다음 그림의 평행사변형 ABCD에서 x, y의 값을 각각 구하시오.

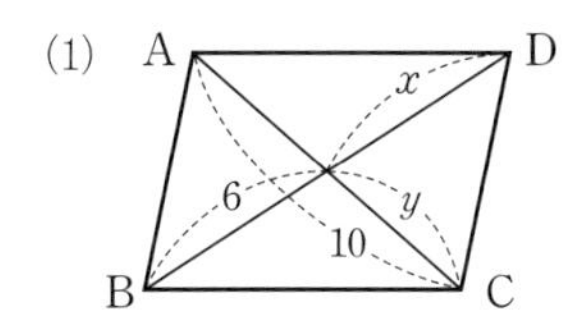
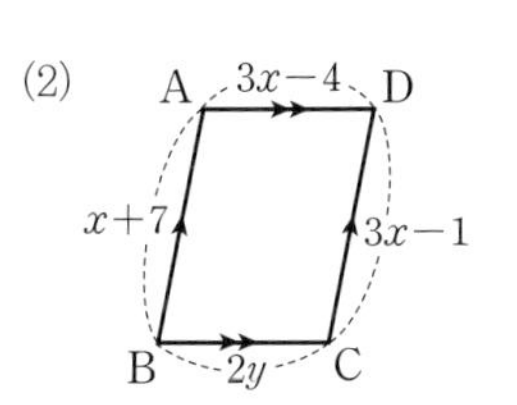

026

24881-0312

오른쪽 그림의 평행사변형 ABCD에서 $\angle A : \angle B=4 : 5$일 때, $\angle C$의 크기를 구하시오.

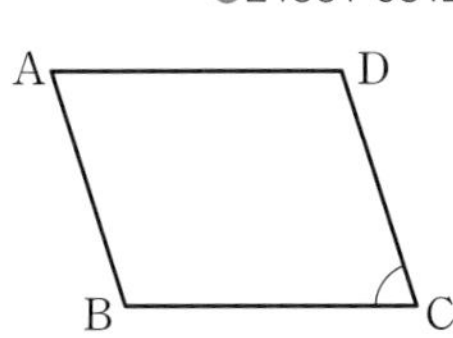

027

24881-0313

오른쪽 그림의 평행사변형 ABCD에서 $\overline{AE}$가 $\angle A$의 이등분선일 때, $\overline{BE}$의 길이를 구하시오.

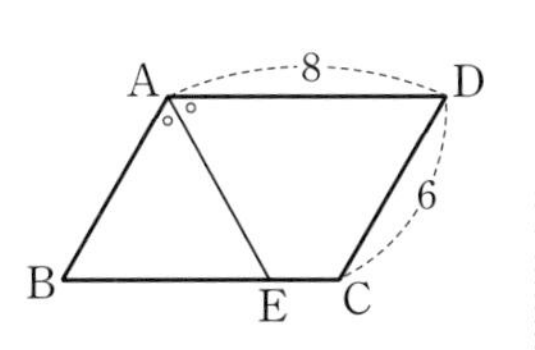

028

24881-0314

오른쪽 그림의 □ABCD가 평행사변형이 되기 위한 x, y의 값을 각각 구하시오.

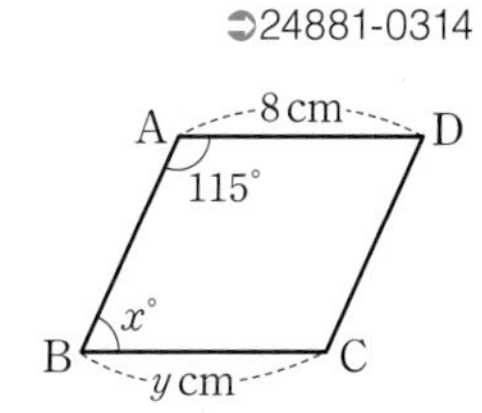

029

24881-0315

다음은 평행사변형 ABCD에서 $\overline{AB}$, $\overline{DC}$의 중점을 각각 E, F라 할 때, □EBFD가 평행사변형임을 보이는 과정이다. □ 안에 공통으로 들어갈 선분을 쓰시오.

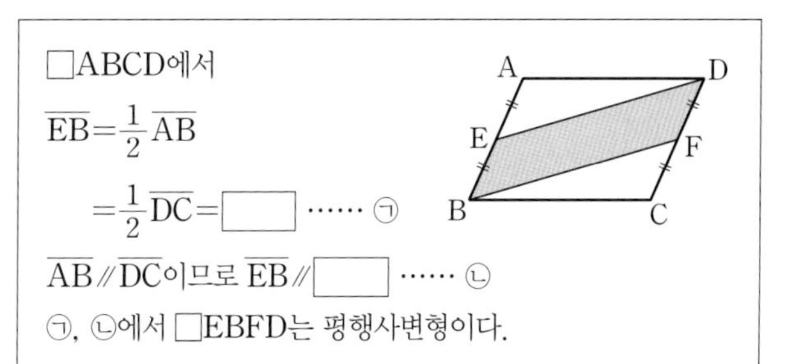

□ABCD에서

$\overline{EB}=\frac{1}{2}\overline{AB}$

$=\frac{1}{2}\overline{DC}=$ □ ⋯⋯ ㉠

$\overline{AB}/\!/\overline{DC}$이므로 $\overline{EB}/\!/$ □ ⋯⋯ ㉡

㉠, ㉡에서 □EBFD는 평행사변형이다.

유형 08-13 직사각형의 성질과 조건

→ 직사각형 : 네 내각의 크기가 모두 같은 사각형

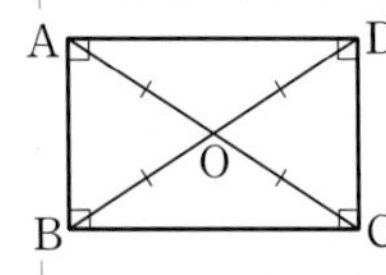

→ 두 대각선에 의해 생기는 4개의 삼각형은 모두 이등변삼각형이다.

□ABCD가 직사각형이면

① $\angle A=\angle B=\angle C=\angle D=90°$

② $\overline{AC}=\overline{BD}$,

$\overline{OA}=\overline{OB}=\overline{OC}=\overline{OD}$

→ 직사각형은 두 대각선이 서로를 이등분하므로 평행사변형이다.

또, 위의 ① 또는 ②의 조건을 만족시키는 사각형은 직사각형이다.

| 예 | 직사각형 ABCD에서 $\angle AOD$의 크기를 구하면

$\overline{OA}=\overline{OD}$이므로

$\angle OAD=\angle ODA=35°$

⇨ $\angle AOD=180°-(35°\times2)=110°$

→ △OAD는 이등변삼각형이다.

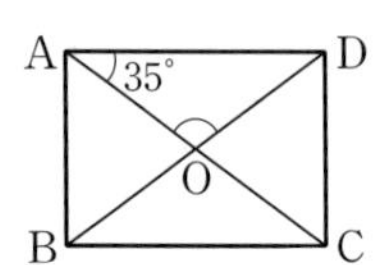

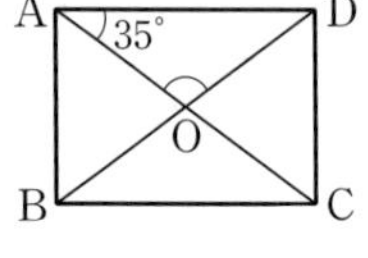

유형 08-14 마름모의 성질과 조건

→ 마름모 : 네 변의 길이가 모두 같은 사각형

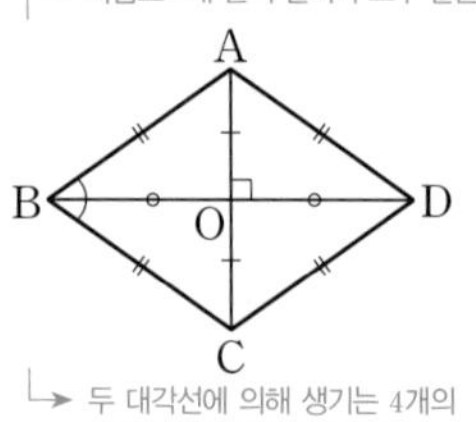

→ 두 대각선에 의해 생기는 4개의 직각삼각형은 모두 합동이다.

□ABCD가 마름모이면

① $\overline{AB}=\overline{BC}=\overline{CD}=\overline{DA}$

② $\overline{AC}\perp\overline{BD}$,

$\overline{OA}=\overline{OC}$, $\overline{OB}=\overline{OD}$

→ 마름모는 두 대각선이 서로를 이등분하므로 평행사변형이다.

또, 위의 ① 또는 ②의 조건을 만족시키는 사각형은 마름모이다.

| 예 | 마름모 ABCD에서 $\angle ABC$의 크기를 구하면

$\overline{AB}=\overline{BC}$이므로

$\angle BCA=\angle BAC=55°$

→ △ABC는 이등변삼각형이다.

$\angle ABC$

$=180°-(55°\times2)=70°$

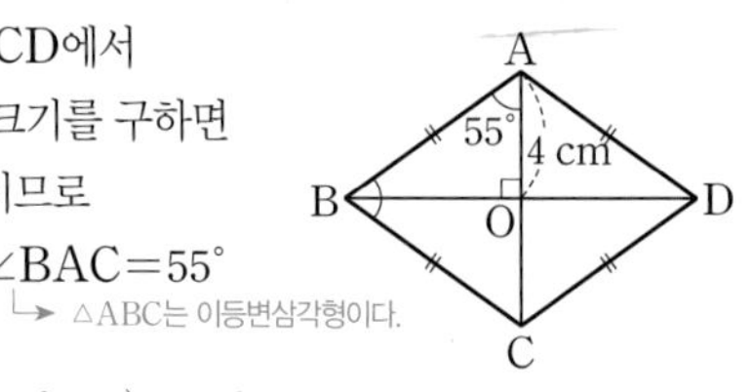

030

➲24881-0316

오른쪽 그림의 직사각형 ABCD에서 $\angle x$, $\angle y$의 크기를 각각 구하시오.

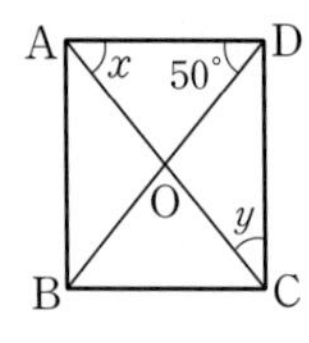

031

➲24881-0317

오른쪽 그림의 직사각형 ABCD에서 x, y의 값을 각각 구하시오.

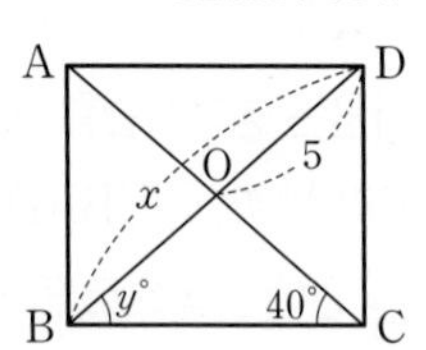

032

➲24881-0318

오른쪽 그림의 직사각형 ABCD에서 $\angle OCD$의 크기를 구하시오.

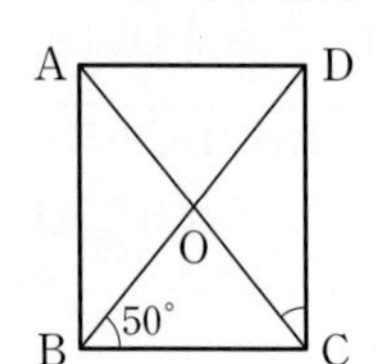

033

➲24881-0319

오른쪽 그림의 마름모 ABCD에서 $\angle ABO=30°$일 때, $\angle OAD$의 크기를 구하시오.

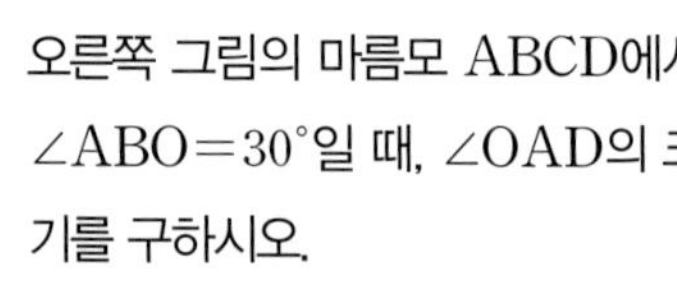

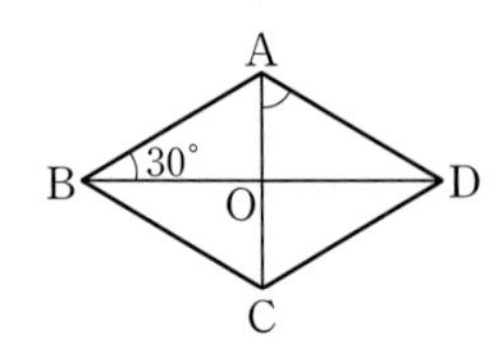

034

➲24881-0320

오른쪽 그림의 마름모 ABCD에서 x, y의 값을 각각 구하시오.

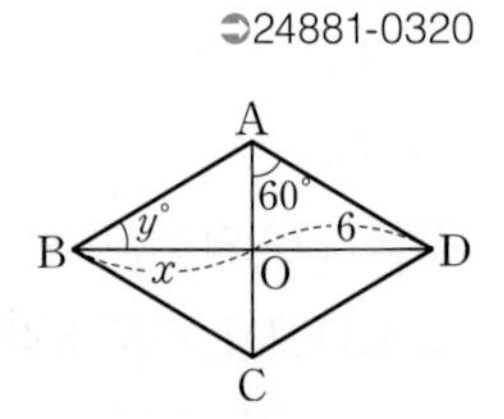

035

➲24881-0321

오른쪽 그림의 마름모 ABCD에서 $\angle ABC$의 크기를 구하시오.

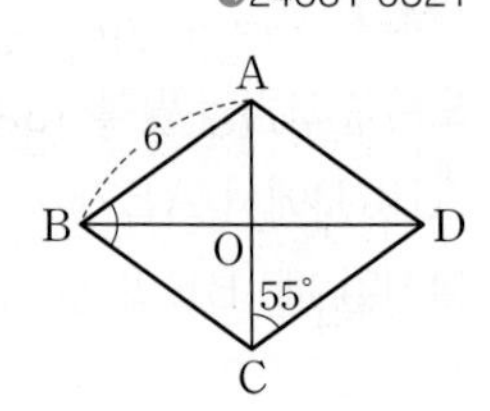

유형 08-15 정사각형의 성질과 조건

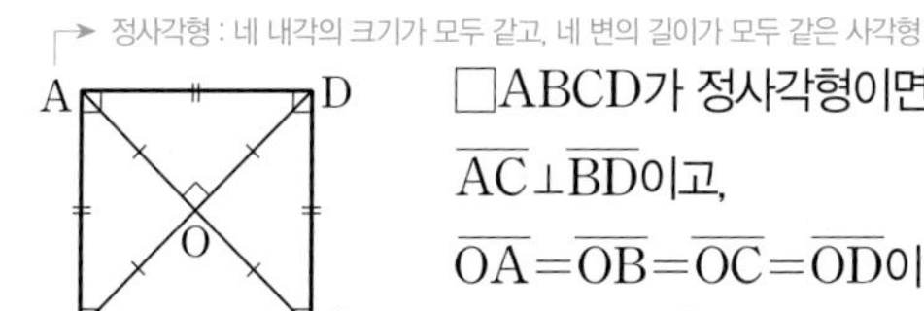

□ABCD가 정사각형이면 $\overline{AC}\perp\overline{BD}$이고, $\overline{OA}=\overline{OB}=\overline{OC}=\overline{OD}$이다.

또, 위의 조건을 만족시키는 사각형은 정사각형이다. → 정사각형은 두 대각선의 길이가 같고, 대각선이 서로를 수직이등분하므로 평행사변형, 직사각형, 마름모이다.

| 예 | 정사각형 ABCD에서

$\angle x=\angle ABO$이고,

$\angle AOB=90^\circ$이므로

$\angle x=\frac{1}{2}\times(180^\circ-90^\circ)=45^\circ$

$y=2\overline{OB}=2\times2=4$

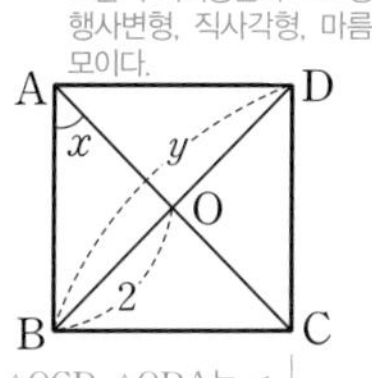

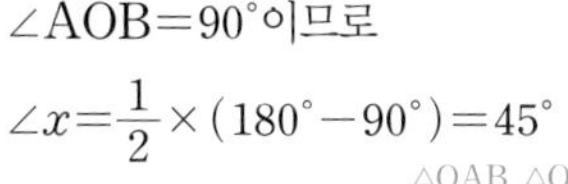

유형 08-16 등변사다리꼴

1. **등변사다리꼴** : 아랫변의 양 끝각의 크기가 같은 사다리꼴

⇨ $\overline{AD}/\!/\overline{BC}$, $\angle B=\angle C$ → 나머지 두 각의 크기도 같다. 즉, $\angle BAD=\angle ADC$

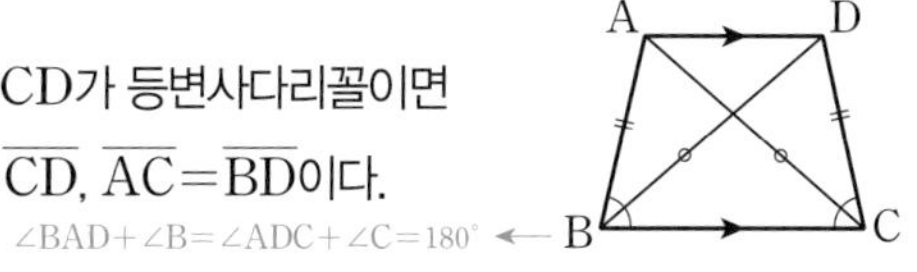

2. □ABCD가 등변사다리꼴이면 $\overline{AB}=\overline{CD}$, $\overline{AC}=\overline{BD}$이다.

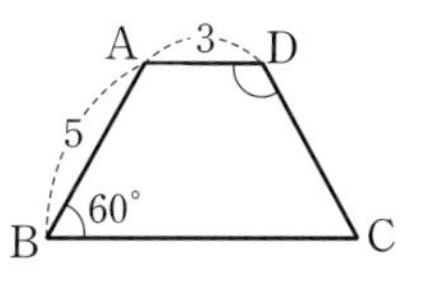

$\angle BAD+\angle B=\angle ADC+\angle C=180^\circ$

→ 등변사다리꼴은 두 대각선의 길이가 같지만 두 대각선이 서로를 이등분하지는 않는다.

| 예 | $\overline{AD}/\!/\overline{BC}$인 등변사다리꼴 ABCD에서 $\overline{DC}$의 길이와 $\angle D$의 크기를 구하면

$\overline{DC}=\overline{AB}=5$,

$\angle D=\angle A=180^\circ-60^\circ=120^\circ$

036
24881-0322

오른쪽 그림의 정사각형 ABCD에서 $\angle x$, $\angle y$의 크기를 각각 구하시오.

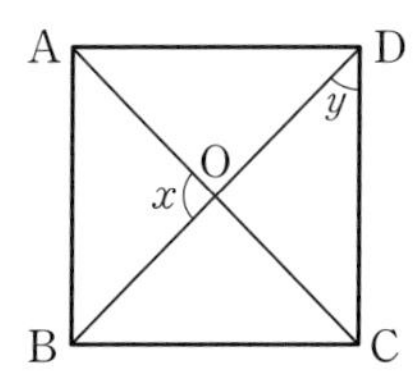

037
24881-0323

오른쪽 그림의 정사각형 ABCD에 대한 설명으로 옳지 않은 것은?

① $\overline{OA}=5$　② $\overline{AC}=10$
③ $\overline{AC}\perp\overline{BD}$　④ $\angle ABO=50^\circ$
⑤ △OCD는 직각삼각형이다.

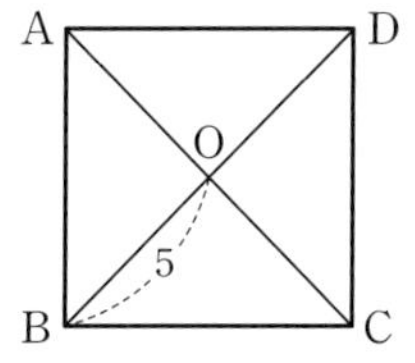

038
24881-0324

오른쪽 그림과 같이 정사각형 ABCD의 내부에 $\overline{BC}$를 한 변으로 하는 정삼각형 EBC를 그렸을 때, $\angle x$, $\angle y$의 크기를 각각 구하시오.

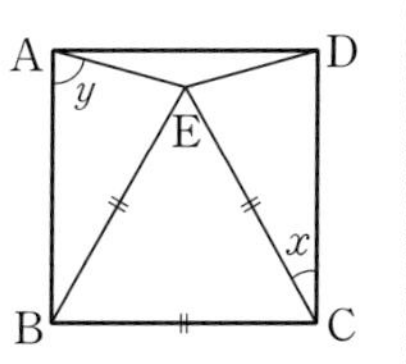

039
24881-0325

오른쪽 그림과 같이 $\overline{AD}/\!/\overline{BC}$인 등변사다리꼴 ABCD에서 $\angle BAD$의 크기를 구하시오.

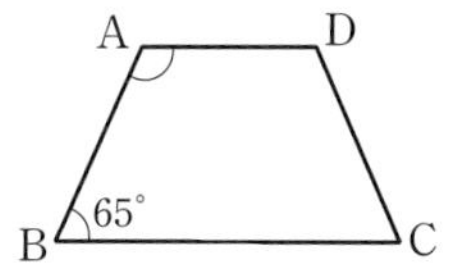

040
24881-0326

오른쪽 그림과 같이 $\overline{AD}/\!/\overline{BC}$인 등변사다리꼴 ABCD에 대한 것으로 옳지 않은 것은?

① $\overline{AC}=8$　② $\overline{AB}=5$
③ $\overline{AD}=5$　④ $\angle DCB=70^\circ$
⑤ $\angle BAD=110^\circ$

041
24881-0327

오른쪽 그림과 같이 $\overline{AD}/\!/\overline{BC}$인 등변사다리꼴 ABCD에서 $\overline{AB}=\overline{AD}$, $\angle C=80^\circ$일 때, $\angle y-\angle x$의 값을 구하시오.

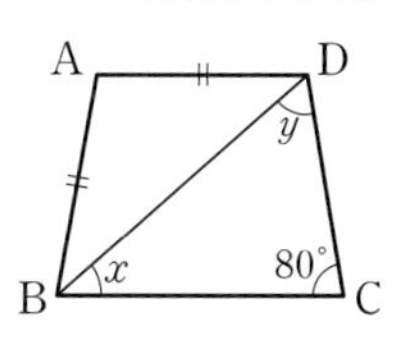

유형 08-17 사각형 사이의 관계

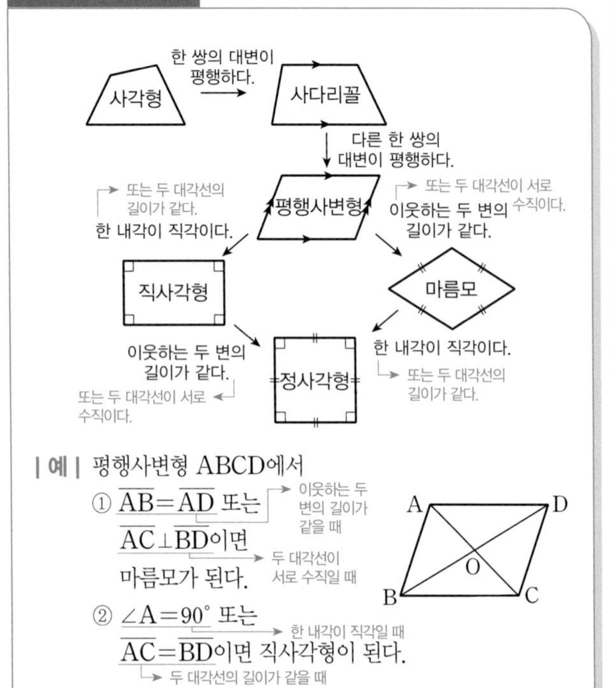

| 예 | 평행사변형 ABCD에서

① $\overline{AB}=\overline{AD}$ 또는 (이웃하는 두 변의 길이가 같을 때)
$\overline{AC}\perp\overline{BD}$이면 (두 대각선이 서로 수직일 때)
마름모가 된다.

② $\angle A=90^\circ$ 또는 (한 내각이 직각일 때)
$\overline{AC}=\overline{BD}$이면 직사각형이 된다. (두 대각선의 길이가 같을 때)

유형 08-18 평행선과 넓이

(1)

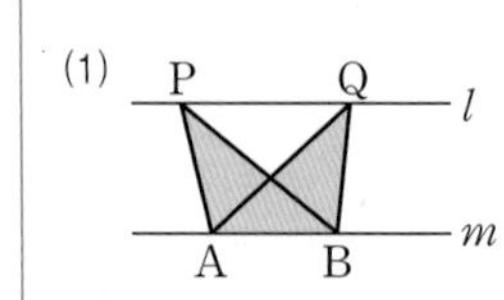

$l \,/\!/\, m$이면

$\triangle PAB=\triangle QAB$

→ 밑변의 길이와 높이가 각각 같은 두 삼각형의 넓이는 서로 같다.

(2)

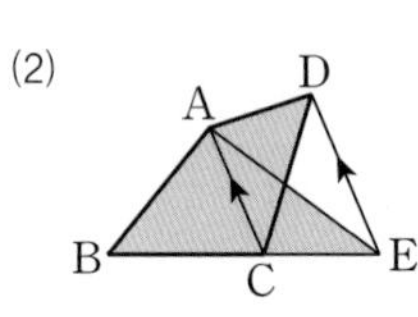

$\overline{AC}\,/\!/\,\overline{DE}$이므로

$\triangle ACD=\triangle ACE$

$\square ABCD=\triangle ABC+\triangle ACD$

$=\triangle ABC+\triangle ACE$

$=\triangle ABE$

| 예 | $\overline{AD}\,/\!/\,\overline{BC}$인 사다리꼴 ABCD에서 $\triangle ABO=20\text{ cm}^2$일 때 $\triangle DOC$의 넓이를 구하면

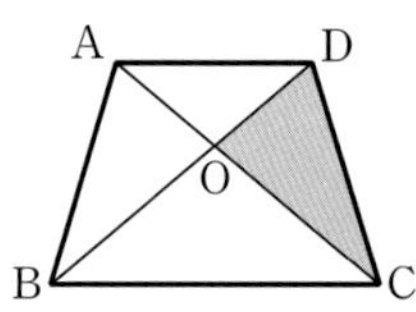

$\triangle ABD=\triangle ACD$이므로

$\triangle DOC=\triangle ACD-\triangle AOD$

$=\triangle ABD-\triangle AOD=\triangle ABO$

따라서 $\triangle DOC=20\text{ cm}^2$

042

➲24881-0328

다음 중 평행사변형이 직사각형이 되기 위한 조건을 모두 고르면? (정답 2개)

① 두 쌍의 대변이 각각 평행하다.
② 두 대각선이 서로 다른 것을 이등분한다.
③ 두 대각선이 서로 수직이다.
④ 한 내각이 직각이다.
⑤ 두 대각선의 길이가 같다.

043

➲24881-0329

평행사변형 ABCD가 마름모가 될 조건은?

① $\overline{AC}=\overline{BD}$　② $\overline{OA}=\overline{OB}$
③ $\angle AOD=90^\circ$　④ $\overline{AB}\perp\overline{BC}$
⑤ $\angle BAO=45^\circ$

044

➲24881-0330

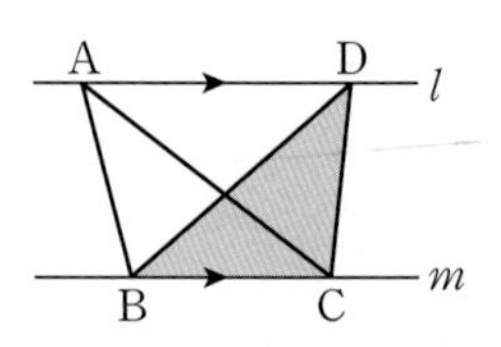

오른쪽 그림에서 $\triangle ABC$의 넓이가 15 cm^2일 때, $\triangle DBC$의 넓이를 구하시오.

045

➲24881-0331

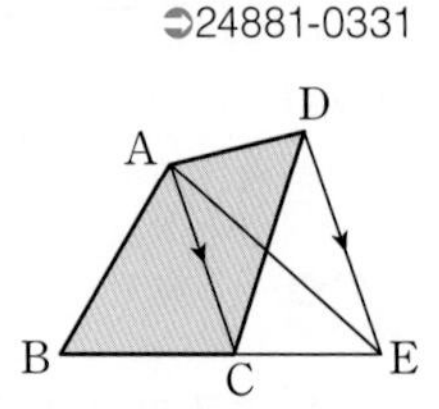

오른쪽 그림에서 $\overline{AC}\,/\!/\,\overline{DE}$이고, $\triangle ABC=24\text{ cm}^2$, $\triangle ACE=16\text{ cm}^2$일 때, $\square ABCD$의 넓이는?

① 38 cm^2　② 40 cm^2　③ 42 cm^2
④ 44 cm^2　⑤ 46 cm^2

046

➲24881-0332

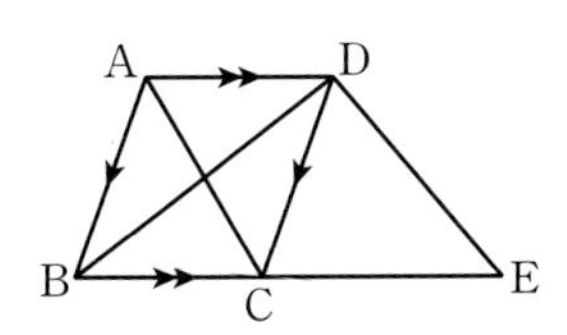

오른쪽 그림에서 $\overline{AB}/\!/\overline{DC}$, $\overline{AD}/\!/\overline{BE}$일 때, 다음 중 옳지 않은 것은?

① $\triangle ABC=\triangle ABD$
② $\triangle ACD=\triangle DBC$
③ $\triangle ABC=\triangle DBC$
④ $\triangle DBC=\triangle DCE$
⑤ $\square ACED=\triangle DBE$

047

➲24881-0333

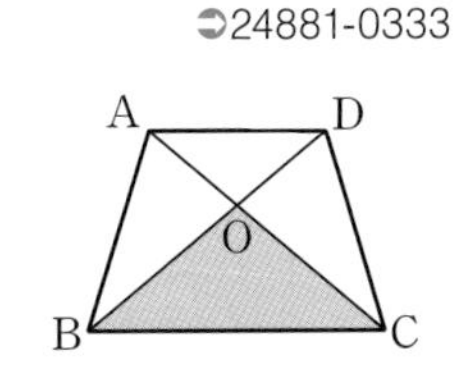

$\overline{AD}/\!/\overline{BC}$인 사다리꼴 ABCD에서 $\triangle ABC=50\text{ cm}^2$, $\triangle DOC=20\text{ cm}^2$일 때, $\triangle OBC$의 넓이를 구하시오.

048

➲24881-0334

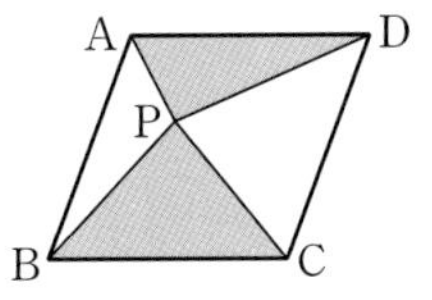

오른쪽 그림과 같이 평행사변형 ABCD의 내부에 한 점 P에 대하여 색칠한 부분의 넓이가 24 cm^2일 때, 평행사변형 ABCD의 넓이는?

① 48 cm^2 ② 50 cm^2 ③ 52 cm^2
④ 54 cm^2 ⑤ 56 cm^2

유형 08-19 평면도형에서의 닮음

→ 일정한 비율로 확대 또는 축소하여야 한다.

1. **닮음** : 확대하거나 축소해서 서로 합동이 되는 관계
2. $\triangle ABC$와 $\triangle DEF$가 닮은 도형일 때

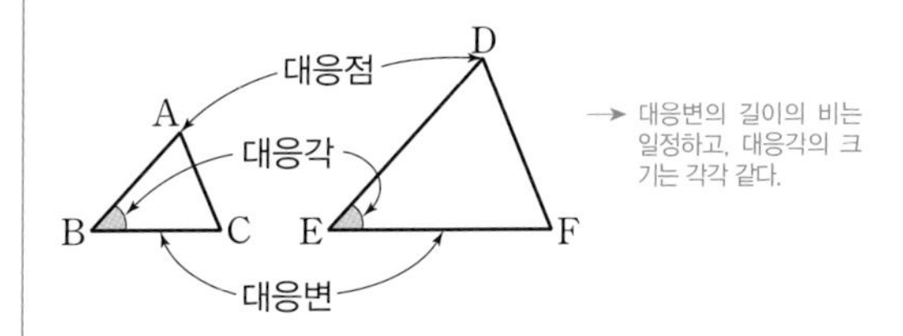

① 기호 : $\triangle ABC \backsim \triangle DEF$ → 대응점 순서대로 써서 나타낸다.
② 닮음비 ⇨ $\overline{AB}:\overline{DE}=\overline{BC}:\overline{EF}=\overline{CA}:\overline{FD}$ → 대응변의 길이의 비
③ $\angle A=\angle D$, $\angle B=\angle E$, $\angle C=\angle F$

| 예 | $\square ABCD \backsim \square EFGH$일 때,
$\overline{AB}:\overline{EF}$ → $\overline{AB}$의 대응변은 $\overline{EF}$, $\overline{BC}$의 대응변은 $\overline{FG}$
$=\overline{BC}:\overline{FG}$
$15:\overline{EF}=18:12$
이므로 $\overline{EF}=10$
또, $\angle H=\angle D=93^\circ$
→ $\angle H$의 대응각은 $\angle D$이다.

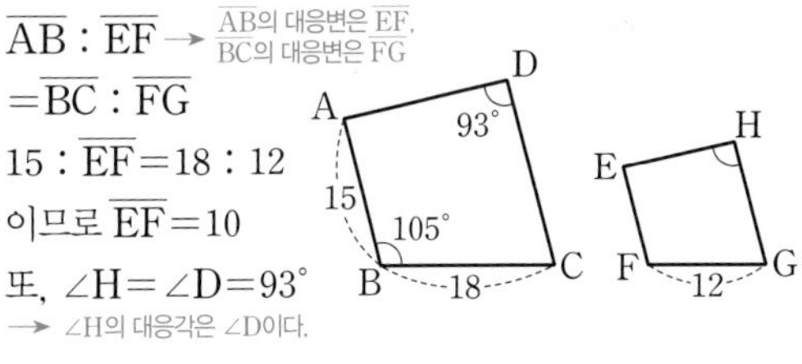

049

➲24881-0335

다음 중에서 항상 닮은 도형인 것은?

① 두 직각삼각형 ② 두 원
③ 두 평행사변형 ④ 두 직사각형
⑤ 두 마름모

050

➲24881-0336

다음 그림에서 $\square ABCD \backsim \square EFGH$일 때, 다음 중 옳은 것은?

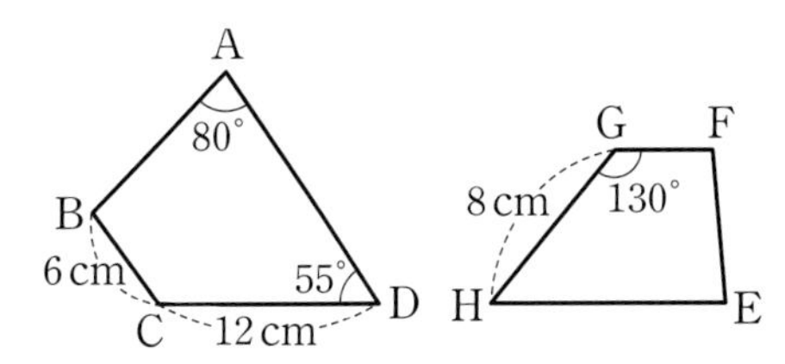

① $\angle B=90^\circ$ ② $\angle F=85^\circ$
③ 닮음비는 $3:1$이다. ④ $\overline{FG}=2\text{ cm}$
⑤ $\overline{AB}$에 대응하는 변은 $\overline{EF}$이다.

유형 08-20 입체도형에서의 닮음

닮은 두 입체도형에서

(1) 대응하는 모서리의 길이의 비는 일정하다. → 닮음비

(2) 대응하는 면은 닮은 도형이다.

| 예 | (삼각뿔 A−BCD)∽(삼각뿔 E−FGH)일 때

$x : 6 = 4 : 8$, → $\overline{DC} : \overline{HG} = \overline{AB} : \overline{EF} = \overline{BC} : \overline{FG}$

$6 : y = 4 : 8$ (닮음비는 1 : 2)

이므로

$x=3$, $y=12$

또, △ABC∽△EFG

→ △ABC에 대응하는 면은 △EFG이다.

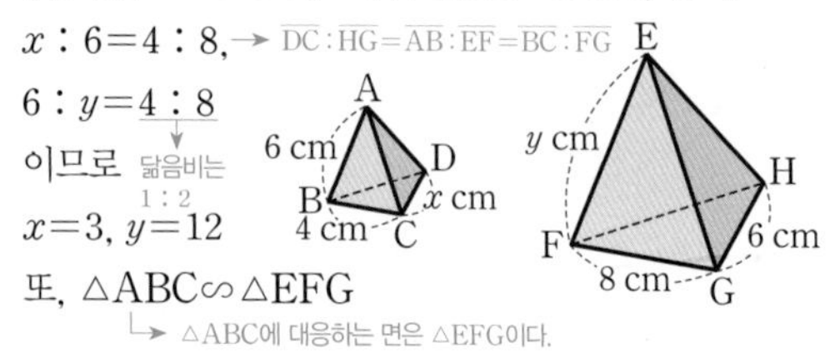

유형 08-21 삼각형의 닮음 조건

다음 중 하나를 만족하면 △ABC∽△A′B′C′이다.

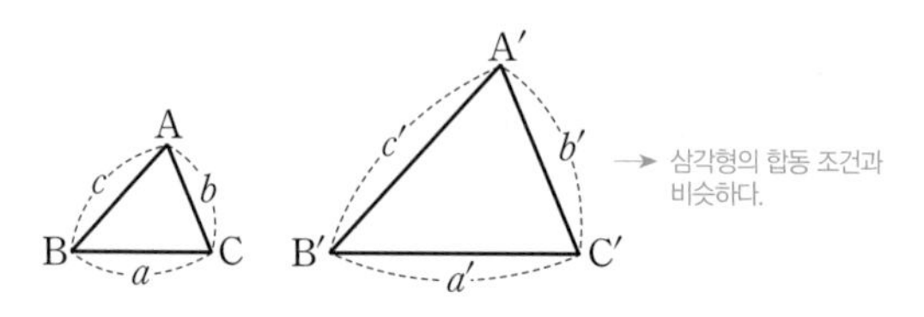

(1) $a : a' = b : b' = c : c'$ (SSS 닮음)
 → 세 쌍의 대응변의 길이의 비가 같을 때

(2) $a : a' = c : c'$, $\angle B = \angle B'$ (SAS 닮음)
 → 두 쌍의 대응변의 길이의 비가 같고, 그 끼인각의 크기가 같을 때

(3) $\angle B = \angle B'$, $\angle C = \angle C'$ (AA 닮음)
 → 두 쌍의 대응각의 크기가 각각 같을 때

| 예 | △ABC, △DBA에서

$\overline{AB} : \overline{DB} = \overline{BC} : \overline{BA}$ (→ 12 : 9, → 16 : 12)

$= 4 : 3$

$\angle ABC = \angle DBA$이므로

($\overline{AB}$, $\overline{BC}$의 끼인각 / $\overline{DB}$, $\overline{BA}$의 끼인각)

△ABC∽△DBA (SAS 닮음)

$\overline{CA} : \overline{AD} = 4 : 3$, $8 : \overline{AD} = 4 : 3$이므로

$\overline{AD} = 6$

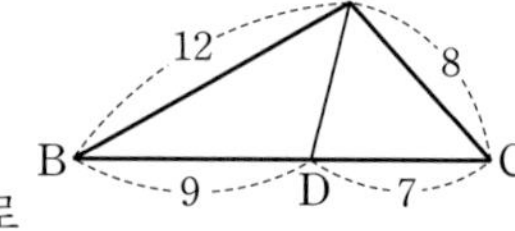

051

24881-0337

다음 그림의 두 닮은 직육면체에서 $\overline{AB}$, $\overline{AD}$, $\overline{BF}$에 대응하는 모서리가 각각 $\overline{A'B'}$, $\overline{A'D'}$, $\overline{B'F'}$일 때, x, y의 값을 각각 구하시오.

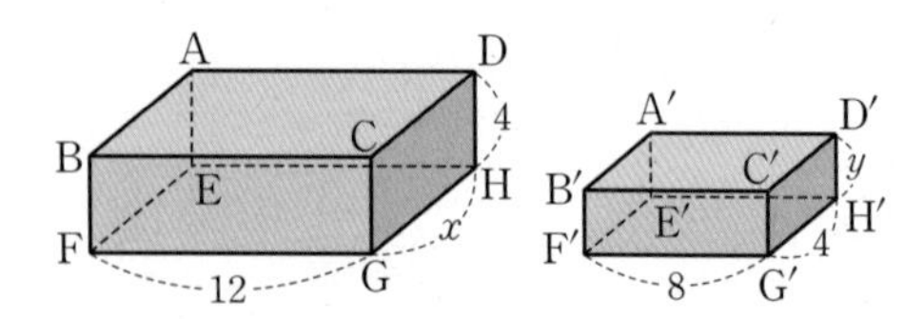

052

24881-0338

오른쪽 그림의 두 닮은 원기둥에서 큰 원기둥의 높이를 구하시오.

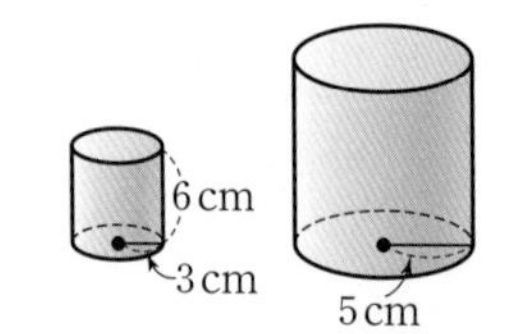

053

24881-0339

오른쪽 그림과 같은 두 닮은 원뿔에 대한 설명으로 옳지 않은 것은?

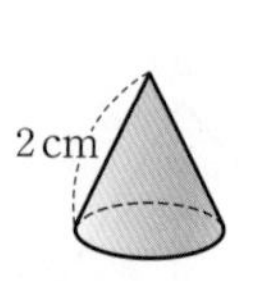

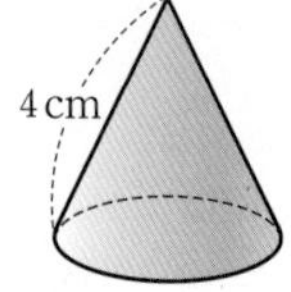

① 닮음비는 1 : 2이다.

② 높이의 비는 1 : 2이다.

③ 두 밑면은 닮은 도형이다.

④ 두 모선의 길이의 비는 닮음비와 같다.

⑤ 밑면의 반지름의 길이의 비는 1 : 4이다.

054

24881-0340

다음 그림에 대한 설명으로 옳은 것은?

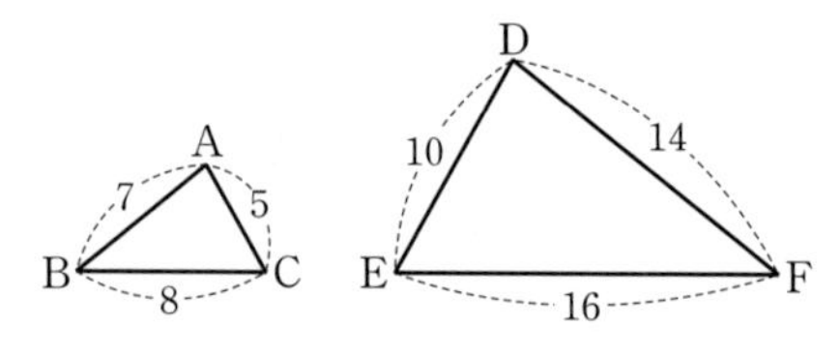

① $\angle B = \angle E$

② △ABC∽△DEF

③ 닮음비는 7 : 10이다.

④ 점 A에 대응하는 점은 D이다.

⑤ 변 BC에 대응하는 변은 변 DF이다.

055

24881-0341

오른쪽 그림에서 $\angle ACB = \angle ADC$일 때, $\overline{BC}$의 길이를 구하시오.

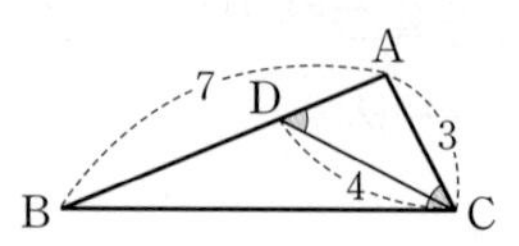

유형 08-22 직각삼각형에서의 닮음

$\triangle ABC \backsim \triangle DAC \backsim \triangle DBA$이므로
↳ AA 닮음

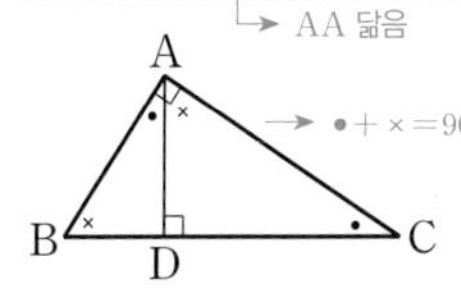

→ $\bullet + \times = 90^\circ$

(1) $\overline{AB}^2 = \overline{BD} \times \overline{BC}$
(2) $\overline{AC}^2 = \overline{CD} \times \overline{CB}$
(3) $\overline{AD}^2 = \overline{BD} \times \overline{DC}$
→ 대응변의 길이의 비가 같음을 이용하여 구한다.

| 예 | $\triangle ABC \backsim \triangle DBA$이므로
$\overline{AB} : \overline{DB} = \overline{BC} : \overline{BA}$
↳ $\triangle ABC \backsim \triangle DBA$에서 $\angle BAC = \angle BDA = 90^\circ$, $\angle B$는 공통
$\overline{AB}^2 = \overline{BD} \times \overline{BC}$
$12^2 = 8(8+x)$, $8+x=18$
따라서 $x=10$

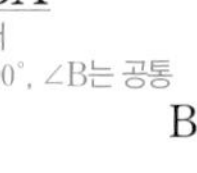

유형 08-23 삼각형과 평행선

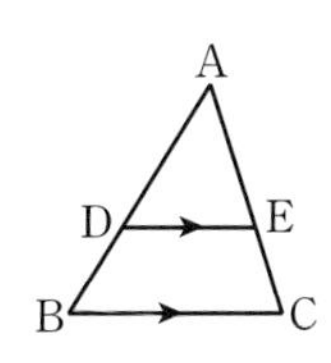

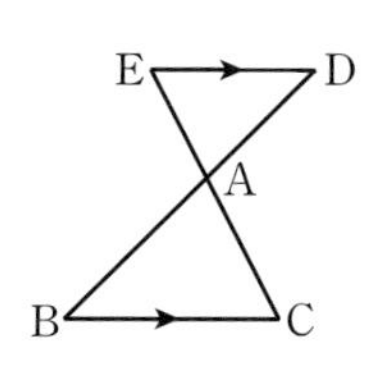

$\overline{BC} /\!/ \overline{DE}$일 때 → $\triangle ABC \backsim \triangle ADE$ (AA 닮음)
(1) $\overline{AB} : \overline{AD} = \overline{AC} : \overline{AE} = \overline{BC} : \overline{DE}$
(2) $\overline{AD} : \overline{DB} = \overline{AE} : \overline{EC}$
→ 반대로 $\triangle ABC$에서 (1) 또는 (2)를 만족하면 $\overline{BC} /\!/ \overline{DE}$

| 예 | $\overline{BC} /\!/ \overline{DE}$일 때
$\overline{AD} : \overline{DB} = \overline{AE} : \overline{EC}$이므로
$x : 3 = 4 : 2$, $x=6$
$\overline{AC} : \overline{AE} = \overline{BC} : \overline{DE}$이므로
$6 : 4 = y : 5$, $y = \frac{15}{2}$

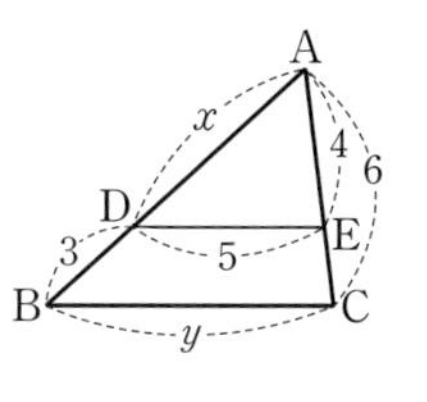

056
➲24881-0342

오른쪽 그림에서 $\overline{BC}$의 길이를 구하시오.

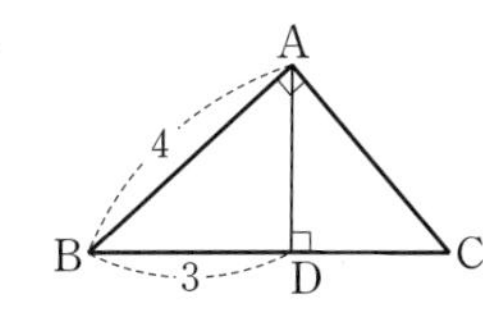

057
➲24881-0343

오른쪽 그림에서 $\overline{AB}^2$의 값을 구하시오.

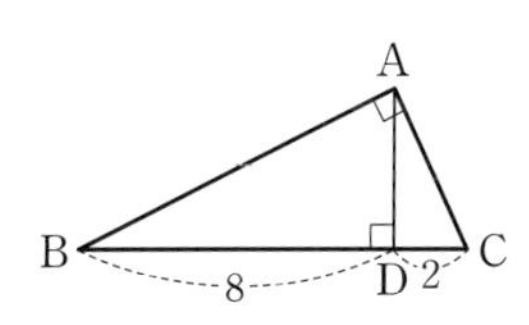

058
➲24881-0344

오른쪽 그림에서 $\overline{BD}$의 길이를 구하시오.

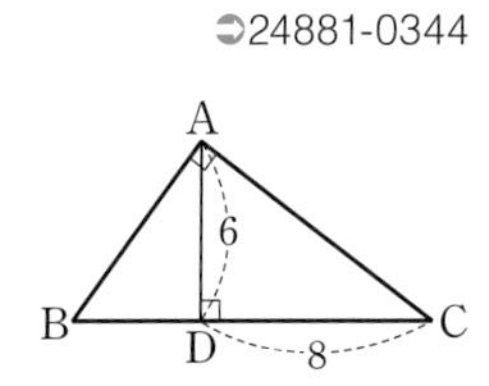

059
➲24881-0345

오른쪽 그림에서 $\triangle ABD$의 넓이를 구하시오.

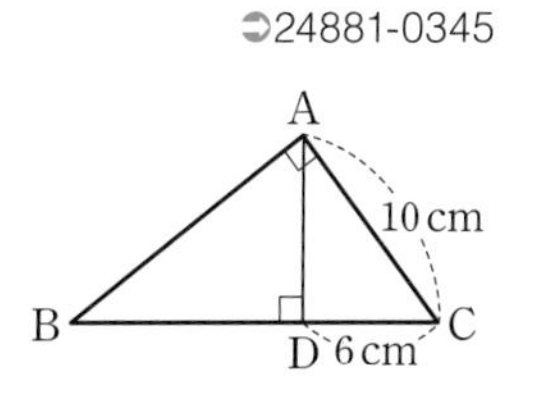

060
➲24881-0346

오른쪽 그림에서 $\overline{BC} /\!/ \overline{DE}$일 때, $\overline{DE}$의 길이를 구하시오.

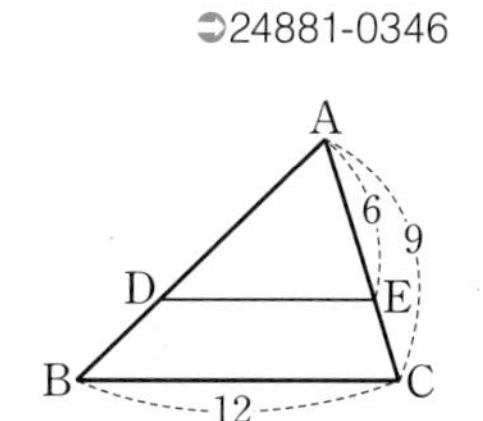

061
➲24881-0347

오른쪽 그림에서 $\overline{AB} /\!/ \overline{DE}$일 때, $\overline{BE}$의 길이를 구하시오.

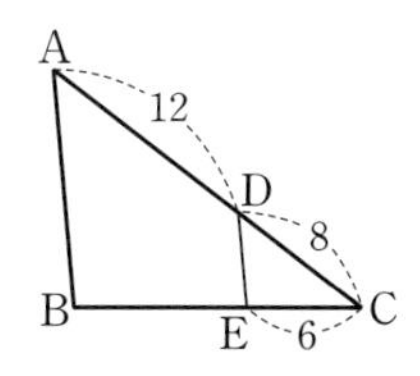

062
➲24881-0348

오른쪽 그림에서 $\overline{BC} /\!/ \overline{DE}$일 때, $\overline{AB} + \overline{BC}$의 값을 구하시오.

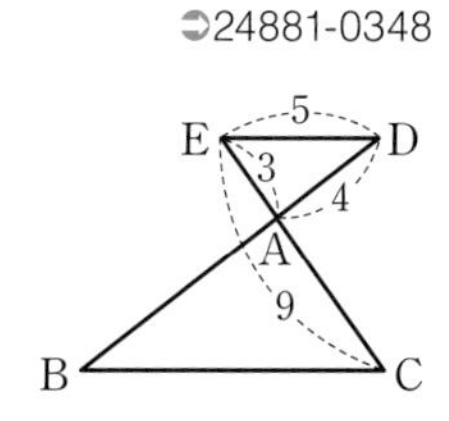

유형 08-24 평행선 사이의 선분의 길이의 비

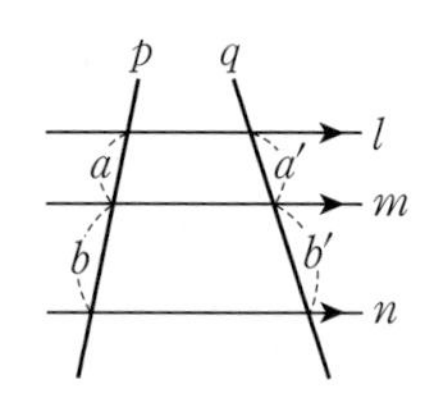

평행한 세 직선 l, m, n이 다른 두 직선 p, q와 만날 때
$a : b = a' : b'$

| 예 | $l /\!/ m /\!/ n$이므로
$8 : 4 = x : 3$
따라서 $x = 6$

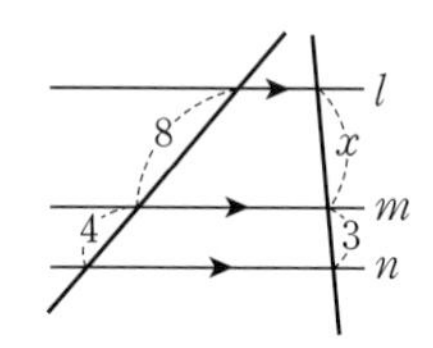

유형 08-25 각의 이등분선과 선분의 길이의 비

다음 그림에서 $\overline{AB} : \overline{AC} = \overline{BD} : \overline{DC}$

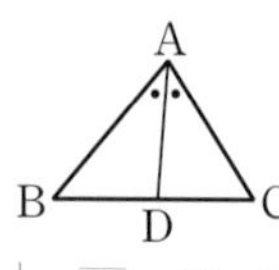

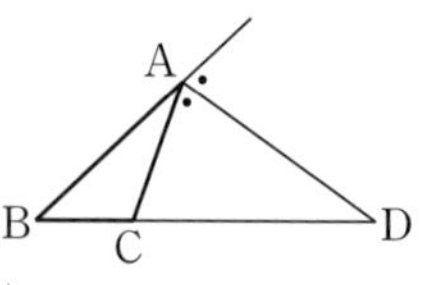

↳ $\overline{AD}$는 $\angle A$의 이등분선 ↳ $\overline{AD}$는 $\angle A$의 외각의 이등분선

| 예 | $\overline{AD}$가 $\angle A$의 이등분선일 때, → $\angle BAD = \angle DAC$
$\overline{AB} : \overline{AC} = \overline{BD} : \overline{DC}$이므로
$8 : 6 = 4 : \overline{DC}$
따라서 $\overline{DC} = 3$

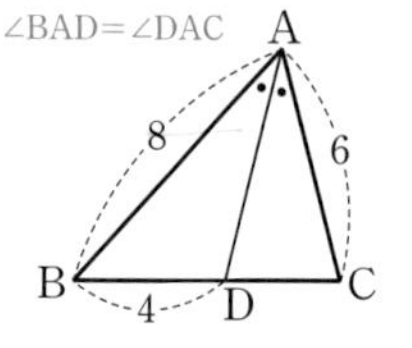

063

⊃24881-0349

다음 그림에서 $l /\!/ m /\!/ n$일 때, x의 값을 구하시오.

(1)

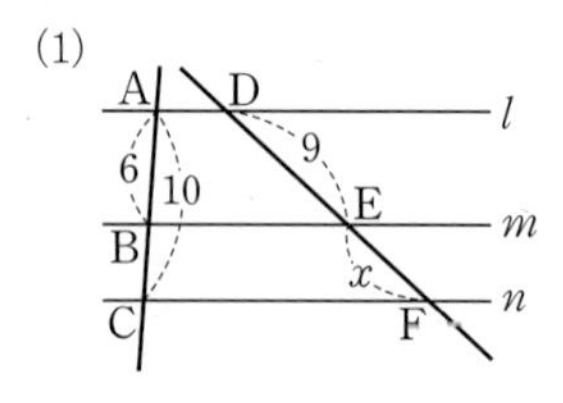

(2)

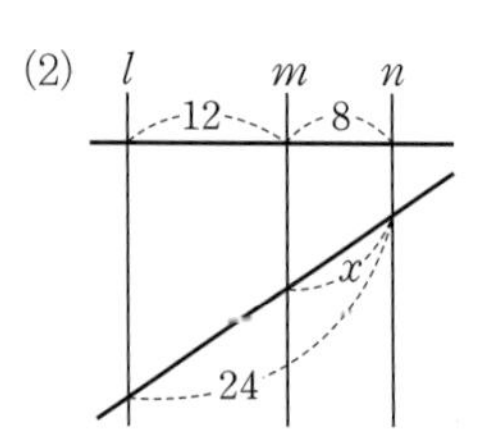

064

⊃24881-0350

오른쪽 그림에서 $l /\!/ m /\!/ n$일 때, x, y의 값을 각각 구하시오.

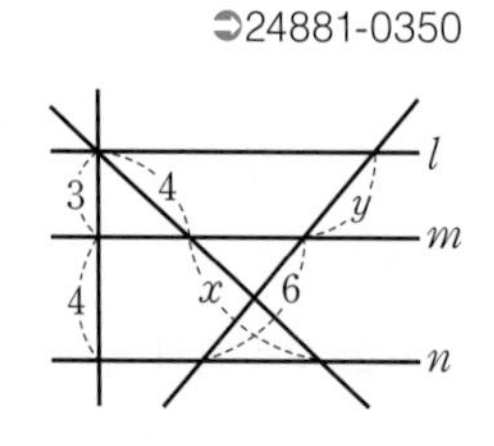

065

⊃24881-0351

오른쪽 그림에서 $\overline{AB} /\!/ \overline{EF} /\!/ \overline{CD}$이고, $\overline{AB} = 2$, $\overline{CD} = 4$일 때, 다음 중 선분의 길이의 비가 나머지 넷과 다른 하나는?

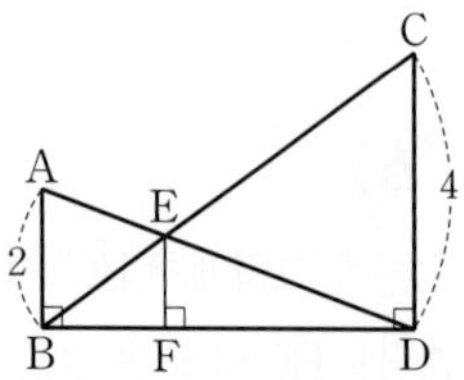

① $\overline{AB} : \overline{CD}$ ② $\overline{EF} : \overline{AB}$
③ $\overline{AE} : \overline{ED}$ ④ $\overline{BE} : \overline{EC}$
⑤ $\overline{BF} : \overline{FD}$

066

⊃24881-0352

다음 그림에서 x의 값을 구하시오.

(1)

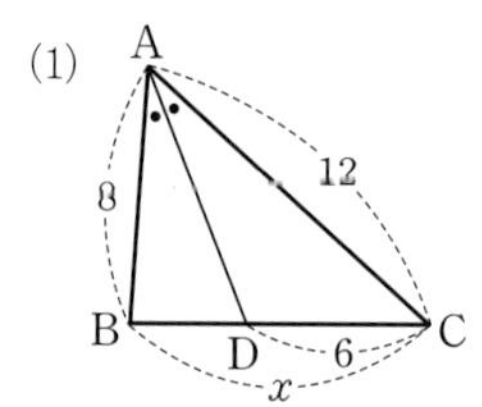

(2)

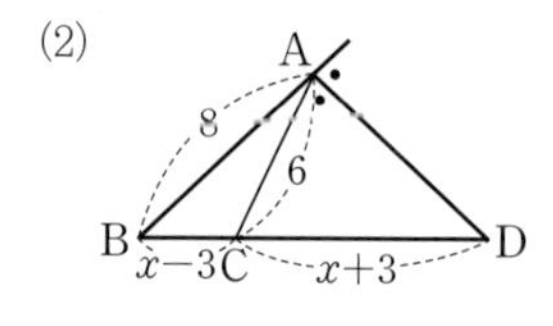

067

⊃24881-0353

다음은 $\overline{AD}$가 $\angle A$의 이등분선일 때, $\overline{AC}$의 길이를 구하는 과정이다. □ 안에 공통으로 들어갈 선분을 쓰시오.

> 점 C를 지나고 $\overline{AD}$에 평행한 직선이 $\overline{BA}$의 연장선과 만나는 점을 E라 하면 $\overline{AD} /\!/$ □ 이므로
> $\angle AEC = \angle BAD$ (동위각)
> $= \angle DAC$
> $= \angle ACE$ (엇각)이므로
> $\triangle ACE$에서 $\overline{AC} = \overline{AE}$ …… ㉠
> $\triangle BCE$에서 $\overline{AD} /\!/$ □ 이므로 $\overline{BA} : \overline{AE} = \overline{BD} : \overline{DC}$이고,
> ㉠에 의해 $\overline{AB} : \overline{AC} = \overline{BD} : \overline{DC}$
> $15 : \overline{AC} = 10 : 8$, 즉 $\overline{AC} = 12$

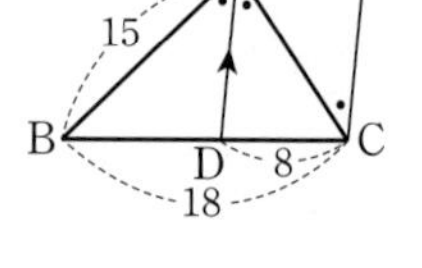

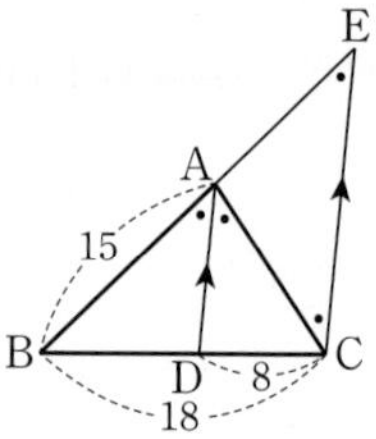

유형 08-26 삼각형의 중점을 연결한 도형의 성질

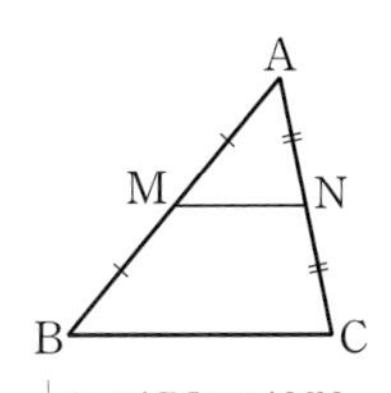

(1) $\overline{AM}=\overline{BM}$, $\overline{AN}=\overline{CN}$이면

$\overline{MN} /\!/ \overline{BC}$, $\overline{MN}=\frac{1}{2}\overline{BC}$

(2) $\overline{AM}=\overline{BM}$, $\overline{BC} /\!/ \overline{MN}$이면

$\overline{AN}=\overline{CN}$

| 예 | 점 D, E, F가 세 변의 중점일 때 ($\overline{AD}=\overline{BD}$, $\overline{BE}=\overline{CE}$, $\overline{CF}=\overline{AF}$)

$\overline{DE}=\frac{1}{2}\overline{AC}=\frac{7}{2}$ cm

$\overline{EF}=\frac{1}{2}\overline{AB}=\frac{9}{2}$ cm

$\overline{DF}=\frac{1}{2}\overline{BC}=5$ cm

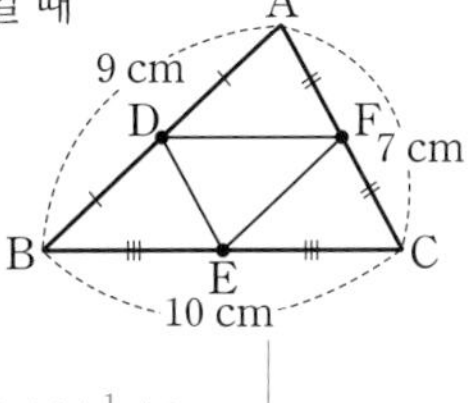

△DEF의 둘레의 길이는 △ABC의 둘레의 길이의 $\frac{1}{2}$이다.

유형 08-27 사다리꼴과 평행선

$\overline{AD} /\!/ \overline{BC}$인 사다리꼴 ABCD에서

$\overline{AM}=\overline{BM}$, $\overline{DN}=\overline{CN}$이면

(1) $\overline{AD} /\!/ \overline{MN} /\!/ \overline{BC}$

(2) $\overline{MN}=\frac{1}{2}(\overline{AD}+\overline{BC})$

(3) $\overline{PQ}=\frac{1}{2}(\overline{BC}-\overline{AD})$

→ $\overline{BC}<\overline{AD}$일 때는 $\frac{1}{2}(\overline{AD}-\overline{BC})$로 계산한다.

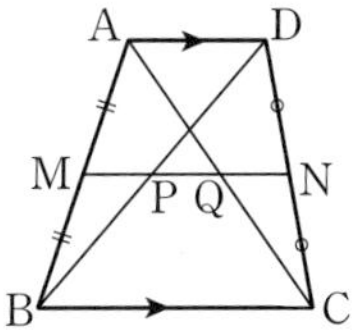

| 예 | △ABD, △ACD에서

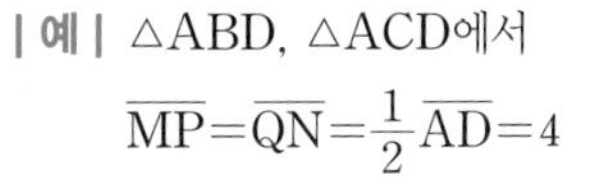

$\overline{MP}=\overline{QN}=\frac{1}{2}\overline{AD}=4$

△DBC에서

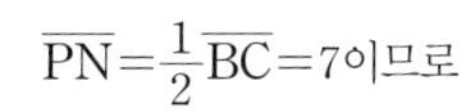

$\overline{PN}=\frac{1}{2}\overline{BC}=7$이므로

$\overline{MN}=\overline{MP}+\overline{PN}$

$=4+7=11$ → $\frac{1}{2}\times(8+14)=\frac{1}{2}\times22=11$로 계산한 결과와 같다.

또, $\overline{PQ}=\overline{PN}-\overline{QN}=7-4=3$ → $\frac{1}{2}\times(14-8)=\frac{1}{2}\times6=3$으로 계산한 결과와 같다.

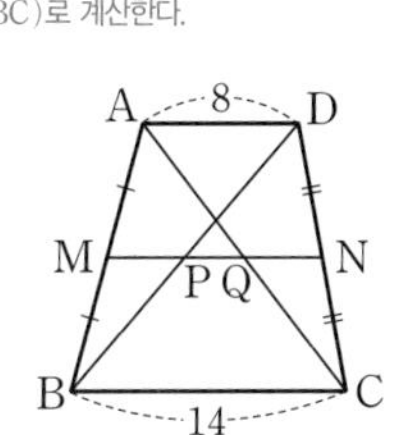

068

24881-0354

다음 그림에서 x의 값을 구하시오.

(1)

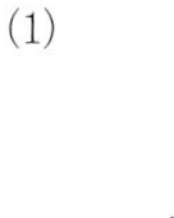

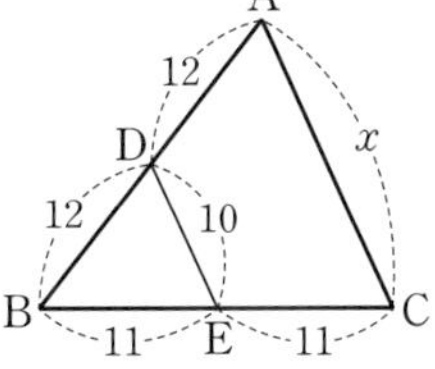

(2)

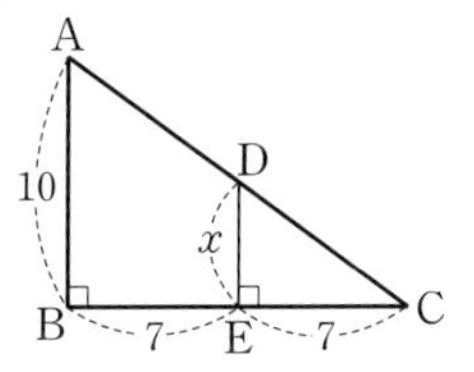

069

24881-0355

오른쪽 그림에 대한 설명으로 옳지 않은 것은?

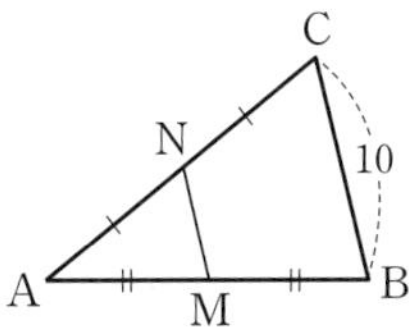

① $\overline{MN} /\!/ \overline{BC}$ ② $\overline{MN}=5$

③ △ABC∽△AMN

④ △AMN의 둘레의 길이는 20이다.

⑤ △ABC와 △AMN의 닮음비는 2 : 1이다.

070

24881-0356

오른쪽 그림에서 두 점 P, Q는 각각 $\overline{DB}$, $\overline{DC}$의 중점이고 $\overline{PQ}=12$이다. 두 점 M, N이 각각 $\overline{AB}$, $\overline{AC}$의 중점일 때, $\overline{MN}$의 길이를 구하시오.

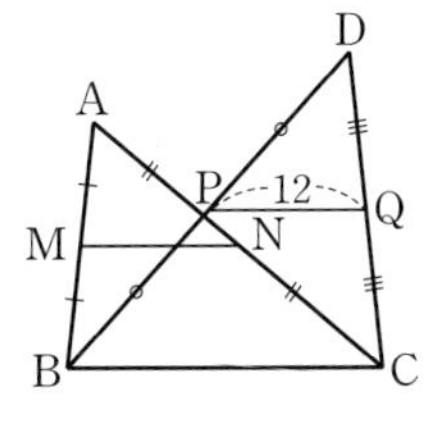

071

24881-0357

오른쪽 그림과 같이 $\overline{AD} /\!/ \overline{BC}$인 사다리꼴 ABCD에서 x의 값을 구하시오.

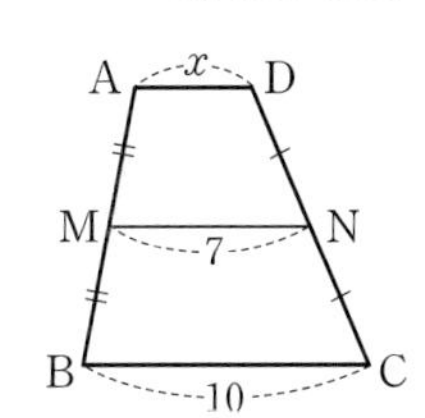

072

24881-0358

오른쪽 그림과 같이 $\overline{AD} /\!/ \overline{BC}$인 사다리꼴 ABCD에서 $\overline{EF}$의 길이를 구하시오.

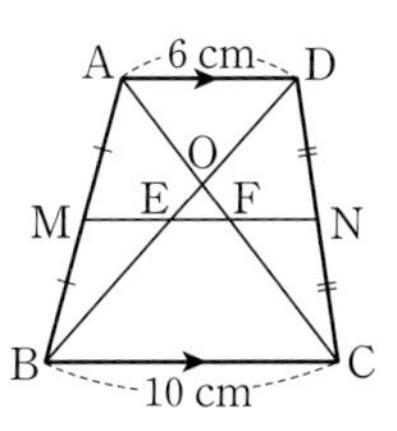

073

24881-0359

오른쪽 그림과 같이 $\overline{AD} /\!/ \overline{BC}$인 사다리꼴 ABCD에서 $\overline{PQ}=6$ cm, $\overline{AD}=8$ cm일 때, $\overline{BC}$의 길이를 구하시오.

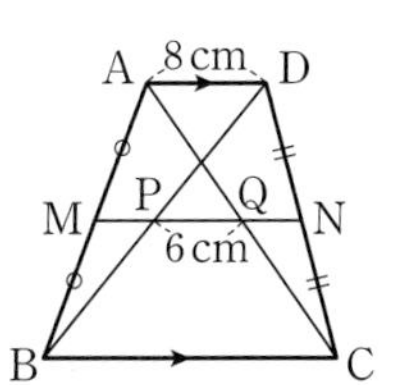

유형 08-28 삼각형의 중선과 무게중심

1. **중선** : 삼각형의 한 꼭짓점과 그 대변의 중점을 연결한 선분 → 삼각형의 중선은 3개이다.
2. **삼각형의 무게중심** : 삼각형의 세 중선의 교점

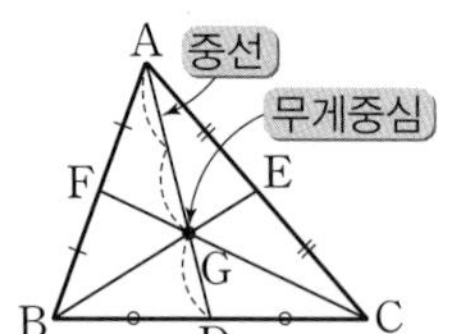

점 G가 $\triangle ABC$의 무게중심이면

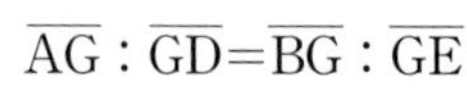

$\overline{AG} : \overline{GD} = \overline{BG} : \overline{GE}$
$= \overline{CG} : \overline{GF} = 2 : 1$

→ 삼각형의 한 중선은 삼각형의 넓이를 반으로 나눈다.

| 예 | 점 G가 $\triangle ABC$의 무게중심일 때, $\overline{AD}$는 중선이므로

$\overline{BD} = \overline{DC} = \frac{1}{2} \times 10 = 5$

또, $\overline{AG} : \overline{GD} = 2 : 1$이므로 → 삼각형의 무게중심은 중선을 꼭짓점으로부터 $2 : 1$로 내분한다.

$6 : \overline{GD} = 2 : 1$

따라서 $\overline{GD} = 3$

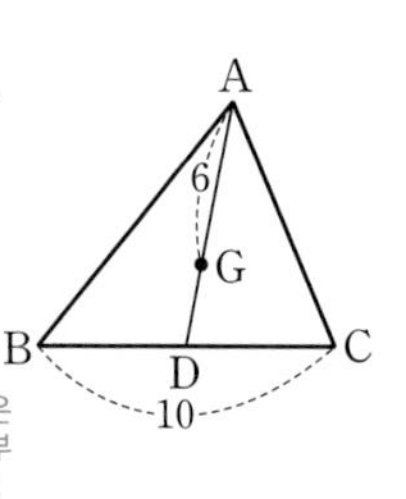

유형 08-29 삼각형의 무게중심과 넓이

점 G가 $\triangle ABC$의 무게중심일 때

(1)

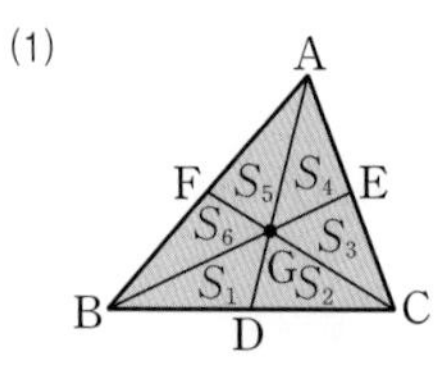

$S_1 = S_2 = S_3 = S_4 = S_5 = S_6$

(2)

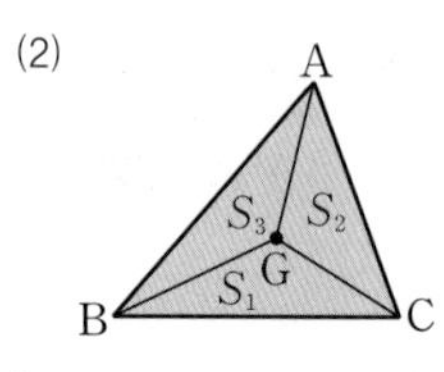

$S_1 = S_2 = S_3$

→ 삼각형의 세 중선에 의해 나누어지는 6개의 삼각형의 넓이는 모두 같다.

| 예 | 점 G가 $\triangle ABC$의 무게중심이고 $\triangle ABC$의 넓이가 36 cm^2일 때, $\square FBDG$의 넓이를 구하면

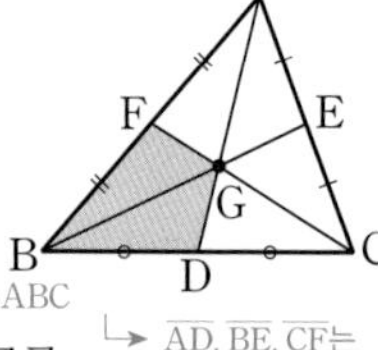

$\triangle GFB = \triangle GBD = \frac{1}{6}\triangle ABC$

$= \frac{1}{3}\triangle FBC = \frac{1}{3} \times \frac{1}{2}\triangle ABC$, $= \frac{1}{3}\triangle ABD = \frac{1}{3} \times \frac{1}{2}\triangle ABC$

→ $\overline{AD}, \overline{BE}, \overline{CF}$는 $\triangle ABC$의 중선이다.

$= \frac{1}{6} \times 36 = 6(\text{cm}^2)$이므로

$\square FBDG = \triangle GFB + \triangle GBD = 6 + 6 = 12(\text{cm}^2)$

074

⊃24881-0360

오른쪽 그림에서 점 G가 $\triangle ABC$의 무게중심일 때, x, y의 값을 각각 구하시오.

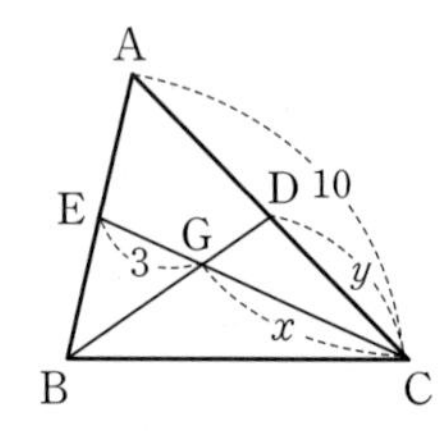

075

⊃24881-0361

오른쪽 그림에서 점 G는 $\triangle ABC$의 무게중심이고 $\overline{EF} /\!/ \overline{BC}$일 때, $x+y$의 값을 구하시오.

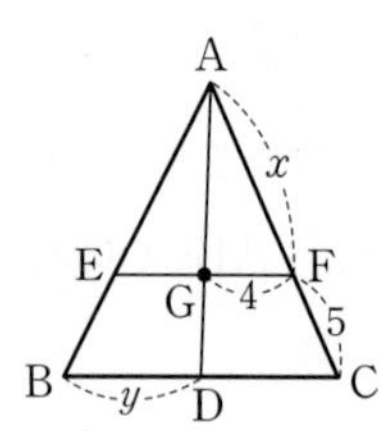

076

⊃24881-0362

오른쪽 그림에서 두 점 G, G′은 각각 $\triangle ABC$, $\triangle GBC$의 무게중심이고 $\overline{AD} = 36\text{ cm}$일 때, $\overline{GG'}$의 길이를 구하시오.

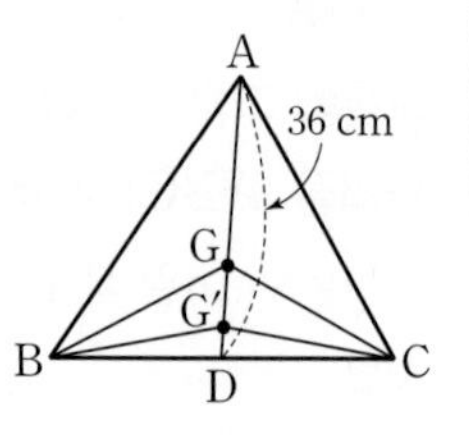

077

⊃24881-0363

오른쪽 그림에서 점 G는 $\triangle ABC$의 무게중심이고 $\triangle ABC$의 넓이가 24 cm^2일 때, 색칠한 부분의 넓이를 구하시오.

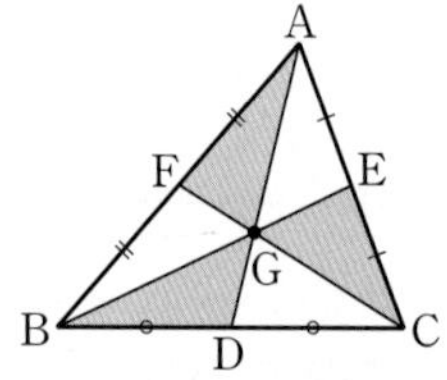

078

⊃24881-0364

오른쪽 그림과 같이 점 G가 $\triangle ABC$의 무게중심이고 $\triangle GDA$의 넓이가 6 cm^2일 때, $\triangle ABC$의 넓이는?

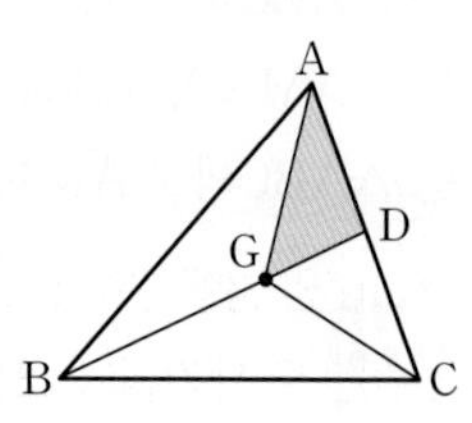

① 34 cm^2 ② 36 cm^2 ③ 38 cm^2
④ 40 cm^2 ⑤ 42 cm^2

유형 08-30 무게중심과 평행사변형

평행사변형 ABCD에서

$\overline{BM}=\overline{CM}$, $\overline{CN}=\overline{DN}$이면

→ $\overline{AM}$, $\overline{BO}$는 △ABC의 중선

(1) 점 P는 △ABC의 무게중심

⇨ $\overline{AP}:\overline{PM}=\overline{BP}:\overline{PO}=2:1$

→ 두 점 M, N은 각각 $\overline{BC}$, $\overline{CD}$의 중점

(2) 점 Q는 △ACD의 무게중심

⇨ $\overline{AQ}:\overline{QN}=\overline{DQ}:\overline{QO}=2:1$

→ $\overline{AN}$, $\overline{DO}$는 △ACD의 중선

(3) $\overline{BP}=\overline{PQ}=\overline{QD}=\frac{1}{3}\overline{BD}$

| 예 | 넓이가 48 cm^2인 평행사변형 ABCD에서

△APQ의 넓이를 구하면

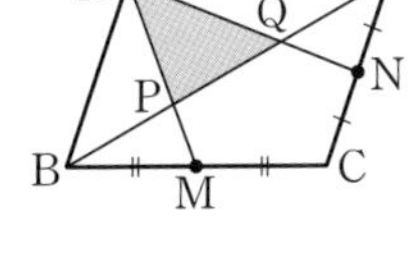

$\overline{PQ}=\frac{1}{3}\overline{BD}$이므로

$\triangle APQ=\frac{1}{3}\triangle ABD=\frac{1}{3}\times\frac{1}{2}\square ABCD$

$=\frac{1}{6}\times 48=8(cm^2)$

079

➲24881-0365

오른쪽 그림의 평행사변형 ABCD에서 $\overline{BC}$, $\overline{CD}$의 중점 M, N에 대하여 $\overline{BD}$와 $\overline{AM}$, $\overline{AN}$과의 교점을 각각 E, F라 하자. $\overline{BD}=21$ cm일 때, $\overline{EF}$의 길이를 구하시오.

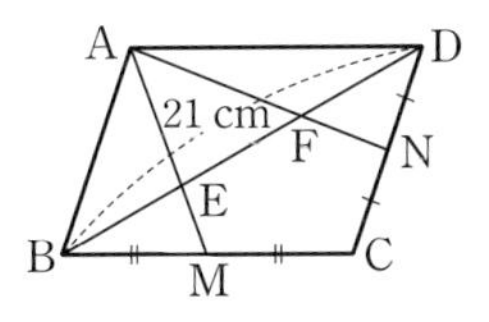

080

➲24881-0366

오른쪽 그림과 같이 넓이가 30 cm^2인 평행사변형 ABCD에서 점 O는 두 대각선의 교점이고 $\overline{BC}$의 중점 M에 대하여 $\overline{AM}$과 $\overline{BD}$의 교점이 P일 때, □PMCO의 넓이를 구하시오.

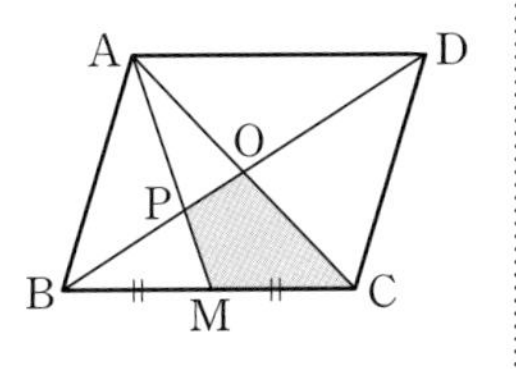

유형 08-31 닮은 도형의 넓이의 비

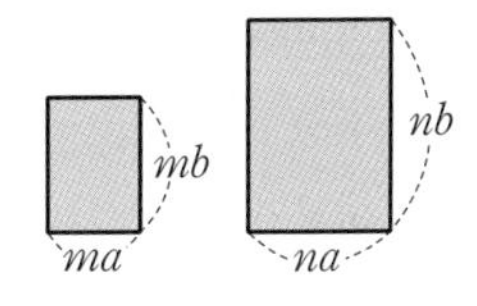

두 닮은 도형에서

닮음비가 $m:n$이면

넓이의 비는 $m^2:n^2$

→ $m^2ab:n^2ab=m^2:n^2$

| 예 | △ABC와 △ADE에서

$\overline{BC}/\!/\overline{DE}$이므로

→ ∠A는 공통, ∠ABC=∠ADE

△ABC∽△ADE (AA 닮음)

닮음비가 $\overline{AB}:\overline{AD}=10:3$

이므로 넓이의 비는

$10^2:3^2=100:9$이다.

9 : (100−9)

따라서 △ADE와 □DBCE의 넓이의 비는 9 : 91이고 □DBCE=91 cm^2이므로 △ADE=9 cm^2이다.

081

➲24881-0367

오른쪽 그림에서 △ABC∽△DEF이고, △ABC의 넓이가 32 cm^2일 때, △DEF의 넓이를 구하시오.

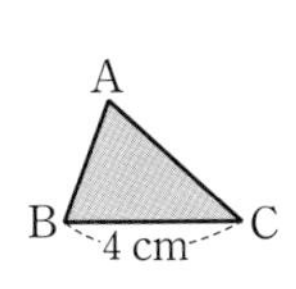

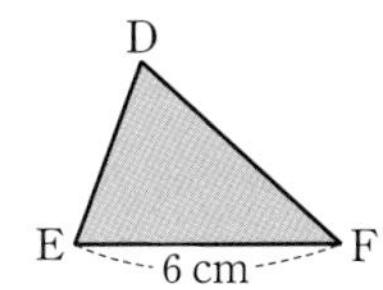

082

➲24881-0368

오른쪽 그림에서 $\overline{BC}/\!/\overline{DE}$이고, △ABC와 △ADE의 넓이의 비가 4 : 9이고, $\overline{AB}=8$ cm일 때, $\overline{AD}$의 길이를 구하시오.

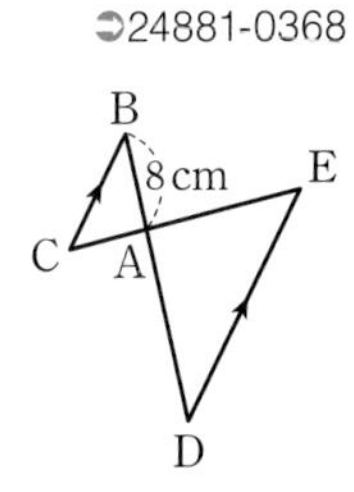

083

➲24881-0369

오른쪽 그림과 같이 중심이 같은 두 원의 반지름의 길이의 비가 3 : 8이고, 큰 원의 넓이가 64π cm^2일 때, 색칠한 부분의 넓이를 구하시오.

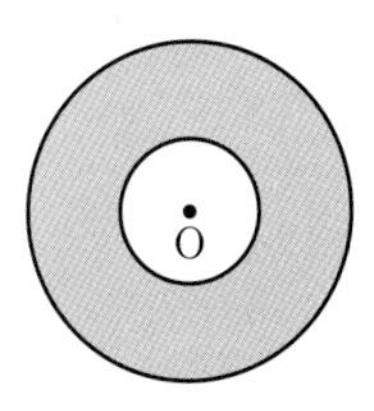

유형 08-32 닮은 도형의 부피의 비

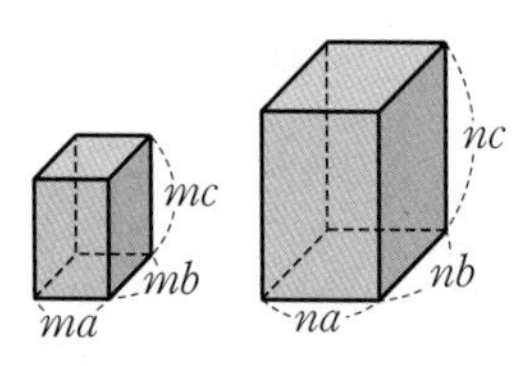

두 닮은 도형에서 닮음비가 $m : n$이면 부피의 비는 $m^3 : n^3$

→ $m^3abc : n^3abc = m^3 : n^3$

| 예 | 두 닮은 원기둥 A, B에서 원기둥 B의 부피를 구하자. 밑면인 원의 반지름의 길이의 비가 $1 : 2$이므로 닮음비는 $1 : 2$이다.

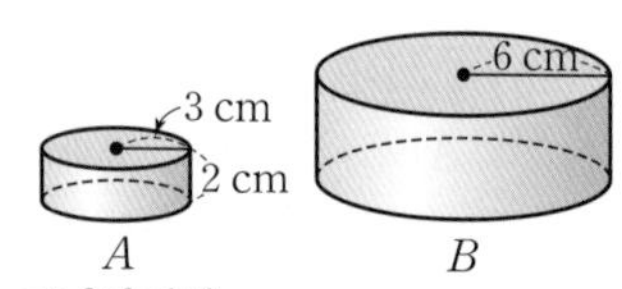

→ $3 : 6 = 1 : 2$

따라서 부피의 비는 $1^3 : 2^3 = 1 : 8$이다. 원기둥 A의 부피가 $\pi \times 3^2 \times 2 = 18\pi\,(\text{cm}^3)$이므로 원기둥 B의 부피는 $18\pi \times 8 = 144\pi\,(\text{cm}^3)$이다.

084

➲24881-0370

오른쪽 그림과 같이 두 닮은 직육면체 A, B에서 대응하는 모서리의 길이의 비가 $2 : 3$이고, 직육면체 B의 부피가 108 cm^3일 때, 직육면체 A의 부피를 구하시오.

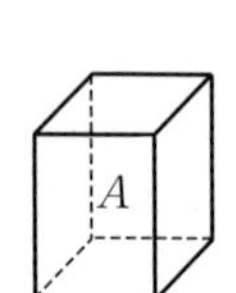

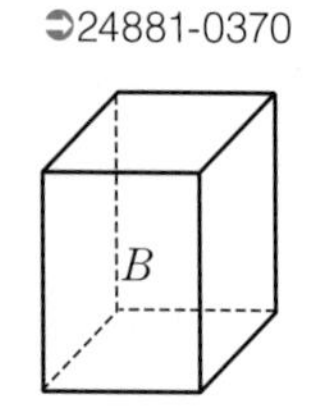

085

➲24881-0371

오른쪽 그림은 원뿔을 모선의 삼등분점을 지나고 밑면에 평행한 평면으로 잘라 원뿔 A와 원뿔대 B, C의 세 부분으로 나눈 것이다. A, B, C의 부피의 비는?

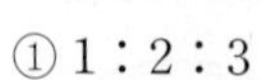

① $1 : 2 : 3$ ② $1 : 3 : 5$ ③ $1 : 4 : 9$ ④ $1 : 7 : 19$ ⑤ $1 : 8 : 27$

086

➲24881-0372

오른쪽 그림과 같이 높이가 6 cm인 원뿔 모양의 종이컵에 물을 4 cm의 높이까지 채웠을 때의 물의 양이 64 mL였다면, 종이컵에 가득 채울 수 있는 물의 양을 구하시오.

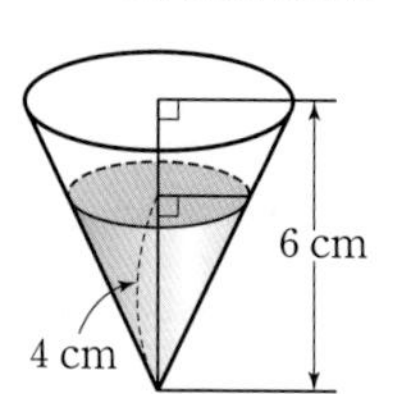

087

➲24881-0373

구 모양인 두 공의 부피의 비가 $125 : 216$이고, 작은 공의 반지름의 길이가 5 cm일 때, 큰 공의 반지름의 길이는?

① $\frac{9}{2}\text{ cm}$ ② 5 cm ③ $\frac{11}{2}\text{ cm}$ ④ 6 cm ⑤ $\frac{13}{2}\text{ cm}$

088

➲24881-0374

다음 그림과 같이 두 닮은 삼각뿔 A, B의 겉넓이의 비가 $9 : 25$이고, 삼각뿔 A의 부피가 54 cm^3일 때, 삼각뿔 B의 부피는?

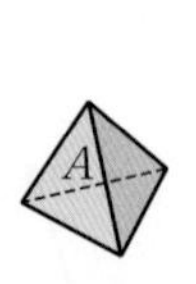

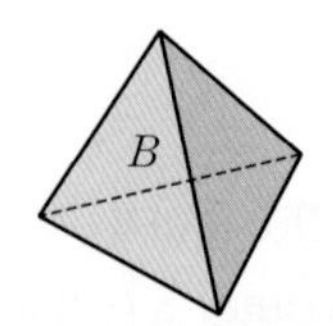

① 248 cm^3 ② 250 cm^3 ③ 252 cm^3 ④ 254 cm^3 ⑤ 256 cm^3

유형 08-33 피타고라스 정리

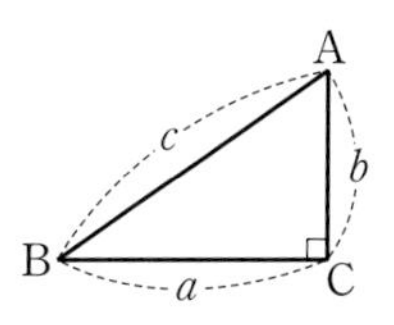

세 변의 길이가 a, b, c인 직각삼각형 ABC에서 빗변의 길이가 c일 때, → 직각삼각형의 세 변 중 길이가 가장 길다.

$a^2+b^2=c^2$

| 예 | 피타고라스 정리에 의하여

$x^2=4^2+3^2=25$ → x가 빗변의 길이이다.

$x>0$이므로 $x=5$ → 변의 길이는 양수이다.

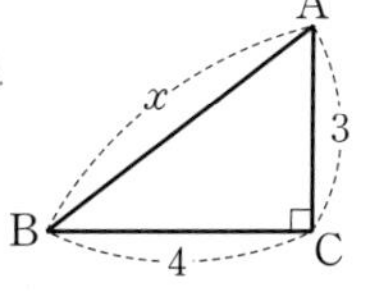

유형 08-34 직각삼각형이 되는 조건

세 변의 길이가 각각 a, b, c인 △ABC에서

$a^2+b^2=c^2$이면

△ABC는 빗변의 길이가 c인 직각삼각형이다.

| 예 | $x>3$인 x에 대하여

x, $x-1$, 3을 세 변으로 하는 △ABC가 직각삼각형이 되도록 하는 x의 값을 구하면 → 가장 긴 변의 길이 x가 빗변의 길이가 된다.

$(x-1)^2+3^2=x^2$

$x^2-2x+1+9=x^2$

$2x=10$

따라서 $x=5$

089

24881-0375

다음 직각삼각형에서 x의 값을 구하시오.

(1)

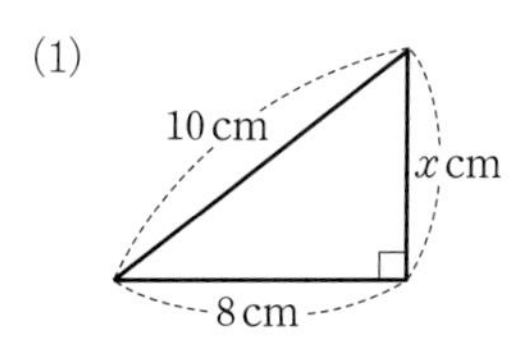

(2)

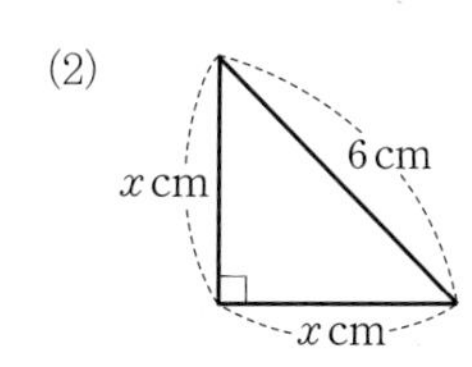

090

24881-0376

오른쪽 그림에서 x, y의 값을 각각 구하시오.

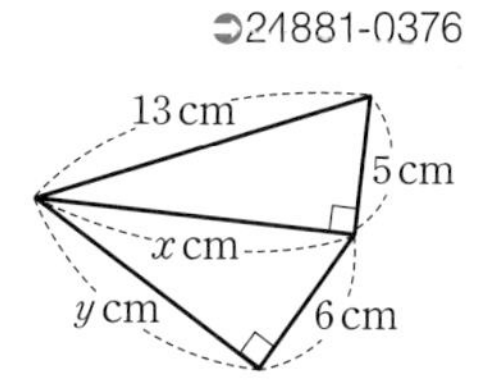

091

24881-0377

오른쪽 그림에서 x, y의 값을 각각 구하시오.

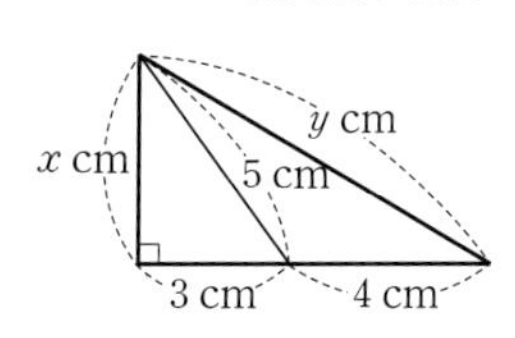

092

24881-0378

다음 그림과 같은 삼각형이 직각삼각형이 되기 위한 x의 값을 구하시오.

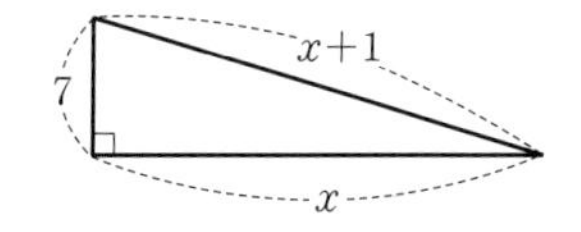

093

24881-0379

다음 중 직각삼각형의 세 변의 길이가 될 수 없는 것은?

① 5, 7, 8 ② 1, 2, $\sqrt{5}$ ③ 4, 5, $\sqrt{41}$
④ $3\sqrt{2}$, $3\sqrt{2}$, 6 ⑤ 7, 24, 25

094

24881-0380

세 변의 길이가 각각 2, 5, x인 삼각형이 직각삼각형이 되도록 하는 x의 값을 모두 고르면? (정답 2개)

① $\sqrt{21}$ ② $\sqrt{23}$ ③ 5
④ $3\sqrt{3}$ ⑤ $\sqrt{29}$

유형 08-35 피타고라스 정리의 증명 (1)

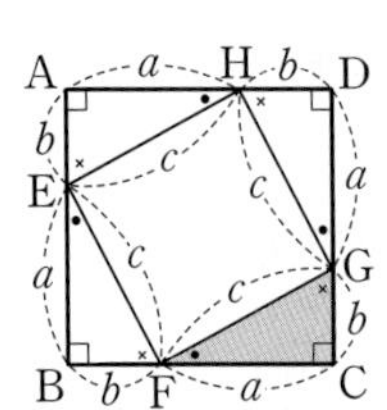

$\square$ABCD

$=\square$EFGH$+4\triangle$CGF ← △AEH, △BFE, △CGF, △DHG는 모두 합동이다.

(□EFGH → 정사각형)

이므로

$(a+b)^2=c^2+4\times\frac{1}{2}ab$

$\Rightarrow a^2+b^2=c^2$

| 예 | 오른쪽 그림에서

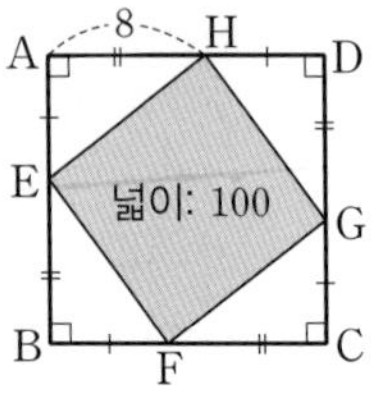

□EFGH는 정사각형이므로

$\overline{EH}^2=100$, $\overline{EH}>0$이므로

$\overline{EH}=10$ ← 직각삼각형 AEH에서 피타고라스 정리를 이용한다.

$\overline{AE}=\sqrt{\overline{EH}^2-\overline{AH}^2}$

$=\sqrt{10^2-8^2}=6$

$\overline{AB}=\overline{AE}+\overline{EB}=\overline{AE}+\overline{HA}=6+8=14$

따라서 □ABCD의 넓이는 $14^2=196$이다.

유형 08-36 피타고라스 정리의 증명 (2)

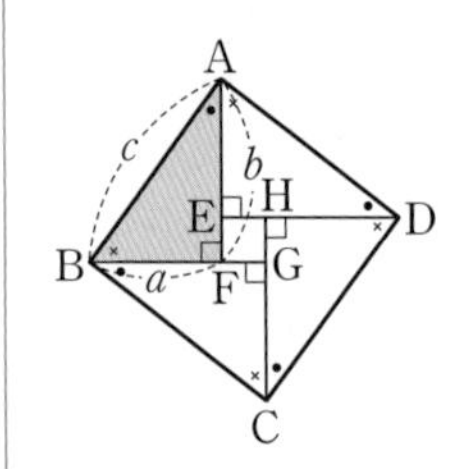

$\square$ABCD

$=\square$EFGH$+4\triangle$ABF ← △ABF, △BCG, △CDH, △DAE는 모두 합동이다.

(□EFGH → 정사각형)

이므로

$c^2=(b-a)^2+4\times\frac{1}{2}ab$

$\Rightarrow c^2=a^2+b^2$

| 예 | 오른쪽 그림에서

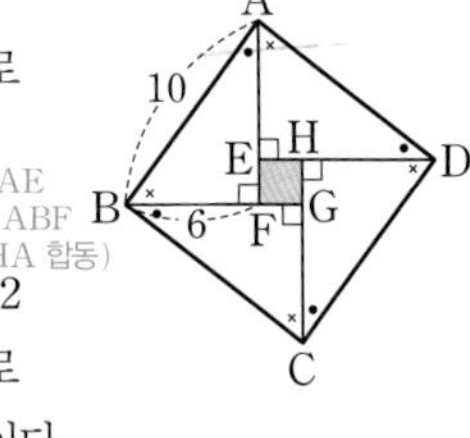

△ABF는 직각삼각형이므로

$\overline{AF}=\sqrt{10^2-6^2}=8$

$\overline{AE}=\overline{BF}=6$이므로 ← △DAE ≡△ABF (RHA 합동)

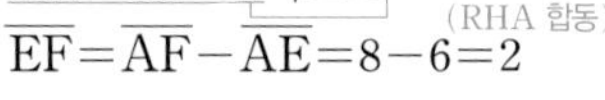

$\overline{EF}=\overline{AF}-\overline{AE}=8-6=2$

□EFGH는 정사각형이므로

□EFGH의 넓이는 $2^2=4$이다.

095

24881-0381

오른쪽 그림과 같이 한 변의 길이가 17 cm인 정사각형 ABCD에서 $\overline{AE}=\overline{BF}=\overline{CG}=\overline{DH}=5$ cm일 때, $\overline{EF}$의 길이는?

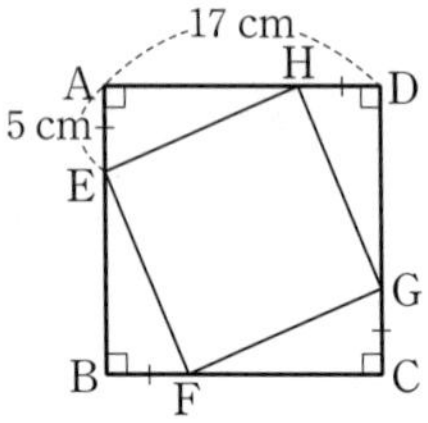

① 10 cm ② 11 cm ③ 12 cm ④ 13 cm ⑤ 14 cm

096

24881-0382

정사각형 ABCD에서 $\overline{AH}=\overline{DG}=\overline{CF}=\overline{BE}=8$ cm, $\overline{AE}=4$ cm일 때, □EFGH의 둘레의 길이는?

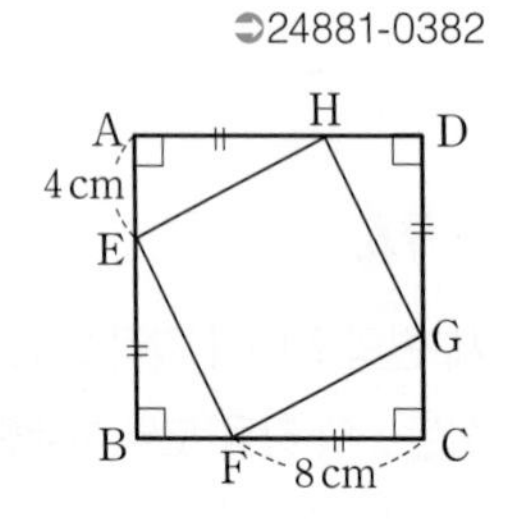

① $16\sqrt{2}$ cm ② $16\sqrt{3}$ cm ③ 32 cm ④ $16\sqrt{5}$ cm ⑤ $16\sqrt{6}$ cm

097

24881-0383

오른쪽 그림에서 4개의 직각삼각형은 모두 합동이고, □ABCD의 넓이는 169 cm^{2}이다. $\overline{AF}=12$ cm일 때, □EFGH의 넓이는?

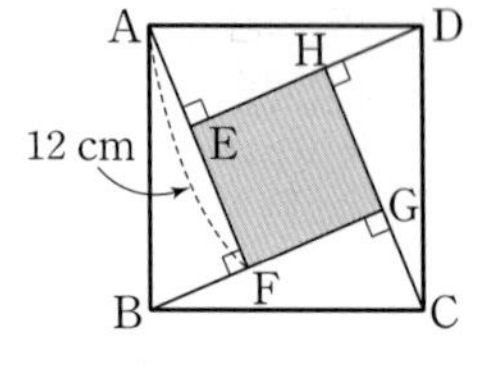

① 49 cm^2 ② 64 cm^2 ③ 81 cm^2 ④ 100 cm^2 ⑤ 121 cm^2

098

24881-0384

오른쪽 그림에서 4개의 직각삼각형은 모두 합동이고, $\overline{AE}=8$ cm, $\overline{GH}=7$ cm일 때, □ABCD의 둘레의 길이는?

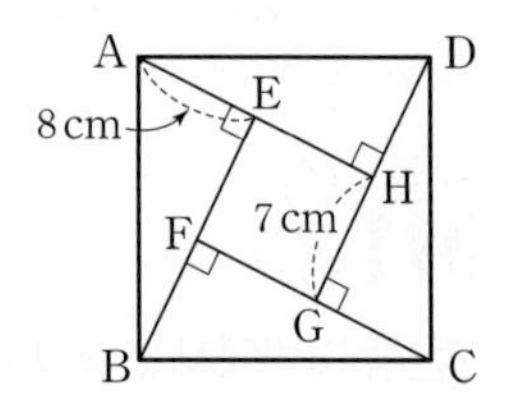

① 64 cm ② 66 cm ③ 68 cm ④ 70 cm ⑤ 72 cm

유형 08-37 삼각형과 피타고라스 정리

(1) 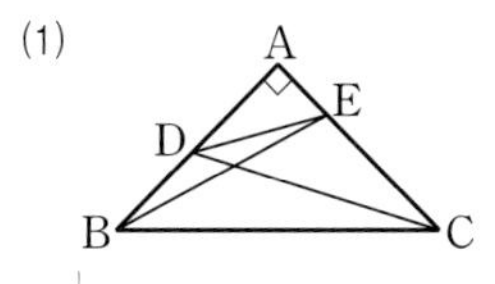

$\angle A=90^\circ$인 직각삼각형 ABC에서 $\overline{AB}$, $\overline{AC}$ 위의 점 D, E에 대하여

$\overline{BE}^2+\overline{CD}^2=\overline{DE}^2+\overline{BC}^2$

→ △ADE, △ABE, △ADC도 직각삼각형이다.

(2)

직각삼각형 ABC의 세 변을 각각 지름으로 하는 세 반원에 대하여

(색칠한 부분의 넓이)$=\triangle ABC$

→ =(작은 두 반원의 넓이의 합)+△ABC−(큰 반원의 넓이)

→ (작은 두 반원의 넓이의 합)=(큰 반원의 넓이)

| 예 | $6^2+7^2=3^2+\overline{BC}^2$

$\overline{BC}^2=76$

$\overline{BC}>0$이므로 $\overline{BC}=2\sqrt{19}$

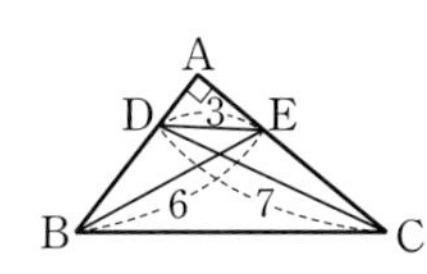

유형 08-38 사각형과 피타고라스 정리

(1) 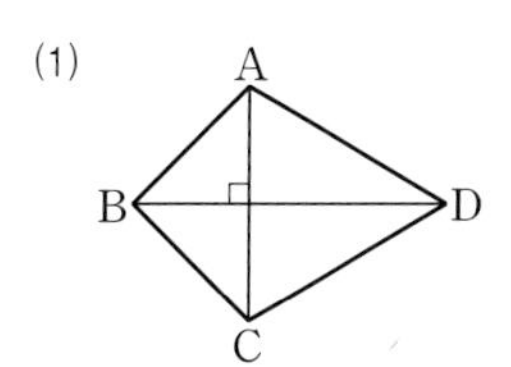

□ABCD에서 $\overline{AC}\perp\overline{BD}$일 때

$\overline{AB}^2+\overline{CD}^2=\overline{AD}^2+\overline{BC}^2$

→ $\overline{AB}$의 대변은 $\overline{CD}$, $\overline{AD}$의 대변은 $\overline{BC}$

(2) 직사각형 ABCD의 내부의 한 점 P에 대하여

$\overline{AP}^2+\overline{CP}^2=\overline{BP}^2+\overline{DP}^2$

| 예 | $4^2+8^2=x^2+5^2$ → 대변끼리 제곱하여 합한 값이 같다.

$x^2=55$

$x>0$이므로 $x=\sqrt{55}$

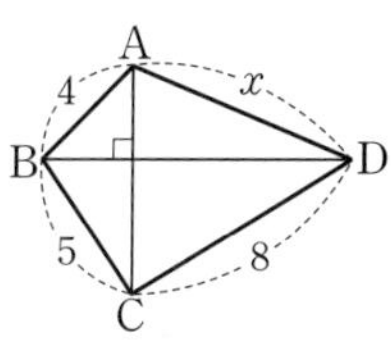

099

24881-0385

오른쪽 그림과 같은 직각삼각형 ABC에서 $\overline{CD}$의 길이를 구하시오.

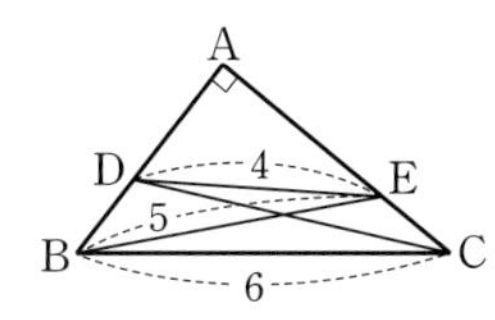

100

24881-0386

오른쪽 그림은 직각삼각형 ABC의 세 변을 각각 지름으로 하는 반원을 그린 것이다. $\overline{AC}=5$ cm, $\overline{BC}=13$ cm일 때, 색칠한 부분의 넓이를 구하시오.

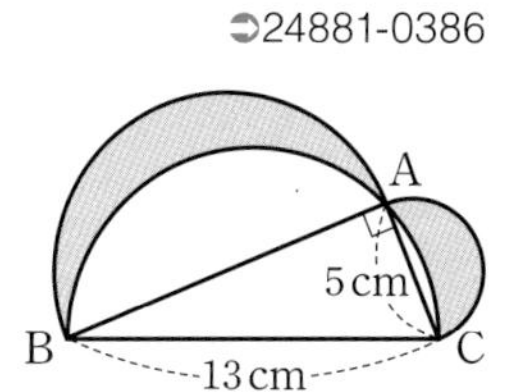

101

24881-0387

오른쪽 그림과 같이 두 대각선이 직교하는 사각형에서 x^2+y^2의 값을 구하시오.

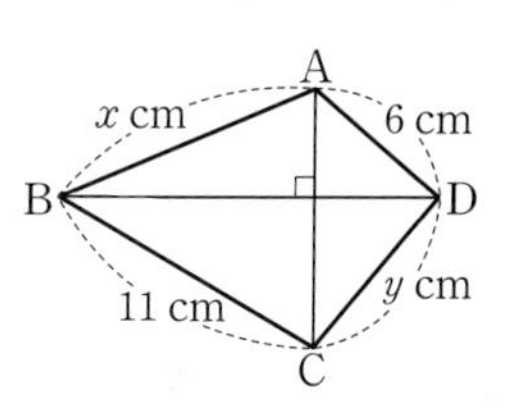

102

24881-0388

오른쪽 그림과 같은 직사각형 ABCD 내부의 한 점 P에 대하여 $\overline{BP}$의 길이를 구하시오.

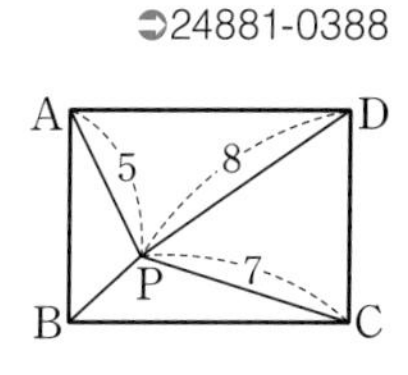

103

24881-03089

오른쪽 그림과 같이 직사각형 ABCD의 내부의 한 점 P에 대하여 $\overline{BP}=\overline{DP}$일 때, $\overline{AP}$의 길이를 구하시오.

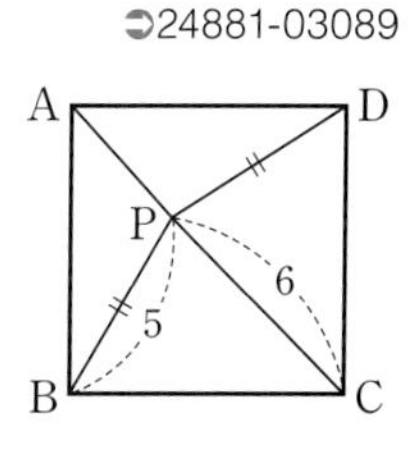

유형 08-39 특수한 각의 직각삼각형 (1)

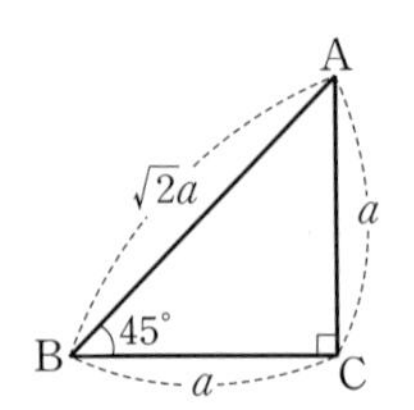

$\angle C=90^\circ$, $\overline{BC}=\overline{CA}$

직각이등변삼각형 ABC에서

$\overline{AB}:\overline{BC}:\overline{CA}=\sqrt{2}:1:1$

→ $\overline{AB}=\sqrt{a^2+a^2}=\sqrt{2a^2}=\sqrt{2}a$

| 예 | $x:2:y=\sqrt{2}:1:1$이므로

$x:2=\sqrt{2}:1$에서 $x=2\sqrt{2}$,

$2:y=1:1$에서 $y=2$이다.

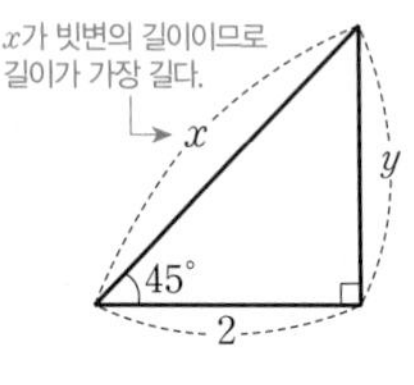

유형 08-40 특수한 각의 직각삼각형 (2)

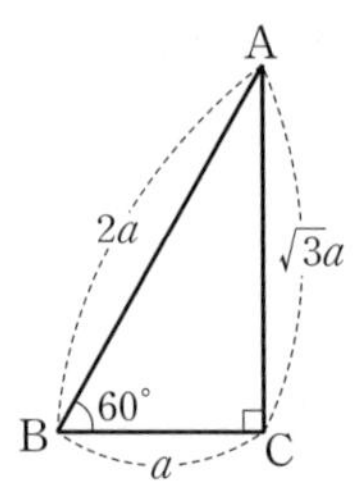

한 내각의 크기가 60°인

직각삼각형 ABC에서

$\overline{AB}:\overline{BC}:\overline{CA}=2:1:\sqrt{3}$

→ $\overline{CA}=\sqrt{(2a)^2-a^2}=\sqrt{3}a$

| 예 | $x:5:y=2:1:\sqrt{3}$이므로

$x:5=2:1$에서 $x=10$,

$5:y=1:\sqrt{3}$에서 $y=5\sqrt{3}$

이다.

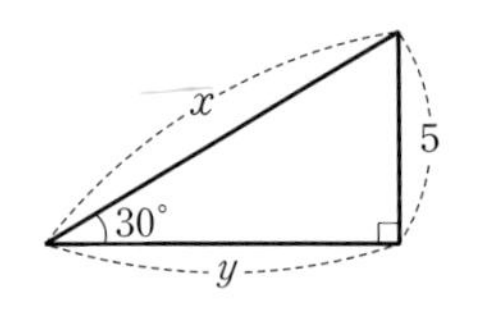

104

➲24881-0390

다음은 x, y의 값을 구하는 과정이다. □ 안에 알맞은 수를 써넣으시오.

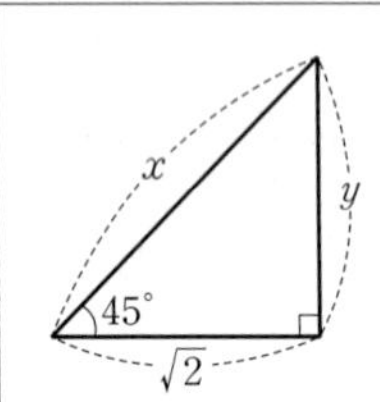

직각이등변삼각형이므로

$x:\sqrt{2}:y=\sqrt{2}:1:1$

$x:\sqrt{2}=\sqrt{2}:1$에서 $x=$□

$\sqrt{2}:y=1:1$에서 $y=$□

105

➲24881-0391

다음 그림에서 x, y의 값을 각각 구하시오.

(1)

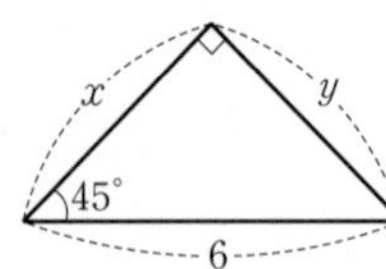

(2)

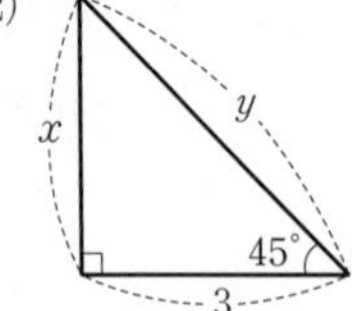

106

➲24881-0392

빗변의 길이가 $5\sqrt{2}$이고, 한 내각의 크기가 45°인 직각삼각형에서 나머지 두 변의 길이의 합을 구하시오.

107

➲24881-0393

다음은 x, y의 값을 구하는 과정이다. □ 안에 알맞은 수를 써넣으시오.

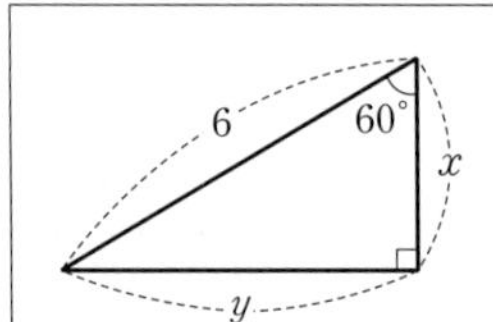

직각삼각형에서

$6:x:y=2:1:\sqrt{3}$

$6:x=2:1$에서 $x=$□

$6:y=2:\sqrt{3}$에서 $y=$□

108

➲24881-0394

다음 그림에서 x, y의 값을 각각 구하시오.

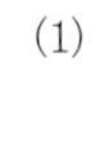
(1)

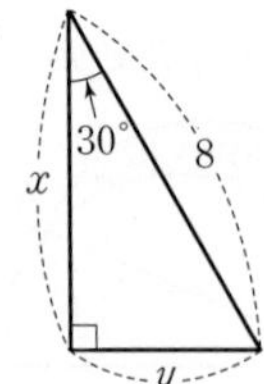

(2)

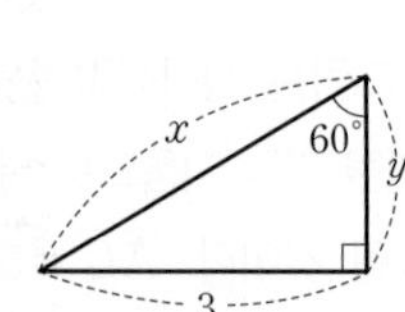

109

➲24881-0395

빗변의 길이가 12인 직각삼각형 ABC에서 $\angle A=60^\circ$일 때, $\angle A$의 대변의 길이를 구하시오.

유형 08-41 직사각형과 정사각형의 대각선의 길이

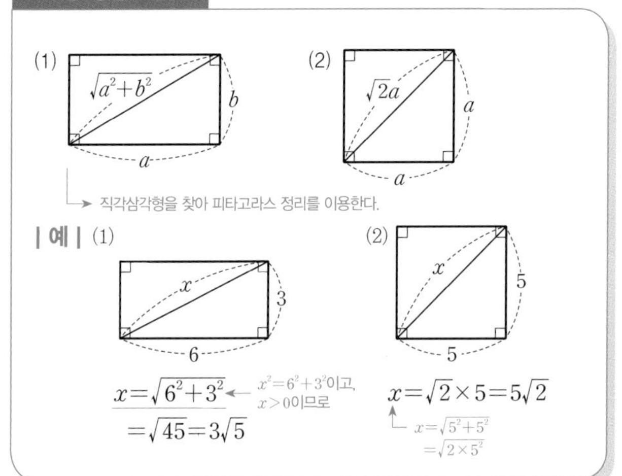

110

➲24881-0396

다음 그림에서 x의 값을 구하시오.

(1)

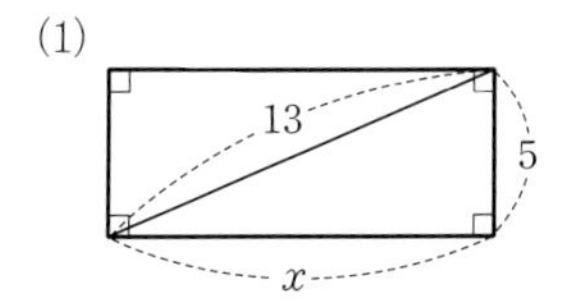

(2)

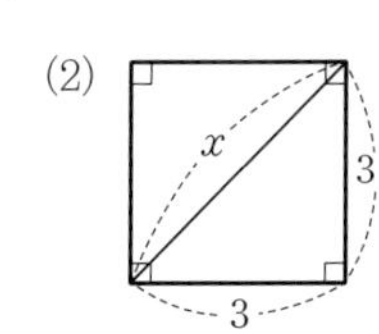

111

➲24881-0397

세로의 길이가 5 cm이고, 대각선의 길이가 $\sqrt{61}$ cm인 직사각형의 넓이를 구하시오.

112

➲24881-0398

한 변의 길이가 $4\sqrt{2}$ cm인 정사각형의 대각선의 길이는?

① 6 cm ② 7 cm ③ 8 cm
④ 9 cm ⑤ 10 cm

유형 08-42 정삼각형의 높이와 넓이

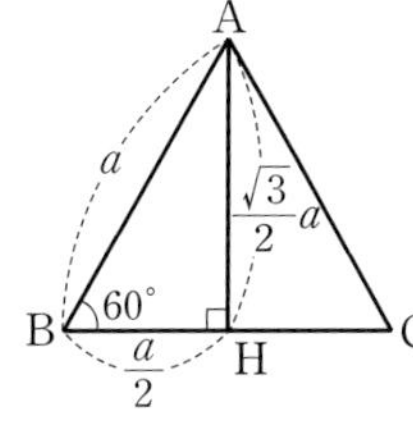

한 변의 길이가 a인 정삼각형에서

(1) 높이 : $\frac{\sqrt{3}}{2}a$ ← $\sqrt{a^2-\left(\frac{a}{2}\right)^2}=\sqrt{\frac{3}{4}a^2}=\frac{\sqrt{3}}{2}a$

(2) 넓이 : $\frac{\sqrt{3}}{4}a^2$ ← $\frac{1}{2}\times a\times\frac{\sqrt{3}}{2}a=\frac{\sqrt{3}}{4}a^2$

| 예 | 한 변의 길이가 2 cm인 정삼각형에서 높이는

$h=\frac{\sqrt{3}}{2}\times2=\sqrt{3}$ ← $a=2$를 대입한다.

또, 넓이는

$\frac{\sqrt{3}}{4}\times2^2=\sqrt{3}\,(\text{cm}^2)$

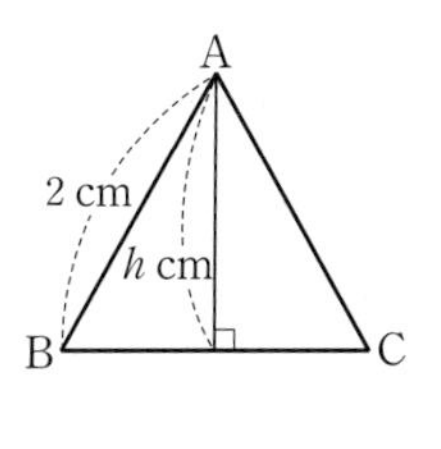

113

➲24881-0399

오른쪽 그림과 같이 높이가 $2\sqrt{3}$인 정삼각형 ABC의 한 변의 길이 x를 구하시오.

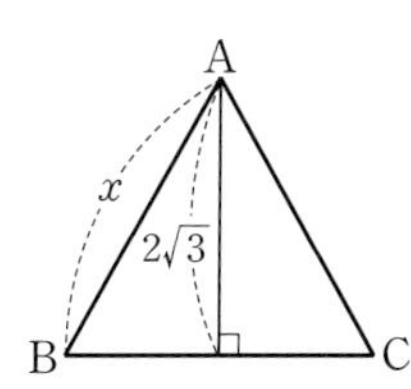

114

➲24881-0400

높이가 9 cm인 정삼각형의 넓이를 구하시오.

115

➲24881-0401

넓이가 $4\sqrt{3}$인 정삼각형의 한 변의 길이 a와 높이 h는?

① $a=2\sqrt{3},\ h=\sqrt{6}$ ② $a=2\sqrt{3},\ h=3$
③ $a=4,\ h=2\sqrt{2}$ ④ $a=4,\ h=2\sqrt{3}$
⑤ $a=4\sqrt{2},\ h=2\sqrt{3}$

유형 08-43 좌표평면 위의 두 점 사이의 거리

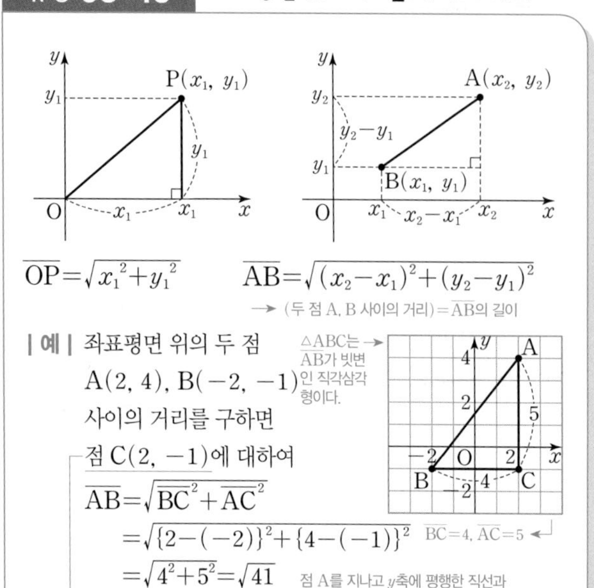

$\overline{\mathrm{OP}}=\sqrt{x_1^2+y_1^2}$ $\qquad$ $\overline{\mathrm{AB}}=\sqrt{(x_2-x_1)^2+(y_2-y_1)^2}$

→ (두 점 A, B 사이의 거리)$=\overline{\mathrm{AB}}$의 길이

| 예 | 좌표평면 위의 두 점 A$(2, 4)$, B$(-2, -1)$ 사이의 거리를 구하면

△ABC는 $\overline{\mathrm{AB}}$가 빗변인 직각삼각형이다.

점 C$(2, -1)$에 대하여

$\overline{\mathrm{AB}}=\sqrt{\overline{\mathrm{BC}}^2+\overline{\mathrm{AC}}^2}$

$=\sqrt{\{2-(-2)\}^2+\{4-(-1)\}^2}$ $\quad$ $\overline{\mathrm{BC}}=4$, $\overline{\mathrm{AC}}=5$

$=\sqrt{4^2+5^2}=\sqrt{41}$

점 A를 지나고 y축에 평행한 직선과 점 B를 지나고 x축에 평행한 직선의 교점을 C라 하면 C$(2, -1)$이다.

유형 08-44 좌표평면 위에서의 최단 거리

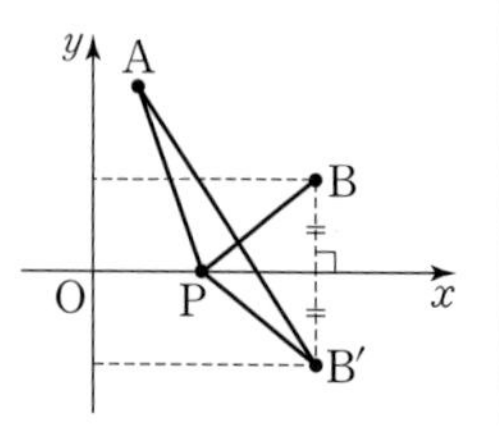

좌표평면에서 두 점 A, B가 x축에 대하여 같은 쪽에 있을 때 x축 위의 점을 P$(x, 0)$, 점 B를 x축에 대하여 대칭이동한 점을 B′이라 하면

→ y좌표의 부호를 바꾼다.

$(\overline{\mathrm{AP}}+\overline{\mathrm{BP}}$의 최솟값$)=\overline{\mathrm{AB'}}$

→ 점 P가 y축 위의 점인 경우 점 B를 y축에 대해 대칭이동하여 점 B′의 좌표를 구한다.

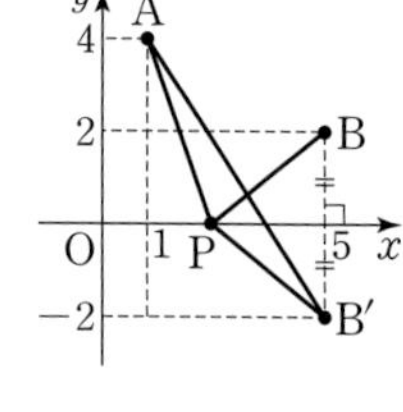

| 예 | 점 B를 x축에 대하여 대칭이동한 점이 B′$(5, -2)$이고,

→ 점 B의 y좌표의 부호를 바꾼다.

$\overline{\mathrm{BP}}=\overline{\mathrm{B'P}}$이므로

$\overline{\mathrm{AP}}+\overline{\mathrm{BP}}$

$=\overline{\mathrm{AP}}+\overline{\mathrm{B'P}}\ge\overline{\mathrm{AB'}}$

$\overline{\mathrm{AB'}}=\sqrt{4^2+(-6)^2}=2\sqrt{13}$

따라서 $\overline{\mathrm{AP}}+\overline{\mathrm{BP}}\ge2\sqrt{13}$이므로

$\overline{\mathrm{AP}}+\overline{\mathrm{BP}}$의 최솟값은 $2\sqrt{13}$이다.

116

24881-0402

좌표평면 위의 두 점 A$(1, -1)$, B$(a, -2)$ 사이의 거리가 $\sqrt{26}$일 때, a의 값을 구하시오.

(단, 점 B는 제3사분면 위의 점이다.)

117

24881-0403

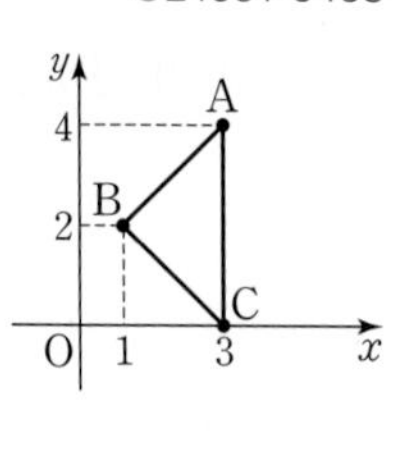

다음은 좌표평면 위의 세 점 A$(3, 4)$, B$(1, 2)$, C$(3, 0)$을 꼭짓점으로 하는 △ABC가 어떤 삼각형인지 알아보는 과정이다. □ 안에 알맞은 기호나 수를 써넣으시오.

> $\overline{\mathrm{AB}}=\sqrt{(1-3)^2+(2-4)^2}=$ (가)
>
> $\overline{\mathrm{BC}}=\sqrt{(3-1)^2+(0-2)^2}=$ (나)
>
> $\overline{\mathrm{AC}}=$ (다) 이므로 $\overline{\mathrm{AB}}^2+\overline{\mathrm{BC}}^2=\overline{\mathrm{AC}}^2$
>
> 따라서 △ABC는 빗변이 (라) 이고, $\overline{\mathrm{AB}}=\overline{\mathrm{BC}}$인 직각이등변삼각형이다.

118

24881-0404

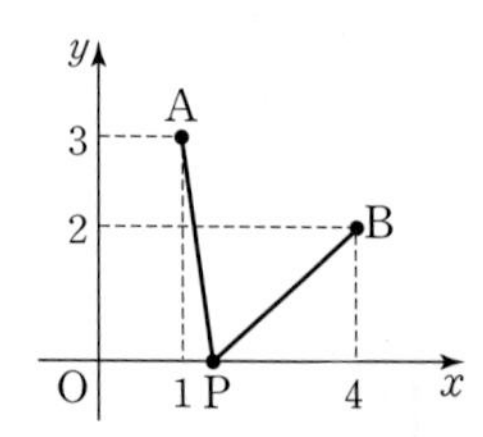

x축 위의 한 점 P와 두 점 A$(1, 3)$, B$(4, 2)$에 대하여 $\overline{\mathrm{AP}}+\overline{\mathrm{BP}}$의 최솟값을 구하시오.

119

24881-0405

다음은 y축 위의 한 점 P와 두 점 A$(2, 3)$, B$(4, 2)$에 대하여 $\overline{\mathrm{AP}}+\overline{\mathrm{BP}}$의 최솟값을 구하는 과정이다. □ 안에 알맞은 수를 써넣으시오.

> 점 B를 y축에 대하여 대칭이동한 점을 B′이라 하면
>
> B′((가) , 2)이고,
>
> $\overline{\mathrm{BP}}=\overline{\mathrm{B'P}}$이므로
>
> $\overline{\mathrm{AP}}+\overline{\mathrm{BP}}=\overline{\mathrm{AP}}+\overline{\mathrm{B'P}}\ge\overline{\mathrm{AB'}}=$ (나)
>
> 따라서 $\overline{\mathrm{AP}}+\overline{\mathrm{BP}}$의 최솟값은 (다) 이다.

유형 08-45 직육면체의 대각선의 길이

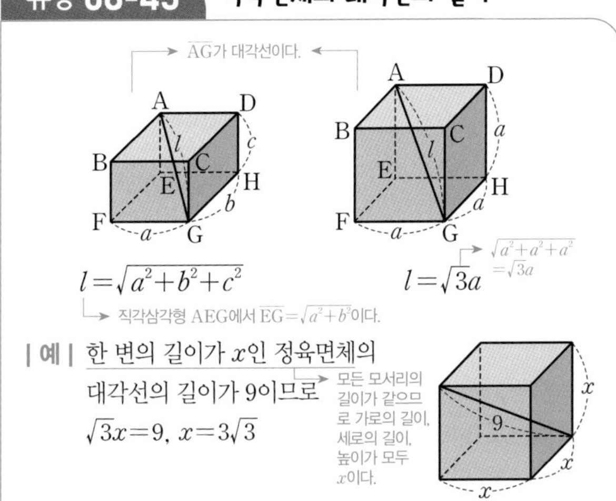

| 예 | 한 변의 길이가 x인 정육면체의 대각선의 길이가 9이므로
$\sqrt{3}x=9$, $x=3\sqrt{3}$

모든 모서리의 길이가 같으므로 가로의 길이, 세로의 길이, 높이가 모두 x이다.

유형 08-46 원뿔의 높이와 부피

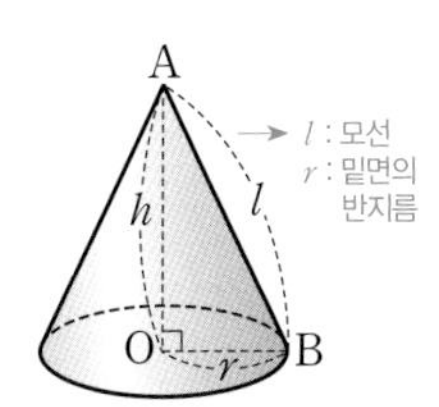

(1) 높이 : $h=\sqrt{l^2-r^2}$ ← 직각삼각형 AOB에서 $h^2+r^2=l^2$, $h^2=l^2-r^2$이고 $h>0$이므로

(2) 부피 : $V=\frac{1}{3}\pi r^2h$
$=\frac{1}{3}\pi r^2\sqrt{l^2-r^2}$

| 예 | 오른쪽 그림의 원뿔에서
높이 : $h=\sqrt{17^2-8^2}=15$ ← $l=17$, $r=8$을 대입한다.
부피 : $V=\frac{1}{3}\times\pi\times8^2\times15$
$=320\pi$

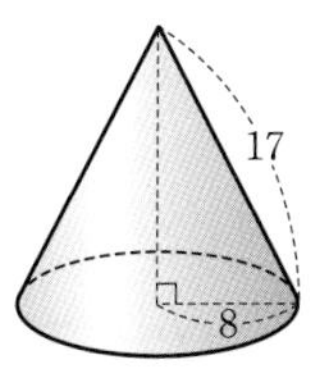

120

24881-0406

다음 그림에서 $\overline{AG}$의 길이를 각각 구하시오.

(1)

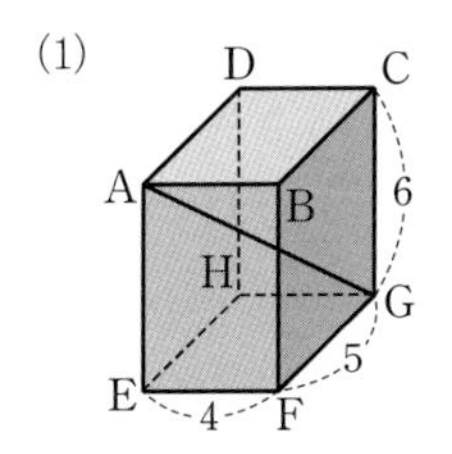

(2)

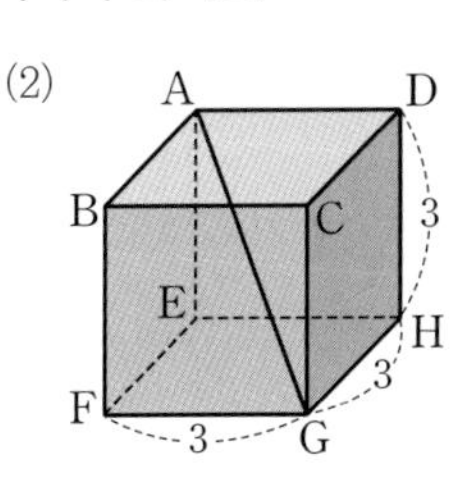

121

24881-0407

오른쪽 그림의 직육면체에서 x의 값을 구하시오.

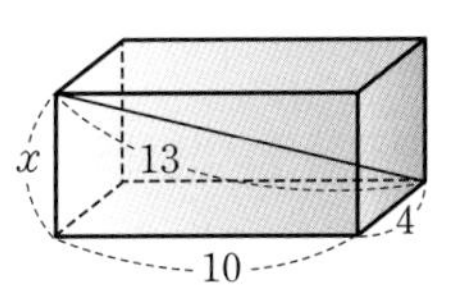

122

24881-0408

가로의 길이와 높이가 각각 3, 8인 직육면체의 대각선의 길이가 12일 때, 이 직육면체의 세로의 길이를 구하시오.

123

24881-0409

오른쪽 그림과 같은 원뿔에서 높이 h를 구하시오.

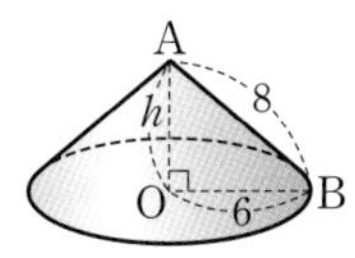

124

24881-0410

오른쪽 그림과 같은 원뿔에서 밑면의 넓이를 구하시오.

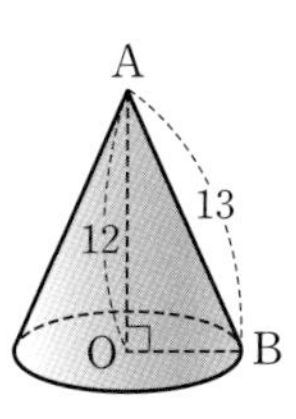

125

24881-0411

오른쪽 원뿔의 높이 h와 부피 V를 각각 구하시오.

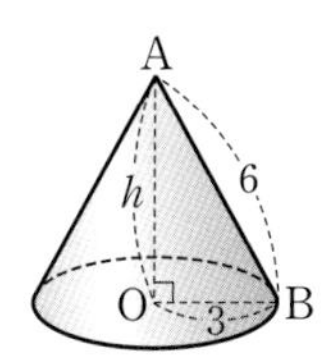

유형 08-47 정사각뿔의 높이와 부피

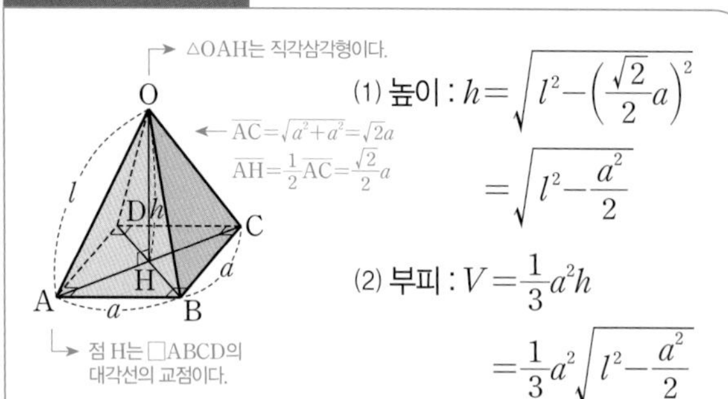

(1) 높이 : $h=\sqrt{l^2-\left(\frac{\sqrt{2}}{2}a\right)^2}$

$=\sqrt{l^2-\frac{a^2}{2}}$

(2) 부피 : $V=\frac{1}{3}a^2h$

$=\frac{1}{3}a^2\sqrt{l^2-\frac{a^2}{2}}$

| 예 | 오른쪽 그림의 정사각뿔에서

$\overline{AH}=\frac{1}{2}\overline{AC}=\frac{1}{2}\times6\sqrt{2}=3\sqrt{2}$ ($\overline{AC}=\sqrt{6^2+6^2}=6\sqrt{2}$)

직각삼각형 OAH에서

높이 : $\overline{OH}=\sqrt{\overline{OA}^2-\overline{AH}^2}$

$=\sqrt{9^2-(3\sqrt{2})^2}$

$=3\sqrt{7}$

부피 : $V=\frac{1}{3}\times6^2\times3\sqrt{7}=36\sqrt{7}$

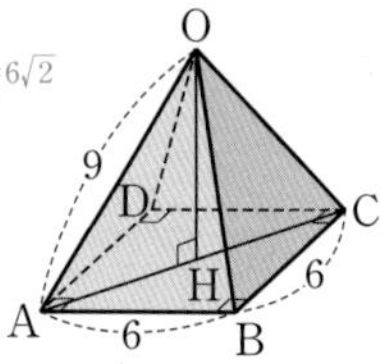

126

24881-0412

오른쪽 그림과 같은 정사각뿔의 부피는?

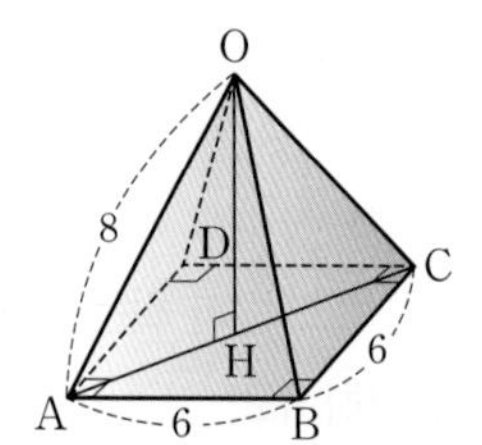

① $10\sqrt{46}$ ② $11\sqrt{46}$ ③ $12\sqrt{46}$ ④ $13\sqrt{46}$ ⑤ $14\sqrt{46}$

127

24881-0413

오른쪽 정사각뿔의 높이 h와 부피 V는?

① $h=3$, $V=64$
② $h=3$, $V=64\sqrt{2}$
③ $h=3\sqrt{2}$, $V=64$
④ $h=3\sqrt{2}$, $V=64\sqrt{2}$
⑤ $h=6$, $V=128$

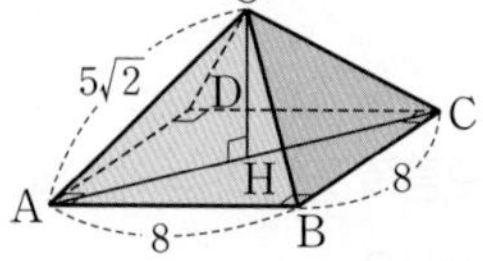

유형 08-48 정사면체의 높이와 부피

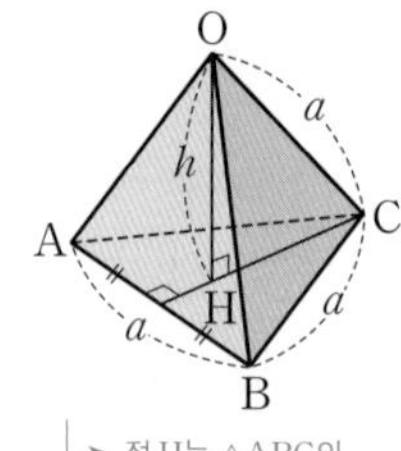

한 모서리의 길이가 a인 정사면체에서 (정사면체의 모든 모서리의 길이는 같다.)

(1) 높이 : $h=\frac{\sqrt{6}}{3}a$

(2) 부피

$V=\frac{1}{3}\times\frac{\sqrt{3}}{4}a^2\times\frac{\sqrt{6}}{3}a$ (밑면인 정삼각형의 넓이 / 정사면체의 높이)

$=\frac{\sqrt{2}}{12}a^3$

| 예 | 한 모서리의 길이가 4인 정사면체에서

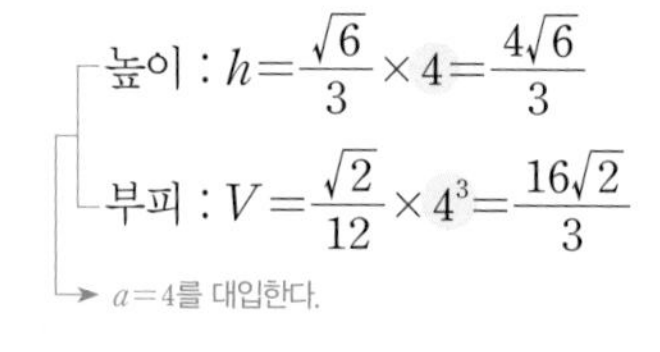

높이 : $h=\frac{\sqrt{6}}{3}\times4=\frac{4\sqrt{6}}{3}$

부피 : $V=\frac{\sqrt{2}}{12}\times4^3=\frac{16\sqrt{2}}{3}$

$a=4$를 대입한다.

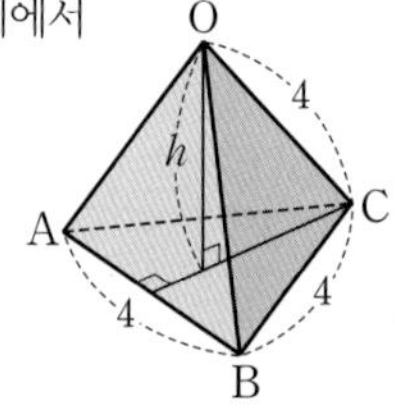

128

24881-0414

오른쪽 그림과 같은 한 모서리의 길이가 2인 정사면체의 높이 h와 부피 V를 각각 구하시오.

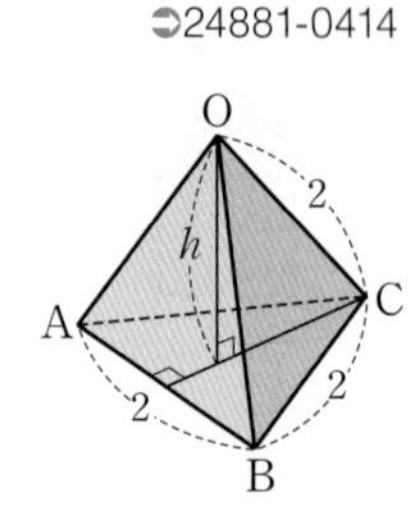

129

24881-0415

오른쪽 정사면체의 높이가 $2\sqrt{2}$일 때, 밑면의 넓이는?

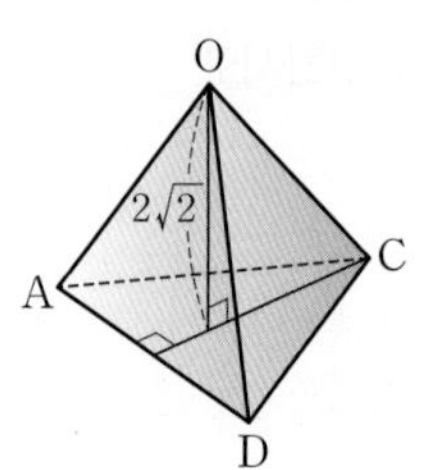

① $\sqrt{3}$ ② $2\sqrt{3}$ ③ $3\sqrt{3}$ ④ $4\sqrt{3}$ ⑤ $5\sqrt{3}$

130

24881-0416

높이가 2인 정사면체의 부피를 구하시오.

유형 08-49 직육면체에서의 최단 거리

직육면체의 한 꼭짓점에서 겉면을 따라 다른 꼭짓점에 이르는 최단 거리를 구할 때에는 선이 지나는 면의 전개도를 그려서 구한다.
→ 두 꼭짓점을 대각선의 양 끝점으로 하는 직사각형

| 예 | 직육면체의 겉면을 따라 꼭짓점 A에서 모서리 DC를 지나 꼭짓점 G에 이르는 최단 거리를 구하기 위해 선이 지나는 면의 전개도를 그리면

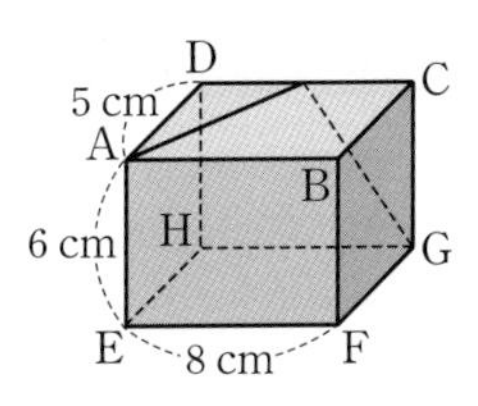

→ $\overline{DH}=\overline{AE}=6\text{ cm}$, $\overline{AB}=\overline{EF}=8\text{ cm}$

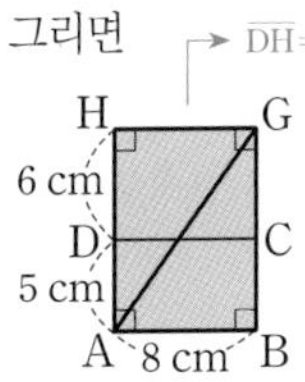

직각삼각형 ABG에서

$\overline{AG}=\sqrt{\overline{AB}^2+\overline{GB}^2}$ ← $\overline{GB}=\overline{HA}$

$=\sqrt{8^2+(6+5)^2}$

$=\sqrt{185}(\text{cm})$

유형 08-50 원기둥에서의 최단 거리

원기둥의 한 꼭짓점에서 옆면을 따라 다른 꼭짓점에 이르는 최단 거리를 구할 때에는 원기둥의 옆면의 전개도를 그려서 구한다.
→ 원기둥의 옆면은 직사각형이다.

| 예 | 원기둥의 A 지점에서 B 지점까지 원기둥의 옆면을 따라 실을 한 바퀴 감을 때, 필요한 실의 길이의 최솟값을 구하기 위해 원기둥의 옆면의 전개도를 그리면

→ (직사각형의 가로의 길이) $=$(밑면인 원의 둘레)$=2\pi\times5=10\pi\,(\text{cm})$

필요한 실의 길이의 최솟값은

$\overline{AB}=\sqrt{(4\pi)^2+(10\pi)^2}$

$=2\sqrt{29}\pi(\text{cm})$

131

➲24881-0417

오른쪽 그림과 같이 직육면체의 겉면을 따라 꼭짓점 A에서 모서리 BF를 지나 꼭짓점 G에 이르는 최단 거리를 구하시오.

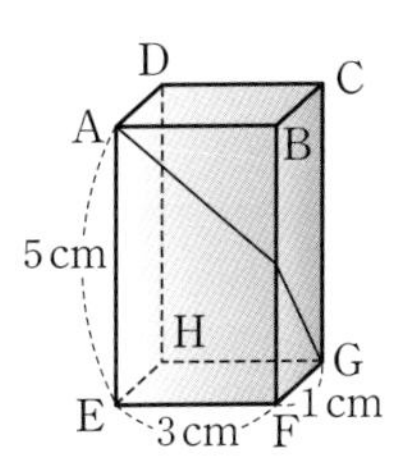

132

➲24881-0418

오른쪽 그림과 같이 직육면체의 겉면을 따라 꼭짓점 B에서 모서리 CG를 지나 꼭짓점 H에 이르는 최단 거리를 구하시오.

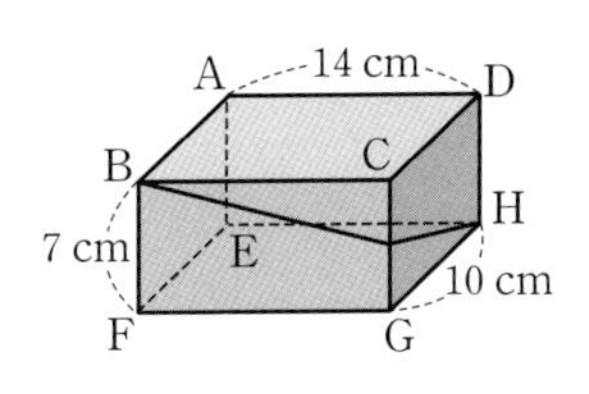

133

➲24881-0419

오른쪽 그림과 같은 원기둥의 A 지점에서 B 지점까지 원기둥의 옆면을 따라 실을 한 바퀴 감을 때, 필요한 실의 길이의 최솟값을 구하시오.

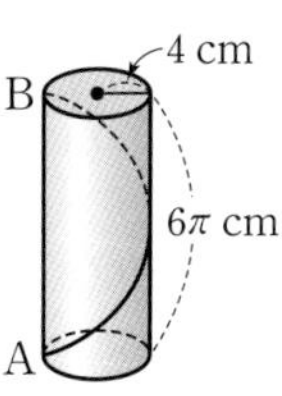

134

➲24881-0420

오른쪽 그림과 같이 높이가 8π cm인 원기둥의 A 지점에서 B 지점까지 원기둥의 옆면을 따라 실을 팽팽하게 감을 때의 실의 길이가 10π cm이다. 이때, 이 원기둥의 밑면의 반지름의 길이를 구하시오.

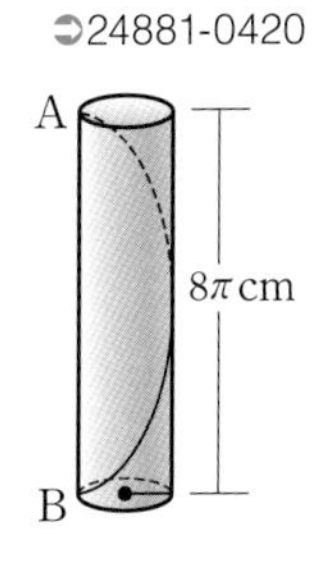

THEME

09

삼각비와 원의 성질

유형 09-1 삼각비의 뜻

직각삼각형 ABC에서 ∠A의 삼각비는

(1) $\sin A=\frac{a}{b}$ ← $\frac{(\text{높이})}{(\text{빗변의 길이})}$

(2) $\cos A=\frac{c}{b}$ ← $\frac{(\text{밑변의 길이})}{(\text{빗변의 길이})}$

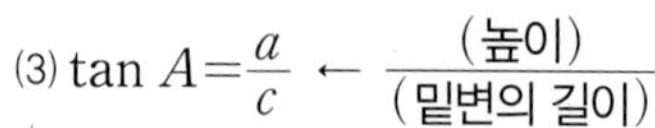

(3) $\tan A=\frac{a}{c}$ ← $\frac{(\text{높이})}{(\text{밑변의 길이})}$

└→ 각각 '사인, 코사인, 탄젠트'라고 읽는다.

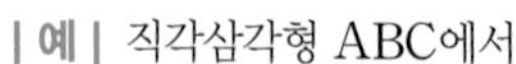

| 예 | 직각삼각형 ABC에서

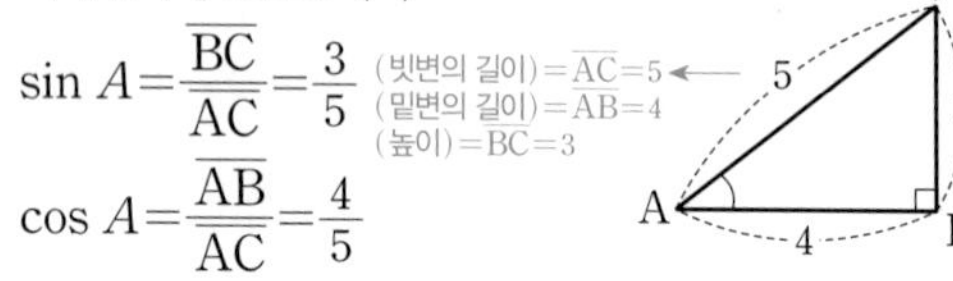

$\sin A=\frac{\overline{BC}}{\overline{AC}}=\frac{3}{5}$ (빗변의 길이)$=\overline{AC}=5$, (밑변의 길이)$=\overline{AB}=4$, (높이)$=\overline{BC}=3$

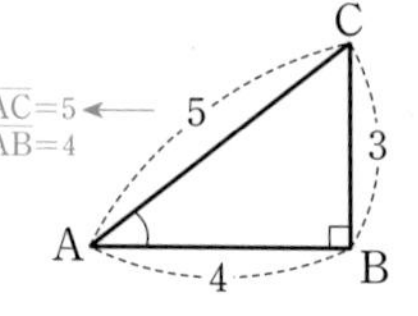

$\cos A=\frac{\overline{AB}}{\overline{AC}}=\frac{4}{5}$

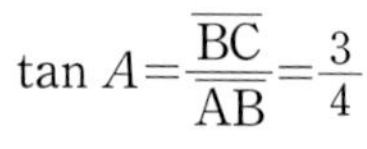

$\tan A=\frac{\overline{BC}}{\overline{AB}}=\frac{3}{4}$

유형 09-2 삼각비를 이용하여 선분의 길이 구하기

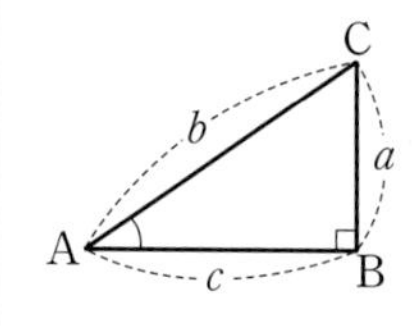

∠A의 삼각비의 값과 $\overline{AC}$의 길이 b를 알 때

$a=b\sin A$, $c=b\cos A$

└→ $\sin A=\frac{a}{b}$ └→ $\cos A=\frac{c}{b}$

| 예 | 직각삼각형 ABC에서

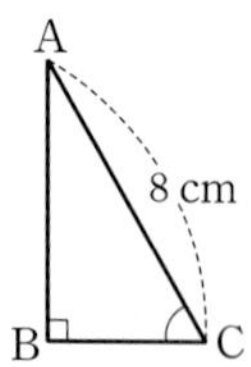

$\sin C=\frac{\sqrt{3}}{2}$일 때,

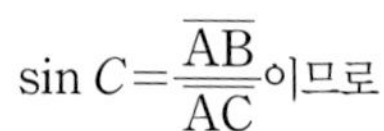

$\sin C=\frac{\overline{AB}}{\overline{AC}}$이므로

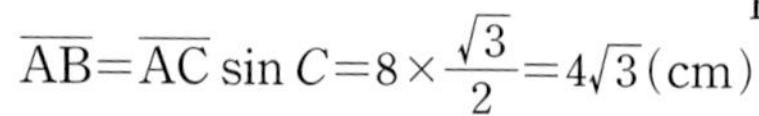

$\overline{AB}=\overline{AC}\sin C=8\times\frac{\sqrt{3}}{2}=4\sqrt{3}$(cm)

001 ➲24881-0421

오른쪽 그림의 △ABC에 대한 설명으로 옳지 않은 것은?

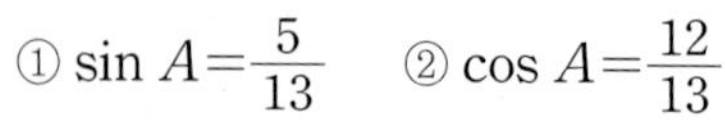

① $\sin A=\frac{5}{13}$ ② $\cos A=\frac{12}{13}$

③ $\tan A=\frac{12}{5}$ ④ $\sin C=\frac{12}{13}$

⑤ $\cos C=\frac{5}{13}$

002 ➲24881-0422

오른쪽 그림의 △ABC에서 $\sin C$, $\cos C$, $\tan C$의 값을 각각 구하시오.

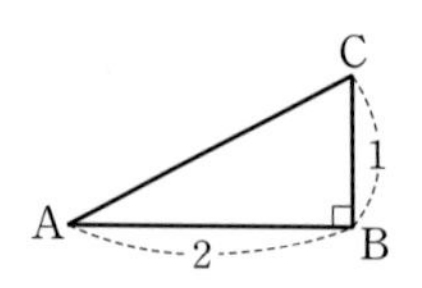

003 ➲24881-0423

오른쪽 그림의 △ABC에서 $\cos B=\frac{3}{5}$일 때, $\overline{BC}$의 길이를 구하시오.

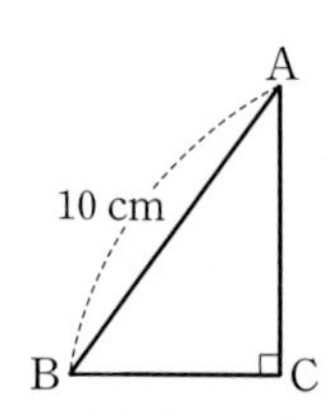

004 ➲24881-0424

오른쪽 그림의 △ABC에서 $\sin A=\frac{\sqrt{3}}{6}$일 때, $\overline{AB}$의 길이를 구하시오.

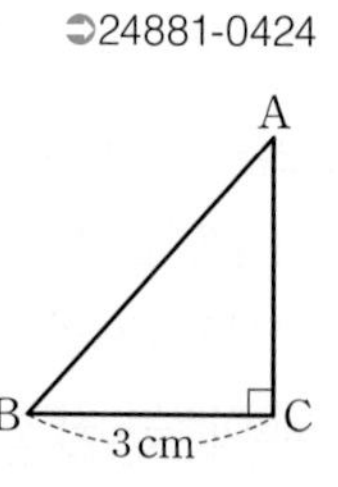

005 ➲24881-0425

오른쪽 그림의 △ABC에서 $\tan C=\frac{1}{3}$일 때, $\overline{AC}$의 길이를 구하시오.

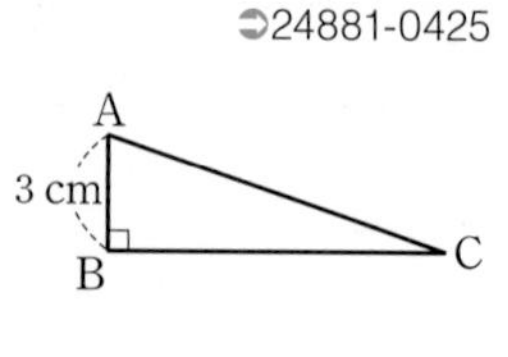

유형 09-3 다른 삼각비의 값 구하기

직각삼각형에서 한 삼각비의 값이 주어지면 다른 두 삼각비의 값을 구할 수 있다.

| 예 | $\angle B=90°$인 직각삼각형 ABC에서

$\cos A=\frac{2}{3}$일 때, $\frac{\overline{AB}}{\overline{AC}}=\frac{2}{3}$이므로 (변의 길이가 주어지지 않았으므로 문자로 놓는다.)

$\overline{AC}=3a(a>0)$라 하면 $\overline{AB}=2a$

$\overline{BC}=\sqrt{\overline{AC}^2-\overline{AB}^2}$

$=\sqrt{(3a)^2-(2a)^2}=\sqrt{5}a$ ($\overline{AB}^2+\overline{BC}^2=\overline{AC}^2$)

따라서 $\sin A=\frac{\overline{BC}}{\overline{AC}}=\frac{\sqrt{5}a}{3a}=\frac{\sqrt{5}}{3}$

$\tan A=\frac{\overline{BC}}{\overline{AB}}=\frac{\sqrt{5}a}{2a}=\frac{\sqrt{5}}{2}$

→ 삼각비의 값은 변의 길이의 비만 알면 구할 수 있다.

유형 09-4 직육면체에서의 삼각비

피타고라스 정리를 이용하여 직육면체의 대각선의 길이를 구한 후 삼각비의 값을 구한다.

| 예 | 오른쪽 정육면체에서 (정육면체의 대각선의 길이)

$\overline{AG}=\sqrt{3}$, $\overline{EG}=\sqrt{2}$이므로 (정사각형의 대각선의 길이)

$\angle x$의 삼각비를 구하면

$\sin x=\frac{\overline{AE}}{\overline{AG}}=\frac{1}{\sqrt{3}}=\frac{\sqrt{3}}{3}$

$\cos x=\frac{\overline{EG}}{\overline{AG}}=\frac{\sqrt{2}}{\sqrt{3}}=\frac{\sqrt{6}}{3}$

$\tan x=\frac{\overline{AE}}{\overline{EG}}=\frac{1}{\sqrt{2}}=\frac{\sqrt{2}}{2}$

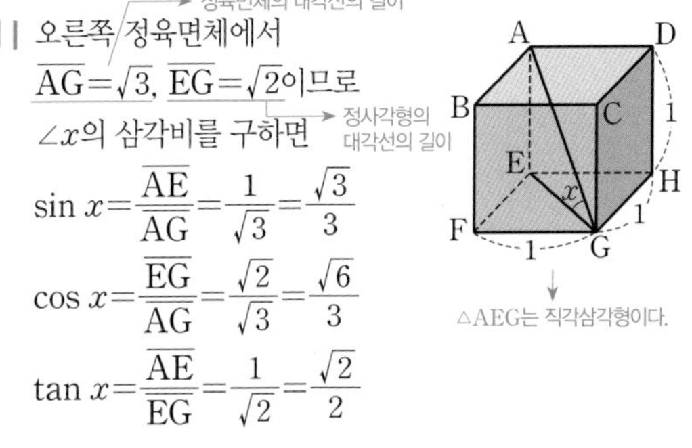

006

24881-0426

오른쪽 그림과 같이 $\angle B=90°$인 직각삼각형 ABC에서 $\sin A=\frac{4}{5}$일 때, $\cos A$의 값을 구하시오.

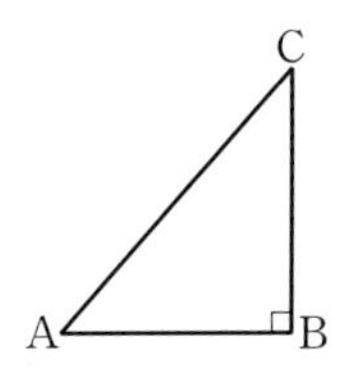

007

24881-0427

오른쪽 그림과 같은 직각삼각형 ABC에서 $\sin A=\frac{1}{3}$일 때, $\tan A$의 값을 구하시오.

008

24881-0428

오른쪽 그림과 같은 직각삼각형 ABC에서 $\tan A=\frac{5}{12}$일 때, $\sin A+\cos A$의 값을 구하시오.

009

24881-0429

오른쪽 그림의 직육면체에서 $\cos x$의 값을 구하시오.

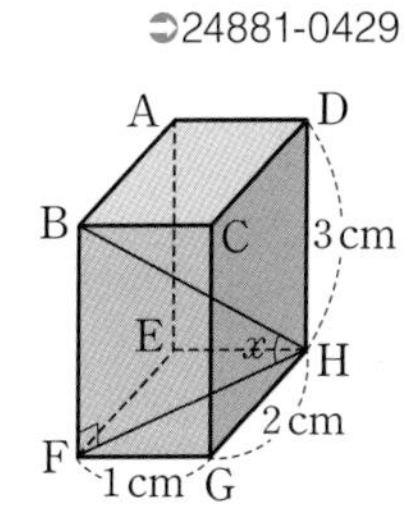

010

24881-0430

오른쪽 그림과 같이 한 모서리의 길이가 3인 정육면체에 대하여 $\overline{BH}$와 $\overline{FH}$가 이루는 각의 크기를 $\angle x$라 할 때, 다음 중 옳지 않은 것은?

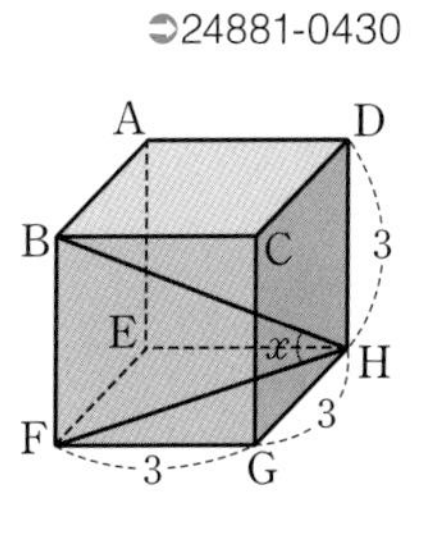

① $\overline{BH}=3\sqrt{3}$ ② $\sin x=\frac{\sqrt{3}}{3}$

③ $\cos x=\frac{\sqrt{6}}{3}$ ④ $\tan x=\frac{\sqrt{3}}{3}$

⑤ △BFH는 직각삼각형이다.

유형 09-5 특수한 각의 삼각비의 값

0°, 30°, 45°, 60,° 90°일 때 삼각비의 값

삼각비 \ A	0°	30°	45°	60°	90°
$\sin A$	0	$\frac{1}{2}$	$\frac{\sqrt{2}}{2}$	$\frac{\sqrt{3}}{2}$	1
$\cos A$	1	$\frac{\sqrt{3}}{2}$	$\frac{\sqrt{2}}{2}$	$\frac{1}{2}$	0
$\tan A$	0	$\frac{\sqrt{3}}{3}$	1	$\sqrt{3}$	

→ $\tan 90^\circ$의 값은 정할 수 없다.

| 예 | $\sin 60^\circ \times \cos 30^\circ - \sin 30^\circ \times \cos 60^\circ$

$= \frac{\sqrt{3}}{2} \times \frac{\sqrt{3}}{2} - \frac{1}{2} \times \frac{1}{2} = \frac{3}{4} - \frac{1}{4} = \frac{1}{2}$

→ 곱셈을 먼저 계산한다.

유형 09-6 특수한 각의 삼각비를 이용한 선분의 길이 구하기

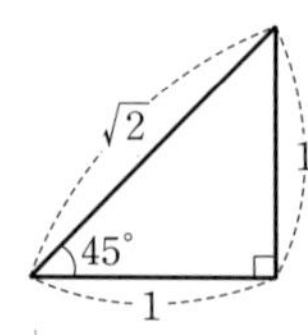

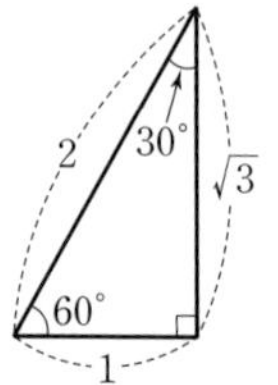

→ 피타고라스 정리를 이용하여 구할 수 있다.

| 예 | 삼각형 ABC에서

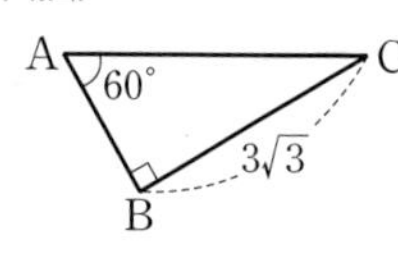

$\sin 60^\circ = \frac{3\sqrt{3}}{\overline{AC}} = \frac{\sqrt{3}}{2}$이므로 ($3\sqrt{3}$: $\overline{BC}$의 길이)

$\overline{AC} = 6$

$\tan 60^\circ = \frac{3\sqrt{3}}{\overline{AB}} = \sqrt{3}$이므로 $\overline{AB} = 3$

→ 높이($\overline{BC}$)가 주어졌으므로 빗변의 길이($\overline{AC}$)를 알기 위해 $\sin 60^\circ$를, 밑변의 길이($\overline{AB}$)를 알기 위해 $\tan 60^\circ$를 이용한다.

011
➲24881-0431

$\sin 30^\circ \times \cos 60^\circ + \tan 45^\circ \div \sin 45^\circ$의 값을 구하시오.

012
➲24881-0432

$\angle A = 60^\circ$인 직각삼각형 ABC에서
$\sin A : \cos A : \tan A$의 값은?

① $1 : \sqrt{3} : 2$
② $\sqrt{3} : 1 : 2\sqrt{3}$
③ $2 : 1 : \sqrt{3}$
④ $2\sqrt{3} : \sqrt{3} : 1$
⑤ $3 : 3\sqrt{3} : 2\sqrt{3}$

013
➲24881-0433

다음 중 계산 결과가 옳은 것은?

① $\tan 0^\circ \times \cos 30^\circ - \cos 0^\circ = 0$
② $\cos 60^\circ + \sin 30^\circ = \frac{1}{2}$
③ $\cos 45^\circ \times \tan 45^\circ = \sqrt{2}$
④ $\sin 60^\circ \div \tan 60^\circ + \cos 90^\circ = 1$
⑤ $\cos 30^\circ + \sin 60^\circ = \sqrt{3}$

014
➲24881-0434

다음 그림에서 x의 값을 구하시오.

(1)

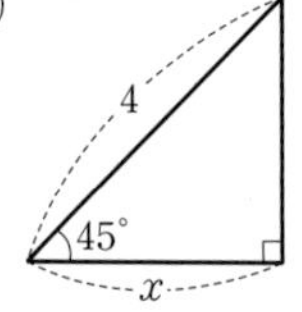

(2)

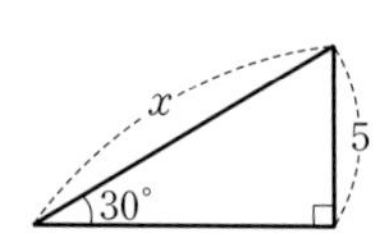

015
➲24881-0435

오른쪽 그림에서 x, y의 값을 각각 구하시오.

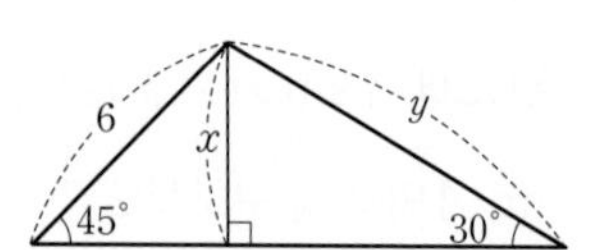

016
➲24881-0436

오른쪽 그림에서 x, y의 값을 각각 구하시오.

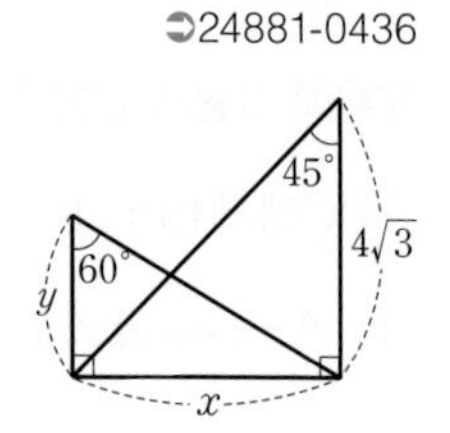

유형 09-7 예각의 삼각비의 값

반지름의 길이가 1인 사분원에서 ($\overline{OA}=\overline{OC}=1$)

(1) $\sin a=\dfrac{\overline{AB}}{\overline{OA}}=\overline{AB}$

(2) $\cos a=\dfrac{\overline{OB}}{\overline{OA}}=\overline{OB}$

(3) $\tan a=\dfrac{\overline{CD}}{\overline{OC}}=\overline{CD}$

→ $0°<\angle a<90°$일 때, $\angle a$의 크기가 커지면 $\sin a$, $\tan a$의 값은 커지고, $\cos a$의 값은 작아진다.

| 예 | 오른쪽 그림에서

$\sin 35°=0.5736$

$\cos 35°=0.8192$

$\tan 35°=0.7002$

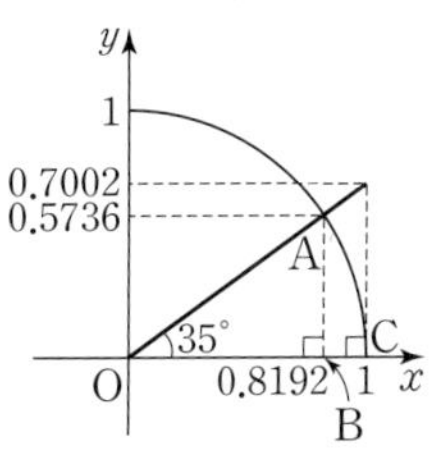

유형 09-8 삼각비의 표를 이용하여 값 구하기

삼각비의 표의 가로줄과 세로줄이 만나는 곳의 삼각비의 값을 구한다.

→ 표에서 $\sin 51°=0.7771$

각도	사인(sin)	코사인(cos)	탄젠트(tan)
⋮	⋮	⋮	⋮
50°	0.7660	0.6428	1.1918
51°	0.7771	0.6293	1.2349
52°	0.7880	0.6157	1.2799
⋮	⋮	⋮	⋮

| 예 | 오른쪽 그림의 $\triangle ABC$에서

$\overline{AC}=10\sin 51°$

$=10\times0.7771=7.771$

$\overline{BC}=10\cos 51°$

$=10\times0.6293=6.293$

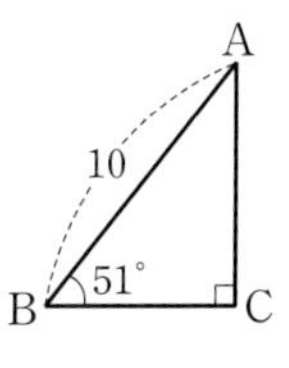

017

➲24881-0437

오른쪽 그림과 같이 반지름의 길이가 1인 사분원에 대하여 다음 중 옳지 않은 것은?

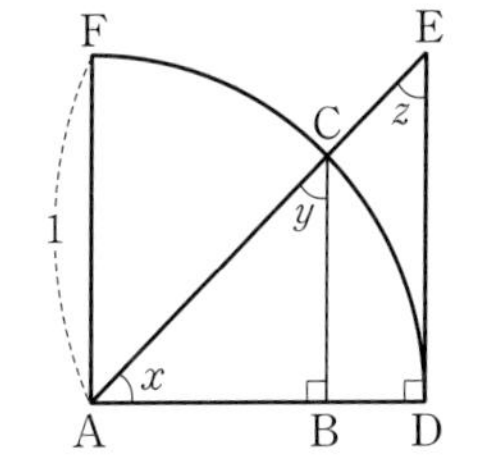

① $\sin x=\overline{BC}$ ② $\sin y=\overline{AB}$

③ $\cos z=\overline{BC}$ ④ $\tan x=\overline{DE}$

⑤ $\sin z=\overline{AD}$

018

➲24881-0438

오른쪽 그림을 이용하여 $\tan 50°-\sin 50°$의 값을 구하시오.

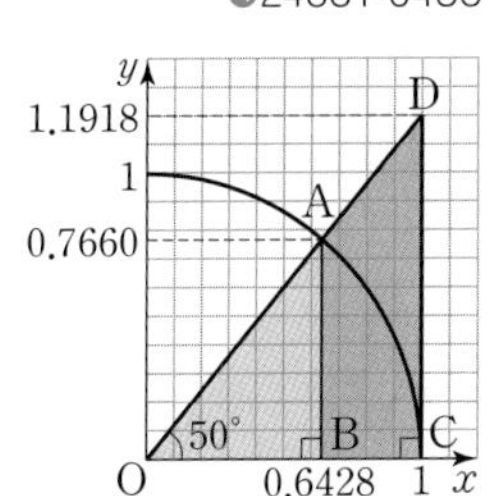

019

➲24881-0439

주어진 삼각비의 표를 이용하여 x, y의 값을 각각 옳게 구한 것은?

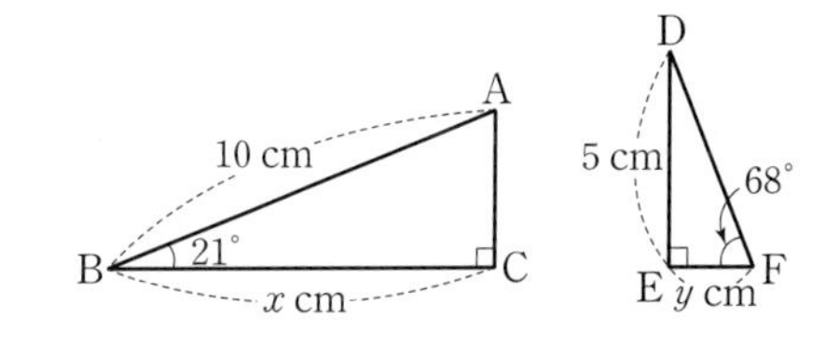

각도	사인(sin)	코사인(cos)	탄젠트(tan)
20°	0.3420	0.9397	0.3640
21°	0.3584	0.9336	0.3839
22°	0.3746	0.9272	0.4040

① $x=3.584$, $y=1.82$ ② $x=9.397$, $y=1.82$

③ $x=9.397$, $y=2.02$ ④ $x=9.336$, $y=1.82$

⑤ $x=9.336$, $y=2.02$

유형 09-9 직선의 기울기와 삼각비

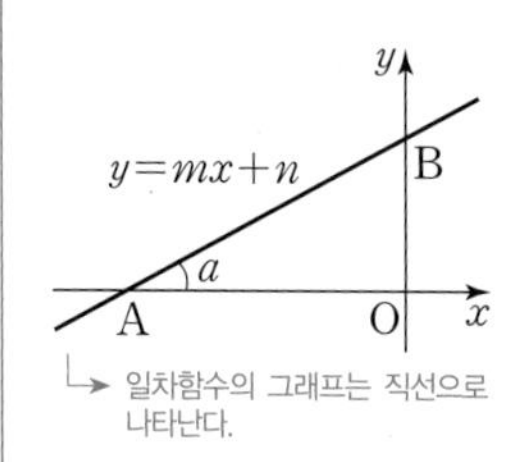

└→ 일차함수의 그래프는 직선으로 나타난다.

일차함수 $y=mx+n$의 그래프가 x축과 이루는 예각의 크기가 a일 때

$$\tan a=\frac{\overline{BO}}{\overline{AO}}=m$$

$=$(직선의 기울기)

| 예 | 일차함수 $y=mx+n$의 그래프에서 기울기는 $m=\tan 45^\circ=1$이고, x절편이 -3이므로 → $x=-3$, $y=0$을 대입한다.

$-3+n=0$, $n=3$

따라서 일차함수는 $y=x+3$이다.

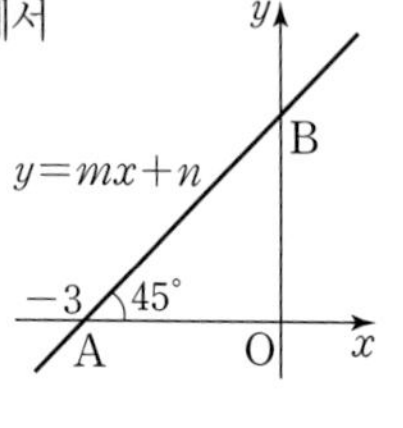

020

➲24881-0440

일차함수 $y=\frac{\sqrt{3}}{3}x+4$의 그래프가 x축과 이루는 예각의 크기를 구하시오.

021

➲24881-0441

오른쪽 그림과 같이 x절편이 -5이고 x축과 이루는 예각의 크기가 45°인 직선의 방정식을 구하시오.

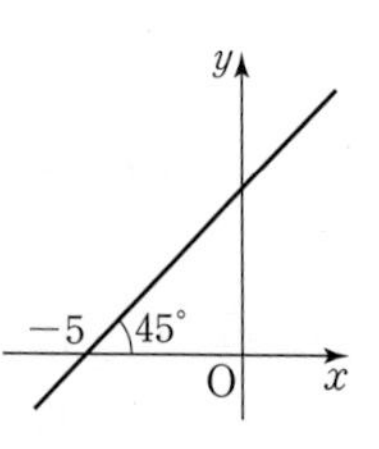

022

➲24881-0442

오른쪽 그림에서 일차방정식 $6x-5y+30=0$의 그래프와 x축, y축과의 교점을 각각 A, B라 하자. $\angle BAO=\angle a$일 때, $\tan a$의 값을 구하시오.

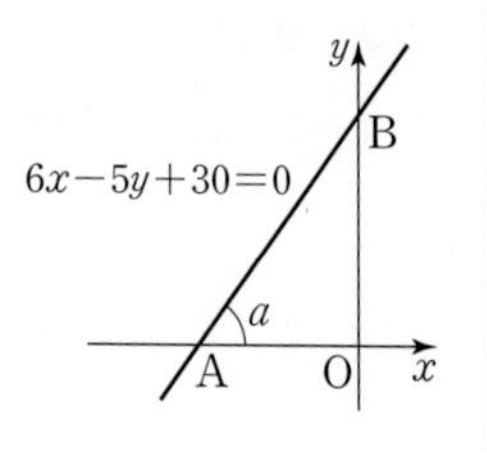

유형 09-10 삼각비의 실생활에서의 활용

실생활에서 각의 크기와 변의 길이가 주어진 경우 삼각비의 값을 이용해 원하는 값을 얻을 수 있다. → 특수한 각이 아닌 경우 삼각비의 표를 이용한다.

| 예 | 비행기가 활주로를 26° 각도로 이륙하여 이륙을 시작한 지점에서 3 km 떨어진 곳의 상공에 있을 때, 그 높이를 구하면

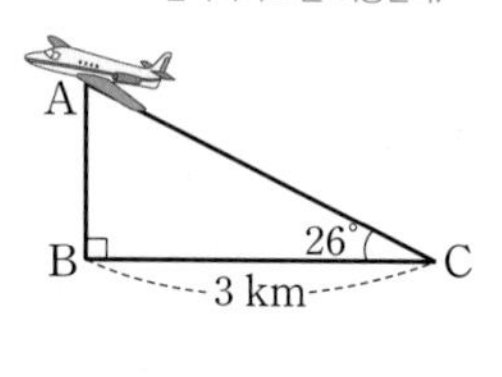

$\overline{AB}=3\tan 26^\circ$ → 특수한 각이 아니므로 삼각비의 표를 이용하여 구한다.

$=3\times 0.4877$

$=1.4631$(km)

023

➲24881-0443

오른쪽 그림과 같이 지면에 수직으로 서 있던 나무가 부러져 지면과 30°의 각을 이루게 되었을 때, 처음 나무의 높이를 구하시오.

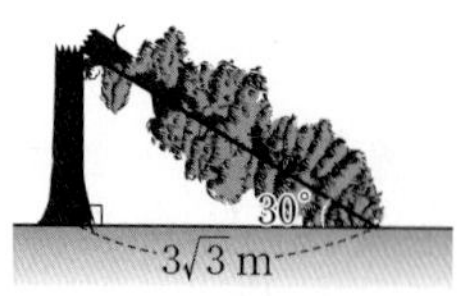

024

➲24881-0444

오른쪽 그림과 같이 B, C 지점에서 전봇대를 올려다 본 각도가 각각 30°, 45°이었을 때, 다음은 전봇대의 높이를 구하는 과정이다. □ 안에 알맞은 수를 써넣으시오.

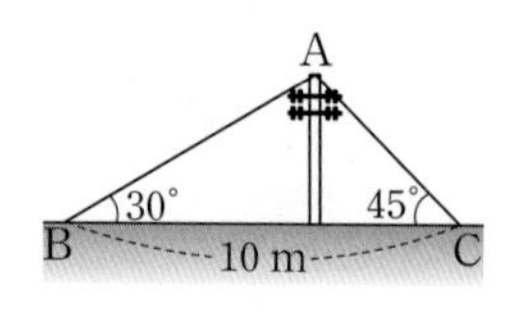

전봇대가 지면과 만나는 지점을 H라 하자.

$\overline{AH}=x$ m라 하면

$\overline{BH}=x\times\tan 60^\circ=$ ㈎ x(m)

$\overline{HC}=x\times\tan 45^\circ=x$(m)

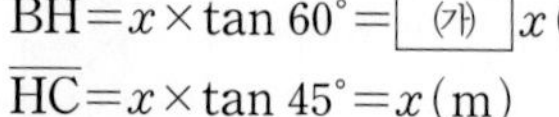

$\overline{BC}=\overline{BH}+\overline{HC}$이므로 ㈏ $=(\sqrt{3}+1)x$(m)

$x=\frac{10}{\sqrt{3}+1}=$ ㈐

따라서 전봇대의 높이는 ㈐ (m)이다.

유형 09-11 삼각비와 삼각형의 넓이

(1) 예각삼각형의 넓이, S

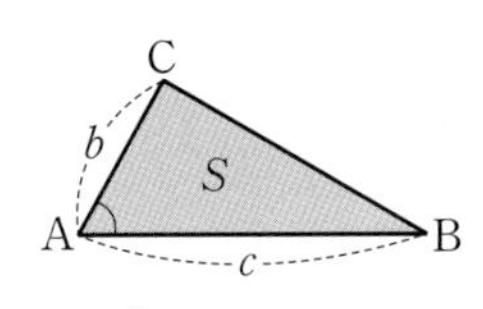

$S=\frac{1}{2}bc\sin A$

(2) 둔각삼각형의 넓이, S

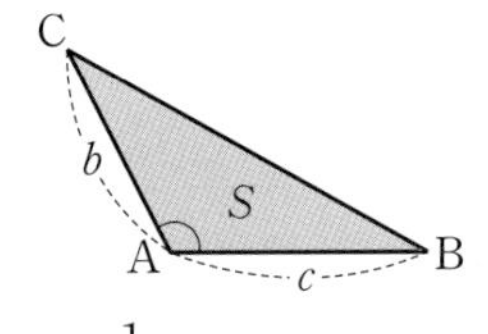

$S=\frac{1}{2}bc\sin(180^\circ-A)$

→ ∠A는 두 변 AC, AB의 끼인각이다.

| 예 | △ABC의 넓이는

$\frac{1}{2}\times6\times3\times\sin(180^\circ-135^\circ)$

$=\frac{1}{2}\times6\times3\times\frac{\sqrt{2}}{2}=\frac{9\sqrt{2}}{2}$

끼인각이 둔각이므로 180°에서 뺀 예각의 삼각비의 값을 구한다.

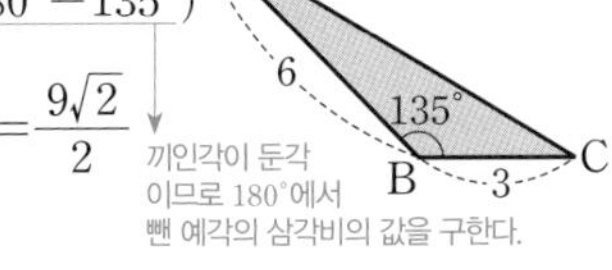

유형 09-12 삼각비와 사각형의 넓이 (1)

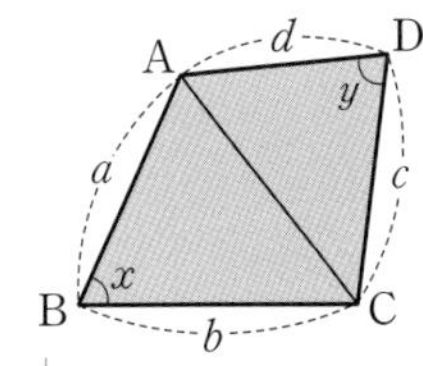

□ABCD의 넓이 S는

$S=\triangle ABC+\triangle ACD$

$=\frac{1}{2}ab\sin x+\frac{1}{2}cd\sin y$

→ $90^\circ<x<180^\circ$일 때는 $\sin(180^\circ-x)$, $90^\circ<y<180^\circ$일 때는 $\sin(180^\circ-y)$로 계산한다.

| 예 | □ABCD

$=\triangle ABD+\triangle DBC$

$=\frac{1}{2}\times6\times3\sqrt{2}$ ($\sin 45^\circ=\frac{\sqrt{2}}{2}$)

$\times\sin(180^\circ-135^\circ)$

$+\frac{1}{2}\times3\sqrt{10}\times3\sqrt{10}\times\sin 60^\circ$ ($\frac{\sqrt{3}}{2}$)

$=9+\frac{45\sqrt{3}}{2}(\text{cm}^2)$

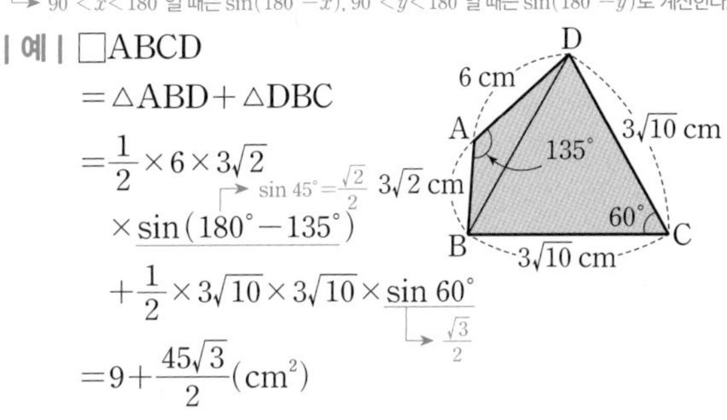

025

➲24881-0445

다음 그림과 같은 △ABC의 넓이를 구하시오.

(1)

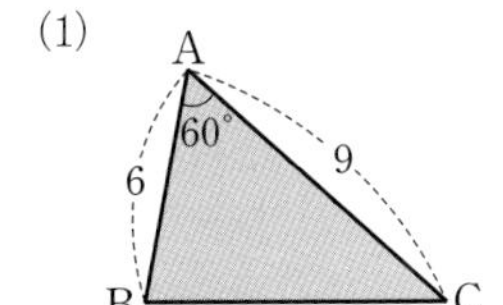

(2)

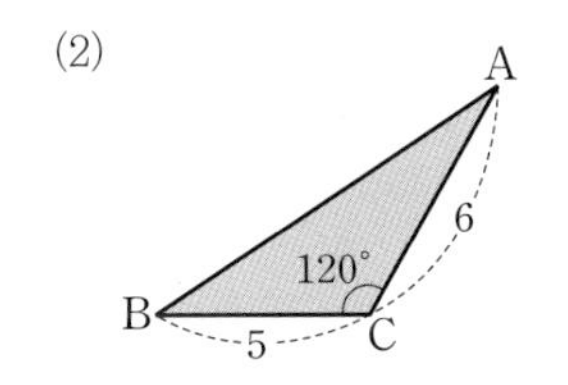

026

➲24881-0446

오른쪽 그림과 같은 △ABC의 넓이가 12 cm^2일 때, $\overline{AB}$의 길이를 구하시오.

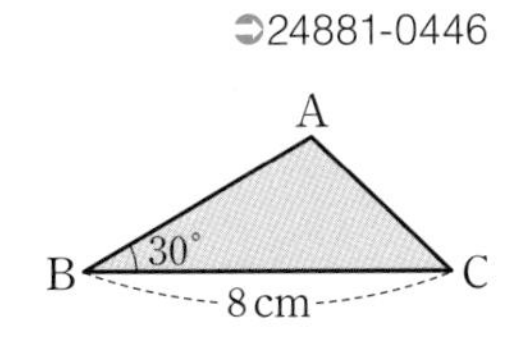

027

➲24881-0447

오른쪽 그림과 같은 둔각삼각형 ABC의 넓이가 $\frac{3\sqrt{3}}{2}$ cm^2일 때, ∠B의 크기를 구하시오.

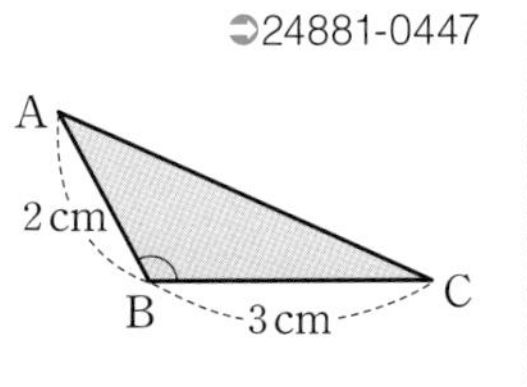

028

➲24881-0448

오른쪽 그림과 같은 □ABCD의 넓이를 구하시오.

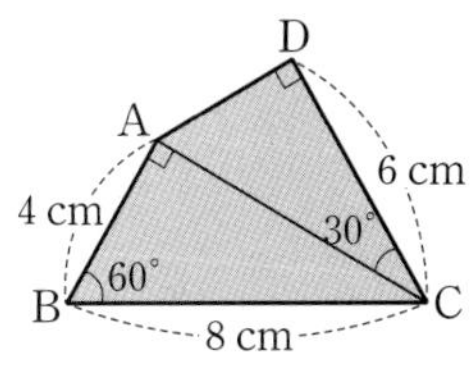

029

➲24881-0449

오른쪽 그림과 같은 □ABCD의 넓이를 구하시오.

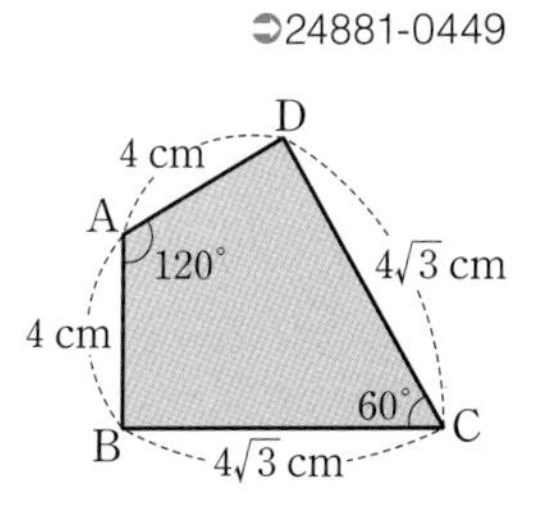

030

➲24881-0450

오른쪽 그림과 같은 □ABCD의 넓이가 $\frac{7\sqrt{3}}{2}$ cm^2일 때, x의 값을 구하시오.

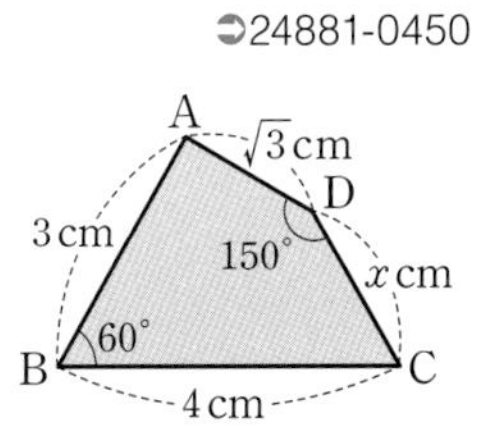

유형 09-13 삼각비와 평행사변형의 넓이

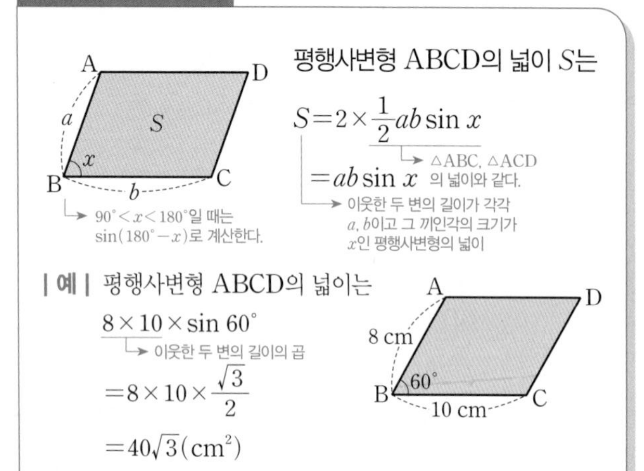

평행사변형 ABCD의 넓이 S는

$S=2\times\frac{1}{2}ab\sin x$

$=ab\sin x$

| 예 | 평행사변형 ABCD의 넓이는

$8\times10\times\sin 60^\circ$ (이웃한 두 변의 길이의 곱)

$=8\times10\times\frac{\sqrt{3}}{2}$

$=40\sqrt{3}(\text{cm}^2)$

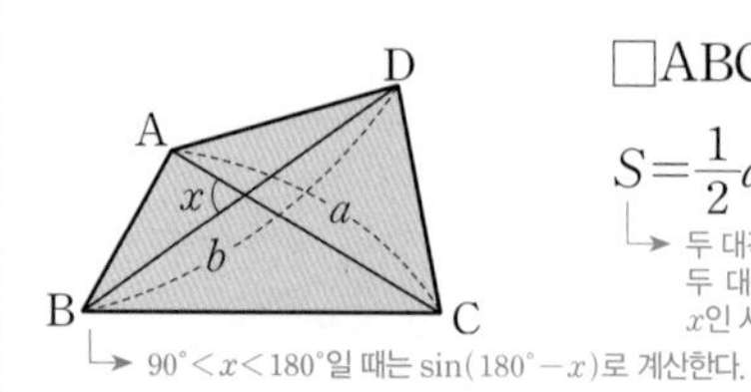

유형 09-14 삼각비와 사각형의 넓이 (2)

$\square$ABCD의 넓이 S는

$S=\frac{1}{2}ab\sin x$

두 대각선의 길이가 각각 a, b이고 두 대각선이 이루는 각의 크기가 x인 사각형의 넓이

90°<x<180°일 때는 sin(180°−x)로 계산한다.

| 예 | $\square$ABCD의 넓이는

$\frac{1}{2}\times6\times8\times\sin 60^\circ$ (두 대각선의 길이의 곱)

$=\frac{1}{2}\times6\times8\times\frac{\sqrt{3}}{2}$

$=12\sqrt{3}(\text{cm}^2)$

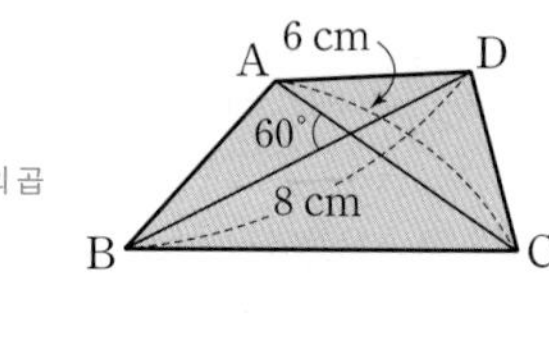

031

➲24881-0451

오른쪽 그림과 같은 평행사변형 ABCD의 넓이를 구하시오.

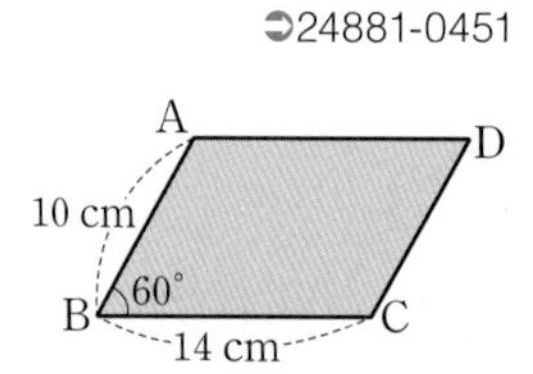

032

➲24881-0452

한 변의 길이가 8 cm인 마름모의 한 내각의 크기가 150°일 때, 마름모 ABCD의 넓이를 구하시오.

033

➲24881-0453

오른쪽 그림과 같은 평행사변형의 넓이가 $3\sqrt{3}$ cm²일 때, ∠B의 크기를 구하시오. (단, ∠B는 예각이다.)

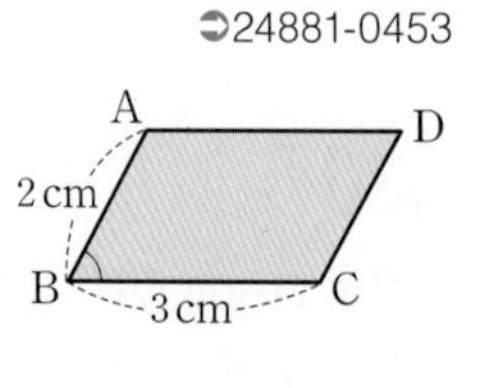

034

➲24881-0454

오른쪽 그림과 같은 $\square$ABCD의 넓이를 구하시오.

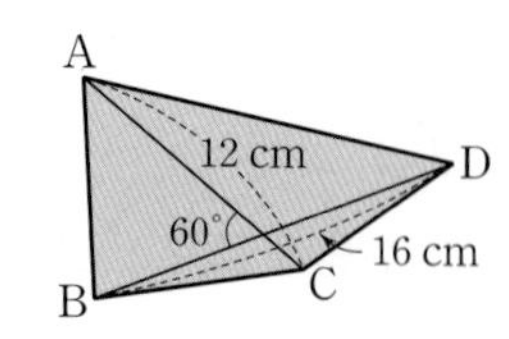

035

➲24881-0455

오른쪽 그림과 같은 평행사변형 ABCD의 넓이를 구하시오.

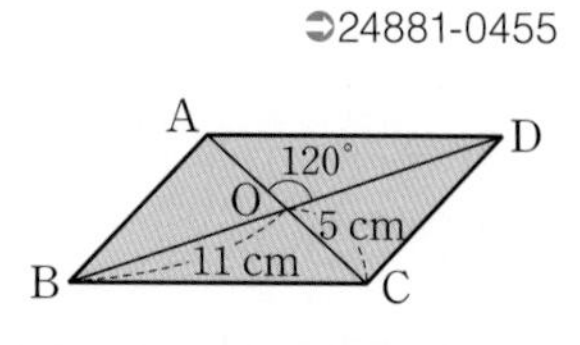

036

➲24881-0456

오른쪽 그림과 같은 $\square$ABCD의 넓이를 구하시오.

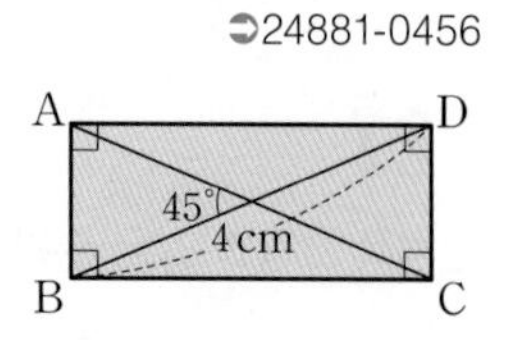

유형 09-15 현의 수직이등분선의 성질

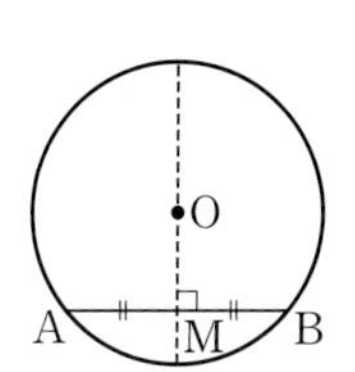

원의 중심에서 현에 내린 수선은 그 현을 수직이등분한다.

(1) $\overline{OM}\perp\overline{AB}$이면 $\overline{AM}=\overline{BM}$

(2) 현의 수직이등분선은 그 원의 중심을 지난다.

원의 중심은 현의 수직이등분선 위에 있다.

| 예 | 직각삼각형 OAM에서

$\overline{AM}=\sqrt{10^2-6^2}=8(\text{cm})$

$\overline{OM}\perp\overline{AB}$이므로 $\overline{AM}=\overline{BM}$

따라서 $x=2\overline{AM}$

$=2\times8=16$

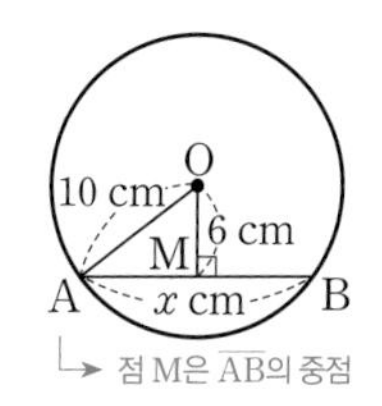

점 M은 $\overline{AB}$의 중점

037

24881-0457

오른쪽 그림의 원 O에서 x의 값을 구하시오.

038

24881-0458

다음은 아래 그림의 원 O에서 x의 값을 구하는 과정이다. □ 안에 알맞은 수나 식을 써넣으시오.

$\overline{OM}\perp\overline{AB}$이므로

$\overline{AM}=\overline{BM}=$ (가) (cm)

$\overline{OM}=\overline{OC}-\overline{MC}$

$=\overline{OA}-\overline{MC}$

$=$ (나) (cm)

직각삼각형 OAM에서

$\overline{OM}^2+\overline{AM}^2=\overline{OA}^2$이므로

$(x-4)^2+$ (다) $^2=x^2$, $x=$ (라)

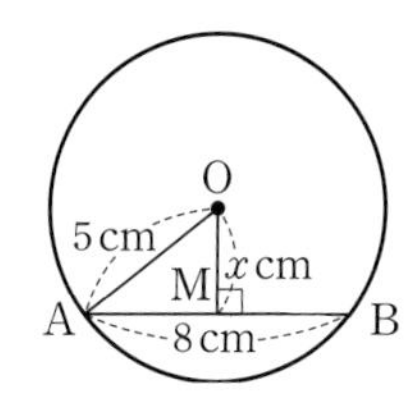

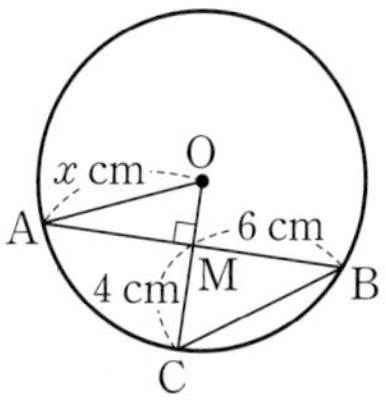

유형 09-16 원의 중심에서 현까지의 거리

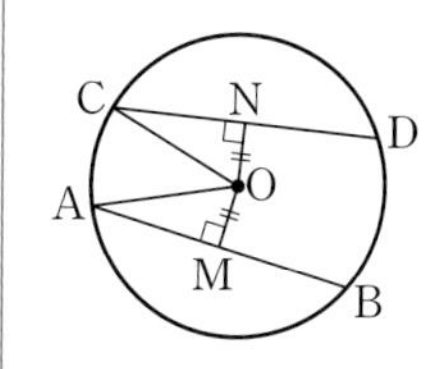

원의 중심에서 같은 거리에 있는 두 현의 길이는 같다.

(1) $\overline{OM}=\overline{ON}$이면 $\overline{AB}=\overline{CD}$

(2) $\overline{AB}=\overline{CD}$이면 $\overline{OM}=\overline{ON}$

길이가 같은 두 현은 원의 중심에서 같은 거리에 있다.

| 예 | ①

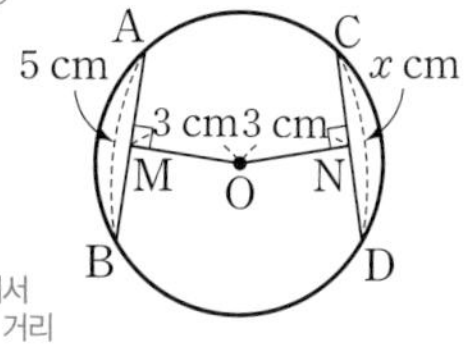

원의 중심 O에서 현 AB까지의 거리

$\overline{OM}=\overline{ON}=3$ cm이므로

$x=\overline{AB}=5$

원의 중심 O에서 현 CD까지의 거리

②

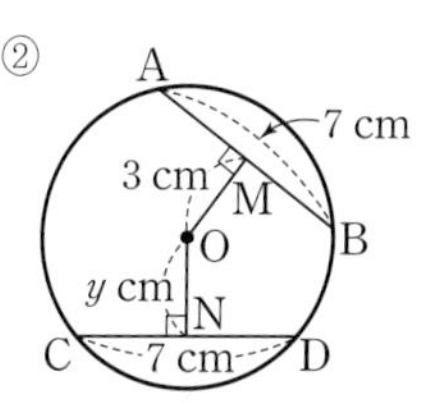

$\overline{AB}=\overline{CD}=7$ cm이므로

$y=\overline{OM}=3$

039

24881-0459

다음 그림의 원 O에서 x의 값을 구하시오.

(1)

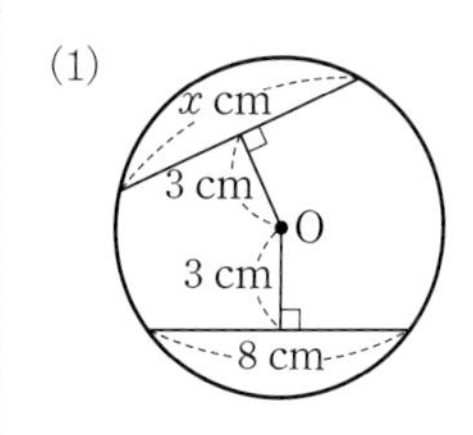

(2)

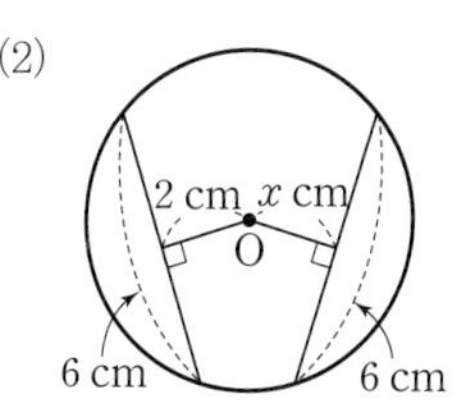

040

24881-0460

오른쪽 그림의 원 O에서 x, y의 값을 각각 구하시오.

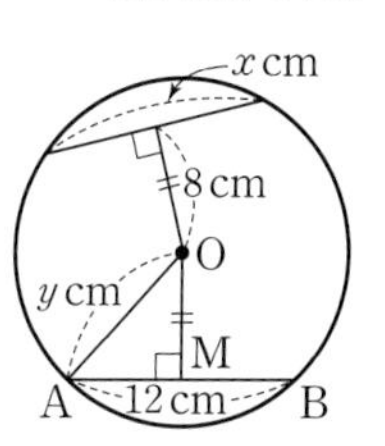

041

24881-0461

오른쪽 그림과 같이 원 O에서 $\overline{OM}=\overline{ON}$, $\angle ABC=70^\circ$일 때, $\angle BAC$의 크기를 구하시오.

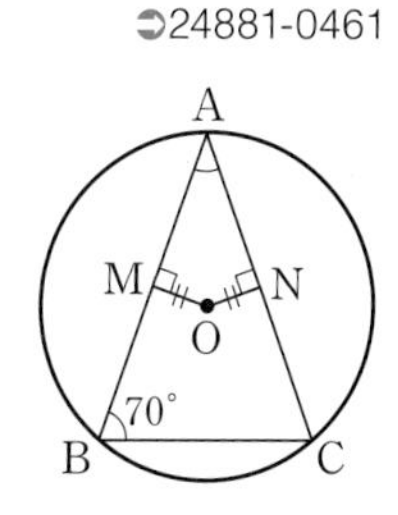

유형 09-17 원의 접선

(1) $\overline{OT}\perp l$
→ 원의 접선과 접점을 지나는 반지름은 서로 수직이다.

(2) $\overline{PA}=\overline{PB}$
→ 원 밖의 한 점에서 원에 그은 두 접선의 길이는 같다.

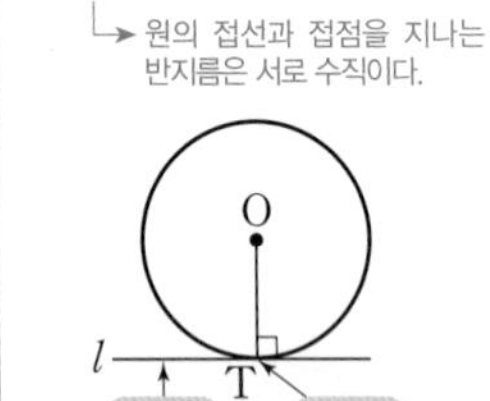

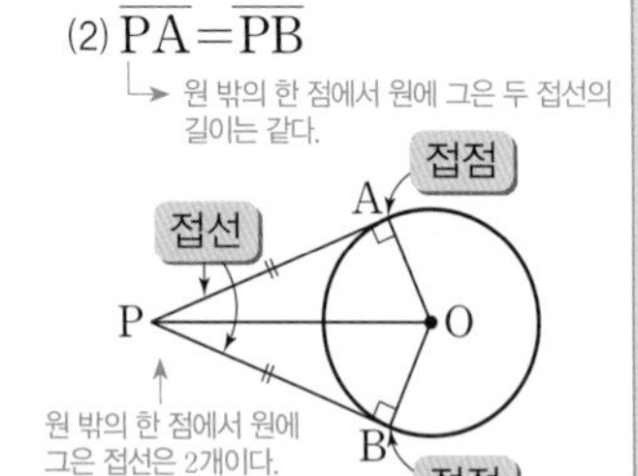

| 예 | 원 O의 접선 $\overline{PT}$, $\overline{PT'}$에 대하여
$\angle OTP=90^\circ$이므로
$\triangle OPT$는 직각삼각형이다.
$\overline{PT}=\sqrt{8^2-4^2}$
$=\sqrt{48}=4\sqrt{3}(cm)$
$\overline{PT'}=\overline{PT}=4\sqrt{3}$ cm
→ 두 접선의 길이는 같다.

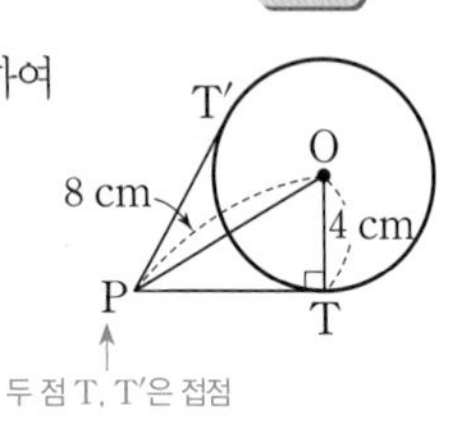

유형 09-18 원의 접선과 각의 크기

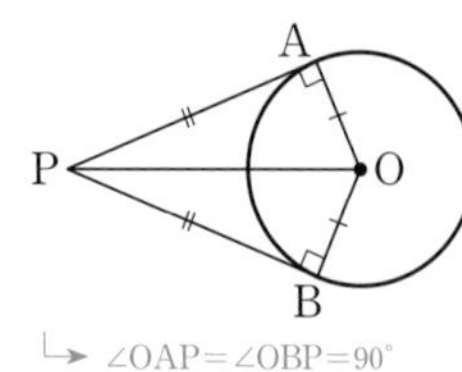

$\triangle OAP\equiv\triangle OBP$이므로
(1) $\angle APO=\angle BPO$
(2) $\angle AOP=\angle BOP$
→ 합동인 두 도형은 대응각의 크기가 각각 같다.
(3) $\angle APB+\angle AOB=180^\circ$

| 예 | 원 O의 접선 $\overline{PA}$, $\overline{PB}$에 대하여
$\angle OAP=90^\circ$이므로 → 접선과 반지름은 서로 수직이다.
$\angle APO=90^\circ-50^\circ=40^\circ$,
$\angle APO=\angle BPO$이므로 → $\triangle OAP\equiv\triangle OBP$이므로 대응각의 크기가 각각 같다.
$\angle APB=2\angle APO$
$=2\times40^\circ=80^\circ$

042

➲24881-0462

오른쪽 그림에서 $\overline{PA}$는 원 O의 접선, 점 A는 접점이다. $\overline{OP}=7$ cm, $\overline{PA}=5$ cm일 때, 원 O의 반지름의 길이와 넓이를 각각 구하시오.

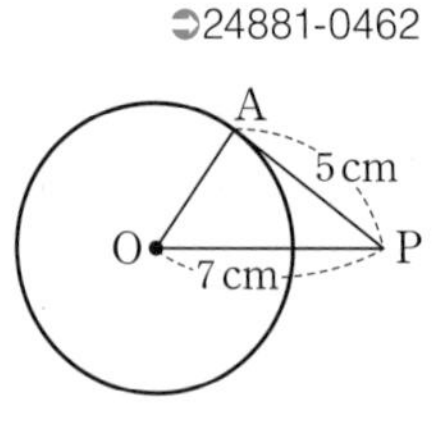

043

➲24881-0463

오른쪽 그림과 같이 반지름의 길이가 6 cm인 원 O에서 $\overline{PA}$, $\overline{PB}$는 원 O의 접선, 두 점 A, B는 접점이다. $\overline{OP}=10$ cm일 때, $\overline{PB}$의 길이를 구하시오.

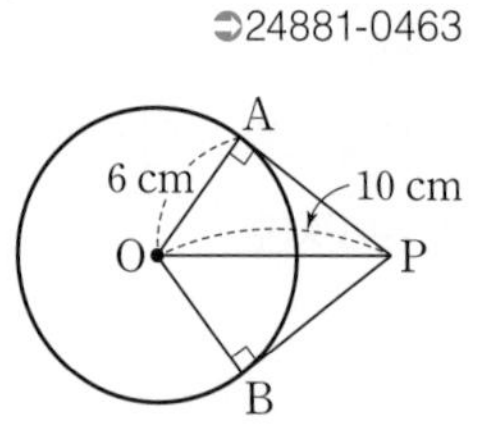

044

➲24881-0464

오른쪽 그림과 같이 반지름의 길이가 2 cm인 원 O에서 $\overline{PA}$, $\overline{PB}$는 원 O의 접선, 두 점 A, B는 접점이다. $\overline{OP}=2\sqrt{5}$ cm일 때, □OBPA의 넓이를 구하시오.

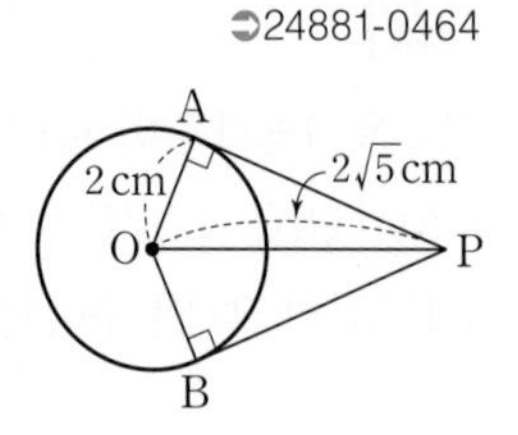

045

➲24881-0465

오른쪽 그림에서 $\overline{PT}$는 원 O의 접선, 점 T는 접점이고 $\angle OPT=30^\circ$일 때, $\angle POT$의 크기와 원 O의 반지름의 길이를 각각 구하시오.

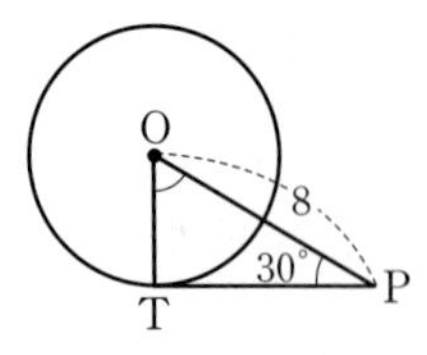

046

➲24881-0466

오른쪽 그림에서 $\overrightarrow{PA}$, $\overrightarrow{PB}$는 원 O의 접선이고, 두 점 A, B는 접점일 때, 다음 중 옳지 않은 것은?

① $\overline{PA}=8\sqrt{3}$　② $\overline{OA}=8$
③ $\angle OAP=90^\circ$　④ $\angle AOB=120^\circ$
⑤ $\overline{PO}=12$

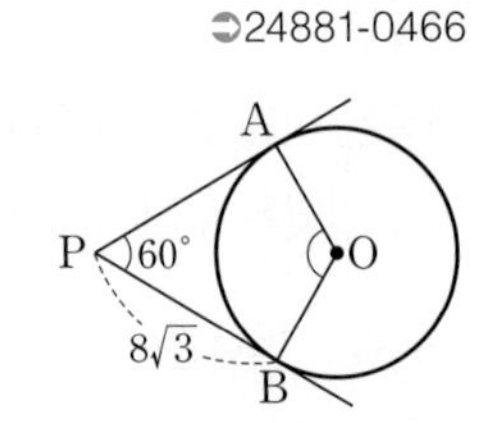

047

➲24881-0467

오른쪽 그림에서 $\overrightarrow{PA}$, $\overrightarrow{PB}$는 각각 점 A, B를 접점으로 하는 원 O의 접선이다. $\angle OAB=25^\circ$일 때, $\angle APB$의 크기를 구하시오.

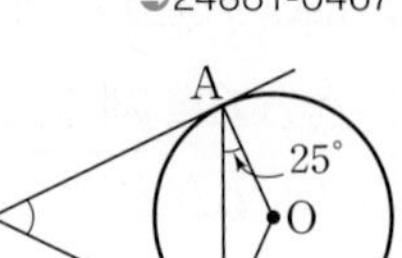

유형 09-19 원에 외접하는 삼각형

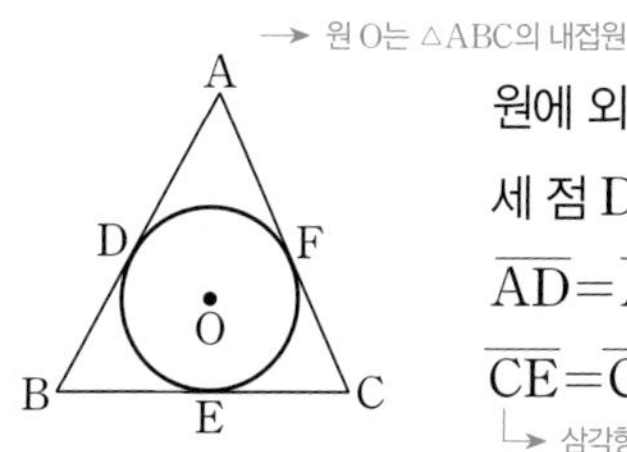

원에 외접하는 △ABC에서 세 점 D, E, F가 접점일 때 $\overline{AD}=\overline{AF}$, $\overline{BD}=\overline{BE}$, $\overline{CE}=\overline{CF}$

→ 삼각형의 내접원의 활용(유형 08-10)에서도 배웠다.

| 예 | $\overline{AD}=\overline{AF}=5$ cm → 두 접선의 길이는 같다.
$\overline{BE}=\overline{BD}=13-5=8$(cm)
$\overline{CE}=\overline{CF}=6$ cm이므로
$\overline{BC}=\overline{BE}+\overline{CE}=8+6$
$=14$(cm)

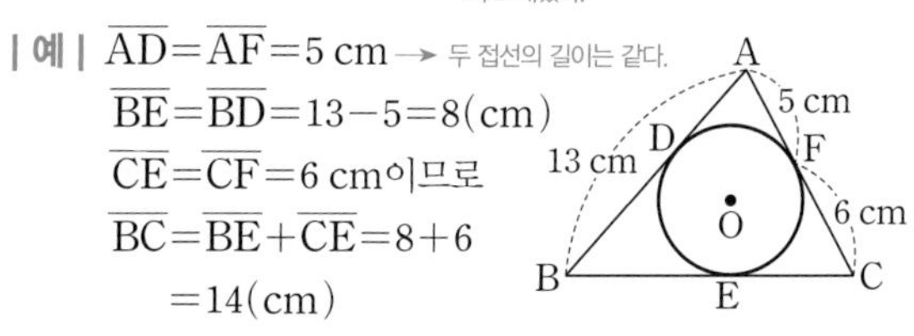

유형 09-20 원에 외접하는 사각형

→ $\overline{AB}$, $\overline{BC}$, $\overline{CD}$, $\overline{DA}$는 접선이고, 네 점 P, Q, R, S는 접점이다.

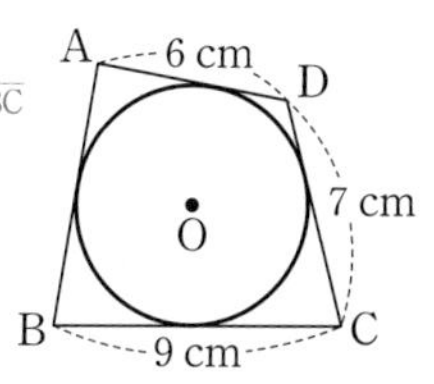

원에 외접하는 사각형의 대변의 길이의 합은 서로 같다.
$\overline{AB}+\overline{CD}=\overline{AD}+\overline{BC}$

→ $\overline{AP}=\overline{AS}$, $\overline{BP}=\overline{BQ}$, $\overline{CQ}=\overline{CR}$, $\overline{DR}=\overline{DS}$

| 예 | $\overline{AB}+\overline{CD}=\overline{AD}+\overline{BC}$,
$\overline{AB}+7=6+9$ → $\overline{AD}$의 대변은 $\overline{BC}$
따라서 $\overline{AB}=8$(cm)
$\overline{AB}$의 대변은 $\overline{CD}$

A 6 cm D, 7 cm, B 9 cm C

048

24881-0468

오른쪽 그림에서 원 O는 △ABC의 내접원이고, 세 점 D, E, F는 접점일 때, $\overline{EC}$의 길이를 구하시오.

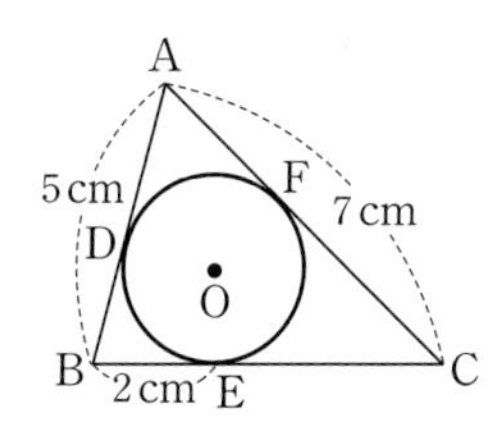

049

24881-0469

오른쪽 그림에서 $\overline{AD}$, $\overline{CD}$, $\overline{BC}$는 반원 O의 접선이고 점 E는 접점일 때, $\overline{CD}$의 길이를 구하시오.

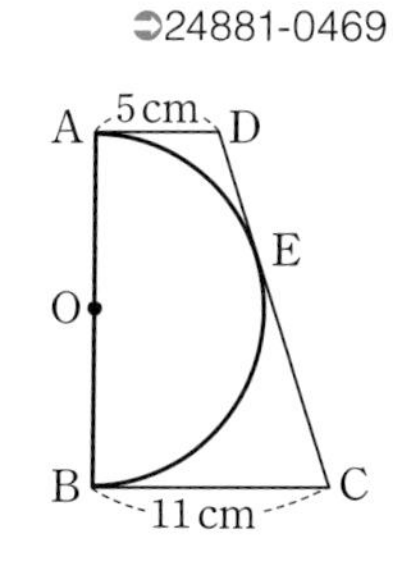

050

24881-0470

오른쪽 그림에서 원 O는 △ABC의 내접원이고, 세 점 D, E, F는 접점일 때, △ABC의 둘레의 길이를 구하시오.

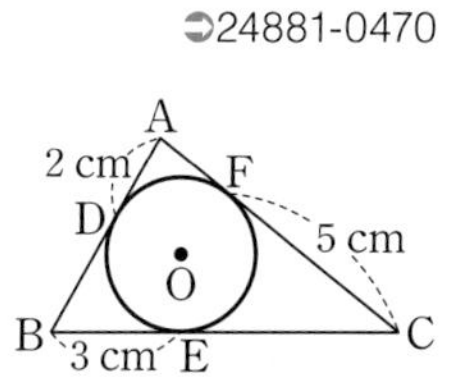

051

24881-0471

오른쪽 그림에서 □ABCD가 원 O에 외접할 때, x의 값을 구하시오.

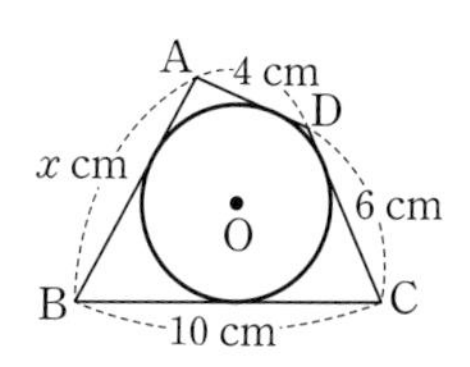

052

24881-0472

오른쪽 그림에서 □ABCD가 원 O에 외접할 때, $\overline{CD}$의 길이를 구하시오.

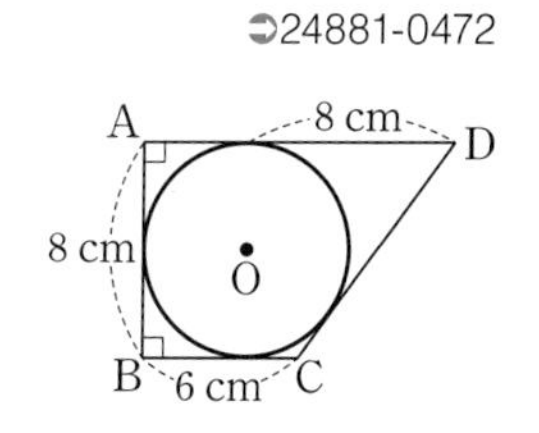

053

24881-0473

오른쪽 그림에서 □ABCD가 원 O에 외접할 때, □ABCD의 둘레의 길이를 구하시오.

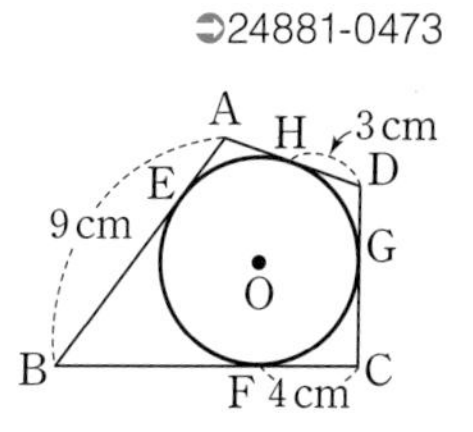

09 삼각비와 원의 성질

유형 09-21 원주각과 중심각의 크기

원주각 : 원 위의 한 점에서 그은 두 현이 이루는 각

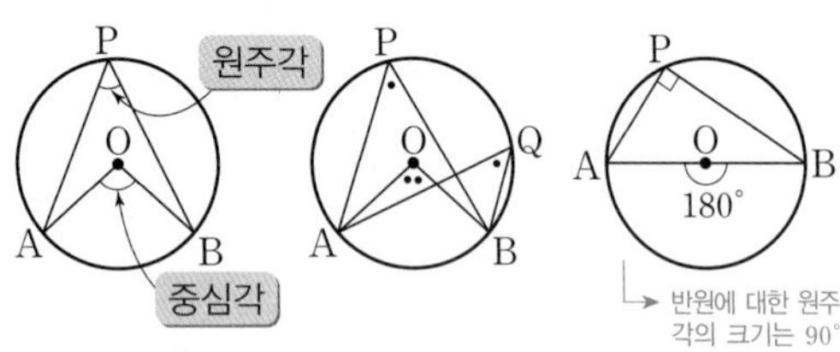

$\angle$APB가 $\overparen{AB}$에 대한 원주각이면

$$\angle APB = \frac{1}{2}\angle AOB$$ → $\angle AOB = 2\angle APB$

| 예 | (1) (2)

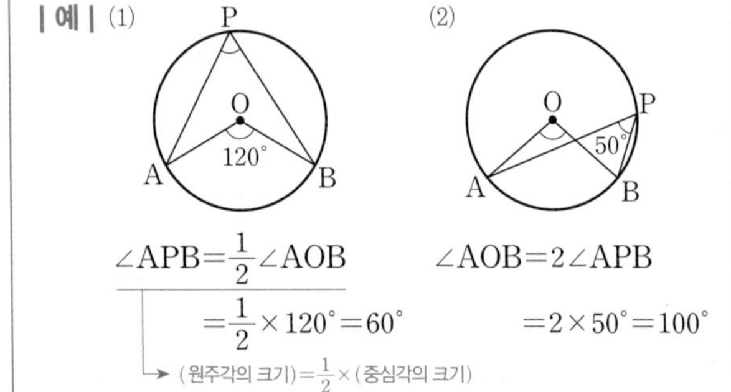

$\angle APB = \frac{1}{2}\angle AOB$
$= \frac{1}{2} \times 120° = 60°$
→ (원주각의 크기) $= \frac{1}{2} \times$ (중심각의 크기)

$\angle AOB = 2\angle APB$
$= 2 \times 50° = 100°$

유형 09-22 한 호에 대한 원주각의 크기

한 호에 대한 원주각의 크기는 모두 같다. → 한 호에 대한 원주각은 무수히 많다.

⇨ $\angle APB = \angle AQB$

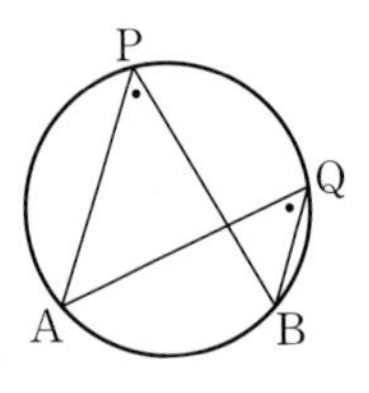

| 예 | $\angle$APB, $\angle$AQB는 모두 $\overparen{AB}$에 대한 원주각이므로
$\angle x = \angle AQB = 40°$

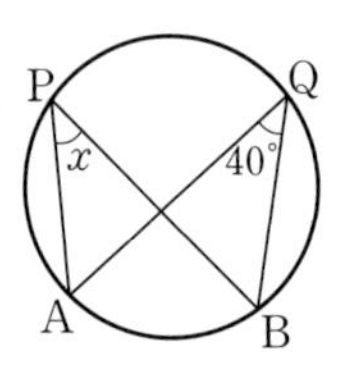

054
➲24881-0474

다음 그림의 원 O에서 $\angle x$의 크기를 구하시오.

(1)

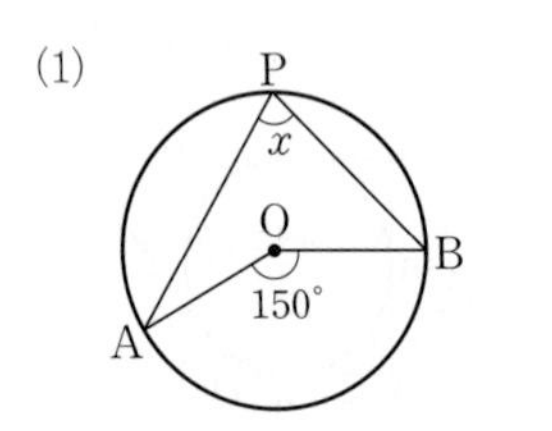

(2)

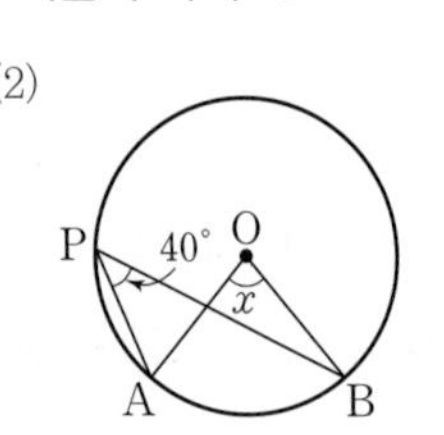

055
➲24881-0475

오른쪽 그림의 원 O에서 $\angle x$의 크기를 구하시오.

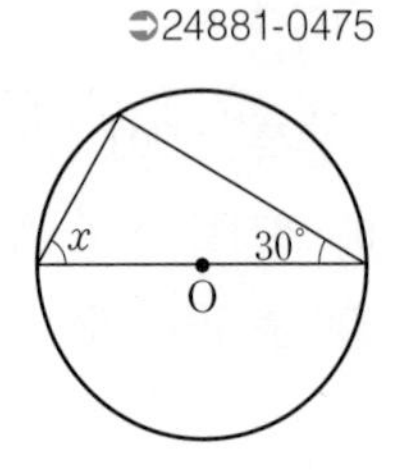

056
➲24881-0476

다음 그림의 원 O에서 $\angle x$의 크기를 구하시오.

(1)

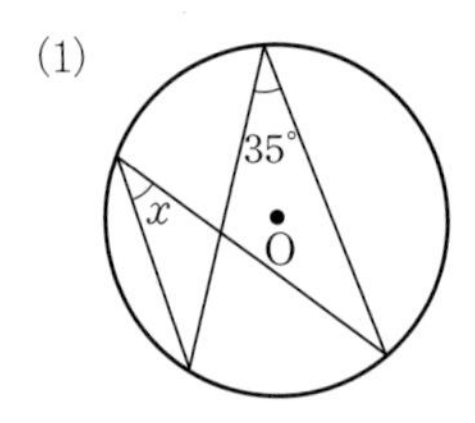

(2)

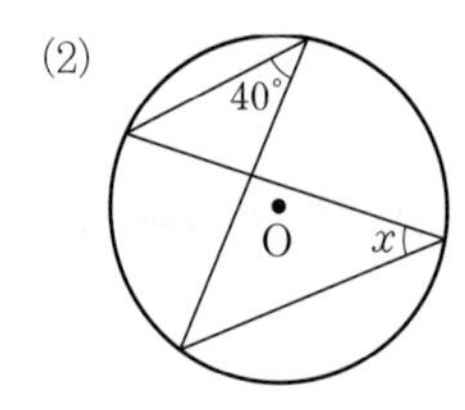

057
➲24881-0477

다음은 $\angle ACB = 94°$, $\angle PBQ = 30°$일 때, $\angle APB$의 크기를 구하는 과정이다. □ 안에 알맞은 기호나 수를 써넣으시오.

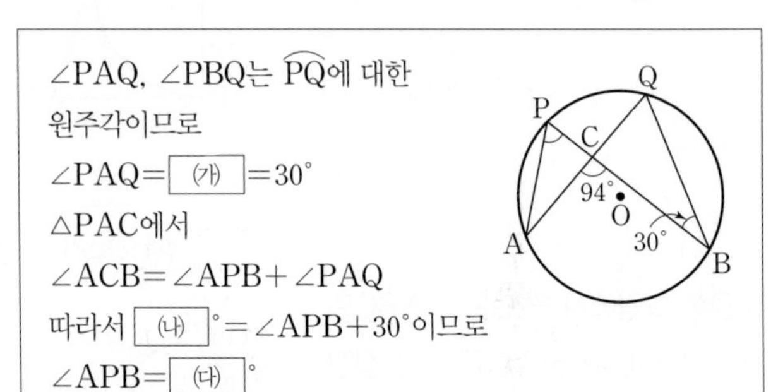

$\angle$PAQ, $\angle$PBQ는 $\overparen{PQ}$에 대한 원주각이므로
$\angle PAQ =$ (가) $= 30°$
$\triangle$PAC에서
$\angle ACB = \angle APB + \angle PAQ$
따라서 (나)$° = \angle APB + 30°$이므로
$\angle APB =$ (다)$°$

유형 09-23 원주각의 크기와 호의 길이

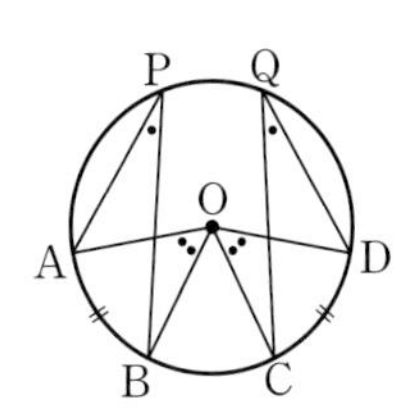

(1) $\widehat{AB}=\widehat{CD}$이면 → 호의 길이가 같으면 원주각(또는 중심각)의 크기가 같다.

$\angle APB=\angle CQD$

(2) $\angle APB=\angle CQD$이면

$\widehat{AB}=\widehat{CD}$ → 원주각(또는 중심각)의 크기가 같으면 호의 길이가 같다.

(3) 호의 길이는 원주각의 크기에 비례한다. → 호의 길이는 중심각의 크기에 비례한다.

| 예 | 한 원에서 길이가 같은 호에 대한 원주각의 크기는 같으므로

$\angle x=40°$

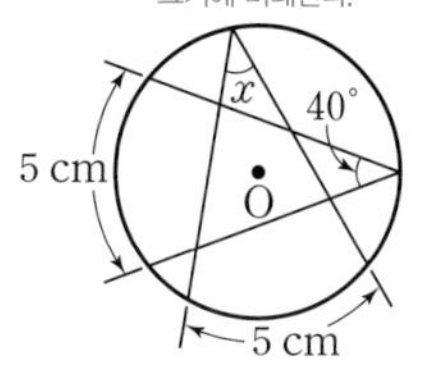

유형 09-24 네 점이 한 원 위에 있을 조건

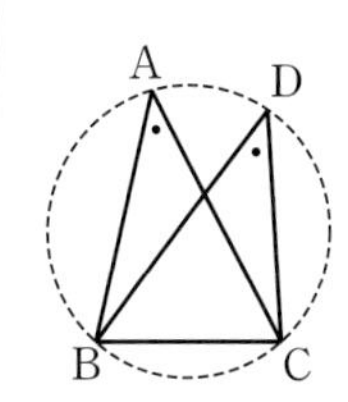

$\overline{BC}$에 대하여 → $\angle BAC$와 $\angle BDC$는 $\overline{BC}$에 대한 원주각이다.

$\angle BAC=\angle BDC$일 때,

네 점 A, B, C, D는 한 원 위에 있다.

→ 두 점 A, D가 $\overline{BC}$에 대해 같은 쪽에 있어야 한다.

| 예 | 네 점 A, B, C, D가 한 원 위에 있으려면

$\angle ABD=\angle ACD=40°$ → $\widehat{AD}$에 대한 원주각

이어야 하므로 $\triangle ABP$에서

$x=180-(85+40)=55$

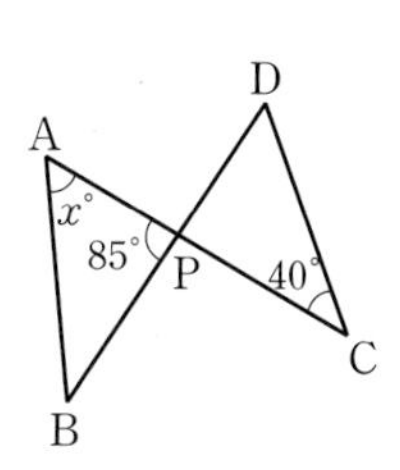

058

➲24881-0478

다음 그림의 원에서 x의 값을 구하시오.

(1)

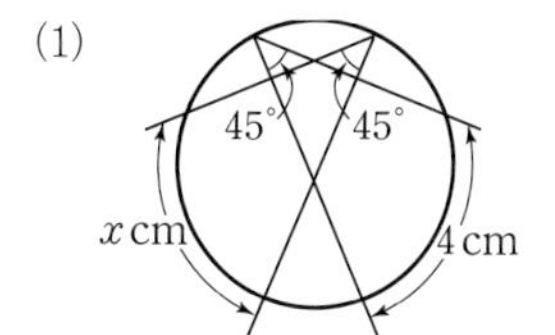

(2)

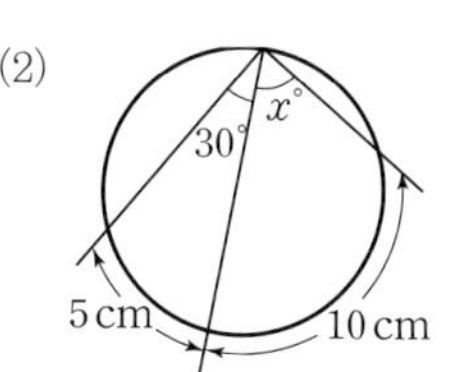

059

➲24881-0479

다음은 점 P가 현 AB, CD의 교점이고, $\angle ABC=32°$, $\widehat{AC}=\widehat{BD}$일 때, $\angle BPD$의 크기를 구하는 과정이다. □ 안에 알맞은 기호나 수를 써넣으시오.

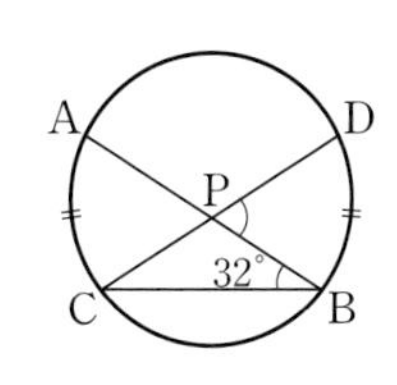

$\widehat{AC}=\widehat{DB}$이므로

(가) $=\angle ABC=32°$

$\triangle PCB$에서

$\angle BPD=\angle ABC+\angle DCB$

$=$ (나) $°$

060

➲24881-0480

다음 중 네 점 A, B, C, D가 한 원 위에 있는 것을 모두 고르면? (정답 2개)

① 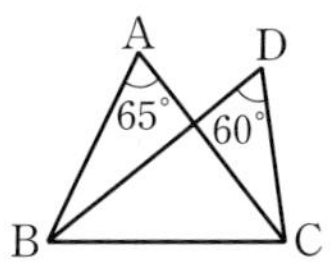

② 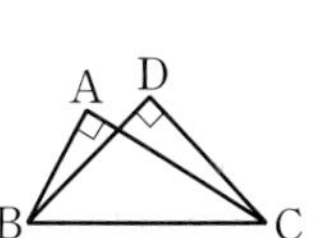

③ 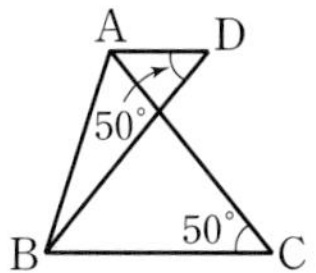

④ 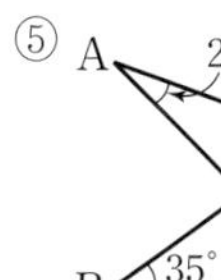

⑤ A, D, B, C, 25°, 35°

061

➲24881-0481

오른쪽 그림에서 $\angle ABC=80°$, $\angle CAD=30°$일 때, 네 점 A, B, C, D가 한 원 위에 있도록 하는 $\angle x$의 크기를 구하시오.

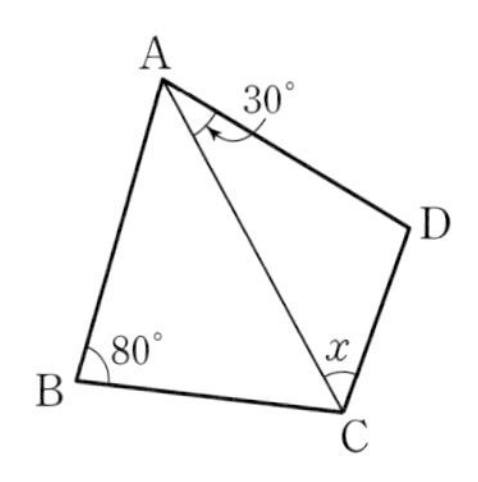

09 삼각비와 원의 성질

유형 09-25 원에 내접하는 사각형의 성질

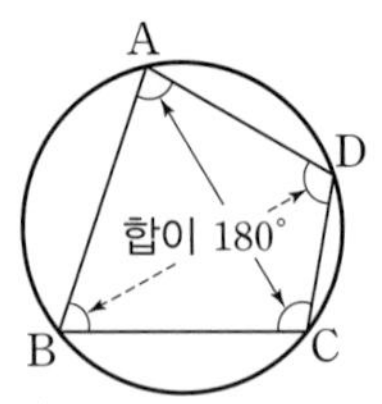

원에 내접하는 사각형의 한 쌍의 대각의 크기의 합은 180°이다.

$\angle A + \angle C = \angle B + \angle D = 180°$

↳ (원에 내접하는 사각형) = (네 꼭짓점이 한 원 위에 있는 사각형)

| 예 | □ABCD가 원에 내접하므로

$\angle x + 70° = 180°$ → $\angle$A의 대각은 $\angle$C이므로 $\angle A + \angle C = 180°$

$\angle x = 110°$

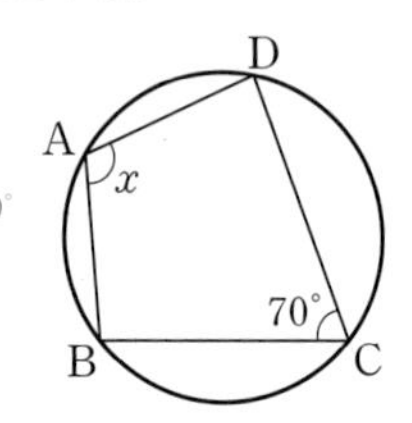

062

➲24881-0482

오른쪽 그림과 같이 □ABCD가 원에 내접할 때, x, y의 값을 각각 구하시오.

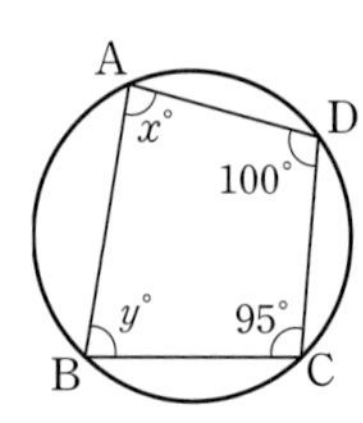

063

➲24881-0483

오른쪽 그림과 같이 □ABCD가 원에 내접할 때, $\angle x$, $\angle y$의 값을 각각 구하시오.

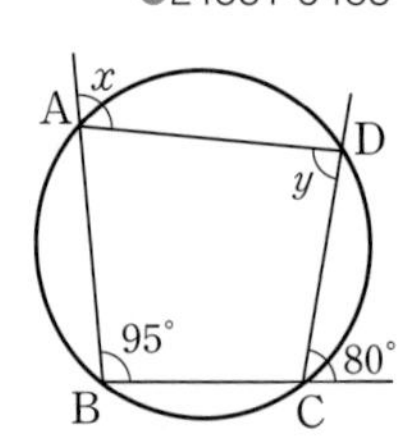

064

➲24881-0484

오른쪽 그림과 같이 □ABCD가 원에 내접할 때, $\angle$A의 크기를 구하시오.

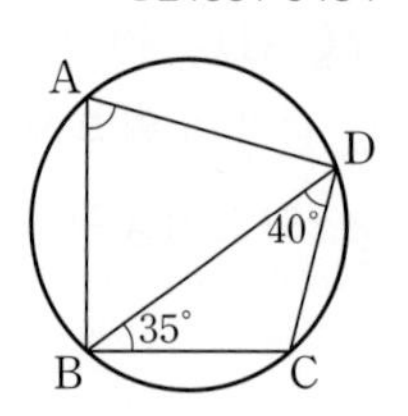

유형 09-26 사각형이 원에 내접하기 위한 조건

다음 조건 중 하나를 만족시키면 □ABCD는 원에 내접한다.

(1) → 네 점이 한 원 위에 있을 조건과 같다.

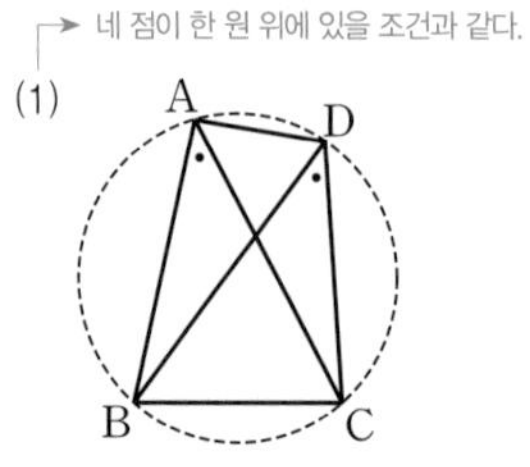

$\angle BAC = \angle BDC$

↳ $\overset{\frown}{BC}$에 대한 원주각의 크기가 같을 때

(2) → 원에 내접하는 사각형의 성질과 같다.

$\angle A + \angle C = 180°$

또는 $\angle B + \angle D = 180°$

↳ 대각의 크기의 합이 180°일 때

| 예 | □ABCD가 원에 내접하려면

$\angle BAC = \angle BDC = 40°$

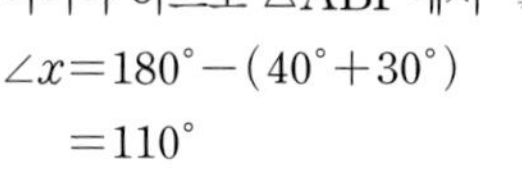

이어야 하므로 $\triangle$ABP에서 → $\overline{BC}$에 대해 같은 쪽에 있는 각

$\angle x = 180° - (40° + 30°)$

$= 110°$

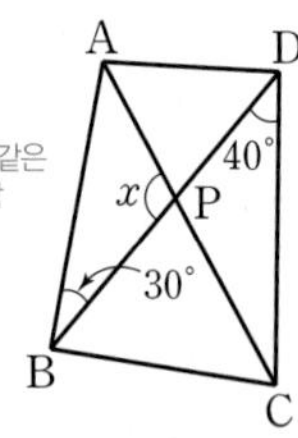

065

➲24881-0485

오른쪽 그림의 □ABCD가 원에 내접하기 위한 $\angle$ABD의 크기는?

① 32° ② 33° ③ 34° ④ 35° ⑤ 36°

066

➲24881-0486

오른쪽 그림과 같이 $\overline{AB} = \overline{AD}$인 □ABCD에서 $\angle$DBC의 크기를 구하시오.

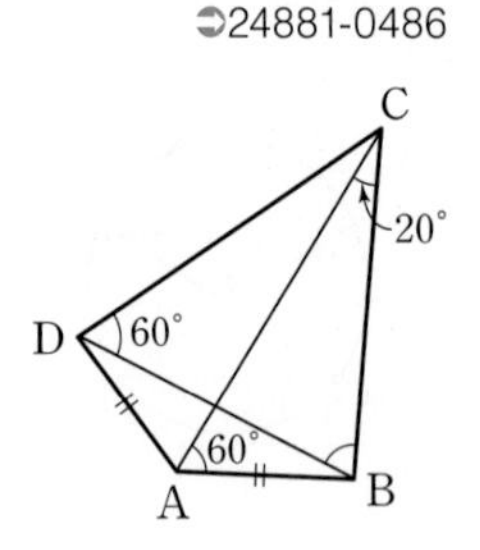

유형 09-27 접선과 현이 이루는 각

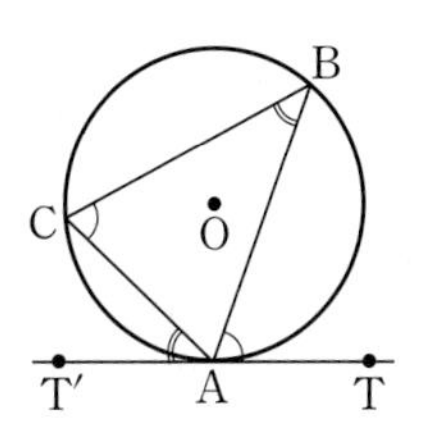

원 O에서 $\overleftrightarrow{TT'}$은 원 O의 접선, 점 A는 접점일 때,

$\angle BAT = \angle BCA$,

$\angle CAT' = \angle CBA$

└→ 접선과 현이 이루는 각 └→ 원주각

| 예 | 오른쪽 그림에서

$\angle x = \angle BAT = 70°$

$\angle y = \angle CBA = 50°$

└→ $\angle x$, $\angle CBA$는 원주각
$\angle y$, $\angle BAT$는 접선과 현이 이루는 각

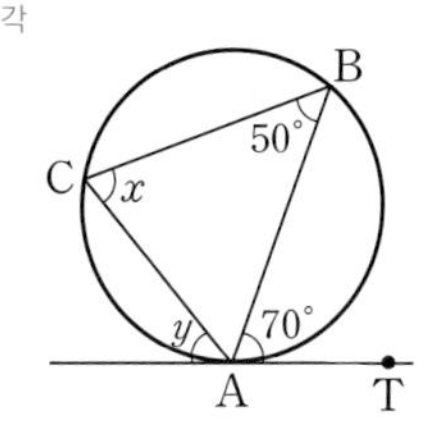

067

➲24881-0487

다음 그림에서 $\overleftrightarrow{AT}$는 원 O의 접선이고, 점 A는 접점일 때, $\angle x$, $\angle y$의 크기를 각각 구하시오.

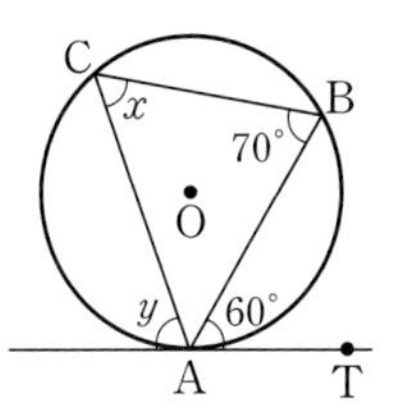

(2)

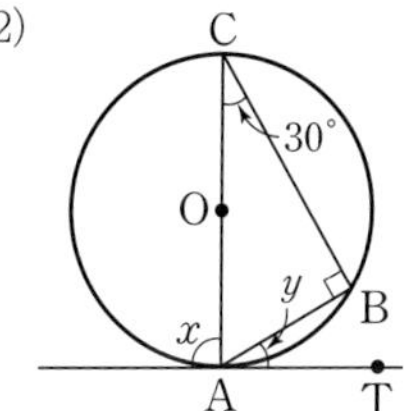

068

➲24881-0488

오른쪽 그림에서 $\overleftrightarrow{BE}$는 원의 접선이고, 점 B는 접점이다. $\angle DAB = 75°$, $\angle CBE = 55°$일 때, $\angle CBD$의 크기를 구하시오.

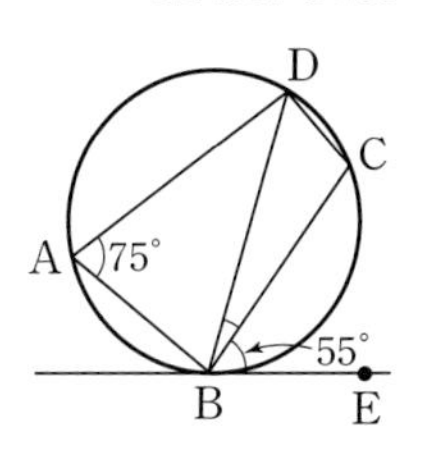

069

➲24881-0489

오른쪽 그림에서 $\overleftrightarrow{BE}$는 원의 접선이고, 점 B는 접점일 때, $\angle CBE$의 크기를 구하시오.

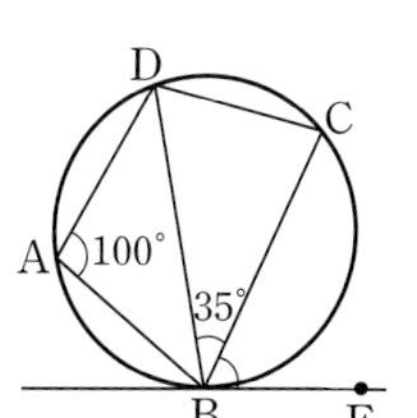

070

➲24881-0490

오른쪽 그림에서 $\overrightarrow{PA}$, $\overrightarrow{PB}$는 원 O의 접선이고, 두 점 A, B는 접점이다. $\angle DAC = 70°$, $\angle APB = 50°$일 때, $\angle x$, $\angle y$의 크기를 각각 구하시오.

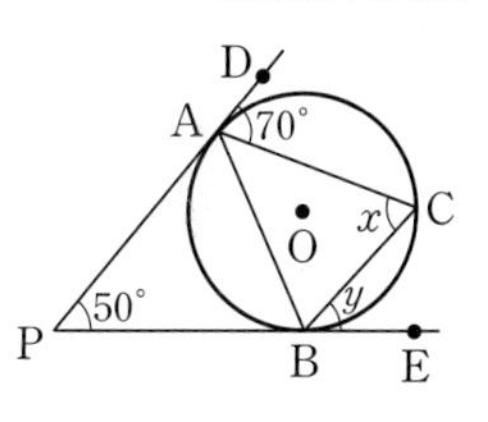

071

오른쪽 그림에서 $\overline{PT}$는 원의 접선이고, 점 T는 접점이다. $\overline{BT} = \overline{BP}$, $\angle BAT = 40°$일 때, $\angle x$, $\angle y$의 크기를 각각 구하시오.

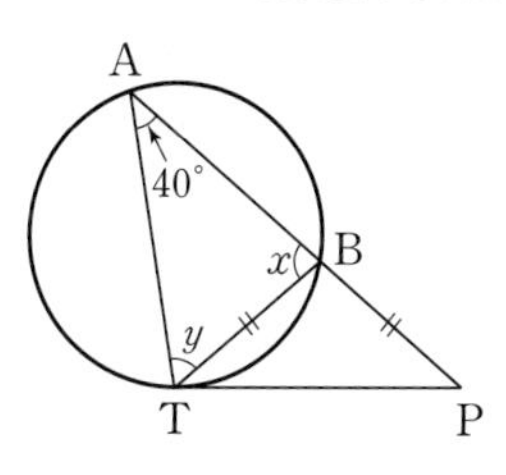

072

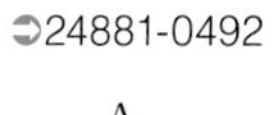

오른쪽 그림에서 원 O는 $\triangle ABC$의 내접원이고, $\triangle DEF$의 외접원이다. $\angle A = 50°$일 때, $\angle DEF$의 크기를 구하시오.

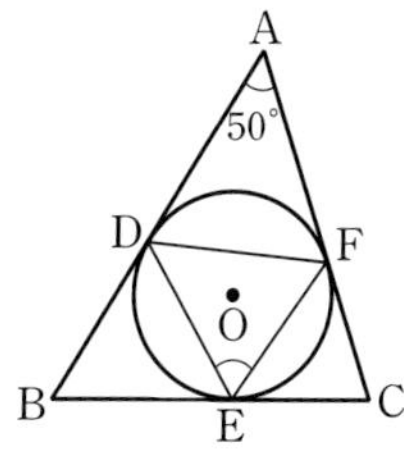

THEME

10

도형의 방정식

유형 10-1 두 점 사이의 거리

1. 수직선 위의 두 점 $\mathrm{A}(x_1)$, $\mathrm{B}(x_2)$ 사이의 거리
$$\overline{\mathrm{AB}}=|x_1-x_2|$$
2. 좌표평면 위의 두 점 $\mathrm{A}(x_1, y_1)$, $\mathrm{B}(x_2, y_2)$ 사이의 거리
$$\overline{\mathrm{AB}}=\sqrt{(x_2-x_1)^2+(y_2-y_1)^2}$$

| 예 | 두 점 $\mathrm{A}(1, 2)$, $\mathrm{B}(3, 4)$ 사이의 거리는
$$\overline{\mathrm{AB}}=\sqrt{(3-1)^2+(4-2)^2}=2\sqrt{2}$$
→ $\sqrt{(1-3)^2+(2-4)^2}$으로 계산하여도 같은 값을 얻을 수 있다.

001 ➲24881-0493

수직선 위의 서로 다른 세 점 $\mathrm{A}(1)$, $\mathrm{B}(a)$, $\mathrm{C}(11)$에 대하여 $\overline{\mathrm{AB}}=\overline{\mathrm{BC}}=5$일 때, 실수 a의 값을 구하시오.

002 ➲24881-0494

좌표평면 위의 두 점 $\mathrm{A}(a, -3)$, $\mathrm{B}(2, -1)$ 사이의 거리가 $2\sqrt{5}$가 되도록 하는 모든 실수 a의 값의 합을 구하시오.

003 ➲24881-0495

두 점 $\mathrm{A}(1, 1)$, $\mathrm{B}(-2, 4)$로부터 같은 거리에 있는 x축 위의 점 P의 좌표는 (a, b)이다. 이때 $a+b$의 값을 구하시오.

(단, a, b는 상수이다.)

유형 10-2 수직선 위의 선분의 내분점

수직선 위의 두 점 $\mathrm{A}(x_1)$, $\mathrm{B}(x_2)$에 대하여 선분 AB를 $m : n$ $(m>0, n>0)$으로 내분하는 점 P의 좌표는
→ 내분점은 그 선분 위에 있다.

$$\mathrm{P}\left(\frac{mx_2+nx_1}{m+n}\right)$$

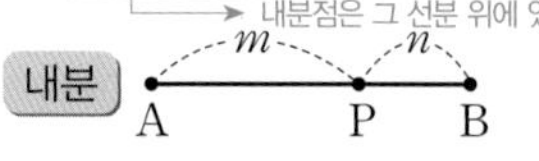

| 예 | 두 점 $\mathrm{A}(2)$, $\mathrm{B}(5)$에 대하여 선분 AB를 $2 : 1$로 내분하는 점 P의 좌표는
$$\mathrm{P}\left(\frac{2\times5+1\times2}{2+1}\right),\ \text{즉 } \mathrm{P}(4)$$
→ 내분점은 두 점 A와 B 사이에 존재한다.

004 ➲24881-0496

두 점 $\mathrm{A}(-2)$, $\mathrm{B}(x)$에 대하여 선분 AB를 $4 : 1$로 내분하는 점이 $\mathrm{P}(2)$일 때, 상수 x의 값을 구하시오.

005 ➲24881-0497

두 점 $\mathrm{A}(x)$, $\mathrm{B}(3)$에 대하여 선분 AB를 $2 : 3$으로 내분하는 점이 $\mathrm{Q}(6)$일 때, 상수 x의 값을 구하시오.

유형 10-3 좌표평면 위의 선분의 내분점

좌표평면 위의 두 점 $A(x_1, y_1)$, $B(x_2, y_2)$에 대하여 선분 AB를 $m : n$ ($m>0$, $n>0$)으로 내분하는 점 P의 좌표는 $P\left(\frac{mx_2+nx_1}{m+n}, \frac{my_2+ny_1}{m+n}\right)$

→ $m=n$이면 내분점 P의 좌표는 중점의 좌표가 된다.

| 예 | 두 점 $A(1, -2)$, $B(4, 3)$에 대하여 선분 AB를 $2 : 1$로 내분하는 점 P의 좌표는

$P\left(\frac{2\times4+1\times1}{2+1}, \frac{2\times3+1\times(-2)}{2+1}\right)$, 즉 $P\left(3, \frac{4}{3}\right)$

006

➲24881-0498

두 점 $A(-1, 3)$과 $B(-3, 7)$에 대하여 선분 AB의 중점의 좌표를 (a, b)라 할 때, ab의 값은? (단, a, b는 상수이다.)

① -6 ② -10 ③ -12 ④ -16 ⑤ -20

007

➲24881-0499

좌표평면 위의 두 점 $A(2, -1)$, $B(-3, -4)$에 대하여 선분 AB를 $1 : 2$로 내분하는 점 P의 좌표를 구하시오.

008

➲24881-0500

두 점 $A(a, 6)$, $B(b, a)$를 이은 선분 AB를 $1 : 2$로 내분하는 점 P의 좌표가 $(-9, 4)$일 때, $a+b$의 값은?

(단, a, b는 상수이다.)

① -27 ② -30 ③ -33 ④ -36 ⑤ -39

009

➲24881-0501

두 점 $A(1, a)$, $B(b, 8)$을 이은 선분 AB를 $1 : 3$으로 내분하는 점의 좌표가 $(2, 8)$일 때, $a+b$의 값은?

(단, a, b는 상수이다.)

① 8 ② 10 ③ 13 ④ 16 ⑤ 20

010

➲24881-0502

네 점 $A(4-a, 4)$, $B(6, 4-b)$, $C(6, b)$, $D(a, 4)$를 꼭짓점으로 하는 사각형 ABCD가 평행사변형일 때, ab의 값은?

(단, a, b는 상수이다.)

① 4 ② 8 ③ 12 ④ 16 ⑤ 20

유형 10-4 삼각형의 무게중심

좌표평면 위의 세 점 $A(x_1, y_1)$, $B(x_2, y_2)$, $C(x_3, y_3)$을 꼭짓점으로 하는 삼각형 ABC의 무게중심 G의 좌표는

$$\left(\frac{x_1+x_2+x_3}{3}, \frac{y_1+y_2+y_3}{3}\right)$$

→ 세 중선의 교점으로 중선을 꼭짓점으로부터 2 : 1로 내분하는 점이다.

| 예 | 세 점 $A(0, 0)$, $B(4, 0)$, $C(2, 6)$을 꼭짓점으로 하는 $\triangle ABC$의 무게중심 G의 좌표는

$$G\left(\frac{0+4+2}{3}, \frac{0+0+6}{3}\right)$$, 즉 $G(2, 2)$

x좌표의 평균, y좌표의 평균

011

24881-0503

세 점 $A(3, 4)$, $B(3, 8)$, $C(-3, 0)$을 꼭짓점으로 하는 $\triangle ABC$의 무게중심 G의 좌표를 (a, b)라 할 때, ab의 값은? (단, a, b는 상수이다.)

① 1 ② 2 ③ 3 ④ 4 ⑤ 5

012

24881-0504

세 점 $A(-3, 2)$, $B(1, -4)$, $C(-7, 5)$를 꼭짓점으로 하는 $\triangle ABC$의 무게중심 G의 좌표는?

① $(2, 1)$ ② $(0, 2)$ ③ $(-2, 3)$ ④ $(-3, 2)$ ⑤ $(-3, 1)$

013

24881-0505

세 점 $A(1, a)$, $B(-2, -5)$, $C(2a, 2b)$를 꼭짓점으로 하는 삼각형 ABC의 무게중심의 좌표가 $(1, 3)$일 때, $a+b$의 값은? (단, a, b는 상수이다.)

① 7 ② 8 ③ 9 ④ 10 ⑤ 11

014

24881-0506

세 점 $A(a-1, 4)$, $B(a+1, 4)$, $C(0, b+4)$에 대하여 선분 AB의 중점을 M이라 하자. 이때 선분 CM을 2 : 1로 내분하는 점의 좌표를 (a, b)라 할 때, $a+b$의 값은? (단, a, b는 상수이다.)

① 6 ② 8 ③ 10 ④ 12 ⑤ 14

015

24881-0507

세 점 $A(5, -2)$, $B(6, 0)$, $C(7, -1)$을 꼭짓점으로 하는 삼각형 ABC의 세 변 AB, BC, CA의 중점을 각각 A′, B′, C′이라 하자. 삼각형 A′B′C′의 무게중심 G의 좌표가 (a, b)일 때, $a+b$의 값은? (단, a, b는 상수이다.)

① 1 ② 2 ③ 3 ④ 4 ⑤ 5

유형 10-5 한 점과 기울기가 주어진 직선의 방정식

좌표평면 위의 한 점 $A(x_1, y_1)$을 지나고, 기울기가 m인 직선의 방정식은

$$y-y_1=m(x-x_1)$$

| 예 | 점 $(1, 2)$를 지나고 기울기가 -3인 직선의 방정식은 $y-2=-3(x-1)$이므로 $y=-3x+5$이다.
→ 기울기

016

24881-0508

점 $(1, 6)$을 지나고 기울기가 2인 직선의 방정식은?

① $y=6x$ ② $y=2x+4$
③ $y=2x-11$ ④ $y=x-4$
⑤ $y=x+4$

017

24881-0509

기울기가 -5이고 점 $(3, 0)$을 지나는 직선의 방정식을 구하시오.

018

24881-0510

점 $(4, -2)$를 지나고 기울기가 -3인 직선이 점 $A(5, a)$를 지난다고 할 때, 상수 a의 값은?

① -1 ② -2 ③ -3
④ -4 ⑤ -5

유형 10-6 두 점을 지나는 직선의 방정식

좌표평면 위의 서로 다른 두 점 (x_1, y_1), (x_2, y_2)를 지나는 직선의 방정식은

(1) $x_1 \neq x_2$일 때, $y-y_1=\dfrac{y_2-y_1}{x_2-x_1}(x-x_1)$
→ (기울기)$=\dfrac{(y\text{의 값의 증가량})}{(x\text{의 값의 증가량})}$

(2) $x_1=x_2$일 때, $x=x_1$

| 예 | 세 점 $A(1, 4)$, $B(2, 3)$, $C(2, 2)$에 대하여 두 점 A, C를 지나는 직선과 두 점 B, C를 지나는 직선의 방정식은

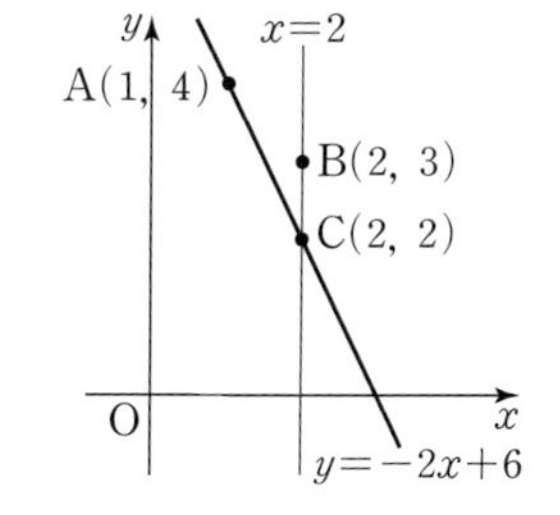

직선 AC의 방정식은
$y-4=\dfrac{2-4}{2-1}(x-1)$
즉, $y=-2x+6$
직선 BC의 방정식은
$x=2$ → x축에 수직이다.

019

24881-0511

두 점 $A(0, 2)$, $B(1, 1)$을 지나는 직선의 방정식을 $ax+y+b=0$이라 할 때, 상수 a, b에 대하여 ab의 값을 구하시오.

020

24881-0512

다음과 같이 주어진 두 점 A, B를 지나는 직선의 방정식을 구하시오.

(1) $A(3, 4)$, $B(3, 6)$
(2) $A(1, -1)$, $B(3, -1)$

021

24881-0513

좌표평면 위의 세 점 $A(7, -3)$, $B(9, -1)$, $C(k+3, 1)$이 한 직선 위에 있을 때, 상수 k의 값을 구하시오.

유형 10-7 일차방정식이 나타내는 그래프

일차방정식 $ax+by+c=0$ $(a\neq0)$의 그래프는 다음과 같은 직선이다.

(1) $b\neq0$인 경우 : $y=-\frac{a}{b}x-\frac{c}{b}$

(2) $b=0$인 경우 : $x=-\frac{c}{a}$

| 예 | 일차방정식 $3x+2y-1=0$은 $y=-\frac{3}{2}x+\frac{1}{2}$이므로 기울기가 $-\frac{3}{2}$이고, y절편이 $\frac{1}{2}$인 직선을 그래프로 한다.
(→ $x=0$일 때 y의 값)

유형 10-8 두 직선의 위치 관계

두 직선 $y=mx+n$, $y=m'x+n'$에 대하여

(1) 두 직선이 서로 평행하다. (→ $m=m'$, $n=n'$이면 두 직선은 일치한다.)

$\Longleftrightarrow m=m'$, $n\neq n'$

(2) 두 직선이 서로 수직이다.

$\Longleftrightarrow mm'=-1$

| 예 | 세 직선 $l : y=x+1$, $m : y=x+3$, $k : y=-x+1$에 대하여 두 직선 l, m은 기울기가 같고 y절편이 다르므로 서로 평행하다. 두 직선 m, k는 기울기의 곱이 -1이므로 서로 수직이다.

022
➲24881-0514

다음 일차함수 중 그 그래프가 일차방정식 $2x-3y+3=0$의 그래프와 같은 것은?

① $y=-\frac{3}{2}x-1$ ② $y=-\frac{3}{2}x+1$ ③ $y=\frac{2}{3}x+1$
④ $y=\frac{2}{3}x+\frac{1}{3}$ ⑤ $y=\frac{2}{3}x-1$

023
➲24881-0515

두 직선 $x+2y+4=0$, $3x-y-9=0$의 교점과 점 $(-2, 1)$을 지나는 직선의 방정식이 $ax+by+1=0$일 때, 상수 a, b에 대하여 $a+b$의 값을 구하시오.

024
➲24881-0516

다음 일차방정식의 그래프 중 제1, 2, 4사분면을 지나는 것은?

① $x+y=1$ ② $x-y=-2$ ③ $2x+3y+4=0$
④ $-3x+y=5$ ⑤ $3x-5y-1=0$

025
➲24881-0517

다음 직선의 방정식을 구하시오.

(1) 직선 $2x+y=1$에 평행하고, 점 $(1, 2)$를 지나는 직선

(2) 직선 $2x+y=1$에 수직이고, 점 $(1, 2)$를 지나는 직선

026
➲24881-0518

두 점 $\mathrm{A}(3, 2)$와 $\mathrm{B}(-1, 4)$에 대하여 선분 AB의 수직이등분선의 방정식을 구하시오.

027
➲24881-0519

두 직선 $x-4y+3=0$, $-3x+ay-2=0$이 서로 평행할 때, 상수 a의 값은? (단, $a\neq0$이다.)

① 4 ② 6 ③ 8
④ 10 ⑤ 12

유형 10-9 점과 직선 사이의 거리

(1) 점 (x_1, y_1)과 직선 $ax+by+c=0$ 사이의 거리 d는

$$d=\frac{|ax_1+by_1+c|}{\sqrt{a^2+b^2}}$$

(2) 평행한 두 직선 l, k에 대하여 직선 l 위의 점을 P라 하면 두 직선 l과 k 사이의 거리는 점 P와 직선 k 사이의 거리와 같다.
→ 두 직선 사이의 거리 → 점과 직선 사이의 거리

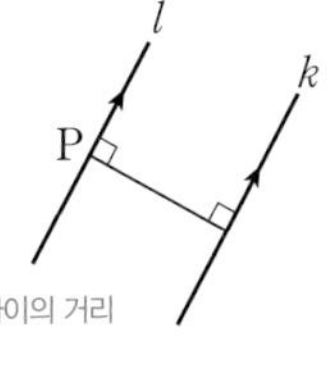

| 예 | 점 $(-3, 1)$과 직선 $-4x+3y-5=0$ 사이의 거리 d는

$$d=\frac{|(-4)\times(-3)+3\times1-5|}{\sqrt{(-4)^2+3^2}}=\frac{10}{5}=2$$

028
➲24881-0520

원점과 직선 $3x-4y+10=0$ 사이의 거리를 구하시오.

029
➲24881-0521

점 $(-1, 2)$와 직선 $3x+4y+10=0$ 사이의 거리는?

① 1 ② 2 ③ 3
④ 4 ⑤ 5

030
➲24881-0522

점 $(1, 1)$에서의 거리가 1이고, y절편이 -1인 직선의 방정식을 구하시오.

[031~032] 평행한 두 직선 $3x+2y-6=0$, $3x+2y+7=0$ 사이의 거리를 구하려고 한다. 다음 물음에 답하시오.

031
➲24881-0523

점 $(a, 6)$이 직선 $3x+2y-6=0$ 위에 있을 때, 상수 a의 값은?

① -1 ② -2 ③ -3
④ -4 ⑤ -5

032
➲24881-0524

위에서 구한 점 $(a, 6)$과 직선 $3x+2y+7=0$ 사이의 거리를 구하시오.

033
➲24881-0525

두 직선 $-\sqrt{2}x+2y=2$, $\sqrt{2}x-2y=-14$ 사이의 거리는?

① $\sqrt{5}$ ② $\sqrt{6}$ ③ $\sqrt{7}$
④ $2\sqrt{5}$ ⑤ $2\sqrt{6}$

유형 10-10 원의 방정식

중심이 (a, b)이고 반지름의 길이가 r인 원의 방정식은

$$(x-a)^2+(y-b)^2=r^2$$

| 예 | 중심이 $(2, 3)$이고 반지름의 길이가 1인 원의 방정식은

$$(x-2)^2+(y-3)^2=1^2$$

→ 중심 (2, 3) → (반지름의 길이)=1

034

24881-0526

다음 원의 방정식을 구하시오.

(1) 중심이 $(-1, 3)$이고 반지름의 길이가 2인 원

(2) 중심이 $(4, -3)$이고 원점을 지나는 원

035

24881-0527

원 $(x-3)^2+(y-a)^2=6^2$의 중심이 직선 $y=2x-3$ 위에 있다. 이 원의 반지름의 길이를 r라 할 때, $a+r$의 값은? (단, a, r는 상수이다.)

① 5 ② 7 ③ 9 ④ 11 ⑤ 13

036

24881-0528

원 $(x-r)^2+(y-2r)^2=r^2$의 중심이 제1사분면 위에 있고 원의 둘레의 길이가 6π일 때, 원의 중심의 좌표를 구하시오. (단, r은 상수이다.)

037

24881-0529

두 점 $\mathrm{A}(2, 0)$, $\mathrm{B}(0, 2)$를 지름의 양 끝점으로 하는 원의 방정식을 $(x-a)^2+(y-b)^2=c$라 할 때, 상수 a, b, c에 대하여 $a+b+c$의 값은?

① 1 ② 2 ③ 3 ④ 4 ⑤ 5

038

24881-0530

중심이 직선 $y=x$ 위에 있고 두 점 $(4, 0)$, $(3, -2)$를 지나는 원의 넓이는?

① 11π ② $\frac{23}{2}\pi$ ③ 12π ④ $\frac{25}{2}\pi$ ⑤ 13π

유형 10-11 좌표축에 접하는 원의 방정식

중심이 (a, b)인 원이

(1) x축에 접하면 $(x-a)^2+(y-b)^2=b^2$

→ 중심의 y좌표의 절댓값이 반지름의 길이이다.

(2) y축에 접하면 $(x-a)^2+(y-b)^2=a^2$

→ 중심의 x좌표의 절댓값이 반지름의 길이이다.

| 예 | 중심이 $(1, 2)$이고 x축에 접하는 원의 방정식은 $(x-1)^2+(y-2)^2=2^2$이다.

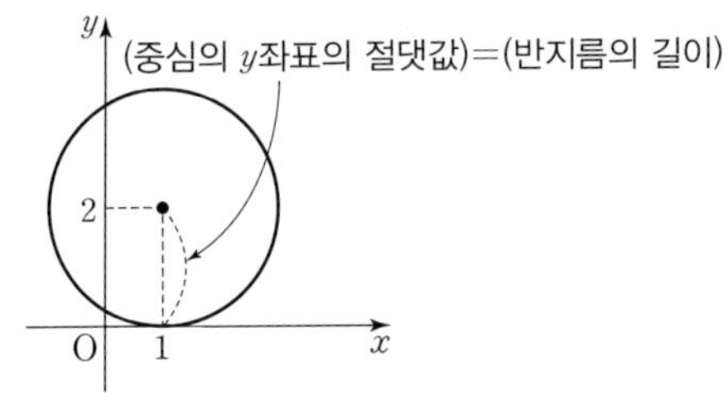

039

➲24881-0531

중심이 $(-4, 3)$이고 y축에 접하는 원의 방정식을 구하시오.

040

➲24881-0532

중심이 직선 $y=2x-1$ 위에 있고 x축에 접하며 점 $(3, 0)$을 지나는 원이 있다. 이 원의 반지름의 길이는?

① 1 ② 2 ③ 3 ④ 4 ⑤ 5

041

➲24881-0533

점 $(1, 2)$를 지나고 x축과 y축에 동시에 접하는 두 원의 반지름의 길이의 합을 구하시오.

(단, 원의 중심은 제1사분면 위에 있다.)

유형 10-12 이차방정식이 나타내는 도형

이차방정식

$x^2+y^2+Ax+By+C=0$이 나타내는 도형은

$\left(x+\frac{A}{2}\right)^2+\left(y+\frac{B}{2}\right)^2=\frac{A^2+B^2-4C}{4}$가 나타내는 도형과 같으므로

(1) $A^2+B^2-4C>0$이면

중심이 $\left(-\frac{A}{2}, -\frac{B}{2}\right)$이고 반지름의 길이가 $\frac{\sqrt{A^2+B^2-4C}}{2}$인 원이다.

(2) $A^2+B^2-4C=0$이면 점 $\left(-\frac{A}{2}, -\frac{B}{2}\right)$

(3) $A^2+B^2-4C<0$인 도형은 존재하지 않는다.

042

➲24881-0534

$(x-1)^2+(y-3)^2=k^2-k$가 좌표평면에서 한 점을 나타내도록 하는 k의 값을 모두 구하시오.

043

➲24881-0535

방정식 $x^2+y^2-2x+6y-6=0$이 나타내는 원의 중심의 좌표와 반지름의 길이를 각각 구하시오.

044

➲24881-0536

x, y에 대한 이차방정식 $x^2+y^2-6x+8y+k=0$이 원을 나타내도록 하는 자연수 k의 개수를 구하시오.

유형 10-13 원과 직선의 위치 관계

원 $x^2+y^2=r^2$과 직선 $y=mx+n$의 위치 관계는

(1) 두 도형의 방정식을 연립하여 만든 이차방정식

$(m^2+1)x^2+2mnx+n^2-r^2=0$

의 판별식을 D라 할 때

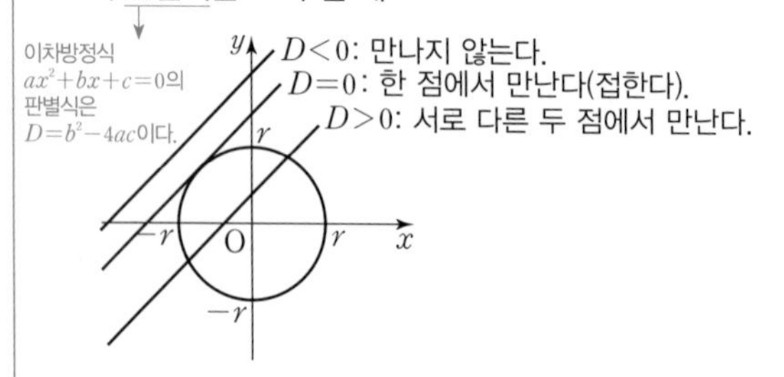

(2) 원의 중심과 직선 사이의 거리를 d, 원의 반지름의 길이를 r라 하면

① $d<r$ 서로 다른 두 점에서 만난다. ② $d=r$ 한 점에서 만난다. (접한다) ③ $d>r$ 만나지 않는다.

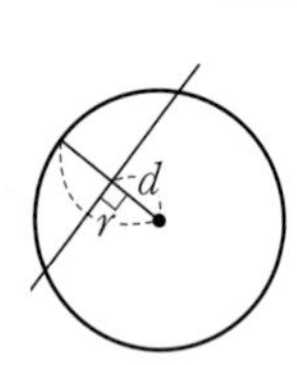

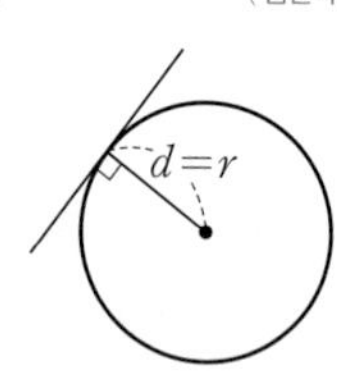

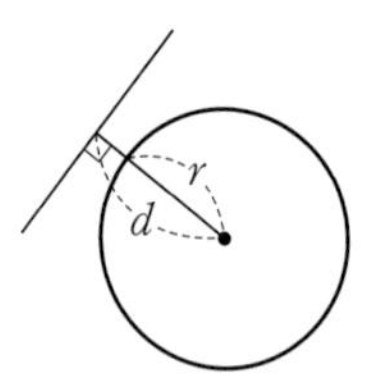

| 예 | 원 $x^2+y^2=4$와 직선 $x+y=2$에 대하여 원의 중심 $(0,\ 0)$과 직선 사이의 거리는 $\sqrt{2}$이고, 원의 반지름의 길이는 2이므로 원과 직선은 서로 다른 두 점에서 만난다. ($d<r$) → $\sqrt{2}<2$

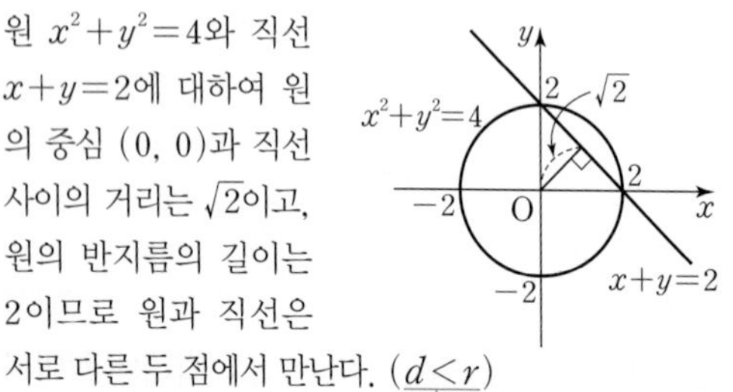

045

24881-0537

다음 원과 직선의 위치 관계를 말하시오.

(1) $x^2+y^2=5,\ x+2y=1$

(2) $x^2+y^2=9,\ y=-x+6$

046

24881-0538

원 $x^2+y^2=5$와 직선 $y=-\frac{1}{2}x+k$가 한 점에서 만날 때, 상수 k의 값을 구하시오. (단, $k>0$이다.)

047

24881-0539

원 $x^2+y^2=9$와 직선 $y=x+a$가 두 점에서 만나도록 하는 자연수 a의 개수는?

① 1 ② 2 ③ 3
④ 4 ⑤ 5

048

24881-0540

중심이 $(3,\ 2)$이고 점 $(2,\ 2)$를 지나는 원에 직선 $y=3x+k$가 접하도록 하는 모든 상수 k의 값의 합은?

① -11 ② -12 ③ -13
④ -14 ⑤ -15

049

24881-0541

원 $(x+3)^2+(y-2)^2=r^2$과 직선 $5x-12y-7=0$이 만나지 않도록 하는 자연수 r의 최댓값은?

① 1 ② 2 ③ 3
④ 4 ⑤ 5

유형 10-14 기울기가 주어질 때 원의 접선의 방정식

원 $x^2+y^2=r^2$에 접하고 기울기가 m인 접선의 방정식

$$y=mx\pm r\sqrt{m^2+1}$$

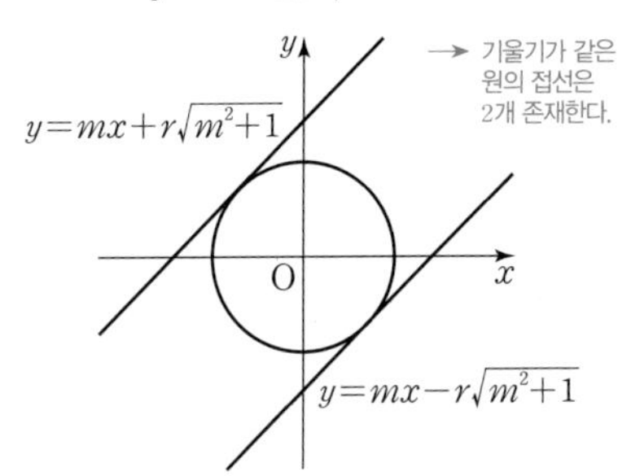

| 예 | 원 $x^2+y^2=1$에 접하고 기울기가 2인 접선의 방정식은
$y=2x+\sqrt{5}$, $y=2x-\sqrt{5}$
→ $y=2x\pm1\times\sqrt{2^2+1}$

050

24881-0542

다음 직선의 방정식을 구하시오.

(1) 원 $x^2+y^2=4$에 접하고 기울기가 -3인 직선

(2) 원 $x^2+y^2=9$에 접하고 직선 $y=2x-1$과 평행한 직선

051

24881-0543

다음 중 원 $x^2+y^2=4$에 접하고 직선 $y=-x+1$과 평행한 직선이 지나지 않는 점의 좌표는?

① $(0, 2\sqrt{2})$ ② $(\sqrt{2}, -\sqrt{2})$ ③ $(\sqrt{2}, \sqrt{2})$ ④ $(-\sqrt{2}, -\sqrt{2})$ ⑤ $(-\sqrt{2}, 3\sqrt{2})$

052

24881-0544

다음 중 원 $x^2+y^2=25$에 접하고 기울기가 2인 접선은 2개가 있다. 이 두 접선의 x절편의 곱은?

① $-\frac{25}{4}$ ② $-\frac{75}{4}$ ③ $-\frac{95}{2}$ ④ $-\frac{121}{2}$ ⑤ $-\frac{125}{4}$

053

24881-0545

직선 $x+\sqrt{15}y+3=0$과 수직이고 원 $x^2+y^2=2^2$에 접하는 직선의 방정식이 $ax+y+b=0$일 때, a^2+b^2의 값은? (단, a, b는 상수이다.)

① 73 ② 75 ③ 77 ④ 79 ⑤ 81

054

24881-0546

원 $x^2+y^2=9$에 접하고 직선 $y=-\frac{1}{3}x-2$와 수직이며 y절편이 음수인 직선이 점 $(a, 6\sqrt{10})$을 지날 때, 상수 a의 값은?

① $\sqrt{10}$ ② $2\sqrt{10}$ ③ $3\sqrt{10}$ ④ $4\sqrt{10}$ ⑤ $5\sqrt{10}$

10 도형의 방정식

유형 10-15 원 위의 점에서의 접선의 방정식

원 $x^2+y^2=r^2$ 위의 점 (x_1, y_1)에서의 접선의 방정식은

$$x_1x+y_1y=r^2$$

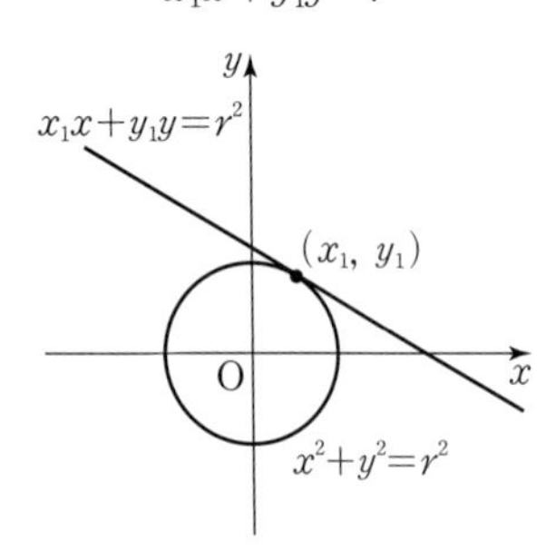

| 예 | $x^2+y^2=4$ 위의 점 $(1, \sqrt{3})$에서의 접선의 방정식은 $x+\sqrt{3}y=4$

→ 원 $x^2+y^2=4$ 위의 점이다. 접선과 원의 교점이 된다.

유형 10-16 원 밖의 한 점에서 원에 그은 접선의 방정식

원 밖의 한 점에서 원에 그은 접선의 방정식은 원 위의 접점을 (x_1, y_1)이라 하고, 이 접점에서 접선의 방정식을 구한다.

| 예 | 점 $(5, 0)$에서 원 $x^2+y^2=5$에 그은 접선의 방정식을 구해 보자. 원 위의 접점을 (x_1, y_1)이라 하면 접선의 방정식은 $x_1x+y_1y=5$이다.
접선이 점 $(5, 0)$을 지나므로
$x_1\times5+y_1\times0=5$, $5x_1=5$, $x_1=1$
점 (x_1, y_1)이 원 $x^2+y^2=5$ 위에 있으므로
${x_1}^2+{y_1}^2=5$
그런데 $x_1=1$이므로 ${y_1}^2=4$, $y_1=\pm2$
따라서 접선의 방정식은 $x+2y=5$ 또는 $x-2y=5$

→ 원 밖의 한 점에서 원에 그은 접선은 2개이다.

055
⊃24881-0547

원 $x^2+y^2=5$ 위의 점에서의 접선의 방정식을 구하시오.

(1) $(2, 1)$　　(2) $(\sqrt{2}, \sqrt{3})$

056
⊃24881-0548

실수 a에 대하여 원 $x^2+y^2=5$ 위의 점 $(1, a)$에서의 접선의 방정식이 $x+by=c$일 때, $a+b+c$의 최댓값은?

(단, b, c는 상수이다.)

① 6　② 7　③ 8　④ 9　⑤ 10

057
⊃24881-0549

원 $x^2+y^2=52$ 위의 점 (a, b)에서의 접선의 기울기가 -5일 때, $a+b$의 값은? (단, $a>0$, $b>0$)

① $6\sqrt{2}$　② $7\sqrt{2}$　③ $8\sqrt{2}$　④ $9\sqrt{2}$　⑤ $10\sqrt{2}$

058
⊃24881-0550

점 $(0, 4)$에서 원 $x^2+y^2=4$에 그은 접선의 방정식을 구하시오.

059
⊃24881-0551

점 $(-1, 2)$에서 원 $x^2+y^2=4$에 그은 접선의 방정식 중 제3사분면을 지나는 것을 $4x+ay+b=0$이라 할 때, 상수 a, b에 대하여 $a+b$의 값은?

① 7　② 8　③ 9　④ 10　⑤ 11

060
⊃24881-0552

점 $\mathrm{P}(1, 3)$에서 원 $x^2+y^2=2$에 접선을 그었을 때 생기는 두 접선의 접점을 각각 Q, Q′이라 하자. 두 점 Q와 Q′의 y좌표의 합은?

① $\frac{4}{3}$　② $\frac{6}{5}$　③ $\frac{7}{8}$　④ $4\sqrt{3}$　⑤ $6\sqrt{2}$

유형 10-17 점과 도형의 평행이동

(1) 점 $\mathrm{P}(x, y)$를 x축의 방향으로 a만큼, y축의 방향으로 b만큼 평행이동한 점 P'의 좌표는 $\mathrm{P}'(x+a, y+b)$

(2) 방정식 $f(x, y)=0$이 나타내는 도형을 x축의 방향으로 a만큼, y축의 방향으로 b만큼 평행이동한 도형의 방정식은 $f(x-a, y-b)=0$
→ 좌표평면 위의 도형의 방정식은 일반적으로 $f(x, y)=0$의 꼴로 나타낼 수 있다.

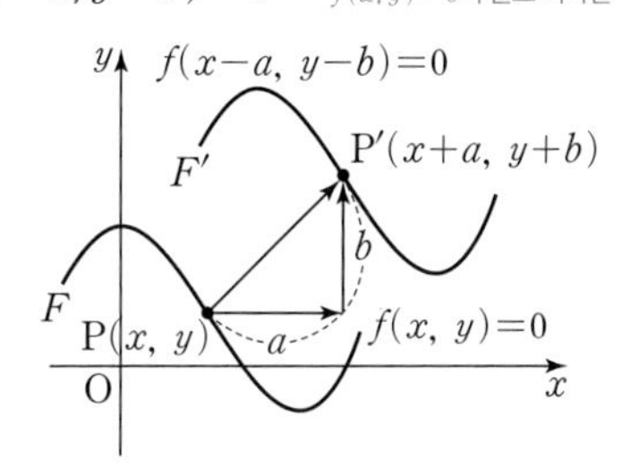

| 예 | x축의 방향으로 1만큼, y축의 방향으로 2만큼 평행이동하면

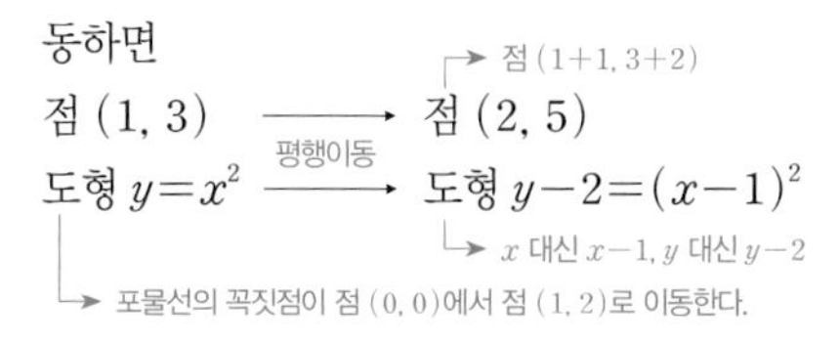

061
➲24881-0553

다음 점을 x축의 방향으로 -2만큼, y축의 방향으로 3만큼 평행이동한 점의 좌표를 구하시오.

(1) $(-1, 4)$

(2) $(2, 1)$

062
➲24881-0554

원 $x^2+y^2=3$을 x축의 방향으로 5만큼, y축의 방향으로 -4만큼 평행이동한 도형의 방정식을 구하시오.

063
➲24881-0555

직선 $2x-y+1=0$을 x축의 방향으로 1만큼, y축의 방향으로 -2만큼 평행이동시키면 점 $(2, k)$를 지난다. 상수 k의 값은?

① 1 ② 2 ③ 3 ④ 4 ⑤ 5

064
➲24881-0556

직선 $4x-3y+1=0$을 x축의 방향으로 a만큼 평행이동하였을 때, 원 $(x+1)^2+(y-2)^2=25$에 접하도록 하는 모든 실수 a의 값의 곱은?

① -40 ② -34 ③ -20 ④ 12 ⑤ 18

065
➲24881-0557

원 $x^2+(y+3)^2=5$를 원 $(x+3)^2+(y-4)^2=5$로 옮기는 평행이동에 의하여 직선 $x-3y+4=0$은 직선 $x+ay+b=0$으로 옮겨진다. 이때 상수 a, b에 대하여 $a+b$의 값은?

① 17 ② 19 ③ 21 ④ 23 ⑤ 25

유형 10-18 대칭이동

구분	점 (a, b)를 대칭이동	도형 $f(x, y)=0$을 대칭이동
x축	$(a, -b)$	$f(x, -y)=0$
y축	$(-a, b)$	$f(-x, y)=0$
원점	$(-a, -b)$	$f(-x, -y)=0$
$y=x$	(b, a)	$f(y, x)=0$

| 예 | 점 $\mathrm{P}(1, 2)$를 대칭이동하면 다음과 같다.

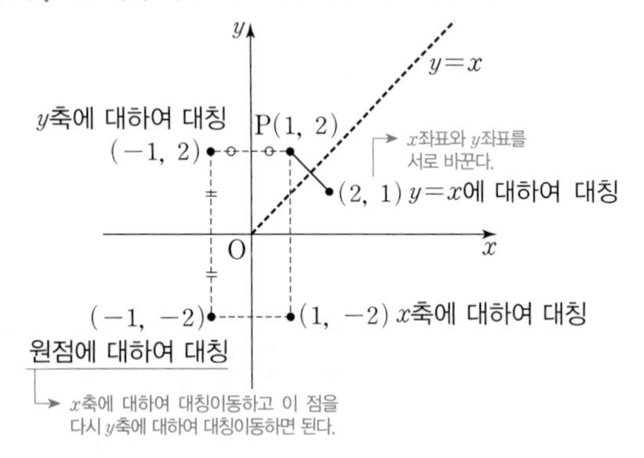

066

24881-0558

다음 점을 x축, y축, 원점에 대하여 대칭이동한 점의 좌표를 각각 구하시오.

(1) $(4, -5)$

(2) $(3, 6)$

067

24881-0559

다음 방정식이 나타내는 도형을 x축, y축, 원점에 대하여 대칭이동한 도형의 방정식을 각각 구하시오.

(1) $y=2x-1$

(2) $x^2+y^2+2x-4=0$

068

24881-0560

점 $\mathrm{A}(1, -2)$를 원점에 대하여 대칭이동한 점을 B, 점 B를 직선 $y=x$에 대하여 대칭이동한 점을 C라 할 때, 선분 BC의 길이는?

① $\frac{1}{2}$ ② $\frac{\sqrt{2}}{2}$ ③ $\sqrt{2}$ ④ $2\sqrt{2}$ ⑤ $3\sqrt{2}$

069

24881-0561

점 P를 원점에 대하여 대칭이동한 후 x축에 대하여 대칭이동하였더니 좌표가 $(2, -3)$이 되었다. 점 P의 좌표를 구하시오.

070

24881-0562

직선 $-5x+3y+4=0$을 직선 $y=x$에 대하여 대칭이동한 후 y축에 대하여 대칭이동한 직선이 점 $(-2, a)$를 지날 때 상수 a의 값은?

① 1 ② 2 ③ 3 ④ 4 ⑤ 5

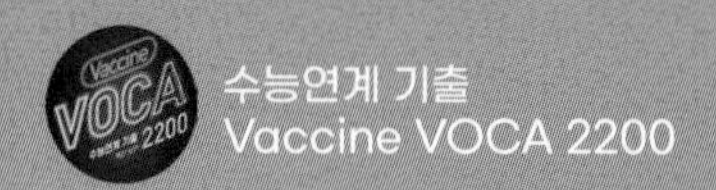

* 본 교재 광고의 교재는 수능을 준비하는 모든 학생에게
추천하며 지금 바로 학습할수록 효과가 좋습니다.

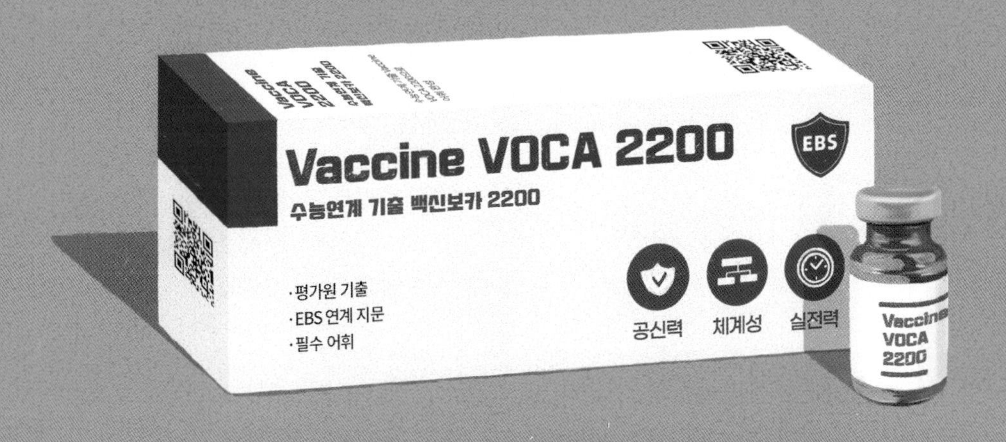

○ 수능 영단어장의 끝판왕!
10개년 수능 빈출 어휘 + 7개년 연계교재 핵심 어휘

○ 수능 적중 어휘 자동암기 3종 세트 제공
휴대용 포켓 단어장 / 표제어 & 예문 MP3 파일 / 수능형 어휘 문항 실전 테스트

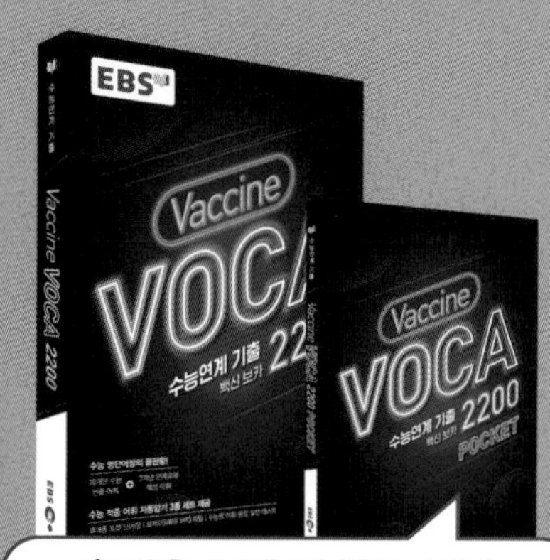

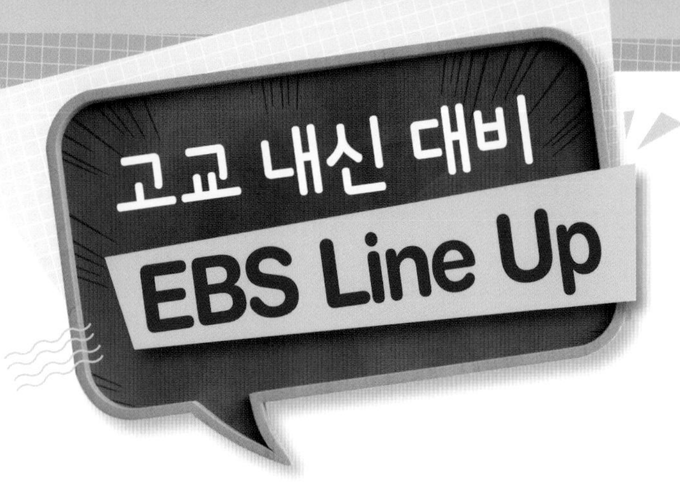

고등학교 0학년 필수 교재

고등예비과정

국어, 영어, 수학, 한국사, 사회, 과학 6책

모든 교과서를 한 권으로,
교육과정 필수 내용을 빠르고 쉽게!

국어 · 영어 · 수학 내신 + 수능 기본서

올림포스

국어, 영어, 수학 16책

내신과 수능의 기초를 다지는 기본서
학교 수업과 보충 수업용 선택 No.1

국어 · 영어 · 수학 개념+기출 기본서

올림포스 전국연합학력평가 기출문제집

국어, 영어, 수학 8책

개념과 기출을 동시에 잡는 신개념 기본서
최신 학력평가 기출문제 완벽 분석

한국사 · 사회 · 과학 개념 학습 기본서

개념완성

한국사, 사회, 과학 19책

한 권으로 완성하는 한국사, 탐구영역의 개념
부가 자료와 수행평가 학습자료 제공

수준에 따라 선택하는 영어 특화 기본서

영어 POWER 시리즈

Grammar POWER 3책
Reading POWER 4책
Listening POWER 2책
Voca POWER 2책

원리로 익히는 국어 특화 기본서

국어 독해의 원리

현대시, 현대 소설, 고전 시가, 고전 산문,
독서 5책

국어 문법의 원리

수능 국어 문법, 수능 국어 문법 180제 2책

유형별 문항 연습부터 고난도 문항까지

올림포스 유형편

수학(상), 수학(하), 수학 Ⅰ, 수학 Ⅱ,
확률과 통계, 미적분 6책

올림포스 고난도

수학(상), 수학(하), 수학 Ⅰ, 수학 Ⅱ,
확률과 통계, 미적분 6책

최다 문항 수록 수학 특화 기본서

수학의 왕도

수학(상), 수학(하), 수학 Ⅰ, 수학 Ⅱ,
확률과 통계, 미적분 6책

개념의 시각화 + 세분화된 문항 수록
기초에서 고난도 문항까지 계단식 학습

단기간에 끝내는 내신

단기 특강

국어, 영어, 수학 8책

얇지만 확실하게, 빠르지만 강하게!
내신을 완성시키는 문항 연습

50일 수학 하

정답과 풀이

초·중·고 수학의 맥을 잡는 50일

수학 개념 단기 보충 특강
취약점 보완을 위한 긴급 학습

'한눈에 보는 정답' 보기
& 정답과 풀이 다운로드

EBS

50일 수학 하

정답과 풀이

EBS 50일 수학 (하)

한눈에 보는 정답

본문 6~27쪽

THEME 06 함수

001 ㄱ, ㄷ **002** $f(x)=\frac{46}{x}$ **003** 10
004 A(2), B(−3) **005** 풀이 참조 **006** ④
007 ⑤ **008** ③, ⑤ **009** (1) $y=4x+2$ (2) $y=2x+1$
(3) $y=-2x$ (4) $y=-4x+2$ **010** (1) −1 (2) 4
011 $y=5x-9$ **012** ④ **013** ③ **014** ④
015 $y=-3x+9$ **016** $y=-x+1$ **017** ④
018 ② **019** ⑤ **020** ② **021** ②, ⑤ **022** ④
023 ② **024** ① **025** ③ **026** ④ **027** $x=1$
028 ⑤ **029** ④ **030** ⑤ **031** −2 **032** ②
033 ②, ④ **034** 3 **035** ⑤ **036** ④ **037** ⑤
038 $y=-2(x-3)^2$, (3, 0) **039** ④ **040** ②
041 ③ **042** ⑤ **043** ③ **044** ② **045** ④
046 −2, −1 **047** (1) 2 (2) 1 (3) 0 (4) 2
048 ② **049** $a<-\frac{1}{5}$ **050** ⑤ **051** ③
052 (1) 서로 다른 두 점에서 만난다. (2) 한 점에서 만난다.
053 ① **054** −1 **055** ② **056** ③ **057** ⑤
058 최댓값 : −1, 최솟값 : −5 **059** ⑤ **060** ③
061 정의역 : $X=\{1, 3, 5\}$, 공역 : $Y=\{1, 2, 3, 4, 5\}$
치역 : $\{2, 4, 5\}$
062 ⑤ **063** ② **064** ② **065** ③ **066** (2), (4)
067 (1) 64 (2) 24 **068** ⑤ **069** ② **070** ③
071 ② **072** (1) $4x^2-4x+3$ (2) $-2x^2-3$
073 ③ **074** ① **075** ② **076** ④
077 (1) −1 (2) 2 (3) 7 **078** $f^{-1}(x)=\frac{x+3}{4}$
079 ⑤ **080** (1) 8 (2) 2 (3) 2 (4) 6 **081** 7
082 $\frac{1}{2}$ **083** (1) 풀이 참조 (2) 풀이 참조
084 ③, ④, ⑤ **085** $(0, 0), \left(-\frac{1}{2}, -\frac{1}{2}\right), \left(\frac{1}{2}, \frac{1}{2}\right)$
086 ④ **087** (1) 2 (2) x^2-3x+9
088 (1) $\frac{2x+1}{(x-1)(x+2)}$ (2) $\frac{3x+1}{x+1}$ (3) $\frac{x}{2(x-1)}$
(4) $2(x+1)$ **089** ① **090** ① **091** $\frac{x+1}{x-1}$
092 ② **093** ④ **094** $p=2, q=1, k=-6$
095 ③ **096** ② **097** ③ **098** ③ **099** ④
100 ② **101** ② **102** ④
103 (1) $\sqrt{x}+1$ (2) $\sqrt{x+2}+\sqrt{x}$ **104** ② **105** ③
106 ④ **107** $y=\sqrt{3(x-2)}+3$ **108** ② **109** ③
110 ① **111** ③ **112** 정의역 : $\{x|x\geq 1\}$,
치역 : $\{y|y\geq 2\}$ **113** ⑤ **114** ④ **115** ③
116 ④

본문 28~59쪽

THEME 07 여러 가지 도형

001 ㄱ, ㄹ **002** ㄷ **003** 6 **004** ① **005** ④
006 14 **007** ④ **008** 8 cm **009** ④ **010** ①
011 ④ **012** 24 **013** $\angle a=55°$, $\angle b=80°$
014 175° **015** ③ **016** ④ **017** 65° **018** 60
019 ③ **020** (1) 130° (2) 60° **021** ③, ⑤ **022** ②
023 ④ **024** (1) 2 (2) 2 (3) ⊥ **025** $\angle a=120°$,
$\angle b=60°$ **026** $\angle a=135°$, $\angle b=130°$, $\angle c=50°$
027 (1) 95° (2) 50° **028** ① **029** ②
030 $\angle a=55°$, $\angle b=55°$ **031** ③ **032** ⑤
033 정십오각형 **034** 35 cm **035** 12 **036** ④
037 (1) 20 (2) 77 **038** 7 **039** (1) 75° (2) 130°
040 85° **041** 150° **042** (1) 42° (2) 105° **043** 70°
044 109° **045** ⑤ **046** (1) 100° (2) 140°
047 정십팔각형 **048** (1) 110° (2) 70° **049** 135°
050 ② **051** ② **052** 112 **053** (1) 110° (2) 12 cm
054 △ABC≡△EDF (ASA 합동)
055 ㉠과 ㉤, ㉡과 ㉥, ㉢과 ㉣ **056** ②, ④ **057** ⑤
058 ㉡, ㉤, ㉥ **059** ㉢ **060** 4 cm **061** ⑤
062 6 cm **063** ⑤ **064** 9 cm **065** 4 cm **066** 18 cm

067 6 cm **068** 24 cm **069** 36 cm^2 **070** 48 cm^2 **071** $\frac{16}{3}$
072 42 cm^2 **073** (1) 14 cm^2 (2) $\frac{15}{2}$ cm^2 **074** 15
075 5 **076** (1) 39 cm^2 (2) 20 cm^2 **077** 86 cm^2
078 높이 : $\frac{12}{5}$ cm, 넓이 : $\frac{72}{5}$ cm^2
079 (1) 20 cm^2 (2) 30 cm^2 **080** 9 cm^2
081 $(25\pi-50)$ cm^2 **082** ④ **083** ⑤ **084** ⑤
085 (1) 2 (2) 6 (3) 6 **086** ④ **087** ④ **088** ②
089 ④ **090** 8 cm **091** ②
092 원의 반지름의 길이 : 3 cm, 직사각형의 넓이 : 72 cm^2
093 (1) 12π cm (2) 14 cm **094** 80π cm
095 56π cm **096** (1) 100π cm^2 (2) 14 cm
097 가로의 길이 : 8π cm, 세로의 길이 : 8 cm
098 $(144-36\pi)cm^2$ **099** 8 **100** 44π cm^2
101 32π cm^2 **102** 2π cm **103** 24π cm^2
104 12 cm **105** (1) 18π cm^2 (2) 10π cm^2 **106** 6 cm
107 6π cm **108** (1) 40 (2) 6 **109** 63π cm^2
110 ①, ⑤ **111** ④ **112** ① **113** ④
114 (1) 삼각형 (2) 6, 육 (3) 4 **115** 정팔면체
116 ④ **117** ⑤ **118** 2 **119** $a=7$, $b=5$, $c=3$
120 3 **121** 5 **122** ⑤ **123** 10
124 팔각기둥 **125** 겉넓이 : 288 cm^2, 부피 : 240 cm^3
126 6 cm **127** ④ **128** ④ **129** 20 **130** ④
131 ⑤ **132** 72 cm^2 **133** 105 cm^2
134 4 **135** 70 cm^3 **136** 5 cm **137** 5
138 178 cm^2 **139** 10 cm^2 **140** 7 cm
141 $\frac{784}{3}$ cm^3 **142** 525 cm^3 **143** 4
144 ③ **145** ⑤ **146** ㄱ, ㄷ, ㅁ **147** ①
148 ④ **149** $x=6\pi$, $y=5$ **150** 130π cm^2
151 (1) 겉넓이 : 80π cm^2, 부피 : 96π cm^3
(2) 겉넓이 : 60π cm^2, 부피 : 63π cm^3
152 12π cm^3 **153** 132π cm^2
154 $\frac{25}{2}$ cm **155** (1) 40π cm^2 (2) 132π cm^2
156 144π cm^2 **157** 90π cm^2
158 50π cm^3 **159** ① **160** 33π cm^3
161 (1) 90π (2) 120π (3) 210π **162** 71π cm^2
163 (1) 104π cm^3 (2) 468π cm^3 **164** ④
165 겉넓이 : 16π cm^2, 부피 : $\frac{32}{3}\pi$ cm^3
166 (1) 144π cm^3 (2) 125π cm^3 **167** 36π cm^3
168 75π cm^3 **169** ③ **170** 3 cm

THEME 08 도형의 성질

001 (1) 70 (2) 50 **002** 10° **003** 55°
004 ∠B=45°, ∠BAD=45° **005** 5 cm **006** ④
007 10 **008** 3 **009** $x=55$, $y=4$ **010** 10
011 ④ **012** ① **013** 20° **014** 90° **015** 7
016 25° **017** 3 **018** ⑤ **019** $x=4$, $y=30$
020 25° **021** 115° **022** 2 cm **023** 60 cm **024** 7 cm
025 (1) $x=6$, $y=5$ (2) $x=4$, $y=4$ **026** 80° **027** 6
028 $x=65$, $y=8$ **029** $\overline{DF}$
030 $\angle x=50°$, $\angle y=40°$ **031** $x=10$, $y=40$
032 40° **033** 60° **034** $x=6$, $y=30$ **035** 70°
036 $\angle x=90°$, $\angle y=45°$ **037** ④
038 $\angle x=30°$, $\angle y=75°$ **039** 115° **040** ③
041 20° **042** ④, ⑤ **043** ③ **044** 15 cm^2
045 ② **046** ④ **047** 30 cm^2 **048** ①
049 ② **050** ⑤ **051** $x=6$, $y=\frac{8}{3}$ **052** 10 cm
053 ⑤ **054** ④ **055** $\frac{28}{3}$ **056** $\frac{16}{3}$ **057** 80
058 $\frac{9}{2}$ **059** $\frac{128}{3}$ cm^2 **060** 8 **061** 9
062 18 **063** (1) 6 (2) $\frac{48}{5}$ **064** $x=\frac{16}{3}$, $y=\frac{9}{2}$
065 ② **066** (1) 10 (2) 6 **067** $\overline{EC}$
068 (1) 20 (2) 5 **069** ④ **070** 12 **071** 4
072 2 cm **073** 20 cm **074** $x=6$, $y=5$ **075** 16
076 8 cm **077** 12 cm^2 **078** ② **079** 7 cm **080** 5 cm^2
081 72 cm^2 **082** 12 cm **083** 55π cm^2 **084** 32 cm^2
085 ④ **086** 216 mL **087** ④ **088** ②
089 (1) 6 (2) $3\sqrt{2}$ **090** $x=12$, $y=6\sqrt{3}$
091 $x=4$, $y=\sqrt{65}$ **092** 24 **093** ① **094** ①, ⑤
095 ④ **096** ④ **097** ① **098** ③ **099** $3\sqrt{3}$
100 30 cm^2 **101** 157 **102** $\sqrt{10}$ **103** $\sqrt{14}$ **104** 2, $\sqrt{2}$
105 (1) $x=3\sqrt{2}$, $y=3\sqrt{2}$ (2) $x=3$, $y=3\sqrt{2}$ **106** 10
107 3, $3\sqrt{3}$ **108** (1) $x=4\sqrt{3}$, $y=4$ (2) $x=2\sqrt{3}$, $y=\sqrt{3}$
109 $6\sqrt{3}$ **110** (1) 12 (2) $3\sqrt{2}$ **111** 30 cm^2 **112** ③
113 4 **114** $27\sqrt{3}$ cm^2 **115** ④ **116** -4
117 (가) $2\sqrt{2}$ (나) $2\sqrt{2}$ (다) 4 (라) $\overline{AC}$ **118** $\sqrt{34}$
119 (가) -4 (나) $\sqrt{37}$ (다) $\sqrt{37}$ **120** (1) $\sqrt{77}$ (2) $3\sqrt{3}$
121 $\sqrt{53}$ **122** $\sqrt{71}$ **123** $2\sqrt{7}$ **124** 25π

125 $h=3\sqrt{3}$, $V=9\sqrt{3}\pi$ **126** ③ **127** ④
128 $h=\frac{2\sqrt{6}}{3}$, $V=\frac{2\sqrt{2}}{3}$ **129** ③ **130** $\sqrt{3}$
131 $\sqrt{41}$ cm **132** 25 cm **133** 10π cm **134** 3 cm

본문 86~99쪽

THEME 09
삼각비와 원의 성질

001 ③ **002** $\sin C=\frac{2\sqrt{5}}{5}$, $\cos C=\frac{\sqrt{5}}{5}$, $\tan C=2$
003 6 cm **004** $6\sqrt{3}$ cm **005** $3\sqrt{10}$ cm
006 $\frac{3}{5}$ **007** $\frac{\sqrt{2}}{4}$ **008** $\frac{17}{13}$ **009** $\frac{\sqrt{70}}{14}$ **010** ④
011 $\frac{1}{4}+\sqrt{2}$ **012** ② **013** ⑤
014 (1) $2\sqrt{2}$ (2) 10 **015** $x=3\sqrt{2}$, $y=6\sqrt{2}$
016 $x=4\sqrt{3}$, $y=4$ **017** ⑤ **018** 0.4258 **019** ⑤
020 30° **021** $y=x+5$ **022** $\frac{6}{5}$ **023** 9 m
024 (가) $\sqrt{3}$ (나) 10 (다) $5(\sqrt{3}-1)$ **025** (1) $\frac{27\sqrt{3}}{2}$
(2) $\frac{15\sqrt{3}}{2}$ **026** 6 cm **027** 120° **028** $14\sqrt{3}$ cm²
029 $16\sqrt{3}$ cm² **030** 2 **031** $70\sqrt{3}$ cm²
032 32 cm² **033** 60° **034** $48\sqrt{3}$ cm²
035 $55\sqrt{3}$ cm² **036** $4\sqrt{2}$ cm² **037** 3
038 (가) 6 (나) $x-4$ (다) 6 (라) $\frac{13}{2}$ **039** (1) 8 (2) 2
040 $x=12$, $y=10$ **041** 40°
042 원의 반지름의 길이 : $2\sqrt{6}$ cm, 원의 넓이 : 24π cm²
043 8 cm **044** 12 **045** ∠POT=60°,
원의 반지름의 길이 : 4 **046** ⑤ **047** 50° **048** 4 cm
049 16 cm **050** 20 cm **051** 8 **052** 10 cm **053** 32 cm
054 (1) 75° (2) 80° **055** 60° **056** (1) 35° (2) 40°
057 (가) ∠PBQ (나) 94 (다) 64 **058** (1) 4 (2) 60
059 (가) ∠DCB (나) 64 **060** ②, ③ **061** 50°
062 $x=85$, $y=80$ **063** $\angle x=100°$, $\angle y=85°$
064 75° **065** ① **066** 80°
067 (1) $\angle x=60°$, $\angle y=70°$ (2) $\angle x=90°$, $\angle y=30°$
068 20° **069** 65° **070** $\angle x=65°$, $\angle y=45°$
071 $\angle x=80°$, $\angle y=60°$ **072** 65°

본문 100~112쪽

THEME 10
도형의 방정식

001 6 **002** 4 **003** -3 **004** 3 **005** 8
006 ② **007** $\mathrm{P}\left(\frac{1}{3}, -2\right)$ **008** ① **009** ③
010 ① **011** ④ **012** ⑤ **013** ② **014** ①
015 ⑤ **016** ② **017** $y=-5x+15$ **018** ⑤
019 -2 **020** (1) $x=3$ (2) $y=-1$ **021** 8
022 ③ **023** 2 **024** ①
025 (1) $y=-2x+4$ (2) $y=\frac{1}{2}x+\frac{3}{2}$
026 $y=2x+1$ **027** ⑤ **028** 2 **029** ③
030 $y=\frac{3}{4}x-1$ **031** ② **032** $\sqrt{13}$ **033** ⑤
034 (1) $(x+1)^2+(y-3)^2=4$ (2) $(x-4)^2+(y+3)^2=25$
035 ③ **036** $(3, 6)$ **037** ④ **038** ④
039 $(x+4)^2+(y-3)^2=16$ **040** ⑤ **041** 6
042 $k=0$ 또는 $k=1$
043 원의 중심 : $(1, -3)$, 반지름의 길이 : 4 **044** 24
045 (1) 서로 다른 두 점에서 만난다. (2) 만나지 않는다.
046 $\frac{5}{2}$ **047** ④ **048** ④ **049** ③
050 (1) $y=-3x\pm2\sqrt{10}$ (2) $y=2x\pm3\sqrt{5}$ **051** ②
052 ⑤ **053** ④ **054** ③ **055** (1) $2x+y=5$
(2) $\sqrt{2}x+\sqrt{3}y=5$ **056** ④ **057** ①
058 $\sqrt{3}x+y=4$, $-\sqrt{3}x+y=4$ **059** ① **060** ②
061 (1) $(-3, 7)$ (2) $(0, 4)$
062 $(x-5)^2+(y+4)^2=3$
063 ① **064** ② **065** ⑤
066 (1) x축 : $(4, 5)$, y축 : $(-4, -5)$, 원점 : $(-4, 5)$
(2) x축 : $(3, -6)$, y축 : $(-3, 6)$, 원점 : $(-3, -6)$
067 (1) 풀이 참조 (2) 풀이 참조 **068** ⑤
069 $\mathrm{P}(2, -3)$ **070** ②

본문 6~27쪽

THEME 06 함수

001_ 답 ㄱ, ㄷ

y가 x의 함수이려면 x의 값이 정해지면 y의 값이 오직 하나로 정해져야 한다.

ㄴ. $x=3$일 때, y의 값은 1, 3이다.
즉, x의 약수는 하나로 정해지지 않는다.

ㄹ. $x=5$일 때, y의 값은 1, 2, 3, 4이다.
즉, 자연수 x와 서로소인 자연수는 일반적으로 하나로 정해지지 않는다.

따라서 함수인 것은 ㄱ, ㄷ이다.

002_ 답 $f(x)=\frac{46}{x}$

(직사각형의 넓이)=(가로의 길이)×(세로의 길이)이므로

(세로의 길이)$=\frac{(\text{직사각형의 넓이})}{(\text{가로의 길이})}$가 성립한다.

따라서 $f(x)=\frac{46}{x}$

003_ 답 10

$f(2)$는 $x=2$일 때의 y의 값이므로

$f(2)=5\times2=10$

004_ 답 A(2), B(−3)

점 A의 좌표는 2이고, 점 B의 좌표는 −3이다.

005_ 답 A(2, 1), B(−3, −1), 점 C의 위치는 풀이 그림 참조

점 A의 x좌표는 2, y좌표는 1이므로

점 A의 좌표는 (2, 1)이고,

점 B의 x좌표는 −3, y좌표는 −1이므로

점 B의 좌표는 (−3, −1)이다.

점 C(3, −2)를 좌표평면에 표시하면 다음과 같다.

y
4
3
2
1
A
−4 −3 −2 −1 O 1 2 3 4 x
B
−1
−2
C
−3
−4

006_ 답 ④

제2사분면에 있는 점의 x좌표는 음수, y좌표는 양수이어야 한다.

따라서 제2사분면에 있는 점은 ④ (−1, 1)

① 제1사분면 위의 점

② 제4사분면 위의 점

③ 원점 (0, 0)은 어느 사분면 위에도 있지 않다.

⑤ 제3사분면 위의 점

007_ 답 ⑤

일차함수는 $y=ax+b$ (a, b는 상수, $a\neq0$) 꼴이다.

④ $y=x^2-x+1-x^2=-x+1$이므로 일차함수이다.

따라서 일차함수가 아닌 것은 ⑤ $y=\frac{x-1}{x}$이다.

008_ 답 ③, ⑤

x와 y의 관계식은 다음과 같다.

① $y=5x$

② $y=3x+500$

③ $y=x^2$

④ $y=7x$

⑤ $y=\frac{x(x-3)}{2}=\frac{1}{2}x^2-\frac{3}{2}x$

따라서 일차함수가 아닌 것은 ③, ⑤이다.

009_ 답 (1) $y=4x+2$ (2) $y=2x+1$ (3) $y=-2x$ (4) $y=-4x+2$

일차함수 $y=ax+b$의 그래프를 y축의 방향으로 c만큼 평행이동한 그래프가 나타내는 식은 $y=ax+b+c$이다.

(2) $y=2x+4-3$, $y=2x+1$

(3) $y=-2x+3-3$, $y=-2x$

(4) $y=-4x-5+7$, $y=-4x+2$

010_ 답 (1) -1 (2) 4

(1) $y=3x+3$에 $y=0$을 대입하면
$0=3x+3$, $x=-1$이므로 x절편은 -1

(2) $y=-x+4$에 $y=0$을 대입하면
$0=-x+4$, $x=4$이므로 x절편은 4

011_ 답 $y=5x-9$

$y=ax+b$에서 (기울기)$=a=5$, (y절편)$=b=-9$이므로
구하는 일차함수의 식은 $y=5x-9$이다.

012_ 답 ④

$y=3x+6$의 기울기는 3이고, $y=0$을 대입하면
$0=3x+6$, $x=-2$이므로 x절편은 -2
$x=0$을 대입하면 $y=6$이므로 y절편은 6
따라서 $a=3$, $b=-2$, $c=6$이므로
$a+b+c=3+(-2)+6=7$

013_ 답 ③

기울기가 3이므로 $y=3x+b$로 놓을 수 있다.
$x=2$, $y=9$를 대입하면 $9=3\times2+b$, $b=3$
따라서 구하는 일차함수의 식은 $y=3x+3$

014_ 답 ④

기울기가 -2이므로 $y=-2x+b$로 놓을 수 있다.
$x=1$, $y=6$을 대입하면 $6=-2\times1+b$, $b=8$
따라서 $y=-2x+8$이므로 이 직선의 y절편은 8

015_ 답 $y=-3x+9$

기울기가 -3이므로 $y=-3x+b$로 놓을 수 있다.
x절편이 3이므로 점 $(3, 0)$을 지난다.
$x=3$, $y=0$을 대입하면 $0=(-3)\times3+b$, $b=9$
따라서 구하는 일차함수의 식은 $y=-3x+9$

016_ 답 $y=-x+1$

두 점 A$(0, 1)$, B$(1, 0)$을 지나는 직선의 기울기는
$\frac{0-1}{1-0}=-1$이므로 $y=-x+b$로 놓을 수 있다.
점 A$(0, 1)$을 지나므로 $x=0$, $y=1$을 대입하면 $b=1$
따라서 구하는 일차함수의 식은 $y=-x+1$

017_ 답 ④

x절편이 2이므로 점 $(2, 0)$을 지난다. 따라서 두 점 $(2, 0)$과 $(3, 4)$를 지나는 일차함수의 식을 구하면 된다.
(기울기)$=\frac{4-0}{3-2}=4$이므로
$y=4x+b$로 놓을 수 있다.
$x=3$, $y=4$를 대입하면
$4=4\times3+b$, $b=-8$
따라서 구하는 일차함수의 식은 $y=4x-8$이므로
$a=4$, $b=-8$에서 $a+b=4+(-8)=-4$

018_ 답 ②

두 점 A$(4, 3)$, B$(-1, -2)$를 지나는 직선을 그래프로 하는 일차함수의 식을 구하면 된다.
(기울기)$=\frac{3-(-2)}{4-(-1)}=1$이므로 $y=x+b$로 놓을 수 있다.
점 A$(4, 3)$을 지나므로 $x=4$, $y=3$을 대입하면
$3=4+b$, $b=-1$이므로 일차함수의 식은 $y=x-1$이다.
점 C$(6, a)$를 지나므로 $x=6$, $y=a$를 대입하면
$a=6-1$, $a=5$

019_ 답 ⑤

⑤ y절편이 -1이므로 y축의 음의 부분과 만난다.

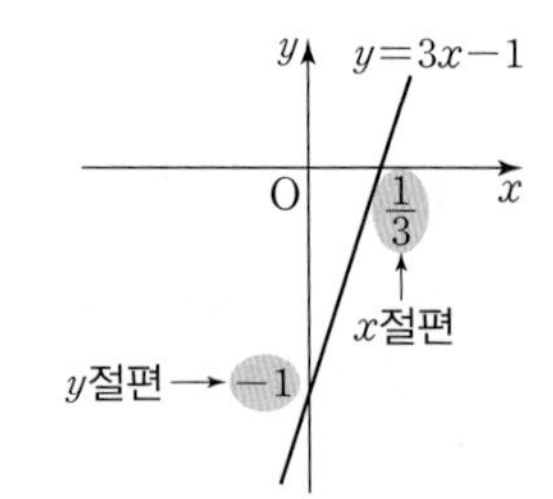

020_ 답 ②

기울기가 음수이므로 오른쪽 아래로 향하는 직선이며 y절편이 양수이므로 y축의 양의 부분과 만난다.
따라서 가능한 그래프는 ②이다.

021_ 답 ②, ⑤

$y=2x+1$의 그래프와 기울기가 같고 y절편이 달라야 하므로 기울기는 2이고 y절편은 1이 아닌 직선을 그래프로 하는 일차함수를 찾는다.
따라서 주어진 조건을 만족시키는 일차함수의 식은
② $y=2x-1$, ⑤ $y=2x$

022_ 답 ④

$y=3x-2$의 그래프와 평행하므로 기울기가 3이다.
일차함수의 식을 $y=3x+b$로 놓으면
점 $(-2, 3)$을 지나므로 $x=-2$, $y=3$을 대입하면
$3=3\times(-2)+b$, $b=9$
따라서 구하는 일차함수의 식은 $y=3x+9$

023_ 답 ②

$y=ax-7$의 그래프가 $y=-2x+1$의 그래프와 평행하므로
$a=-2$이다.
$y=-2x-7$의 그래프가 점 $(-2, b)$를 지나므로
$b=(-2)\times(-2)-7=-3$
따라서 $ab=(-2)\times(-3)=6$

024_ 답 ①

$2x+4y+9=0$에서 $4y=-2x-9$
따라서 $y=-\frac{1}{2}x-\frac{9}{4}$

025_ 답 ③

$2ax+2y+1=0$에서 $y=-ax-\frac{1}{2}$
따라서 기울기가 $-a$이므로
$-a=3$, $a=-3$

026_ 답 ④

$7x-2y+14=0$에서 $2y=7x+14$, $y=\frac{7}{2}x+7$ …… ㉠
y절편은 7이므로 $b=7$
x절편은 a이므로 ㉠에 $x=a$, $y=0$을 대입하면
$0=\frac{7}{2}a+7$, $a=-2$
따라서 $ab=(-2)\times7=-14$

027_ 답 $x=1$

오른쪽과 같이 점 $(1, 1)$과 점 $(1, 3)$을 지나는 직선은 y축과 평행하다.
따라서 구하는 일차방정식은 $x=1$

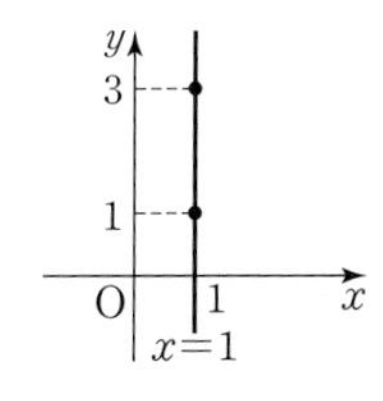

028_ 답 ⑤

$ax+y+b=0$에서 $y=-ax-b$
이 그래프가 x축과 평행하므로 $a=0$이다.
또한 점 $(2, 5)$를 지나므로 $5=0\times2-b$, $b=-5$이다.
따라서 $a+b=0+(-5)=-5$

029_ 답 ④

y축에 수직이므로 $y=q$ 꼴의 그래프이기 때문에 두 점의 y좌표가 같다.
$a-3=-a+5$, $2a=8$
따라서 $a=4$

030_ 답 ⑤

두 그래프의 교점의 좌표가 $(1, 2)$이므로
연립방정식의 해는 $(1, 2)$

031_ 답 -2

두 그래프의 교점의 좌표가 $(1, 1)$이므로
연립방정식의 해는 $x=1$, $y=1$이다.
이를 $ax+y+1=0$에 대입하면
$a+1+1=0$이므로 $a=-2$

032_ 답 ②

연립방정식의 해가 존재하지 않으므로 연립방정식으로 표현되는 두 그래프가 만나지 않아야 한다. 즉, 두 그래프가 평행하여야 하므로 기울기가 같고 y절편이 달라야 한다.
$-x+3y=5$에서 $y=\frac{1}{3}x+\frac{5}{3}$이고
$2x-ay=6$에서 $y=\frac{2}{a}x-\frac{6}{a}$이므로
$\frac{1}{3}=\frac{2}{a}$이며 $\frac{5}{3}\neq-\frac{6}{a}$이다.
따라서 $a=6$

033_ 답 ②, ④

$y=ax^2+bx+c$ ($a\neq0$, a, b, c는 상수) 꼴로 나타나는 함수가 이차함수이다.
②는 $y=-x-2$이므로 이차함수가 아니다.
④ $\frac{1}{x^2+x}$은 x에 대한 이차식이 아니므로 이차함수가 아니다.

034_ 답 3

점 $(3, a^2)$이 $y=x^2$의 그래프 위에 있으므로
$x=3$, $y=a^2$을 대입하면 $a^2=9$ $(a>0)$
따라서 $a=3$

035_ 답 ⑤

⑤ $x<0$일 때, x의 값이 증가하면 y의 값은 감소한다.

036_ 답 ④

$y=ax^2$의 그래프는 $a<0$이면 위로 볼록하다.
따라서 해당하는 것은 ㄴ, ㄷ, ㄹ의 3개이다.

037_ 답 ⑤

$y=ax^2$의 그래프가 위로 볼록하므로 $a<0$이다.
또한 $y=x^2$의 그래프보다 폭이 좁으므로 a의 절댓값은 1보다 크다.
따라서 a의 값이 될 수 있는 것은 ⑤ $-\frac{5}{4}$이다.

038_ 답 $y=-2(x-3)^2$, $(3, 0)$

$y=-2x^2$의 그래프를 x축의 방향으로 3만큼 평행이동한 그래프의 식은 $y=-2(x-3)^2$이다.
이 그래프의 꼭짓점의 좌표는 $(3, 0)$이다.

039_ 답 ④

$y=ax^2$의 그래프를 x축의 방향으로 1만큼, y축의 방향으로 3만큼 평행이동한 그래프의 식은 $y=a(x-1)^2+3$이다.
이 그래프가 점 $(2, 7)$을 지나므로 $x=2$, $y=7$을 대입하면
$7=a(2-1)^2+3$, $a=4$

040_ 답 ②

$y=2x^2$의 그래프를 x축의 방향으로 -2만큼, y축의 방향으로 1만큼 평행이동한 그래프의 식은 $y=2(x+2)^2+1$이다.
이 그래프가 점 $(1, a)$를 지나므로 $x=1$, $y=a$를 대입하면
$a=2(1+2)^2+1=2\times9+1=19$

041_ 답 ③

이차함수 $y=2(x-1)^2-3$은 $x=1$일 때 최솟값 -3을 갖고, 최댓값은 없다.

042_ 답 ⑤

$x=-3$일 때 최댓값 -8을 가지는 이차함수의 식은
$y=a(x+3)^2-8$ (a는 $a<0$인 상수) 꼴이다.
점 $(-4, -10)$을 지나므로 $x=-4$, $y=-10$을 대입하면
$-10=a-8$, $a=-2$
따라서 구하는 이차함수의 식은 $y=-2(x+3)^2-8$

043_ 답 ③

$y=x^2+2x-4=(x+1)^2-5$이므로
$x=-1$일 때 최솟값은 -5이다.

044_ 답 ②

$y=-3x^2+6x+k$
$=-3(x^2-2x+1-1)+k$
$=-3(x-1)^2+3+k$
이므로 최댓값은 $3+k$이다.
따라서 $3+k=5$이므로 $k=2$

045_ 답 ④

① $y=x^2+1$은 $x=0$일 때 최솟값 1을 가진다.
② $y=2(x-1)^2$은 $x=1$일 때 최솟값 0을 가진다.
③ $y=x^2+2x=(x+1)^2-1$이므로
$x=-1$일 때 최솟값 -1을 가진다.
④ $y=-(x+3)^2+1$은 최솟값이 없다.
⑤ $y=2x^2+4x+3=2(x+1)^2+1$은
$x=-1$일 때 최솟값 1을 가진다.

다른 풀이
이차함수에서 이차항의 계수가 음수이면 최솟값은 없으므로 해당하는 것은 ④이다.

046_ 답 -2, -1

그래프와 x축의 교점의 x좌표를 α, β $(\alpha<\beta)$라 하면
이차방정식 $x^2+3x+2=0$의 실근이 α, β이다.

$(x+2)(x+1)=0$에서 두 실근은 $\alpha=-2$, $\beta=-1$이므로
교점의 x좌표는 -2, -1이다.

047_ 답 (1) 2 (2) 1 (3) 0 (4) 2

$ax^2+bx+c=0$에서 $D=b^2-4ac$라 하면

(1) $y=2x^2+x-1$에서 $D=1^2-4\times2\times(-1)=9>0$이므로
교점의 개수는 2

(2) $y=x^2+2x+1$에서 $D=2^2-4\times1\times1=0$이므로
교점의 개수는 1

(3) $y=-2x^2+2x-8$에서 $D=2^2-4\times(-2)\times(-8)=-60<0$
이므로 교점의 개수는 0

(4) $y=x^2-3x+2$에서 $D=(-3)^2-4\times1\times2=1>0$이므로
교점의 개수는 2

048_ 답 ②

그래프가 x축과 한 점에서 만나므로
이차방정식 $-2x^2+4x+k=0$의 판별식을 D라 하면

$\frac{D}{4}=2^2-(-2)\times k=0$

$4+2k=0$에서 $k=-2$

049_ 답 $a<-\frac{1}{5}$

$y=ax^2-2(a+1)x+a-3$에서
이차방정식 $ax^2-2(a+1)x+a-3=0$의 판별식을 D라 하면

$\frac{D}{4}=(a+1)^2-a(a-3)<0$

$5a+1<0$, 즉 $a<-\frac{1}{5}$

050_ 답 ⑤

$y=-2x^2+a$의 그래프를 x축의 방향으로 1만큼, y축의 방향으로 -5만큼 평행이동한 그래프의 식은 $y=-2(x-1)^2+a-5$이다.
이 그래프가 x축과 접하므로
이차방정식 $-2x^2+4x+a-7=0$의 판별식을 D라 하면

$\frac{D}{4}=2^2-(-2)(a-7)=0$

$2a-10=0$, 즉 $a=5$

051_ 답 ③

이차함수 $y=x^2-3x+a$의 그래프가
직선 $y=2x-1$과 만나는 점의 x좌표는
$x^2-3x+a-2x+1=0$의 해와 같다.
$x=1$을 대입하면
$1-3+a-2+1=0$
따라서 $a=3$

052_ 답 (1) 서로 다른 두 점에서 만난다.
(2) 한 점에서 만난다.

(1) $-2x^2-x+1=x-1$
$-2x^2-x+1-x+1=0$
$-2x^2-2x+2=0$
판별식을 D라 하면
$D=(-2)^2-4\times(-2)\times2=20>0$
이므로 서로 다른 두 점에서 만난다.

(2) $-2x^2-x+1=3x+3$
$-2x^2-x+1-3x-3=0$
$-2x^2-4x-2=0$
판별식을 D라 하면
$D=(-4)^2-4\times(-2)\times(-2)=0$
이므로 한 점에서 만난다.

053_ 답 ①

$x^2-3x+1=x+k$, $x^2-3x+1-(x+k)=0$
$x^2-4x+1-k=0$에서 판별식을 D라 하면
$D=(-4)^2-4\times1\times(1-k)=0$이므로
$16-4+4k=0$
따라서 $k=-3$

054_ 답 -1

이차함수 $y=x^2-3x$의 그래프와 직선 $y=-5x+k$가 만나므로
$x^2-3x-(-5x+k)=0$이 실근을 가진다.
$x^2+2x-k=0$에서 판별식을 D라 하면
$D=2^2-4\times1\times(-k)\geq0$
$4+4k\geq0$, $k\geq-1$
따라서 k의 최솟값은 -1

055_ 답 ②

이차함수 $y=-x^2-x+2$의 그래프와 직선 $y=-3x+k$가 만나지 않으므로

$-x^2-x+2-(-3x+k)=0$의 판별식 D에 대하여 $D<0$이다.

$-x^2-x+2+3x-k=0$

$-x^2+2x+2-k=0$

$\frac{D}{4}=1^2-(-1)\times(2-k)<0$, $1+2-k<0$, $k>3$

따라서 정수 k의 최솟값은 4

056_ 답 ③

$y=2(x-1)^2-1$은 x의 값의 범위가 실수 전체일 때 $x=1$에서 최솟값 -1을 가지므로 $\alpha=1$

또한 축이 직선 $x=1$이므로 $2\le x\le 3$에서는 $x=2$일 때 최솟값을 가진다. 즉, $\beta=2$

따라서 $\alpha+\beta=1+2=3$

057_ 답 ⑤

$y=3x^2-6x+4$

$=3(x^2-2x+1-1)+4$

$=3(x-1)^2+1$

에서 $x=1$에서 최솟값 1을 가지므로 $a=1$, $b=1$

따라서 $a+b=1+1=2$

058_ 답 최댓값 : -1, 최솟값 : -5

$y=x^2-6x+4$

$=x^2-6x+9-5$

$=(x-3)^2-5$

이 이차함수의 꼭짓점의 좌표는 $(3, -5)$이다.

따라서 $x=3$일 때 최솟값 -5를 가지고

$x=5$일 때 최댓값 -1을 가진다.

059_ 답 ⑤

$y=x^2-6x+k$

$=x^2-6x+9-9+k$

$=(x-3)^2+k-9$

이므로 $x=3$일 때 최솟값 $k-9$를 가진다.

따라서 $k-9=-4$이므로 $k=5$

060_ 답 ③

$y=-2x^2+4kx+6k+1$

$=-2(x^2-2kx+k^2-k^2)+6k+1$

$=-2(x-k)^2+2k^2+6k+1$

이므로 $x=k$일 때 최댓값 $2k^2+6k+1$을 가진다.

$2k^2+6k+1=9$, $k^2+3k-4=0$

따라서 위의 이차방정식의 두 근은 모두 실근이므로 모든 실수 k의 값의 합은 이차방정식의 근과 계수의 관계에 의하여 -3이다.

061_ 답 정의역 : $X=\{1, 3, 5\}$

공역 : $Y=\{1, 2, 3, 4, 5\}$

치역 : $\{2, 4, 5\}$

062_ 답 ⑤

정의역의 각 값에 대한 함숫값이 공역의 원소이어야 한다.

따라서 X에서 Y로의 함수인 것은 ⑤ $f(x)=|x-2|$이다.

①에서 $f(0)=3$, ②에서 $f(2)=3$,

③에서 $f(1)=\sqrt{2}$, ④에서 $f(0)=\frac{1}{2}$

이므로 함숫값이 공역의 원소가 아니다.

063_ 답 ②

정의역이 집합 $X=\{-2, -1, 0, 1\}$에서

$f(-2)=(-2)^2+1=5$, $f(-1)=(-1)^2+1=2$

$f(0)=0^2+1=1$, $f(1)=1^2+1=2$

이므로 치역은 $\{1, 2, 5\}$이다.

따라서 치역의 모든 원소의 합은 $1+2+5=8$

064_ 답 ②

$f(0)=0$, $f(1)=1$이므로 $b=1$이다.

$Y=\{0, 1\}$이므로 $f(a)=0$ 또는 $f(a)=1$이다.

$f(a)=0$이면 $a^2=0$, $a=0$이므로 $a<0$에 모순이다.

따라서 $f(a)\ne 0$

$f(a)=1$이므로 $a^2=1$

$a<0$이므로 $a=-1$

따라서 $a=-1$, $b=1$이므로
$a+b=(-1)+1=0$

065_ 답 ③

$f(x)=x^2+2x-4$, $g(x)=5x-6$이므로
두 함수가 같기 위해서는 정의역의 두 원소가
$x^2+2x-4=5x-6$
즉, $x^2+2x-4-5x+6=0$의 해가 되어야 한다.
$x^2-3x+2=0$, $(x-1)(x-2)=0$
$x=1$ 또는 $x=2$
따라서 $a+b=1+2=3$

066_ 답 (2), (4)

일대일함수는 정의역의 임의의 두 원소 x_1, x_2에 대하여
$x_1 \neq x_2$이면 $f(x_1) \neq f(x_2)$이어야 한다.
이를 만족시키는 함수는 (2) $y=2x-1$과 (4) $y=\sqrt{x}$이다.
(1) $f(x)=x^2$은 $f(-1)=f(1)=1$이고
(3) $f(x)=|x|$는 $f(-1)=f(1)=1$이므로
일대일함수가 아니다.

067_ 답 (1) 64 (2) 24

(1) X에서 Y로의 함수의 개수는 X의 세 원소에 대하여 Y의 원소 4가지 중 한 가지를 대응시키는 경우의 수이므로 $4^3=64$이다.
(2) X에서 Y로의 일대일함수의 개수는 a의 함숫값으로 4가지, b의 함숫값으로 a의 함숫값을 제외한 3가지, c의 함숫값으로 a, b의 함숫값을 제외한 2가지를 선택하는 경우의 수이므로 $4\times3\times2=24$이다.

068_ 답 ⑤

$f(x)$가 일대일대응이고 $a<0$이므로
$x=1$일 때 $y=6$이고, $x=3$일 때 $y=2$이다.
이를 대입하면 $\begin{cases} a+b=6 \\ 3a+b=2 \end{cases}$
따라서 $a=-2$, $b=8$이므로
$ab=(-2)\times8=-16$

069_ 답 ②

상수함수는 $f(x)=c$ (c는 상수) 꼴이고, 상수 c가 될 수 있는 수가 3개이므로 상수함수의 개수는 3이다.
항등함수의 개수는 1이다.
따라서 $a=3$, $b=1$이므로 $a+b=3+1=4$

070_ 답 ③

정의역의 모든 원소에 대한 함숫값이 자기 자신이어야 한다.
즉, $f(-1)=-1$, $f(1)=1$을 만족시키면 된다.
이를 만족시키는 것은 ㄱ. $f(x)=x^3$, ㄴ. $f(x)=x^2+x-1$이다.

071_ 답 ②

g는 상수함수이므로 $g(2)=g(1)=3$이고, f는 항등함수이므로 $f(3)=3$이다.
따라서 $f(3)+g(1)=3+3=6$

072_ 답 (1) $4x^2-4x+3$ (2) $-2x^2-3$

(1) $(f\circ g)(x)=f(g(x))=f(-2x+1)$
$=(-2x+1)^2+2$
$=4x^2-4x+3$
(2) $(g\circ f)(x)=g(f(x))=g(x^2+2)$
$=-2(x^2+2)+1$
$=-2x^2-3$

073_ 답 ③

$(f\circ f)(-1)=f(f(-1))=f(-2+k)$
$=2(-2+k)+k=-4+3k=5$
따라서 $k=3$

074_ 답 ①

$(f\circ f)(0)=f(f(0))=f(-2)=-4$,
$(f\circ g)(1)=f(g(1))=f(1)=-1$,
$(g\circ f)(1)=g(f(1))=g(-1)=1$이므로
$(f\circ f)(0)+(f\circ g)(1)-(g\circ f)(1)$
$=-4+(-1)-1=-6$

075_ 답 ②

$(f\circ g)(a)=f(g(a))=f(a-2)$
$=-(a-2)^2+2(a-2)+1$

$=-a^2+4a-4+2a-4+1$

$=-a^2+6a-7$

$(g\circ f)(a)=g(f(a))=g(-a^2+2a+1)$

$=-a^2+2a+1-2=-a^2+2a-1$

$-a^2+6a-7=-a^2+2a-1$, $4a=6$

따라서 $a=\frac{3}{2}$

076_ 답 ④

$f(-1)=f(3)=0$, $f(0)=3$이므로

$h(-1)=(f\circ f)(-1)=f(f(-1))=f(0)=3$

$h(0)=(f\circ f)(0)=f(f(0))=f(3)=0$

$h(3)=(f\circ f)(3)=f(f(3))=f(0)=3$

따라서 $h(-1)+h(0)+h(3)=3+0+3=6$

077_ 답 (1) -1 (2) 2 (3) 7

(1) $f(3)=-1$

(2) $f(2)=-3$이므로 $f^{-1}(-3)=2$

(3) $f(3)=-1$, $f(4)=-4$이므로

$f^{-1}(-1)+f^{-1}(-4)=3+4=7$

078_ 답 $f^{-1}(x)=\frac{x+3}{4}$

$y=4x-3$에서 $4x=y+3$, $x=\frac{y+3}{4}$이다.

x, y를 서로 바꾸면 $y=\frac{x+3}{4}$

따라서 $f^{-1}(x)=\frac{x+3}{4}$

079_ 답 ⑤

$g^{-1}(k)=a$라 하면 $(f\circ g^{-1})(k)=f(g^{-1}(k))=3$에서

$f(a)=3$이다.

$4a-5=3$, $a=2$

$g^{-1}(k)=a$에서 $g(a)=k$, $g(2)=k$

$k=g(2)=-5$

080_ 답 (1) 8 (2) 2 (3) 2 (4) 6

(1) $f(2)=8$

(2) $f^{-1}(8)=2$

(3) $(f^{-1}\circ f)(2)=f^{-1}(f(2))=f^{-1}(8)=2$

(4) $(f\circ f^{-1})(6)=f(f^{-1}(6))=f(3)=6$

081_ 답 7

$(f\circ(g\circ f)^{-1}\circ g)\circ f=(f\circ f^{-1}\circ g^{-1}\circ g)\circ f=f$

이므로 구하는 값은

$f(3)=7$

082_ 답 $\frac{1}{2}$

$(g\circ f)(x)=g(x+1)$

$=-2(x+1)+4$

$=-2x+2$

한편, $(g\circ f)^{-1}$를 구하기 위하여

$y=-2x+2$라 하면

$x=\frac{2-y}{2}=1-\frac{y}{2}$

이므로 x, y를 서로 바꾸면

$y=1-\frac{x}{2}$

즉, $(g\circ f)^{-1}(x)=1-\frac{x}{2}$이다.

그런데 $(g\circ f)^{-1}(x)=(f^{-1}\circ g^{-1})(x)$이므로

$(f^{-1}\circ g^{-1})(x)=-\frac{x}{2}+1$

따라서 $a=-\frac{1}{2}$, $b=1$이므로

$a+b=\frac{1}{2}$

083_ 답 (1)

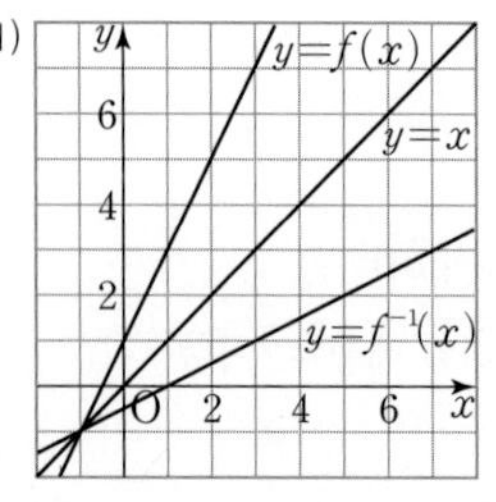

(2)

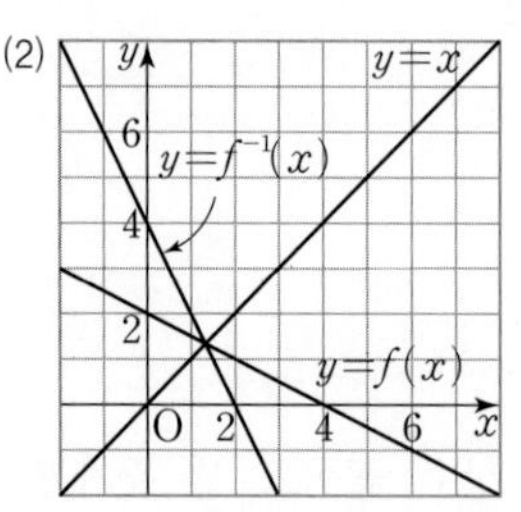

084_ 답 ③, ④, ⑤

함수 $y=f(x)$와 $y=f^{-1}(x)$의 그래프의 교점이 (a, b)가 될 필요충분조건은 $f(a)=b$, $f(b)=a$이다.
따라서 세 점 $(1, 3)$, $(2, 2)$, $(3, 1)$이 $y=f(x)$와 $y=f^{-1}(x)$의 그래프의 교점이다.

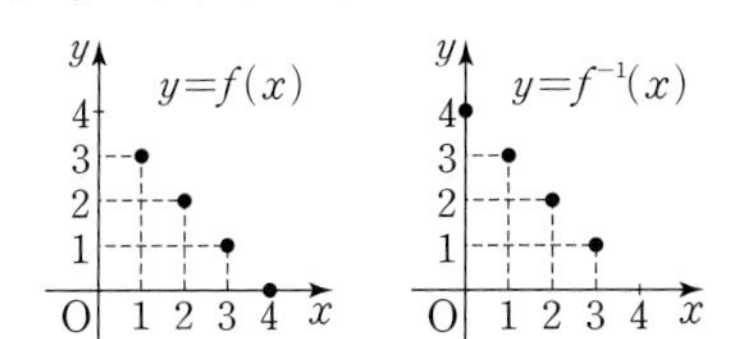

085_ 답 $(0, 0)$, $\left(-\frac{1}{2}, -\frac{1}{2}\right)$, $\left(\frac{1}{2}, \frac{1}{2}\right)$

함수 $y=4x^3$은 x의 값이 증가할 때, y의 값도 증가하는 함수이므로 $y=f(x)$와 $y=f^{-1}(x)$의 그래프의 교점의 좌표는 $y=f(x)$와 $y=x$의 그래프의 교점의 좌표와 같다.

$4x^3=x$, $x(2x+1)(2x-1)=0$

$x=0$ 또는 $x=-\frac{1}{2}$ 또는 $x=\frac{1}{2}$

따라서 교점의 좌표는 $(0, 0)$, $\left(-\frac{1}{2}, -\frac{1}{2}\right)$, $\left(\frac{1}{2}, \frac{1}{2}\right)$

086_ 답 ④

$f(x)=(x-2)^2$ $(x\geq2)$과 그 역함수의 그래프는 오른쪽과 같다.
$y=f(x)$와 $y=f^{-1}(x)$의 그래프의 교점은 $y=f(x)$의 그래프와 직선 $y=x$의 교점과 같다.
교점을 구하기 위하여 $(x-2)^2=x$에서

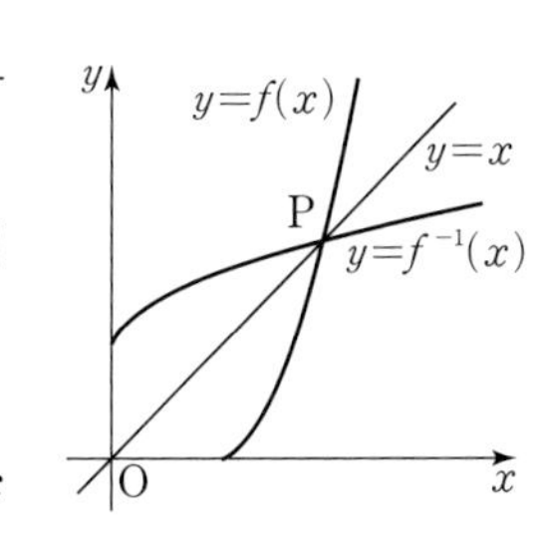

$(x-1)(x-4)=0$, $x=1$ 또는 $x=4$
$x\geq2$이므로 교점은 $\mathrm{P}(4, 4)$이다.
따라서 $\overline{\mathrm{OP}}=\sqrt{4^2+4^2}=4\sqrt{2}$

087_ 답 (1) 2 (2) x^2-3x+9

(1) $\frac{2x+8}{x+4}=\frac{2(x+4)}{x+4}=2$

(2) $\frac{x^3+27}{x+3}=\frac{(x+3)(x^2-3x+9)}{x+3}$
$=x^2-3x+9$

088_ 답 (1) $\frac{2x+1}{(x-1)(x+2)}$ (2) $\frac{3x+1}{x+1}$ (3) $\frac{x}{2(x-1)}$ (4) $2(x+1)$

(1) $\frac{1}{x-1}+\frac{1}{x+2}=\frac{x+2+x-1}{(x-1)(x+2)}$
$=\frac{2x+1}{(x-1)(x+2)}$

(2) $3-\frac{2}{x+1}=\frac{3x+3-2}{x+1}=\frac{3x+1}{x+1}$

(3) $\frac{x+1}{2x}\times\frac{x^2}{x^2-1}=\frac{x+1}{2x}\times\frac{x^2}{(x+1)(x-1)}$
$=\frac{x}{2(x-1)}$

(4) $\frac{x^2+3x+2}{x-3}\div\frac{x+2}{2x-6}$
$=\frac{(x+2)(x+1)}{x-3}\times\frac{2(x-3)}{x+2}$
$=2(x+1)$

089_ 답 ①

$\frac{1}{x(x+1)}=\frac{1}{x}-\frac{1}{x+1}$

$\frac{1}{(x+1)(x+2)}=\frac{1}{x+1}-\frac{1}{x+2}$

주어진 식을 간단히 하면

$\frac{1}{x}-\frac{1}{x+2}=\frac{2}{x(x+2)}$

따라서 $a=2$, $b=2$이므로 $a+b=2+2=4$

090_ 답 ①

$\frac{2x}{x+1}+\frac{1}{x-2}=\frac{2x(x-2)}{(x+1)(x-2)}+\frac{x+1}{(x+1)(x-2)}$
$=\frac{2x^2-3x+1}{(x+1)(x-2)}$
$=\frac{(x-1)(2x-1)}{(x+1)(x-2)}$

따라서 $a=2$, $b=-1$이므로 $a+b=2+(-1)=1$

091_ 답 $\frac{x+1}{x-1}$

$$2-\frac{1}{1+\frac{2}{x-3}}=2-\frac{1}{\frac{x-1}{x-3}}=2-\frac{x-3}{x-1}$$
$$=\frac{2x-2-x+3}{x-1}=\frac{x+1}{x-1}$$

092_ 답 ②

$y=\frac{2}{x}$의 그래프를 x축의 방향으로 1만큼 평행이동한 그래프의 식은 $y=\frac{2}{x-1}$이다.

점 $(2,\ a)$를 지나므로 $x=2$, $y=a$를 대입하면

$a=\frac{2}{2-1}=2$

093_ 답 ④

$y=\frac{k}{x}$에 $x=3$, $y=4$를 대입하면 $4=\frac{k}{3}$, $k=12$

$y=\frac{12}{x}$에 $x=2$, $y=m$을 대입하면

$m=\frac{12}{2}=6$

따라서 $k+m=12+6=18$

094_ 답 $p=2,\ q=1,\ k=-6$

점근선의 방정식이 $x=2$, $y=1$에서

$y=\frac{k}{x-2}+1$로 나타낼 수 있으므로 $p=2$, $q=1$이다.

이 함수의 그래프가 점 $(0,\ 4)$를 지나므로 $x=0$, $y=4$를 대입하면

$4=\frac{k}{0-2}+1$, $k=-6$

095_ 답 ③

$y=\frac{k}{x-2}+1$의 그래프가 점 $(4,\ 0)$을 지나므로 $x=4$, $y=0$을 대입하면

$0=\frac{k}{4-2}+1$, $k=-2$

$y=\frac{-2}{x-2}+1$의 그래프를 그리면 오른쪽과 같다.

따라서 이 그래프가 지나지 않는 사분면은 제3사분면이다.

096_ 답 ②

치역이 $\{y\,|\,y\neq-3$인 실수$\}$이므로 $f(x)=\frac{k}{x+a}-3$이다.

점 $(1,\ -4)$를 지나므로 $x=1$, $y=-4$를 대입하면 $k=-a-1$

점 $(0,\ -5)$를 지나므로 $x=0$, $y=-5$를 대입하면 $k=-2a$

$$\begin{cases} k=-a-1 & \cdots\cdots ㉠ \\ k=-2a & \cdots\cdots ㉡ \end{cases}$$

㉠, ㉡에서

$-a-1=-2a$

$a=1$

$a=1$을 ㉠에 대입하면

$k=-1-1=-2$

$f(x)=\frac{-2}{x+1}-3$이므로

$-5\leq x\leq-3$에서 함수 $f(x)$의 최댓값은

$f(-3)=\frac{-2}{-3+1}-3=-2$

097_ 답 ③

$y=\frac{x+1}{x-1}=\frac{x-1+2}{x-1}=\frac{2}{x-1}+1$

따라서 $a=2$, $b=1$이므로 $a+b=2+1=3$

098_ 답 ③

$y=\frac{2x+7}{x+2}=\frac{2(x+2)+3}{x+2}=\frac{3}{x+2}+2$이므로

이 함수의 그래프의 점근선의 방정식은 $x=-2$, $y=2$이다.

따라서 $a=-2$, $b=2$이므로 $a+b=-2+2=0$

099_ 답 ④

ㄴ. $y=\frac{3}{x-1}+2$는 $y=\frac{3}{x}$의 그래프를 x축의 방향으로 1만큼, y축의 방향으로 2만큼 평행이동한 그래프의 식이다.

ㄷ. $y=\frac{-2x+5}{x-1}=\frac{-2(x-1)+3}{x-1}=\frac{3}{x-1}-2$이므로 이 함수의 그래프는 $y=\frac{3}{x}$의 그래프를 x축의 방향으로 1만큼, y축의 방향으로 -2만큼 평행이동한 것이다.

따라서 $y=\frac{3}{x}$의 그래프를 평행이동하여 겹쳐질 수 있는 것은 ㄴ, ㄷ이다.

100_ 답 ②

$y=\frac{-4x+1}{2x+3}=\frac{-2(2x+3)+7}{2x+3}=\frac{7}{2x+3}-2$이므로

주어진 식의 그래프는 다음과 같다.

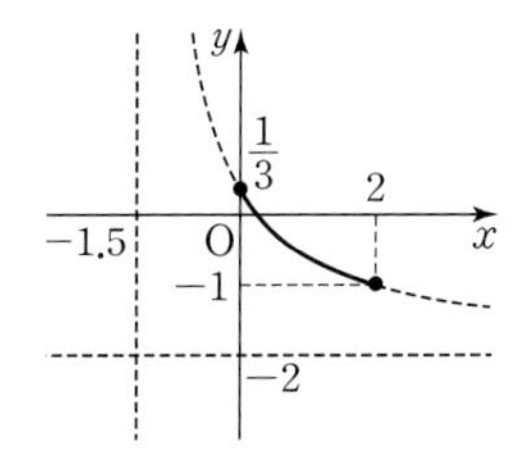

$x=0$일 때 최대, $x=2$일 때 최소가 된다.

따라서 $M=\frac{1}{3}$, $m=\frac{-4\times2+1}{2\times2+3}=-\frac{7}{7}=-1$이므로

$Mm=-\frac{1}{3}$

101_ 답 ②

$g(-5)=k$라 하면

$f(k)=-5$이므로

$\frac{k+3}{-k+1}=-5$, $k+3=-5(-k+1)$, $k=2$

따라서 $g(-5)=k=2$

102_ 답 ④

ㄱ. $\frac{2\sqrt{x}+4}{\sqrt{x}+2}=\frac{2(\sqrt{x}+2)}{\sqrt{x}+2}=2$

ㄴ. $(\sqrt{x+1})^2=x+1$

따라서 무리식은 ㄷ, ㄹ이다.

103_ 답 (1) $\sqrt{x}+1$ (2) $\sqrt{x+2}+\sqrt{x}$

(1) $\frac{x-1}{\sqrt{x}-1}=\frac{(x-1)(\sqrt{x}+1)}{(\sqrt{x}-1)(\sqrt{x}+1)}=\sqrt{x}+1$

(2) $\frac{2}{\sqrt{x+2}-\sqrt{x}}=\frac{2(\sqrt{x+2}+\sqrt{x})}{(\sqrt{x+2}-\sqrt{x})(\sqrt{x+2}+\sqrt{x})}$

$=\sqrt{x+2}+\sqrt{x}$

104_ 답 ②

주어진 두 무리식의 값이 실수가 되기 위해서는

$11-3x\geq0$, $x+2\geq0$이어야 한다.

$-2\leq x\leq\frac{11}{3}$이므로 이를 만족시키는 정수의 개수는 6

105_ 답 ③

$f(x)=\sqrt{2x-1}$ 의 정의역은 $2x-1\geq0$이어야 하므로

$\left\{x\middle|x\geq\frac{1}{2}\right\}$이다.

또한, $g(x)=\sqrt{2-3x}$의 정의역은 $2-3x\geq0$이어야 하므로

$\left\{x\middle|x\leq\frac{2}{3}\right\}$이다.

따라서 $a=\frac{1}{2}$, $b=\frac{2}{3}$이므로 $ab=\frac{1}{2}\times\frac{2}{3}=\frac{1}{3}$

106_ 답 ④

$y\leq4$이므로 $y=-(x-3)^2+4$에서 $x-3=\pm\sqrt{-y+4}$

$x\geq3$이므로 $x-3=\sqrt{-y+4}$, $x=\sqrt{-y+4}+3$

역함수는 $y=\sqrt{-x+4}+3$

따라서 $a=4$, $b=3$이므로 $a+b=4+3=7$

107_ 답 $y=\sqrt{3(x-2)}+3$

$y=\sqrt{3x}$의 그래프를 x축의 방향으로 2만큼 평행이동한 그래프의 식은 $y=\sqrt{3(x-2)}$이고, 이를 y축의 방향으로 3만큼 평행이동한 그래프의 식은 $y=\sqrt{3(x-2)}+3$이다.

108_ 답 ②

$f(x)=\sqrt{kx}$의 그래프가 점 (8, 4)를 지나므로

점 (8, 4)를 대입하면 $4=\sqrt{8k}$, $k=2$

따라서 $f(2)=\sqrt{2\times2}=2$

109_ 답 ③

$y=\sqrt{x+k}$의 그래프를 x축의 방향으로 $-k$만큼, y축의 방향으로 2만큼 평행이동한 그래프의 식은 $y=\sqrt{x+2k}+2$이다.

점 (3, 5)를 지나므로 $x=3$, $y=5$를 대입하면

$5=\sqrt{3+2k}+2$, $3=\sqrt{3+2k}$

따라서 $k=3$

110_ 답 ①

각각의 그래프를 그리면 오른쪽과 같다.

따라서 제4사분면을 지나는 것은 ㄱ이다.

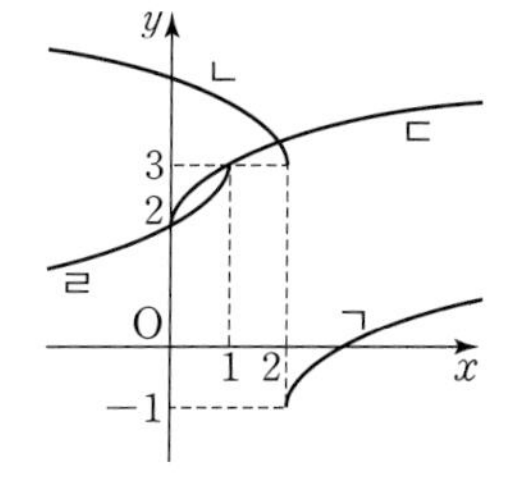

111_ 답 ③

$y=\sqrt{3x+2}=\sqrt{3\left(x+\frac{2}{3}\right)}$이므로

$y=\sqrt{3x+2}$는 $y=\sqrt{3x}$의 그래프를 x축의 방향으로 $-\frac{2}{3}$만큼 평행이동한 그래프의 식이다.

$y=\sqrt{3x-1}+2=\sqrt{3\left(x-\frac{1}{3}\right)}+2$이므로

$y=\sqrt{3x-1}+2$는 $y=\sqrt{3x}$의 그래프를 x축의 방향으로 $\frac{1}{3}$만큼, y축의 방향으로 2만큼 평행이동한 그래프의 식이다.

112_ 답 정의역 : $\{x|x\geq1\}$
치역 : $\{y|y\geq2\}$

$y=\sqrt{3x}$의 그래프를 x축의 방향으로 1만큼 평행이동하면
$y=\sqrt{3(x-1)}$이고, 이를 y축의 방향으로 2만큼 평행이동하면
$y=\sqrt{3(x-1)}+2$이다.
따라서 정의역은 $\{x|x\geq1\}$, 치역은 $\{y|y\geq2\}$

113_ 답 ⑤

$y=\sqrt{2x+a}+5$는 정의역은 $\left\{x\middle|x\geq-\frac{a}{2}\right\}$이고,

치역은 $\{y|y\geq5\}$이므로 $x=-\frac{a}{2}=-2$일 때 최솟값 5를 가진다.

따라서 $a=4$, $b=5$이므로 $a+b=4+5=9$

114_ 답 ④

정의역이 $\{x|x\leq4\}$이므로 $c=4$이다.
또한 치역이 $\{y|y\leq1\}$이므로 $b=1$이다.
그래프가 점 $(3, 0)$을 지나므로 $x=3$, $y=0$을 대입하면
$0=a\sqrt{-3+4}+1=a+1$, $a=-1$
따라서 $a+b+c=-1+1+4=4$

115_ 답 ③

$y=\sqrt{x+3}-4$의 그래프는 오른쪽과 같다.

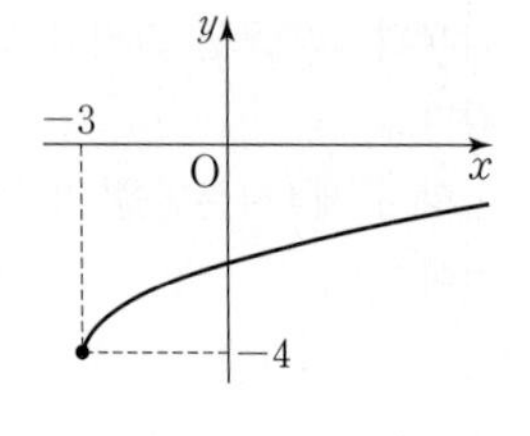

$x=a$일 때 최솟값 -2,
$x=6$일 때 최댓값 M을 가진다.
$-2=\sqrt{a+3}-4$에서
$\sqrt{a+3}=2$
$a+3=4$, $a=1$
$M=\sqrt{6+3}-4$, $M=-1$
따라서 $a+M=1+(-1)=0$

116_ 답 ④

$f(1)=2$, $f(2)=1$이므로
$2=\sqrt{a+b}$, $1=\sqrt{2a+b}$이다.
$4=a+b$, $1=2a+b$이므로 두 식을 연립하여 풀면
$a=-3$, $b=7$
따라서 $f(x)=\sqrt{-3x+7}$이다.
$-3\leq x\leq1$에서 $x=-3$일 때 최댓값을 가지므로
함수 $f(x)$의 최댓값은
$f(-3)=\sqrt{(-3)\times(-3)+7}=\sqrt{16}=4$

THEME 07 여러 가지 도형

001_ 답 ㄱ, ㄹ

ㄱ. 선분 AB
ㄴ. 반직선 BA
ㄷ. 반직선 AB
ㄹ. 선분 BA
ㅁ. 곡선이므로 선분이 아니다.
ㅂ. 꺾인 부분이 있으므로 선분이 아니다.

002_ 답 ㄷ

반직선 AB는 점 A에서 시작하여 점 B의 방향으로 한없이 계속되는 직선의 일부분이다.

003_ 답 6

어느 세 점도 한 직선 위에 있지 않는 네 점 A, B, C, D를 이용하여 그을 수 있는 서로 다른 직선은 $\overleftrightarrow{AB}$, $\overleftrightarrow{AC}$, $\overleftrightarrow{AD}$, $\overleftrightarrow{BC}$, $\overleftrightarrow{BD}$, $\overleftrightarrow{CD}$의 6개이다.

004_ 답 ①

②, ⑤ 시작점과 방향이 각각 같은 반직선은 서로 같다.
③ $\overleftrightarrow{AB}$, $\overleftrightarrow{AC}$, $\overleftrightarrow{BA}$, $\overleftrightarrow{BC}$, $\overleftrightarrow{CA}$, $\overleftrightarrow{CB}$는 모두 같은 직선이다.
④ 양 끝점이 같은 선분은 서로 같다.

005_ 답 ④

④ $\overrightarrow{AB}$와 $\overrightarrow{BA}$는 시작점도 다르고, 방향도 반대인 서로 다른 반직선이다.

006_ 답 14

두 점 A, B 사이의 거리는 $\overline{AB}$의 길이와 같으므로 $x=8$
두 점 B, C 사이의 거리는 $\overline{BC}$의 길이와 같으므로 $y=6$
따라서 $x+y=14$

007_ 답 ④

④ $\overline{AP}=\overline{PM}=\overline{MN}=\overline{NB}$이므로 $\overline{PM}=\frac{1}{4}\overline{AB}$

008_ 답 8 cm

$\overline{AB}=2\overline{AC}$
$=2\times2\overline{AD}=4\overline{AD}$
$=4\times2=8(\text{cm})$

009_ 답 ④

④ $\angle D=70^\circ$이므로 예각이다.

010_ 답 ①

① 180°는 평각이다.

011_ 답 ④

④ $\angle AOE$의 맞꼭지각은 $\angle BOF$이다.

012_ 답 24

맞꼭지각의 크기는 서로 같으므로
$2x-50=70-3x$
$5x=120$
따라서 $x=24$

013_ 답 $\angle a=55^\circ$, $\angle b=80^\circ$

맞꼭지각의 크기는 서로 같으므로 $\angle a=55^\circ$
$\angle b=180^\circ-(55^\circ+45^\circ)=180^\circ-100^\circ=80^\circ$

014_ 답 175°

$\angle a$의 동위각은 $\angle b$이고
$\angle b=180^\circ-80^\circ=100^\circ$
$\angle b$의 엇각은 75°
따라서 $\angle a$의 동위각의 크기와 $\angle b$의 엇각의 크기의 합은
$100^\circ+75^\circ=175^\circ$

015_ 답 ③

③ $\angle d$의 크기는 $\angle b$의 크기와 같다.

016_ 답 ④

④ 삼각형의 세 내각의 크기의 합은 180°인데
$15^\circ+65^\circ+90^\circ=170^\circ$이므로 15°, 65°, 90°는 삼각형의 세 내각의 크기가 될 수 없다.

017_ 답 65°

사각형의 네 내각의 크기의 합은 360°이므로
$140^\circ+70^\circ+\angle C+\angle D=360^\circ$
$140^\circ+70^\circ+\angle D+20^\circ+\angle D=360^\circ$
$230^\circ+2\angle D=360^\circ$
따라서 $\angle D=65^\circ$

018_ 답 60

삼각형의 세 내각의 크기의 합은 180°이므로
$x+(x-10)+70=180$
$2x+60=180$
$2x=120$
따라서 $x=60$

019_ 답 ③

① $\angle ABC=45^\circ$이므로 예각이다.
② $\angle C=180^\circ-(35^\circ+45^\circ)=100^\circ$
④ 크기가 같은 두 각이 없으므로 이등변삼각형이 아니다.
⑤ $\angle A+\angle B=35^\circ+45^\circ=80^\circ$
$\angle ACB=100^\circ$이므로 $\angle A$와 $\angle B$의 크기의 합은 $\angle ACB$의 크기보다 작다.

020_ 답 (1) 130° (2) 60°

(1) $\overline{AB}=\overline{AC}$인 이등변삼각형 ABC에서
$\angle B=\angle C$이므로
$\angle A+\angle B+\angle C=\angle A+50^\circ=180^\circ$
따라서 $\angle A=130^\circ$
(2) $\overline{AB}=\overline{BC}=\overline{AC}=8\text{ cm}$인 정삼각형이므로
$\angle A=\angle B=\angle C$이다.
$\angle A+\angle B+\angle C=3\angle A=180^\circ$
따라서 $\angle A=60^\circ$

021_ 답 ③, ⑤

주어진 세 변의 길이에 대해 가장 긴 한 변의 길이가 다른 두 변의 길이의 합보다 작아야 삼각형이 될 수 있다.
① $3+3=6$이므로 삼각형이 될 수 없다.
② $5+6<12$이므로 삼각형이 될 수 없다.
③ $7+7>7$이므로 삼각형이 될 수 있다.
④ $3+4<9$이므로 삼각형이 될 수 없다.
⑤ $4+7>9$이므로 삼각형이 될 수 있다.

022_ 답 ②

② 두 변의 길이와 그 끼인각의 크기가 아닌 다른 각의 크기가 주어지면 삼각형이 하나로 정해지지 않는다.

023_ 답 ④

④ 점 C와 점 D 사이의 거리는 $\overline{CD}$의 길이와 같으므로 4 cm보다 길다.

024_ 답 (1) 2 (2) 2 (3) ⊥

(1) $\overline{AM}=\overline{BM}$이므로
$\overline{AB}=\overline{AM}+\overline{BM}=2\overline{BM}$
(2) $\overline{AM}=\frac{1}{2}\overline{AB}$
$=\frac{1}{2}\times4=2(\text{cm})$
(3) 직선 l과 $\overline{AB}$는 수직이므로 $l\perp\overline{AB}$

025_ 답 $\angle a=120^\circ$, $\angle b=60^\circ$

$l /\!/ m$일 때 동위각의 크기가 같으므로
$\angle a=120^\circ$
$\angle b=180^\circ-\angle a$
$=180^\circ-120^\circ=60^\circ$

026_ 답 $\angle a=135^\circ$, $\angle b=130^\circ$, $\angle c=50^\circ$

$l /\!/ m$일 때, 엇각의 크기는 같으므로
$\angle c=50^\circ$
$\angle a=180^\circ-45^\circ=135^\circ$
$\angle b=180^\circ-50^\circ=130^\circ$

027_ 답 (1) 95° (2) 50°

(1) 오른쪽 그림과 같이 두 직선 l, m에 평행한 직선 n을 그으면

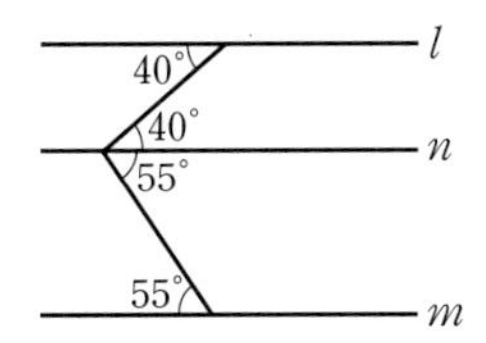

$l /\!/ m /\!/ n$이므로

$\angle x=40^\circ+55^\circ$

따라서 $\angle x=95^\circ$

(2) 오른쪽 그림과 같이 두 직선 l, m에 평행한 직선 n, k를 그으면

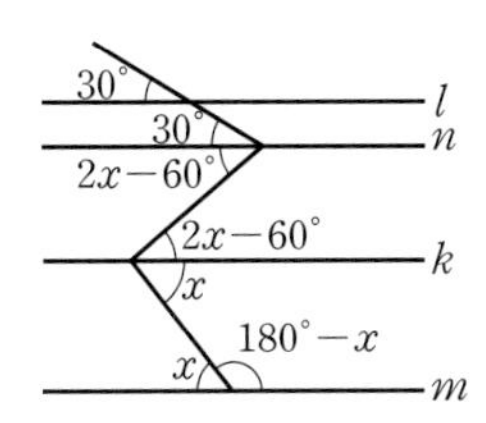

$l /\!/ m /\!/ n /\!/ k$이므로

$2\times\angle x-60^\circ+\angle x=90^\circ$

$3\angle x=150^\circ$

따라서 $\angle x=50^\circ$

028_ 답 ①

$l /\!/ m$이므로 평행선의 성질에 의해

$\angle \mathrm{ABC}=27^\circ+53^\circ=80^\circ$

$\angle \mathrm{ABD}=3\angle \mathrm{DBC}$이므로

$\angle \mathrm{ABC}=\angle \mathrm{ABD}+\angle \mathrm{DBC}$

$=3\angle \mathrm{DBC}+\angle \mathrm{DBC}$

$=4\angle \mathrm{DBC}$

따라서

$\angle \mathrm{DBC}=\frac{1}{4}\angle \mathrm{ABC}$

$=\frac{1}{4}\times 80^\circ=20^\circ$

029_ 답 ②

접은 부분의 각의 크기는 서로 같으므로

$\angle \mathrm{DEF}=\angle \mathrm{GEF}=62^\circ$

$\overline{\mathrm{AD}} /\!/ \overline{\mathrm{BC}}$이므로 엇각의 크기가 같다.

따라서 $\angle \mathrm{EFG}=\angle \mathrm{DEF}=62^\circ$

$\triangle \mathrm{EGF}$에서

$\angle \mathrm{EGF}=180^\circ-(62^\circ+62^\circ)$

$=180^\circ-124^\circ=56^\circ$

030_ 답 $\angle a=55^\circ$, $\angle b=55^\circ$

동위각의 크기가 같으면 평행하므로

$p /\!/ q$이려면 $\angle a=55^\circ$

$l /\!/ m$이려면 $\angle b=\angle a=55^\circ$이어야 한다.

031_ 답 ③

엇각의 크기가 같으면 평행하므로

$\angle x=\angle a=180^\circ-130^\circ=50^\circ$

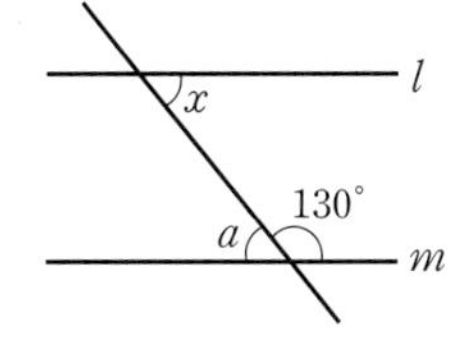

032_ 답 ⑤

① 동위각의 크기가 같으므로 $l /\!/ n$

② 엇각의 크기가 같으므로 $p /\!/ q$

③ 맞꼭지각의 크기는 같으므로

$\angle a=73^\circ$

④ $p /\!/ q$이므로 동위각의 크기가 같다. 그러므로

$\angle b=180^\circ-55^\circ=125^\circ$

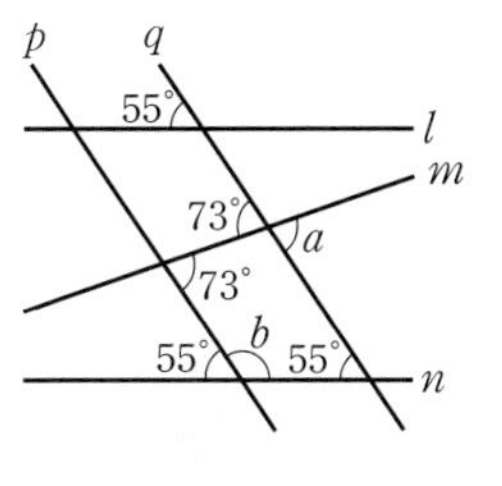

⑤ 직선 p와 직선 m이 이루는 각의 크기는 73°이므로 두 직선은 서로 수직이 아니다.

033_ 답 정십오각형

변의 길이가 모두 같고 각의 크기가 모두 같은 다각형은 정다각형이고, 변의 개수가 15인 정다각형은 정십오각형이다.

034_ 답 35 cm

정다각형은 변의 길이가 모두 같으므로 한 변의 길이가 5 cm인 정칠각형의 둘레의 길이는 $5\times 7=35$(cm)이다.

035_ 답 12

정다각형은 변의 길이가 모두 같으므로 한 변의 길이가 3 cm이고, 둘레의 길이가 36 cm인 정다각형의 변의 개수는 $36\div 3=12$이다.

036_ 답 ④

n각형의 한 꼭짓점에서 그을 수 있는 대각선의 개수가 $(n-3)$이므로 $n-3=6$, $n=9$

따라서 한 꼭짓점에서 그을 수 있는 대각선의 개수가 6인 다각형은 구각형이다.

037_ 답 (1) 20 (2) 77

(1) 팔각형의 대각선의 개수는

$\frac{8(8-3)}{2}=20$

(2) 십사각형의 대각선의 개수는

$\frac{14(14-3)}{2}=77$

038_ 답 7

대각선의 개수가 14인 다각형의 변의 개수를 n이라 하면

$\frac{n(n-3)}{2}=14$

$n^2-3n=28$, $(n+4)(n-7)=0$

$n>3$이므로 $n=7$

따라서 대각선의 개수가 14인 다각형의 변의 개수는 7이다.

039_ 답 (1) 75° (2) 130°

(1) $\angle C=105°$이므로

$\angle C$의 외각의 크기는 $180°-105°=75°$

(2) $\angle A=180°-(25°+105°)$

$=180°-130°=50°$

따라서 $\angle A$의 외각의 크기는 $180°-50°=130°$

040_ 답 85°

$\angle BCD=360°-(65°+90°+110°)$

$=360°-265°=95°$

따라서 $\angle BCD$의 외각의 크기는 $180°-95°=85°$

041_ 답 150°

정다각형은 모든 내각의 크기가 같으므로 한 외각의 크기가 30°이면 한 내각의 크기는

$180°-30°=150°$

042_ 답 (1) 42° (2) 105°

(1) $66°+72°+\angle x=180°$

$138°+\angle x=180°$

따라서 $\angle x=42°$

(2) 삼각형의 한 외각의 크기는 이와 이웃하지 않는 두 내각의 크기의 합과 같으므로

$\angle x=60°+45°=105°$

043_ 답 70°

삼각형의 세 내각의 크기의 합은 180°이므로

세 내각 중 크기가 가장 큰 내각의 크기는

$\frac{7}{5+6+7}\times 180°=\frac{7}{18}\times 180°=70°$

044_ 답 109°

$\triangle ABC$에서 세 내각의 크기의 합이 180°이므로

$\angle BAC=180°-(\angle B+\angle C)$

$=180°-(30°+68°)=82°$

또,

$\angle DAC=\angle BAD=\frac{1}{2}\angle BAC$

$=\frac{1}{2}\times 82°=41°$

따라서

$\angle ADB=\angle DAC+\angle C$

$=41°+68°=109°$

045_ 답 ⑤

한 꼭짓점에서 그은 대각선에 의해 생기는 삼각형의 개수가 5인 다각형의 내각의 크기의 합은

$180°\times 5=900°$

046_ 답 (1) 100° (2) 140°

(1) 오각형의 내각의 크기의 합은

$180°\times(5-2)=180°\times 3=540°$이므로

$\angle x+100°+120°+85°+135°=540°$

$\angle x+440°=540°$

따라서 $\angle x=100°$

(2) 육각형의 내각의 크기의 합은

$180°\times(6-2)=180°\times4=720°$이므로

$90°+110°+90°+\angle x+130°+160°=720°$

$\angle x+580°=720°$

따라서 $\angle x=140°$

047_ 답 정십팔각형

한 내각의 크기가 160°인 정다각형의 변의 개수를 n이라 하면

$$\frac{180°\times(n-2)}{n}=160°$$

$180n-360=160n$, $20n=360$, $n=18$

따라서 한 내각의 크기가 160°인 정다각형은 정십팔각형이다.

048_ 답 (1) 110° (2) 70°

(1) $\angle x+110°+140°=360°$

$\angle x+250°=360°$

따라서 $\angle x=110°$

(2) $115°+75°+\angle x+100°=360°$

$\angle x+290°=360°$

따라서 $\angle x=70°$

049_ 답 135°

$\angle x$의 외각의 크기는 $180°-\angle x$, 120°의 외각의 크기는 60°, 130°의 외각의 크기는 50°이므로

$(180°-\angle x)+60°+70°+50°+75°+60°=360°$

$495°-\angle x=360°$

따라서 $\angle x=135°$

050_ 답 ②

한 내각의 크기와 한 외각의 크기의 비가 7 : 2인 정다각형의 한 외각의 크기는 $\frac{2}{7+2}\times180°=40°$이다.

한 외각의 크기가 40°인 정n각형에 대해 $\frac{360°}{n}=40°$

$n=9$이므로 정구각형이다.

051_ 답 ②

□ABCD≡□EFGH이므로

① $\overline{AB}=\overline{EF}$

③ $\overline{DC}=\overline{HG}$

④ $\angle A=\angle E$

⑤ $\angle C=\angle G$

052_ 답 112

□ABCD≡□PQRS이므로 대응변의 길이와 대응각의 크기가 각각 같다.

$\overline{RQ}=\overline{CB}=7$ cm이므로 $x=7$

또, $\angle QPS=\angle BAD=105°$이므로 $y=105$

따라서 $x+y=7+105=112$

053_ 답 (1) 110° (2) 12 cm

(1) $\angle D=\angle A=180°-(30°+40°)=110°$

(2) $\overline{EF}=\overline{BC}=12$ cm

054_ 답 △ABC≡△EDF (ASA 합동)

△ABC와 △EDF에서 $\overline{BC}=\overline{DF}=5$ cm

$\angle B=\angle D=50°$, $\angle C=\angle F=43°$이므로

△ABC≡△EDF (ASA 합동)

055_ 답 ㉠과 ㉤, ㉡과 ㉥, ㉢과 ㉣

㉠과 ㉤은 두 쌍의 변의 길이가 각각 같고, 그 끼인각의 크기가 같으므로 합동이다. (SAS 합동)

㉡과 ㉥은 한 쌍의 변의 길이가 같고, 그 양 끝각의 크기가 각각 같으므로 합동이다. (ASA 합동)

㉢과 ㉣은 세 쌍의 변의 길이가 각각 같으므로 합동이다. (SSS 합동)

056_ 답 ②, ④

두 쌍의 변의 길이가 각각 같으므로 나머지 한 쌍의 변의 길이가 같거나 그 끼인각의 크기가 같으면 두 삼각형은 합동이다.

057_ 답 ⑤

$\angle B=180^\circ-(83^\circ+40^\circ)=57^\circ$,

$\angle F=180^\circ-(83^\circ+57^\circ)=40^\circ$이므로

$\triangle ABC$와 $\triangle DEF$에서

$\overline{BC}=\overline{EF}=8$ cm, $\angle B=\angle E=57^\circ$, $\angle C=\angle F=40^\circ$

이므로 $\triangle ABC\equiv\triangle DEF$ (ASA 합동)

⑤ $\triangle ABC$가 이등변삼각형이 아니므로 $\overline{AC}\neq 8$ cm

058_ 답 ㉡, ㉤, ㉥

두 쌍의 대변이 각각 평행한 사각형은 ㉡, ㉤, ㉥이다.

059_ 답 ㉢

한 쌍의 대변만 평행한 사각형은 ㉢이다.

060_ 답 4 cm

평행사변형의 두 쌍의 대변의 길이는 각각 같으므로

$\overline{AB}=\overline{DC}=7$ cm, $\overline{BC}=\overline{AD}$

$14+2\overline{BC}=22$, $2\overline{BC}=8$

따라서 $\overline{BC}=4$ cm

061_ 답 ⑤

⑤ 직사각형은 일반적으로 네 변의 길이가 모두 같지 않으므로 마름모가 아니다.

062_ 답 6 cm

$\overline{AB}=\overline{DC}=2$ cm

$\overline{BC}=\overline{AD}=4$ cm이므로

$\overline{AB}+\overline{BC}=2+4=6$(cm)

063_ 답 ⑤

두 대각선의 중점이 같다는 것은 두 대각선이 서로를 이등분한다는 것과 같으므로 평행사변형이다.

따라서 두 대각선이 서로 수직이고, 내각의 크기가 모두 같으며 평행사변형의 성질을 만족시키는 사각형은 정사각형이다.

064_ 답 9 cm

직사각형의 세로의 길이를 x cm라 하면

$(6+x)\times 2=30$, $6+x=15$

따라서 $x=9$이므로

직사각형의 세로의 길이는 9 cm이다.

065_ 답 4 cm

직사각형의 세로의 길이를 x cm라 하면

정사각형의 둘레의 길이가 $6\times 4=24$(cm)이므로

$(x+8)\times 2=24$, $x+8=12$

따라서 $x=4$이므로

직사각형의 세로의 길이는 4 cm이다.

066_ 답 18 cm

정사각형의 한 변의 길이를 x cm라 하면

직사각형의 둘레의 길이가 $(20+16)\times 2=72$(cm)이므로

$4x=72$

따라서 $x=18$이므로 정사각형의 한 변의 길이는 18 cm이다.

067_ 답 6 cm

정사각형의 한 변의 길이를 x cm라 하면

직사각형의 넓이가 $9\times 4=36(\text{cm}^2)$이므로

$x^2=36$, $x>0$이므로 $x=6$

따라서 정사각형의 한 변의 길이는 6 cm이다.

068_ 답 24 cm

직사각형에서 길이가 9 cm인 변과 이웃한 변의 길이를 x cm라 하면

$9x=27$

따라서 $x=3$이므로

직사각형의 둘레의 길이는 $(9+3)\times 2=24$(cm)이다.

069_ 답 36 cm^2

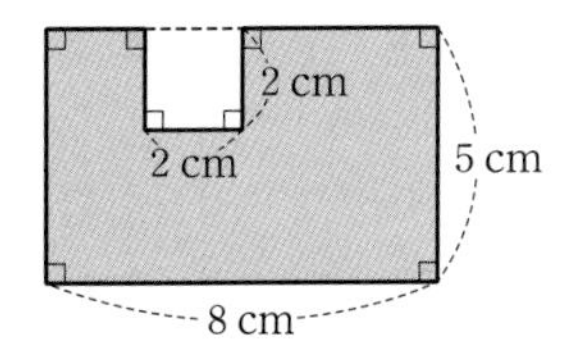

큰 직사각형의 넓이는 $8\times5=40(\text{cm}^2)$,
정사각형의 넓이는 $2\times2=4(\text{cm}^2)$이므로
색칠한 부분의 넓이는 $40-4=36(\text{cm}^2)$이다.

070_ 답 48 cm^2

$8\times6=48(\text{cm}^2)$

071_ 답 $\frac{16}{3}$

$6\times x=4\times8$, $6x=32$

따라서 $x=\frac{16}{3}$

072_ 답 42 cm^2

겹친 부분은 밑변의 길이가 7 cm이고, 높이는 6 cm인 평행사변형이므로 넓이는 $7\times6=42(\text{cm}^2)$이다.

073_ 답 (1) 14 cm^2 (2) $\frac{15}{2}$ cm^2

(1) $\frac{1}{2}\times7\times4=14(\text{cm}^2)$

(2) $\frac{1}{2}\times5\times3=\frac{15}{2}(\text{cm}^2)$

074_ 답 15

삼각형의 밑변의 길이를 9 cm, 높이를 5 cm라 하면

넓이는 $\frac{1}{2}\times9\times5=\frac{45}{2}(\text{cm}^2)$

삼각형의 밑변의 길이를 x cm, 높이를 3 cm라 하면

넓이는 $\frac{1}{2}\times x\times3=\frac{45}{2}$

$3x=45$이므로 $x=15$

075_ 답 5

색칠한 부분의 넓이는 밑변의 길이가 4 cm이고, 높이가 각각 2 cm, x cm인 두 삼각형의 넓이의 합과 같다.

$\frac{1}{2}\times4\times2+\frac{1}{2}\times4\times x=4+2x=14$

따라서 $2x=10$이므로 $x=5$

076_ 답 (1) 39 cm^2 (2) 20 cm^2

(1) $\frac{1}{2}\times(5+8)\times6=\frac{1}{2}\times13\times6=39(\text{cm}^2)$

(2) $\frac{1}{2}\times(5+3)\times5=\frac{1}{2}\times8\times5=20(\text{cm}^2)$

077_ 답 86 cm^2

사다리꼴의 넓이는

$\frac{1}{2}\times(7+13)\times6=\frac{1}{2}\times20\times6=60(\text{cm}^2)$

삼각형의 넓이는 $\frac{1}{2}\times13\times4=26(\text{cm}^2)$

따라서 다각형의 넓이는 $60+26=86(\text{cm}^2)$이다.

078_ 답 높이 : $\frac{12}{5}$ cm, 넓이 : $\frac{72}{5}$ cm^2

사다리꼴의 높이를 x cm라 하면

밑변의 길이를 5 cm로 하는 직각삼각형의 높이도 x cm이므로

$\frac{1}{2}\times3\times4=\frac{1}{2}\times5\times x$, $x=\frac{12}{5}$

따라서 사다리꼴의 높이는 $\frac{12}{5}$ cm이므로 넓이는

$\frac{1}{2}\times(5+7)\times\frac{12}{5}=\frac{1}{2}\times12\times\frac{12}{5}=\frac{72}{5}(\text{cm}^2)$

079_ 답 (1) 20 cm^2 (2) 30 cm^2

(1) $\frac{1}{2}\times8\times5=20(\text{cm}^2)$

(2) $\frac{1}{2}\times10\times6=30(\text{cm}^2)$

080_ 답 9 cm^2

가로의 길이가 6 cm, 세로의 길이가 3 cm인 직사각형의 각 변의 중점을 이어서 만든 마름모는 두 대각선의 길이가 각각 6 cm, 3 cm이므로 넓이는

$\frac{1}{2}\times6\times3=9(\text{cm}^2)$

081_ 답 $(25\pi-50)\ \text{cm}^2$

마름모의 두 대각선의 길이가 모두 10 cm이므로 넓이는

$\frac{1}{2}\times10\times10=50(\text{cm}^2)$

따라서 색칠된 부분의 넓이는 $(25\pi-50)\text{cm}^2$

082_ 답 ④

④ $\overline{\text{CD}}$는 $\overline{\text{AB}}$와 평행하므로 만나지 않는다.

083_ 답 ⑤

⑤ 두 변 BC와 CD가 점 C와 한 점에서 만난다.
그러므로 점 C와 한 점에서 만나는 변의 개수는 2이다.

084_ 답 ⑤

⑤ $\overline{\text{CG}}$는 $\overline{\text{CD}}$와 한 점에서 만나는 모서리이다.

085_ 답 (1) 2 (2) 6 (3) 6

(1) $\overline{\text{AB}}$를 포함하는 면은
면 ABCDEF, 면 AGHB의 2개이다.

(2) 면 GHIJKL과 평행한 모서리는
$\overline{\text{AB}}$, $\overline{\text{BC}}$, $\overline{\text{CD}}$, $\overline{\text{DE}}$, $\overline{\text{EF}}$, $\overline{\text{FA}}$의 6개이다.

(3) 면 ABCDEF에 수직인 모서리는
$\overline{\text{AG}}$, $\overline{\text{BH}}$, $\overline{\text{CI}}$, $\overline{\text{DJ}}$, $\overline{\text{EK}}$, $\overline{\text{FL}}$의 6개이다.

086_ 답 ④

④ 대칭축을 중심으로 접었을 때 완전히 겹쳐지지 않는다.

087_ 답 ④

④ 선대칭도형이라는 특징으로 $\overline{\text{EF}}=7$ cm인지 아닌지 알 수 없다.

088_ 답 ②

점대칭도형은 대칭의 중심을 기준으로 180° 돌리면 완전히 겹쳐지는 도형이다. 두 대각선이 서로 다른 것을 이등분하는 평행사변형은 점대칭도형이므로 평행사변형의 성질을 만족시키는 직사각형, 마름모, 정사각형도 점대칭도형이다.

② 사다리꼴은 일반적으로 점대칭도형이 아니다.

089_ 답 ④

④ $\overline{\text{DE}}$의 대응변은 $\overline{\text{AB}}$이므로 $\overline{\text{DE}}=\overline{\text{AB}}=4$ cm

090_ 답 8 cm

원 O에서 $\overline{\text{OB}}=\overline{\text{OA}}=5$ cm이고,
원 O′에서 $\overline{\text{O'B}}=\overline{\text{O'C}}=3$ cm이므로
$\overline{\text{OO'}}=\overline{\text{OB}}+\overline{\text{O'B}}=5+3=8(\text{cm})$

091_ 답 ②

① $\overline{\text{AC}}$는 원 O의 지름이므로 $\overline{\text{AC}}=2\times3=6(\text{cm})$

② $\overline{\text{BC}}$의 길이는 알 수 없다.

③ $\overline{\text{OA}}$, $\overline{\text{OB}}$는 반지름이므로 $\overline{\text{OA}}=\overline{\text{OB}}=3$ cm

④ 반원은 호와 지름인 현으로 이루어진 도형은 활꼴이다.

⑤ 두 반지름과 호로 이루어진 도형이므로 부채꼴이다.

따라서 옳지 않은 것은 ②이다.

092_ 답 원의 반지름의 길이: 3 cm, 직사각형의 넓이: 72 cm²

원의 반지름의 길이를 x cm라 하면 다음과 같이 직사각형의 가로의 길이는 $4x$ cm, 세로의 길이는 $2x$ cm이다.

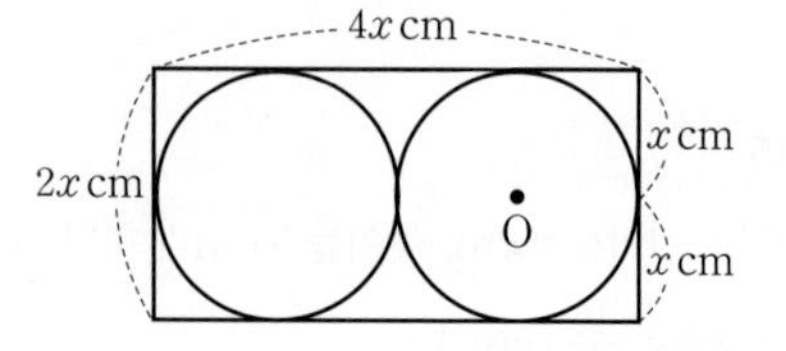

$2\times(4x+2x)=36$, $12x=36$, $x=3$

따라서 원의 반지름의 길이는 3 cm이고, 직사각형의 넓이는 $12\times6=72(\text{cm}^2)$이다.

093_ 답 (1) 12π cm (2) 14 cm

(1) 반지름의 길이가 6 cm인 원의 원주는

$2\pi\times6=12\pi(\text{cm})$

(2) 원주가 14π cm인 원의 지름의 길이를 x cm라 하면

$\pi x=14\pi$, $x=14$

따라서 지름의 길이는 14 cm이다.

094_ 답 80π cm

$\overline{PP'}$의 길이는 반지름의 길이가 40 cm인 원의 원주와 같으므로

$2\pi\times40=80\pi(\text{cm})$

095_ 답 56π cm

원 O의 원주는 $\pi\times28=28\pi(\text{cm})$

원 O′의 지름의 길이는 14 cm이므로

원 O′의 원주는 $\pi\times14=14\pi(\text{cm})$

원 O″의 지름의 길이는 14 cm이므로

원 O″의 원주는 $\pi\times14=14\pi(\text{cm})$

따라서 색칠한 부분의 둘레의 길이는

$28\pi+14\pi+14\pi=56\pi(\text{cm})$

096_ 답 (1) 100π cm^2 (2) 14 cm

(1) 반지름의 길이가 10 cm인 원의 넓이는

$\pi\times10^2=100\pi(\text{cm}^2)$

(2) 넓이가 49π cm^{2}인 원의 반지름의 길이를 r cm라 하면

$\pi r^2=49\pi$, $r^2=49$

$r>0$이므로 $r=7$

따라서 지름의 길이는 $7\times2=14(\text{cm})$

097_ 답 가로의 길이 : 8π cm,

세로의 길이 : 8 cm

직사각형의 가로의 길이는 원주의 $\frac{1}{2}$이므로

$\pi\times8=8\pi(\text{cm})$

세로의 길이는 반지름의 길이와 같으므로 8 cm이다.

098_ 답 $(144-36\pi)$ cm^2

정사각형 내부에 꼭 맞는 원의 지름의 길이가 12 cm이므로

반지름의 길이는 $\frac{1}{2}\times12=6(\text{cm})$이다.

원의 넓이가 $\pi\times6^2=36\pi(\text{cm}^2)$이고,

정사각형의 넓이는 $12\times12=144(\text{cm}^2)$이므로

색칠한 부분의 넓이는 $(144-36\pi)$ cm^2

099_ 답 8

사다리꼴의 넓이는 $\frac{1}{2}\times(14+18)\times4\pi=64\pi(\text{cm}^2)$이므로

$\pi x^2=64\pi$, $x^2=64$

$x>0$이므로 $x=8$

100_ 답 44π cm^2

중심이 O인 큰 원의 넓이는 $\pi\times8^2=64\pi(\text{cm}^2)$

중심이 O인 작은 원의 넓이는 $\pi\times4^2=16\pi(\text{cm}^2)$

중심이 O′인 작은 원의 넓이는 $\pi\times2^2=4\pi(\text{cm}^2)$이므로

색칠한 부분의 넓이는

$64\pi-16\pi-4\pi=44\pi(\text{cm}^2)$

101_ 답 32π cm^2

오른쪽 그림에서 색칠한 작은 원의 반원의 넓이는 색칠하지 않은 작은 원의 반원의 넓이와 같다.

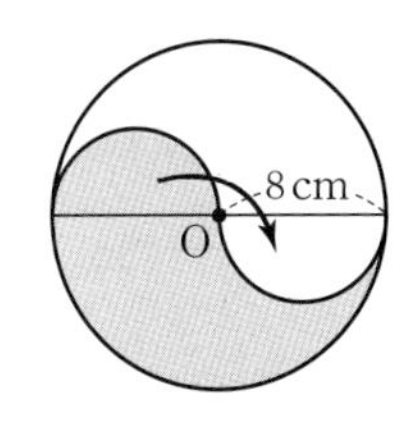

따라서

(색칠한 부분의 넓이)

$=\frac{1}{2}\times(\pi\times8^2)=32\pi(\text{cm}^2)$

102_ 답 2π cm

반지름의 길이가 6 cm이고, 중심각의 크기가 60°인 부채꼴의 호의 길이는

$2\pi\times6\times\frac{60}{360}=2\pi\times6\times\frac{1}{6}$

$=2\pi(\text{cm})$

103_ 답 $24\pi\ cm^2$

반지름의 길이가 6 cm이고, 중심각의 크기가 240°인 부채꼴의 넓이는

$\pi\times6^2\times\frac{240}{360}=\pi\times36\times\frac{2}{3}=24\pi(cm^2)$

104_ 답 12 cm

부채꼴의 반지름의 길이를 r cm라 하면

$2\pi\times r\times\frac{150}{360}=10\pi$

$\frac{5}{6}r=10,\ r=12$

따라서 부채꼴의 반지름의 길이는 12 cm이다.

105_ 답 (1) $18\pi\ cm^2$ (2) $10\pi\ cm^2$

(1) 반지름의 길이가 12 cm이고,
호의 길이가 3π cm인 부채꼴의 넓이는
$\frac{1}{2}\times12\times3\pi=18\pi(cm^2)$

(2) 반지름의 길이가 5 cm이고,
호의 길이가 4π cm인 부채꼴의 넓이는
$\frac{1}{2}\times5\times4\pi=10\pi(cm^2)$

106_ 답 6 cm

호의 길이가 25π cm이고, 넓이가 $75\pi\ cm^2$인 부채꼴의 반지름의 길이를 r cm라 하면

$\frac{1}{2}r\times25\pi=75\pi$

$\frac{1}{2}r=3,\ r=6$

따라서 부채꼴의 반지름의 길이는 6 cm이다.

107_ 답 6π cm

반지름의 길이가 7 cm이고, 넓이가 $21\pi\ cm^2$인 부채꼴의 호의 길이를 l cm라 하면

$\frac{1}{2}\times7\times l=21\pi$

$\frac{1}{2}l=3\pi,\ l=6\pi$

따라서 부채꼴의 호의 길이는 6π cm이다.

108_ 답 (1) 40 (2) 6

(1) $2:6=x:120,\ 6x=240$
따라서 $x=40$

(2) $x:3=100:50,\ 50x=300$
따라서 $x=6$

109_ 답 $63\pi\ cm^2$

$\angle AOB:\angle COD=40°:120°=1:3$이므로

부채꼴 COD의 넓이는 부채꼴 AOB의 넓이의 3배이다.

따라서 부채꼴 COD의 넓이는

$21\pi\times3=63\pi(cm^2)$

110_ 답 ①, ⑤

② 현의 길이는 중심각의 크기에 비례하지 않는다.

③ $\widehat{AB}$의 길이는 $\overline{AB}$의 길이보다 길다.

④ △OBC와 △OAB는 밑변의 길이와 높이가 같으므로 넓이가 같다.

111_ 답 ④

$\overline{OA}=\overline{OB}$이므로

$\angle OAB=\angle OBA=\frac{1}{2}(180°-120°)=30°$

$\overline{AB}/\!/\overline{CD}$이므로 엇각의 크기가 같다.

따라서 $\angle AOC=\angle OAB=30°$,

$\angle BOD=\angle OBA=30°$에서 $\angle AOC=\angle BOD$이다.

중심각의 크기가 같으면 호의 길이도 같으므로

$\widehat{BD}=\widehat{AC}=4$ cm

112_ 답 ①

△AOD에서 $\overline{OA}=\overline{OD}$이므로

$\angle ODA=\angle DAO=45°$

그러므로 $\angle AOD=180°-(45°+45°)=90°$

또, $\overline{AD}/\!/\overline{OC}$이므로 $\angle COB=\angle DAO=45°$

$\angle AOD=2\times\angle COB$이고 중심각의 크기가 두 배이면 부채꼴의

넓이도 두 배이다.
따라서 부채꼴 AOD의 넓이는 50 cm^2이다.

113_ 답 ④

① 면의 개수는 4이다.
② 면의 개수는 6이다.
③ 면의 개수는 7이다.
④ 면의 개수는 8이다.
⑤ 면의 개수는 5이다.
따라서 면의 개수가 가장 많은 다면체는 ④이다.

114_ 답 (1) 삼각형 (2) 6, 육 (3) 4

(3) 모서리의 개수는 9, 꼭짓점의 개수는 5이므로
그 차는 $9-5=4$이다.

115_ 답 정팔면체

면의 모양이 정삼각형이고, 한 꼭짓점에 모인 면의 개수가 4인 정다면체는 정팔면체이다.

116_ 답 ④

④ 삼각기둥의 모서리의 개수는 9이다.
①, ②, ③, ⑤는 그 개수가 모두 12이다.

117_ 답 ⑤

⑤ 한 면에 수직인 면의 개수는 4이다.

118_ 답 2

직육면체의 면의 개수는 6, 모서리의 개수는 12, 꼭짓점의 개수는 8이므로 $a=6$, $b=12$, $c=8$
따라서 $a-b+c=6-12+8=2$

119_ 답 $a=7$, $b=5$, $c=3$

전개도에서 직육면체의 가로의 길이가 a cm,
세로의 길이가 b cm, 높이가 c cm이므로
$a=7$, $b=5$, $c=3$

120_ 답 3

정육면체의 모서리의 길이는 모두 같고, 모서리의 개수는 12이므로 모든 모서리의 길이의 합은 $12\times x=36$(cm)이다.
따라서 $x=3$

121_ 답 5

직육면체의 모서리의 길이의 합이
$4\times(4+3+x)$(cm)이므로
$4(7+x)=48$, $7+x=12$
따라서 $x=5$

122_ 답 ⑤

⑤ 이웃하지 않은 옆면은 일반적으로 평행하지 않다.

123_ 답 10

팔각기둥은 밑면의 개수가 2, 옆면의 개수가 8이므로
면의 개수는 $2+8=10$이다.

124_ 답 팔각기둥

평행한 두 밑면과 직사각형인 옆면을 가지는 다면체는 각기둥이고, 꼭짓점의 개수가 16이므로 팔각기둥이다.

125_ 답 겉넓이 : 288 cm^2, 부피 : 240 cm^3

밑면의 넓이는 $\frac{1}{2}\times8\times6=24(cm^2)$
옆면의 넓이는 $(8+10+6)\times10=240(cm^2)$이므로
겉넓이는 $24\times2+240=288(cm^2)$
부피는 $24\times10=240(cm^3)$이다.

126_ 답 6 cm

주어진 전개도로 만들어지는 입체도형은 삼각기둥이다.
이 삼각기둥의 높이를 x cm라 하자.
밑면의 넓이는 $\frac{1}{2}\times3\times4=6(cm^2)$

옆면의 넓이는 $(3+4+5)\times x=12x(\text{cm}^2)$이고,
겉넓이가 84 cm^2이므로
$6\times2+12x=84$, $12x=72$, $x=6$
따라서 입체도형의 높이는 6 cm이다.

127_ 답 ④
④ 육각뿔의 꼭짓점의 개수는 7이다.

128_ 답 ④
면의 개수가 13인 각뿔은 십이각뿔이므로 꼭짓점의 개수는 13이다.

129_ 답 20
십각뿔대의 꼭짓점의 개수는 20이다.

130_ 답 ④
①, ②, ③, ⑤는 면의 개수가 6이고, ④는 면의 개수가 5이다.

131_ 답 ⑤
① 옆면이 한 꼭짓점에서 만나는 입체도형은 각뿔이다.
② 옆면은 모두 사다리꼴이다.
③ 두 밑면은 합동이 아니다.
④ 각뿔대의 모서리의 개수는 밑면의 변의 개수의 3배이다.

132_ 답 72 cm^2
정사각뿔에서 밑면의 넓이는 $4\times4=16(\text{cm}^2)$
옆면의 넓이는 $4\times\left(\frac{1}{2}\times4\times7\right)=56(\text{cm}^2)$이므로
겉넓이는 $16+56=72(\text{cm}^2)$

133_ 답 105 cm^2
전개도에서 밑면의 넓이는 $5\times5=25(\text{cm}^2)$
옆면의 넓이는 $4\times\left(\frac{1}{2}\times5\times8\right)=80(\text{cm}^2)$이므로
겉넓이는 $25+80=105(\text{cm}^2)$

134_ 답 4
밑면의 넓이는 $x\times x=x^2(\text{cm}^2)$
옆면의 넓이는 $4\times\left(\frac{1}{2}\times x\times5\right)=10x(\text{cm}^2)$이고
겉넓이가 56 cm^2이므로
$x^2+10x=56$
$x^2+10x-56=0$
$(x+14)(x-4)=0$
따라서 $x>0$이므로 $x=4$

135_ 답 70 cm^3
사각뿔의 부피는 $\frac{1}{3}\times(6\times5)\times7=70(\text{cm}^3)$

136_ 답 5 cm
정사각뿔의 밑면의 한 변의 길이를 x cm라 하면
부피가 50 cm^3이므로
$\frac{1}{3}\times(x\times x)\times6=50$, $x^2=25$
$x>0$이므로 $x=5$
따라서 밑면의 한 변의 길이는 5 cm이다.

137_ 답 5
두 사각뿔 A, B의 부피가 같으므로
$\frac{1}{3}\times(6\times6)\times x=\frac{1}{3}\times(5\times4)\times(x+4)$
$36x=20x+80$, $16x=80$
따라서 $x=5$

138_ 답 178 cm^2
두 밑면의 넓이의 합은 $(3\times3)+(7\times7)=9+49=58(\text{cm}^2)$
옆면의 넓이는 $4\times\left\{\frac{1}{2}\times(3+7)\times6\right\}=120(\text{cm}^2)$이므로
겉넓이는 $58+120=178(\text{cm}^2)$

139_ 답 10 cm^2

오각뿔대의 한 옆면의 넓이를 x cm^2라 하면

두 밑면의 넓이의 합은 $20+60=80(cm^2)$이고,

겉넓이가 130 cm^2이므로

$80+5x=130$, $5x=50$, $x=10$

따라서 오각뿔대의 한 옆면의 넓이는 10 cm^2이다.

140_ 답 7 cm

옆면인 사다리꼴의 높이를 h cm라 하면

두 밑면의 넓이의 합은 $(6\times6)+(8\times8)=36+64=100(cm^2)$

겉넓이는 296 cm^2이므로

$100+4\times\left\{\frac{1}{2}\times(6+8)\times h\right\}=296$

$100+28h=296$, $28h=196$, $h=7$

따라서 옆면인 사다리꼴의 높이는 7 cm이다.

141_ 답 $\frac{784}{3}$ cm^3

큰 사각뿔의 부피는 $\frac{1}{3}\times(10\times10)\times10=\frac{1000}{3}(cm^3)$

작은 사각뿔의 부피는 $\frac{1}{3}\times(6\times6)\times6=72(cm^3)$이므로

(사각뿔대의 부피)=(큰 사각뿔의 부피)−(작은 사각뿔의 부피)

$=\frac{1000}{3}-72=\frac{1000-216}{3}=\frac{784}{3}(cm^3)$

142_ 답 525 cm^3

큰 삼각뿔의 부피는 $\frac{1}{3}\times\left(\frac{1}{2}\times18\times10\right)\times20=600(cm^3)$,

작은 삼각뿔의 부피는 $\frac{1}{3}\times\left(\frac{1}{2}\times9\times5\right)\times10=75(cm^3)$이므로

삼각뿔대의 부피는 $600-75=525(cm^3)$

143_ 답 4

큰 사각뿔의 부피는 $\frac{1}{3}\times(6\times6)\times2x=24x(cm^3)$

작은 사각뿔의 부피는 $\frac{1}{3}\times(3\times3)\times x=3x(cm^3)$

따라서 사각뿔대의 부피는 $24x-3x=21x(cm^3)$이므로

$21x=84$, $x=4$

144_ 답 ③

주어진 회전체가 되는 평면도형은 ③이다.

145_ 답 ⑤

⑤ 회전축에 수직인 평면으로 자른 단면은 모두 원이지만 합동은 아니다.

146_ 답 ㄱ, ㄷ, ㅁ

원뿔대, 원뿔, 구는 회전체이고, 정팔면체, 삼각뿔대, 사각기둥은 다면체이다.

147_ 답 ①

② 원뿔은 직각삼각형을 1회전 시켜 얻은 입체도형이다.

③ 원뿔대는 사다리꼴을 1회전 시켜 얻은 입체도형이다.

④ 구는 반원을 1회전 시켜 얻은 입체도형이다.

⑤ 반구는 사분원을 1회전 시켜 얻은 입체도형이다.

148_ 답 ④

④ 구는 어떤 평면으로 잘라도 그 단면이 항상 원이 된다.

149_ 답 $x=6\pi$, $y=5$

전개도의 옆면의 가로의 길이는 밑면인 원의 둘레의 길이와 같고, 세로의 길이는 높이와 같다.

따라서 $x=2\pi\times3=6\pi$, $y=5$

150_ 답 130π cm^2

주어진 전개도로 만들어지는 입체도형은 밑면의 반지름의 길이가 5 cm이고, 높이가 8 cm인 원기둥이므로 겉넓이는

$2\times(\pi\times5^2)+(2\pi\times5)\times8=50\pi+80\pi=130\pi(cm^2)$

151_ 답 (1) 겉넓이 : 80π cm^2, 부피 : 96π cm^3
(2) 겉넓이 : 60π cm^2, 부피 : 63π cm^3

(1) (겉넓이) $=2\times(\pi\times4^2)+(2\pi\times4)\times6$
$=32\pi+48\pi=80\pi(\text{cm}^2)$
(부피) $=\pi\times4^2\times6=96\pi(\text{cm}^3)$
(2) (겉넓이) $=2\times(\pi\times3^2)+(2\pi\times3)\times7$
$=18\pi+42\pi=60\pi(\text{cm}^2)$
(부피) $=\pi\times3^2\times7=63\pi(\text{cm}^3)$

152_ 답 12π cm^3

원기둥의 높이를 h cm라 하면 겉넓이가 20π cm^{2}이므로
$2\times(\pi\times2^2)+(2\pi\times2)\times h=20\pi$, $8\pi+4\pi h=20\pi$
$4\pi h=12\pi$, $h=3$
따라서 원기둥의 부피는 $\pi\times2^2\times3=12\pi(\text{cm}^3)$

153_ 답 132π cm^2

원기둥의 높이를 h cm라 하면 부피가 180π cm^{3}이므로
$\pi\times6^2\times h=180\pi$
$36\pi h=180\pi$, $h=5$
따라서 원기둥의 겉넓이는
$2\times(\pi\times6^2)+(2\pi\times6)\times5=72\pi+60\pi=132\pi(\text{cm}^2)$

154_ 답 $\frac{25}{2}$ cm

원기둥 B의 높이를 h cm라 하면
원기둥 A의 부피가 $\pi\times5^2\times8=200\pi(\text{cm}^3)$이고,
두 원기둥 A, B의 부피가 같으므로
$\pi\times4^2\times h=200\pi$
$16\pi h=200\pi$, $h=\frac{25}{2}$
따라서 원기둥 B의 높이는 $\frac{25}{2}$ cm이다.

155_ 답 (1) 40π cm^2 (2) 132π cm^2

(1) $\pi\times4^2+\pi\times6\times4=16\pi+24\pi=40\pi(\text{cm}^2)$
(2) $\pi\times6^2+\pi\times16\times6=36\pi+96\pi=132\pi(\text{cm}^2)$

156_ 답 144π cm^2

밑면의 넓이가 64π cm^{2}이므로 밑면의 반지름의 길이를 r cm라 하면 $\pi r^2=64\pi$, $r^2=64$
$r>0$이므로 $r=8$
따라서 옆면의 넓이가 $\pi\times10\times8=80\pi(\text{cm}^2)$이므로
겉넓이는 $64\pi+80\pi=144\pi(\text{cm}^2)$

157_ 답 90π cm^2

모선의 길이가 9 cm이고, 옆면인 부채꼴의 중심각의 크기가 $240°$이므로 밑면의 반지름의 길이를 r cm라 하면
$2\pi r=2\pi\times9\times\frac{240}{360}$, $r=6$
따라서 원뿔의 겉넓이는
$\pi\times6^2+\pi\times9\times6=36\pi+54\pi=90\pi(\text{cm}^2)$

158_ 답 50π cm^3

원뿔의 부피는 $\frac{1}{3}\times\pi\times5^2\times6=50\pi(\text{cm}^3)$

159_ 답 ①

원뿔의 밑면의 반지름의 길이를 r cm라 하면
$\frac{1}{3}\times\pi\times r^2\times12=36\pi$, $4\pi r^2=36\pi$, $r^2=9$
$r>0$이므로 $r=3$
따라서 밑면의 반지름의 길이는 3 cm이다.

160_ 답 33π cm^3

주어진 입체도형의 부피는 두 원뿔의 부피의 합과 같으므로
$\frac{1}{3}\times\pi\times3^2\times7+\frac{1}{3}\times\pi\times3^2\times4=21\pi+12\pi$
$=33\pi(\text{cm}^3)$

161_ 답 (1) 90π (2) 120π (3) 210π

(1) $(\pi\times3^2)+(\pi\times9^2)=9\pi+81\pi$
$=90\pi(\text{cm}^2)$
(2) $(\pi\times15\times9)-(\pi\times5\times3)=135\pi-15\pi$
$=120\pi(\text{cm}^2)$
(3) $90\pi+120\pi=210\pi$ (cm^2)

162_ 답 71π cm²

두 밑면의 넓이의 합은

$(\pi\times2^2)+(\pi\times5^2)=4\pi+25\pi$

$=29\pi(\text{cm}^2)$

옆면의 넓이는

$(\pi\times10\times5)-(\pi\times4\times2)=50\pi-8\pi$

$=42\pi(\text{cm}^2)$

따라서 겉넓이는 $29\pi+42\pi=71\pi(\text{cm}^2)$

163_ 답 (1) 104π cm³ (2) 468π cm³

(1) 큰 원뿔의 부피는 $\frac{1}{3}\times\pi\times6^2\times9=108\pi(\text{cm}^3)$

작은 원뿔의 부피는 $\frac{1}{3}\times\pi\times2^2\times3=4\pi(\text{cm}^3)$이므로

원뿔대의 부피는 $108\pi-4\pi=104\pi(\text{cm}^3)$

(2) $\frac{1}{3}\times\pi\times10^2\times15-\frac{1}{3}\times\pi\times4^2\times6$

$=500\pi-32\pi=468\pi(\text{cm}^3)$

164_ 답 ④

자르기 전의 큰 원뿔의 부피는 $\frac{1}{3}\times\pi\times6^2\times8=96\pi(\text{cm}^3)$,

작은 원뿔의 부피는 $\frac{1}{3}\times\pi\times3^2\times4=12\pi(\text{cm}^3)$이므로

원뿔대의 부피는 $96\pi-12\pi=84\pi(\text{cm}^3)$

따라서 옳지 않은 것은 ④이다.

165_ 답 겉넓이 : 16π cm², 부피 : $\frac{32}{3}\pi$ cm³

반지름의 길이가 2 cm인 구에서

겉넓이는 $4\pi\times2^2=16\pi(\text{cm}^2)$

부피는 $\frac{4}{3}\times\pi\times2^3=\frac{32}{3}\pi(\text{cm}^3)$

166_ 답 (1) 144π cm³ (2) 125π cm³

(1) $\frac{1}{2}\times\left(\frac{4}{3}\times\pi\times6^3\right)=144\pi(\text{cm}^3)$

(2) $\frac{3}{4}\times\left(\frac{4}{3}\times\pi\times5^3\right)=125\pi(\text{cm}^3)$

167_ 답 36π cm³

구의 반지름의 길이를 r cm라 하면

$4\pi r^2=36\pi$, $r^2=9$

$r>0$이므로 $r=3$

따라서 반지름의 길이가 3 cm이므로 구의 부피는

$\frac{4}{3}\times\pi\times3^3=36\pi(\text{cm}^3)$

168_ 답 75π cm³

원뿔의 부피는 $\frac{1}{3}\times\pi\times3^2\times4=12\pi(\text{cm}^3)$,

원기둥의 부피는 $\pi\times3^2\times5=45\pi(\text{cm}^3)$,

반구의 부피는 $\frac{1}{2}\times\left(\frac{4}{3}\times\pi\times3^3\right)=18\pi(\text{cm}^3)$이므로

입체도형의 부피는 $12\pi+45\pi+18\pi=75\pi(\text{cm}^3)$

169_ 답 ③

③ (다)에 들어갈 알맞은 수는 $\frac{1}{3}$이다.

170_ 답 3 cm

원뿔 모양의 추의 높이를 h cm라 하면

구의 부피가 $\frac{4}{3}\times\pi\times3^3=36\pi(\text{cm}^3)$이므로

$\frac{1}{3}\times\pi\times6^2\times h=36\pi$, $h=3$

따라서 추의 높이는 3 cm이다.

본문 60~85쪽

THEME 08
도형의 성질

001_ 답 (1) 70 (2) 50

(1) 이등변삼각형의 두 밑각의 크기는 서로 같으므로 $x=70$

(2) $x=180-2\times65=180-130=50$

002_ 답 10°

$\overline{AB}=\overline{AC}$이므로 $\angle ABC=\angle C=70^\circ$

$\triangle ABC$에서 $\angle x=180^\circ-2\times70^\circ=40^\circ$

$\overline{BC}=\overline{BD}$이므로 $\angle BDC=\angle C=70^\circ$

$\triangle BCD$에서 $\angle DBC=180^\circ-2\times70^\circ=40^\circ$

그러므로

$\angle y=\angle ABC-\angle DBC$

$=70^\circ-40^\circ=30^\circ$

따라서 $\angle x-\angle y=40^\circ-30^\circ=10^\circ$

003_ 답 55°

$\angle CAD=\angle BAD=35^\circ$이고,

$\overline{AD}$는 이등변삼각형의 꼭지각의 이등분선으로

밑변을 수직이등분하므로 $\angle ADC=90^\circ$이다.

따라서 $\triangle ADC$에서 $\angle ACD=90^\circ-35^\circ=55^\circ$

004_ 답 $\angle B=45^\circ$, $\angle BAD=45^\circ$

이등변삼각형의 꼭지각에서 밑면에 내린 수선은 밑면을 수직이등분하므로

$\overline{BD}=\frac{1}{2}\times10=5$, $\angle ADB=90^\circ$이다.

$\triangle ABD$에서 $\overline{AD}=\overline{BD}$이므로

$\angle B=\angle BAD$

$=\frac{1}{2}\times(180^\circ-90^\circ)=45^\circ$

005_ 답 5 cm

$\angle B=180^\circ-(\angle A+\angle C)$

$=180^\circ-(100^\circ+40^\circ)$

$=180^\circ-140^\circ=40^\circ$

에서 $\angle B=\angle C$이므로 $\overline{AC}=\overline{AB}=5$ cm

006_ 답 ④

④ 110°인 외각에 대한 내각의 크기가 70°이므로
삼각형의 세 내각의 크기는 50°, 60°, 70°이다.
크기가 같은 두 각이 없으므로 이등변삼각형이 아니다.

007_ 답 10

$\triangle ADB$는 $\angle BAD=\angle ABD$인 이등변삼각형이므로

$x=y$

$\triangle DBC$에서 $\angle DBC=90^\circ-40^\circ=50^\circ$이므로

$\triangle DBC$는 $\angle DCB=\angle CBD=50^\circ$인 이등변삼각형이다.

따라서 $\overline{DC}=\overline{DB}=5$이므로 $x+y=5+5=10$

008_ 답 3

직각삼각형 ABC와 DBC에서 $\overline{BC}$는 공통, $\angle ACB=\angle DCB$이므로

$\triangle ABC\equiv\triangle DBC$ (RHA 합동)

따라서 $\overline{AC}=\overline{DC}$이므로

$2x+4=3x+1$

따라서 $x=3$

009_ 답 $x=55$, $y=4$

직각삼각형 ABD와 CDB에서

$\overline{AD}=\overline{CB}$, $\overline{BD}$는 공통이므로

$\triangle ABD\equiv\triangle CDB$ (RHS 합동)

$x^\circ=\angle DAB=90^\circ-35^\circ=55^\circ$, $x=55$

또, $\overline{AB}=\overline{CD}$이므로

$10-y=2y-2$, $3y=12$, $y=4$

010_ 답 10

직각삼각형 ABC와 CDE에서

$\overline{AC}=\overline{CE}$, $\angle BAC=90^\circ-\angle ACB=\angle DCE$이므로

$\triangle ABC \equiv \triangle CDE$ (RHA 합동)
따라서 $\overline{BC}=\overline{DE}$, $\overline{CD}=\overline{AB}$이므로
$\overline{ED}+\overline{AB}=\overline{BC}+\overline{CD}=\overline{BD}=10$

011_ 답 ④
① $\overline{AE}=\overline{CE}=4$
②, ③ $\overline{OA}=\overline{OB}=\overline{OC}=5$
④ $\overline{OD}$의 길이는 주어진 그림에서 알 수 없다.
⑤ $\overline{OA}$, $\overline{OB}$, $\overline{OC}$는 모두 외접원의 반지름의 길이이므로 5이다.
따라서 옳지 않은 것은 ④이다.

012_ 답 ①
$\overline{BD}=\overline{AD}=3$, $\overline{CE}=\overline{BE}=2$,
$\overline{AB}=\overline{AC}=6$이므로
$\triangle ABC$의 둘레의 길이는
$6+4+6=16$

013_ 답 20°
$\angle x+30^\circ+40^\circ=90^\circ$, $\angle x+70^\circ=90^\circ$
따라서 $\angle x=20^\circ$

014_ 답 90°
$\overline{OA}=\overline{OB}$이므로
$\angle x=\angle OAB=30^\circ$
따라서 $\angle AOB=180^\circ-(30^\circ+30^\circ)=120^\circ$
$2\angle y=\angle AOB=120^\circ$
그러므로 $\angle y=60^\circ$
따라서 $\angle x+\angle y=30^\circ+60^\circ=90^\circ$

015_ 답 7
$\triangle ABC$의 외심 O에서
$\triangle ABC$의 세 꼭짓점에 이르는 거리는 모두 같으므로
$\overline{OA}=\overline{OB}=\overline{OC}$
따라서 $\overline{OB}=\frac{1}{2}\times\overline{AC}=\frac{1}{2}\times 14=7$

016_ 답 25°
점 O는 직각삼각형 ABC의 빗변의 중점이므로 외심이다.
따라서 $\overline{OA}=\overline{OB}$이므로
$\angle OBA=\angle OAB=\frac{1}{2}\times(180^\circ-50^\circ)=65^\circ$
$\triangle ABC$에서
$\angle C=90^\circ-\angle B=90^\circ-65^\circ=25^\circ$
따라서 $\angle C=25^\circ$

017_ 답 3
점 O는 직각삼각형 ABC의 빗변의 중점이므로 외심이다.
따라서 $\overline{OA}=\overline{OB}=\overline{OC}$이므로
$\angle OBC=\angle C=90^\circ-30^\circ=60^\circ$
이때, $\angle BOC=180^\circ-(60^\circ+60^\circ)=60^\circ$이므로
$\angle OBC=\angle C=\angle BOC$
$\triangle BOC$가 정삼각형이므로 $\overline{OB}=\overline{OC}=3$이다.
따라서 $\triangle ABC$의 외접원의 반지름의 길이는 3이다.

018_ 답 ⑤
①, ② $\overline{ID}=\overline{IE}=\overline{IF}=2$
③ $\overline{IB}$는 $\angle ABC$의 이등분선이므로 $\angle IBF=\angle IBD$
④ $\overline{IC}$는 $\angle ACB$의 이등분선이므로 $\angle ICD=\angle ICE$
⑤ $\overline{ID}$, $\overline{IE}$, $\overline{IF}$는 모두 내접원의 반지름의 길이이므로 2이다.
따라서 옳지 않은 것은 ⑤이다.

019_ 답 $x=4$, $y=30$
$\overline{IE}=\overline{IF}$이므로 $x=4$
또 $\overline{BI}$는 $\angle B$의 이등분선이므로
$\angle IBD=\angle IBE=30^\circ$에서 $y^\circ=30^\circ$
따라서 $x=4$, $y=30$

020_ 답 25°
$\angle x+20^\circ+45^\circ=90^\circ$, $\angle x+65^\circ=90^\circ$
따라서 $\angle x=25^\circ$

021_ 답 115°

08 도형의 성질

$\frac{1}{2}\angle ACB=\angle ACI=25^\circ$이므로

$\angle AIB=90^\circ+\frac{1}{2}\angle ACB$

$=90^\circ+25^\circ=115^\circ$

022_ 답 2 cm

$\triangle ABC$의 내접원의 반지름의 길이를 r cm라 하면

$\triangle ABC$의 넓이는 $\frac{1}{2}\times 12\times 5=30(cm^2)$

둘레의 길이는 $13+12+5=30(cm)$이므로

$30=\frac{r}{2}\times 30$, $r=2$

따라서 내접원의 반지름의 길이는 2 cm이다.

023_ 답 60 cm

$\triangle ABC$의 내접원의 넓이가 π cm^2이므로

$\triangle ABC$의 내접원의 반지름의 길이는 1 cm이다.

$\triangle ABC$의 둘레의 길이를 l cm라 하면

$30=\frac{1}{2}\times 1\times l$, $l=60$

따라서 $\triangle ABC$의 둘레의 길이는 60 cm이다.

024_ 답 7 cm

$\overline{AD}=\overline{AF}=6$ cm이므로

$\overline{BE}=\overline{BD}=\overline{AB}-\overline{AD}$

$=13-6=7(cm)$

025_ 답 (1) $x=6$, $y=5$ (2) $x=4$, $y=4$

(1) 평행사변형의 두 대각선은 서로를 이등분하므로

$x=6$, $y=\frac{1}{2}\times 10=5$

(2) 평행사변형은 두 쌍의 대변의 길이가 각각 같으므로

$x+7=3x-1$, $2x=8$, $x=4$

$2y=3x-4=8$, $y=4$

026_ 답 80°

평행사변형은 두 쌍의 대각의 크기가 각각 같으므로

$\angle A+\angle B+\angle C+\angle D=2(\angle A+\angle B)=360^\circ$

$\angle A+\angle B=180^\circ$

따라서

$\angle C=\angle A=\frac{4}{4+5}\times 180^\circ$

$=\frac{4}{9}\times 180^\circ=80^\circ$

027_ 답 6

$\overline{AD}/\!/\overline{BC}$이므로 $\angle AEB=\angle EAD$ (엇각)

$\triangle ABE$는 $\overline{BE}=\overline{AB}$인 이등변삼각형이다.

평행사변형의 두 쌍의 대변의 길이는 각각 같으므로

$\overline{AB}=\overline{DC}=6$

따라서 $\overline{BE}=6$

028_ 답 $x=65$, $y=8$

□ABCD는 $\overline{AD}/\!/\overline{BC}$, $\overline{AD}=\overline{BC}$일 때 평행사변형이 되므로

$x^\circ=180^\circ-115^\circ=65^\circ$, $y=8$

029_ 답 $\overline{DF}$

점 F는 DC의 중점이므로 $\frac{1}{2}\overline{DC}=\overline{DF}$이고,

$\overline{AB}/\!/\overline{DC}$이므로 $\overline{EB}/\!/\overline{DF}$이다.

030_ 답 $\angle x=50^\circ$, $\angle y=40^\circ$

직사각형의 두 대각선의 길이는 같고 서로를 이등분하므로

$\overline{OA}=\overline{OD}$이고, $\angle x=\angle ADO=50^\circ$

따라서 직사각형의 네 내각은 모두 직각이므로 $\triangle ACD$에서

$\angle y=90^\circ-\angle x=90^\circ-50^\circ=40^\circ$

031_ 답 $x=10$, $y=40$

$x=2\overline{OD}=2\times 5=10$

$\triangle OBC$는 이등변삼각형이므로 $y^\circ=40^\circ$

따라서 $x=10$, $y=40$

032_ 답 40°

직사각형은 두 대각선이 서로를 이등분하므로 $\overline{OC}=\overline{OD}$이고

$\angle OCD=\angle ODC=90^\circ-50^\circ=40^\circ$

033_ 답 60°

$\overline{AB}=\overline{AD}$이므로 $\angle ADO=\angle ABO=30^\circ$

마름모의 두 대각선은 서로를 수직이등분하므로

$\angle AOD=90^\circ$

따라서 $\angle OAD=90^\circ-30^\circ=60^\circ$

034_ 답 $x=6$, $y=30$

마름모의 두 대각선은 서로를 수직이등분하므로

$x=\overline{OD}=6$

$y^\circ=\angle ADO=90^\circ-\angle OAD=90^\circ-60^\circ=30^\circ$

즉, $y=30$

035_ 답 70°

$\angle CBO=\angle CDO=90^\circ-55^\circ=35^\circ$

따라서 $\angle ABC=2\angle CBO=2\times 35^\circ=70^\circ$

036_ 답 $\angle x=90^\circ$, $\angle y=45^\circ$

정사각형의 두 대각선은 길이가 같고, 서로를 수직이등분한다.

$\overline{OC}=\overline{OD}$이므로 $\angle ODC=\angle OCD=\angle y$이고,

$\angle AOB=\angle DOC=90^\circ$이다.

따라서

$\angle y=\frac{1}{2}\times(180^\circ-90^\circ)=\frac{1}{2}\times 90^\circ=45^\circ$, $\angle x=90^\circ$

037_ 답 ④

① 두 대각선은 길이가 같고 서로를 이등분하므로

$\overline{OA}=\frac{1}{2}\overline{AC}=\frac{1}{2}\overline{BD}=\overline{OB}=5$

② $\overline{AC}=2\overline{OA}=2\times 5=10$

③ 정사각형은 두 대각선이 서로 수직이므로 $\overline{AC}\perp\overline{BD}$

④ $\angle ABO=\frac{1}{2}\times(180^\circ-90^\circ)=\frac{1}{2}\times 90^\circ=45^\circ$

⑤ $\angle DOC=90^\circ$이므로 $\triangle OCD$는 직각삼각형이다.

따라서 옳지 않은 것은 ④이다.

038_ 답 $\angle x=30^\circ$, $\angle y=75^\circ$

$\angle ECB=\angle EBC=\angle BEC=60^\circ$이므로

$\angle x=90^\circ-\angle ECB=90^\circ-60^\circ=30^\circ$

$\overline{AB}=\overline{EB}$이므로 $\angle y=\angle BEA$이고,

$\angle ABE=90^\circ-60^\circ=30^\circ$

따라서 $\angle y=\frac{1}{2}\times(180^\circ-30^\circ)=\frac{1}{2}\times 150^\circ=75^\circ$

039_ 답 115°

$\overline{AB}$의 연장선 위에 점 E를 잡으면

$\overline{AD}/\!/\overline{BC}$이므로 $\angle EAD=\angle B=65^\circ$(동위각)

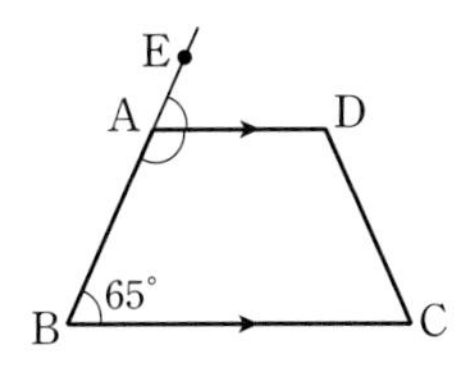

따라서

$\angle BAD=180^\circ-\angle EAD$

$=180^\circ-65^\circ=115^\circ$

040_ 답 ③

① $\overline{AC}=\overline{BD}=8$

② $\overline{AB}=\overline{DC}=5$

③ $\overline{AD}$의 길이는 알 수 없다.

④ $\angle DCB=\angle ABC=70^\circ$

⑤ $\angle BAD=180^\circ-\angle ABC=180^\circ-70^\circ=110^\circ$

따라서 옳지 않은 것은 ③이다.

041_ 답 20°

$\angle A=\angle ADC=180^\circ-\angle C$

$=180^\circ-80^\circ=100^\circ$

이므로

$\angle ABD=\frac{1}{2}\times(180^\circ-100^\circ)=\frac{1}{2}\times 80^\circ=40^\circ$

$\angle ABC=\angle C=80^\circ$이므로

$\angle x = \angle DBC = \angle ABC - \angle ABD$
$= 80° - 40° = 40°$
$\angle y = \angle BDC = \angle ADC - \angle ADB$
$= 100° - 40° = 60°$
따라서 $\angle y - \angle x = 60° - 40° = 20°$

042_ 답 ④, ⑤

③은 마름모가 되기 위한 조건이다.
①, ②는 평행사변형의 성질이다.

043_ 답 ③

③ 두 대각선이 서로 수직인 평행사변형은 마름모이다.
①, ②, ④는 직사각형이 되기 위한 조건이다.

044_ 답 15 cm^2

밑변의 길이와 높이가 각각 같은 두 삼각형의 넓이는 서로 같다.
따라서 $\triangle DBC = \triangle ABC = 15\ cm^2$

045_ 답 ②

$\triangle ACD = \triangle ACE$이므로
$\square ABCD = \triangle ABC + \triangle ACD$
$= \triangle ABC + \triangle ACE$
$= 24 + 16$
$= 40(cm^2)$

046_ 답 ④

①, ②, ③ 밑변의 길이와 높이가 각각 같은 삼각형이므로 넓이가 같다.
④ $\overline{BC}$와 $\overline{CE}$의 길이를 알 수 없으므로 넓이가 같다고 할 수 없다.
⑤ $\square ACED = \triangle ACD + \triangle DCE$
$= \triangle DBC + \triangle DCE$
$= \triangle DBE$
따라서 옳지 않은 것은 ④이다.

047_ 답 30 cm^2

$\triangle DBC = \triangle ABC = 50\ cm^2$이므로
$\triangle OBC = \triangle DBC - \triangle DOC$
$= 50 - 20 = 30(cm^2)$

048_ 답 ①

점 P를 지나고 $\overline{AD}$에 평행한 직선이
$\overline{AB}$, $\overline{DC}$와 만나는 점을 각각 E, F라 하자.

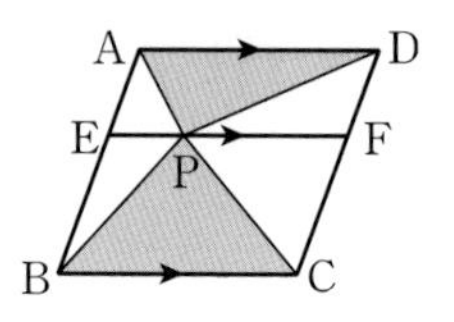

$\square AEFD$, $\square EBCF$는 평행사변형이므로
$\square AEFD = 2 \times \triangle PDA$
$\square EBCF = 2 \times \triangle PBC$
따라서 평행사변형 ABCD의 넓이는
$\square ABCD = \square AEFD + \square EBCF$
$= 2 \times \triangle PDA + 2 \times \triangle PBC$
$= 2 \times 24 = 48(cm^2)$

049_ 답 ②

② 두 원은 항상 닮은 도형이다.

050_ 답 ⑤

① $\angle C = \angle G = 130°$이므로
$\angle B = 360° - (80° + 130° + 55°) = 95°$
② $\angle F = \angle B = 95°$
③ 닮음비는 $\overline{CD} : \overline{GH} = 12 : 8 = 3 : 2$이다.
④ $\overline{BC} : \overline{FG} = 3 : 2$이므로 $6 : \overline{FG} = 3 : 2$
따라서 $\overline{FG} = 4\ cm$
⑤ $\overline{AB}$에 대응하는 변은 $\overline{EF}$이다.
따라서 옳은 것은 ⑤이다.

051_ 답 $x = 6$, $y = \frac{8}{3}$

대응하는 모서리의 길이의 비가 닮음비이므로

$\overline{FG}:\overline{F'G'}=12:8=3:2$

$x:4=3:2$이므로 $x=6$

$4:y=3:2$이므로 $y=\frac{8}{3}$

052_ 답 10 cm

원기둥의 밑면의 반지름의 길이의 비가 3 : 5이므로 닮음비가 3 : 5이다.

큰 원기둥의 높이를 h cm라 하면

$6:h=3:5$, $h=10$

따라서 큰 원기둥의 높이는 10 cm이다.

053_ 답 ⑤

⑤ 밑면의 반지름의 길이의 비도 닮음비와 같으므로 1 : 2이다.

054_ 답 ④

$\overline{AB}:\overline{DF}=\overline{BC}:\overline{FE}=\overline{CA}:\overline{ED}=1:2$이므로

$\triangle ABC \backsim \triangle DFE$ (SSS 닮음)

① $\angle B=\angle F$

② $\triangle ABC \backsim \triangle DFE$

③ 닮음비는 1 : 2이다.

⑤ 변 BC에 대응하는 변은 변 FE이다.

055_ 답 $\frac{28}{3}$

$\triangle ABC$와 $\triangle ACD$에서

$\angle ACB=\angle ADC$, $\angle A$는 공통이므로

$\triangle ABC \backsim \triangle ACD$ (AA 닮음)

$\overline{AB}:\overline{AC}=\overline{BC}:\overline{CD}$이므로

$7:3=\overline{BC}:4$, $3\overline{BC}=28$

따라서 $\overline{BC}=\frac{28}{3}$

056_ 답 $\frac{16}{3}$

$\overline{AB}^2=\overline{BD}\times\overline{BC}$이므로

$4^2=3\times\overline{BC}$, $3\times\overline{BC}=16$

따라서 $\overline{BC}=\frac{16}{3}$

057_ 답 80

$\overline{AB}^2=\overline{BD}\times\overline{BC}$이므로

$\overline{AB}^2=8\times10=80$

058_ 답 $\frac{9}{2}$

$\overline{AD}^2=\overline{BD}\times\overline{DC}$이므로

$6^2=\overline{BD}\times8$, $8\overline{BD}=36$

따라서 $\overline{BD}=\frac{9}{2}$

059_ 답 $\frac{128}{3}$ cm^2

$\overline{AC}^2=\overline{CD}\times\overline{CB}$이므로

$10^2=6\times\overline{CB}$, $\overline{CB}=\frac{50}{3}$(cm)

$\overline{BD}=\overline{CB}-\overline{CD}=\frac{50}{3}-6=\frac{32}{3}$(cm)

$\overline{AD}^2=\overline{BD}\times\overline{DC}$이므로 $\overline{AD}^2=\frac{32}{3}\times6=64$

$\overline{AD}>0$이므로 $\overline{AD}=8$ cm

따라서 $\triangle ABD$의 넓이는

$\frac{1}{2}\times\overline{BD}\times\overline{AD}=\frac{1}{2}\times\frac{32}{3}\times8=\frac{128}{3}$(cm^2)

060_ 답 8

$\overline{AC}:\overline{AE}=\overline{BC}:\overline{DE}$이므로

$9:6=12:\overline{DE}$

따라서 $\overline{DE}=8$

061_ 답 9

$\overline{AD}:\overline{DC}=\overline{BE}:\overline{EC}$이므로

$12:8=\overline{BE}:6$

따라서 $\overline{BE}=9$

062_ 답 18

$\overline{BC} /\!/ \overline{DE}$일 때

$\overline{AB} : \overline{AD} = \overline{AC} : \overline{AE}$이므로

$\overline{AB} : 4 = (9-3) : 3$, $\overline{AB} : 4 = 6 : 3$, $\overline{AB} = 8$

$\overline{BC} : \overline{DE} = \overline{AC} : \overline{AE}$이므로

$\overline{BC} : 5 = (9-3) : 3$, $\overline{BC} : 5 = 6 : 3$, $\overline{BC} = 10$

따라서 $\overline{AB} + \overline{BC} = 8 + 10 = 18$

063_ 답 (1) 6 (2) $\frac{48}{5}$

(1) $l /\!/ m /\!/ n$이므로 $\overline{AB} : \overline{BC} = \overline{DE} : \overline{EF}$

$6 : (10-6) = 9 : x$, $6x = 36$

따라서 $x = 6$

(2) $l /\!/ m /\!/ n$이므로 $12 : 8 = (24-x) : x$

$12x = 8(24-x)$, $12x = 192 - 8x$, $20x = 192$

따라서 $x = \frac{48}{5}$

064_ 답 $x = \frac{16}{3}$, $y = \frac{9}{2}$

$l /\!/ m /\!/ n$일 때, $3 : 4 = 4 : x = y : 6$이므로

$3x = 16$, $x = \frac{16}{3}$

$4y = 18$, $y = \frac{9}{2}$

따라서 $x = \frac{16}{3}$, $y = \frac{9}{2}$

065_ 답 ②

$\overline{AB} /\!/ \overline{CD}$이므로 $\triangle ABE$와 $\triangle DCE$에서

$\angle ABE = \angle DCE$ (엇각), $\angle BAE = \angle CDE$ (엇각)이므로

$\triangle ABE \backsim \triangle DCE$ (AA 닮음)

$\overline{AB} : \overline{CD} = \overline{BE} : \overline{EC} = \overline{AE} : \overline{ED} = 2 : 4 = 1 : 2$

또, $\overline{AB} /\!/ \overline{EF}$이므로 $\triangle ABD$에서

$\overline{BF} : \overline{FD} = \overline{AE} : \overline{ED} = 1 : 2$

①, ③, ④, ⑤는 길이의 비가 $1 : 2$

② $\triangle EFD$와 $\triangle ABD$에서

$\angle EFD = \angle ABD = 90°$, $\angle D$는 공통이므로

$\triangle EFD \backsim \triangle ABD$ (AA 닮음)

$\overline{EF} : \overline{AB} = \overline{FD} : \overline{BD} = 2 : 3$

따라서 선분의 길이의 비가 나머지 넷과 다른 하나는 ②이다.

066_ 답 (1) 10 (2) 6

(1) $\overline{AD}$가 $\angle A$의 이등분선이므로

$\overline{AB} : \overline{AC} = \overline{BD} : \overline{DC}$

$8 : 12 = (x-6) : 6$, $3x - 18 = 12$, $x = 10$

(2) $\overline{AD}$가 $\angle A$의 외각의 이등분선이므로

$\overline{AB} : \overline{AC} = \overline{BD} : \overline{DC}$

$8 : 6 = 2x : (x+3)$, $6x = 4x + 12$, $x = 6$

067_ 답 $\overline{EC}$

점 E는 점 C를 지나고 $\overline{AD}$에 평행한 직선 위의 점이므로

$\overline{AD} /\!/ \overline{EC}$이다.

068_ 답 (1) 20 (2) 5

(1) $\overline{AD} = \overline{BD} = 12$, $\overline{BE} = \overline{CE} = 11$이므로

$x = 2\overline{DE} = 2 \times 10 = 20$

(2) $\overline{BE} = \overline{CE} = 7$, $\overline{AB} /\!/ \overline{DE}$이므로

$x = \overline{DE} = \frac{1}{2}\overline{AB} = \frac{1}{2} \times 10 = 5$

069_ 답 ④

① $\overline{AM} = \overline{BM}$, $\overline{AN} = \overline{CN}$이므로 $\overline{MN} /\!/ \overline{BC}$

② $\overline{MN} = \frac{1}{2}\overline{BC} = \frac{1}{2} \times 10 = 5$

③ $\triangle ABC$와 $\triangle AMN$에서

$\overline{AB} : \overline{AM} = \overline{AC} : \overline{AN} = 2 : 1$, $\angle A$는 공통이므로

$\triangle ABC \backsim \triangle AMN$ (SAS 닮음)

④ $\overline{AM}$, $\overline{AN}$의 길이를 알 수 없으므로

$\triangle AMN$의 둘레의 길이를 구할 수 없다.

⑤ 대응변의 길이의 비가 $2 : 1$이므로 닮음비는 $2 : 1$이다.

따라서 옳지 않은 것은 ④이다.

070_ 답 12

$\overline{MN} = \frac{1}{2}\overline{BC} = \overline{PQ} = 12$

071_ 답 4

$\overline{MN}=\frac{1}{2}(\overline{AD}+\overline{BC})$이므로

$7=\frac{1}{2}(10+x)$, $14=10+x$

따라서 $x=4$

072_ 답 2 cm

$\overline{EF}=\frac{1}{2}(\overline{BC}-\overline{AD})$

$=\frac{1}{2}\times(10-6)$

$=\frac{1}{2}\times4=2(\text{cm})$

073_ 답 20 cm

$\overline{PQ}=\frac{1}{2}(\overline{BC}-\overline{AD})$이므로

$6=\frac{1}{2}(\overline{BC}-8)$

$12=\overline{BC}-8$

따라서 $\overline{BC}=20$ cm

074_ 답 $x=6$, $y=5$

점 G가 △ABC의 무게중심이므로

$\overline{CG}:\overline{GE}=2:1$, $x:3=2:1$, $x=6$

점 D는 $\overline{AC}$의 중점이므로

$y=\overline{AD}=5$

075_ 답 16

점 G가 △ABC의 무게중심이므로

$\overline{AG}:\overline{GD}=2:1$

$\overline{EF}/\!/\overline{BC}$이므로 $\overline{AF}:\overline{FC}=\overline{AG}:\overline{GD}$

$x:5=2:1$, $x=10$

$\overline{GF}/\!/\overline{DC}$이므로

$\overline{GF}:\overline{DC}=\overline{AG}:\overline{AD}$이고

$\overline{GF}=4$, $\overline{BD}=\overline{CD}=y$이므로

$4:y=2:3$, $y=6$

따라서 $x+y=10+6=16$

076_ 답 8 cm

$\overline{GD}=\frac{1}{3}\overline{AD}=\frac{1}{3}\times36=12(\text{cm})$

$\overline{GG'}=\frac{2}{3}\overline{GD}=\frac{2}{3}\times12=8(\text{cm})$

077_ 답 12 cm^2

점 G가 △ABC의 무게중심이므로

$\triangle GAF=\triangle GBD=\triangle GCE$

$=\frac{1}{6}\triangle ABC$

$=\frac{1}{6}\times24=4(\text{cm}^2)$

따라서 $\triangle GAF+\triangle GBD+\triangle GCE=4+4+4=12(\text{cm}^2)$

078_ 답 ②

점 G가 △ABC의 무게중심이므로

$\triangle GDA=\frac{1}{6}\triangle ABC$

따라서 $\triangle ABC=6\triangle GDA=6\times6=36(\text{cm}^2)$

079_ 답 7 cm

$\overline{EF}=\frac{1}{3}\overline{BD}=\frac{1}{3}\times21=7(\text{cm})$

080_ 답 5 cm^2

점 P가 △ABC의 무게중심이므로

$\square PMCO=\frac{1}{3}\triangle ABC$

$=\frac{1}{3}\times\frac{1}{2}\square ABCD$

$=\frac{1}{6}\square ABCD$

$=\frac{1}{6}\times30=5(\text{cm}^2)$

081_ 답 72 cm^2

$\triangle ABC\backsim\triangle DEF$이고 닮음비가 $4:6=2:3$이므로

넓이의 비는 $2^2:3^2=4:9$이다.

따라서 $\triangle DEF=\frac{9}{4}\times32=72(\text{cm}^2)$

082_ 답 12 cm

$\triangle$ABC와 $\triangle$ADE에서 $\overline{BC} /\!/ \overline{DE}$이므로

$\angle$ABC$=\angle$ADE(엇각), $\angle$ACB$=\angle$AED(엇각)

따라서 $\triangle$ABC$\backsim\triangle$ADE (AA 닮음)

$\triangle$ABC와 $\triangle$ADE의 넓이의 비가 $4:9=2^2:3^2$이므로

닮음비는 $2:3$이다.

$\overline{AB}:\overline{AD}=2:3$, $8:\overline{AD}=2:3$

따라서 $\overline{AD}=12$ cm

083_ 답 55π cm^2

두 원의 반지름의 길이의 비가 $3:8$이므로

넓이의 비는 $3^2:8^2=9:64$이다.

큰 원의 넓이가 64π cm^{2}이므로

작은 원의 넓이는 $\frac{9}{64}\times 64\pi=9\pi(\text{cm}^2)$이다.

따라서 색칠한 부분의 넓이는 $64\pi-9\pi=55\pi(\text{cm}^2)$

084_ 답 32 cm^3

직육면체 A, B의 모서리의 길이의 비가 $2:3$이므로

부피의 비는 $2^3:3^3=8:27$이다.

직육면체 B의 부피가 108 cm^{3}이므로

직육면체 A의 부피는 $108\times\frac{8}{27}=32(\text{cm}^3)$

085_ 답 ④

원뿔을 모선의 삼등분점을 지나고 밑면에 평행한 평면으로 자르면

세 원뿔 A, $(A+B)$, $(A+B+C)$의 닮음비가 $1:2:3$이므로

부피의 비는 $1^3:2^3:3^3=1:8:27$이다.

따라서 원뿔 A와 원뿔대 B, C의 부피의 비는

$1:(8-1):(27-8)=1:7:19$

086_ 답 216 mL

원뿔 모양의 종이컵에 가득 채울 수 있는 물의 양과

채워진 물의 양은 닮음비가 $6:4=3:2$이므로

부피의 비는 $3^3:2^3=27:8$이다.

채워진 물의 양이 64 mL이므로

종이컵에 가득 채울 수 있는 물의 양은

$64\times\frac{27}{8}=216(\text{mL})$

087_ 답 ④

두 공의 부피의 비는 $125:216=5^3:6^3$이므로

닮음비는 $5:6$이다.

따라서 작은 공의 반지름의 길이가 5 cm일 때,

큰 공의 반지름의 길이는 $5\times\frac{6}{5}=6(\text{cm})$

088_ 답 ②

삼각뿔 A, B의 겉넓이의 비가 $9:25=3^2:5^2$이므로

닮음비는 $3:5$이고 부피의 비는 $3^3:5^3=27:125$이다.

삼각뿔 A의 부피가 54 cm^{3}이므로

삼각뿔 B의 부피는 $54\times\frac{125}{27}=250(\text{cm}^3)$

089_ 답 (1) 6 (2) $3\sqrt{2}$

(1) $x^2=10^2-8^2=36$

$x>0$이므로 $x=6$

(2) $x^2+x^2=6^2$, $2x^2=36$, $x^2=18$

$x>0$이므로 $x=\sqrt{18}=3\sqrt{2}$

090_ 답 $x=12$, $y=6\sqrt{3}$

$x^2=13^2-5^2=144$

$x>0$이므로 $x=12$

$y^2+6^2=12^2$, $y^2=108$

$y>0$이므로 $y=\sqrt{108}=6\sqrt{3}$

091_ 답 $x=4$, $y=\sqrt{65}$

$x^2+3^2=5^2$, $x^2=16$

$x>0$이므로 $x=4$

$y^2=4^2+7^2=16+49=65$

$y>0$이므로 $y=\sqrt{65}$

092_ 답 24

직각삼각형이 되려면 $7^2+x^2=(x+1)^2$

$49+x^2=x^2+2x+1$, $2x=48$

따라서 $x=24$

093_ 답 ①

① $5^2+7^2=25+49=74\neq64=8^2$이므로 직각삼각형의 세 변의 길이가 될 수 없다.

② $1^2+2^2=1+4=5=(\sqrt{5})^2$

③ $4^2+5^2=16+25=41=(\sqrt{41})^2$

④ $(3\sqrt{2})^2+(3\sqrt{2})^2=18+18=36=6^2$

⑤ $7^2+24^2=49+576=625=25^2$

094_ 답 ①, ⑤

(i) 빗변의 길이가 5인 경우

$2^2+x^2=5^2$, $x^2=21$

$x>0$이므로 $x=\sqrt{21}$

(ii) 빗변의 길이가 x인 경우

$2^2+5^2=x^2$, $x^2=29$

$x>0$이므로 $x=\sqrt{29}$

따라서 직각삼각형이 되도록 하는 x의 값은 $\sqrt{21}$ 또는 $\sqrt{29}$이다.

095_ 답 ④

$\overline{EB}=\overline{AB}-\overline{AE}$

$=17-5=12(\text{cm})$

$\overline{BF}=\overline{AE}=5\text{ cm}$이므로

직각삼각형 EBF에서

$\overline{EF}^2=\overline{EB}^2+\overline{BF}^2$

$=12^2+5^2=144+25=169$

$\overline{EF}>0$이므로 $\overline{EF}=13\text{ cm}$

096_ 답 ④

직각삼각형 AEH에서

$\overline{EH}^2=\overline{AE}^2+\overline{AH}^2$

$=4^2+8^2=16+64=80$

$\overline{EH}>0$이므로 $\overline{EH}=\sqrt{80}=4\sqrt{5}(\text{cm})$

□EFGH는 정사각형이므로 □EFGH의 둘레의 길이는

$4\sqrt{5}\times4=16\sqrt{5}(\text{cm})$

097_ 답 ①

□ABCD는 넓이가 169 cm^2인 정사각형이므로 한 변의 길이가 13 cm이다.

$\overline{AB}=13\text{ cm}$이므로 직각삼각형 ABF에서

$\overline{BF}=\sqrt{\overline{AB}^2-\overline{AF}^2}$

$=\sqrt{13^2-12^2}=5(\text{cm})$

이때, $\overline{AE}=\overline{BF}=5\text{ cm}$이므로

$\overline{EF}=\overline{AF}-\overline{AE}$

$=12-5=7(\text{cm})$

따라서 □EFGH는 한 변의 길이가 7 cm인 정사각형이므로 넓이는 $7^2=49(\text{cm}^2)$이다.

098_ 답 ③

□EFGH는 정사각형이고 한 변의 길이는 7 cm이다.

따라서 $\overline{EH}=7\text{ cm}$

$\overline{BE}=\overline{AH}=\overline{AE}+\overline{EH}$

$=8+7=15(\text{cm})$

직각삼각형 ABE에서

$\overline{AB}=\sqrt{\overline{AE}^2+\overline{BE}^2}$

$=\sqrt{8^2+15^2}=17(\text{cm})$

따라서 □ABCD는 한 변의 길이가 17 cm인 정사각형이므로 둘레의 길이는 $4\times17=68(\text{cm})$이다.

099_ 답 $3\sqrt{3}$

$\overline{BE}^2+\overline{CD}^2=\overline{DE}^2+\overline{BC}^2$이므로

$5^2+\overline{CD}^2=4^2+6^2$, $\overline{CD}^2=27$

$\overline{CD}>0$이므로 $\overline{CD}=\sqrt{27}=3\sqrt{3}$

100_ 답 30 cm^2

색칠한 부분의 넓이는 △ABC의 넓이와 같다.

직각삼각형 ABC에서

$\overline{AB}=\sqrt{13^2-5^2}=12(\text{cm})$

이므로 △ABC의 넓이는

$\frac{1}{2}\times12\times5=30(\text{cm}^2)$

따라서 색칠한 부분의 넓이도 30 cm^2이다.

101_ 답 157

$\overline{AB}^2+\overline{CD}^2=\overline{AD}^2+\overline{BC}^2$이므로

$x^2+y^2=6^2+11^2=36+121=157$

102_ 답 $\sqrt{10}$

$\overline{AP}^2+\overline{CP}^2=\overline{BP}^2+\overline{DP}^2$이므로

$5^2+7^2=\overline{BP}^2+8^2$, $\overline{BP}^2=10$

$\overline{BP}>0$이므로 $\overline{BP}=\sqrt{10}$

103_ 답 $\sqrt{14}$

$\overline{BP}=\overline{DP}=5$, $\overline{AP}^2+\overline{CP}^2=\overline{BP}^2+\overline{DP}^2$이므로

$\overline{AP}^2+6^2=5^2+5^2$, $\overline{AP}^2=14$

$\overline{AP}>0$이므로 $\overline{AP}=\sqrt{14}$

104_ 답 2, $\sqrt{2}$

직각이등변삼각형이므로

$x : \sqrt{2} : y=\sqrt{2} : 1 : 1$

$x : \sqrt{2}=\sqrt{2} : 1$에서 $x=\boxed{2}$

$\sqrt{2} : y=1 : 1$에서 $y=\boxed{\sqrt{2}}$

105_ 답 (1) $x=3\sqrt{2}$, $y=3\sqrt{2}$ (2) $x=3$, $y=3\sqrt{2}$

(1) $6 : x : y=\sqrt{2} : 1 : 1$

$6 : x=\sqrt{2} : 1$에서 $x=3\sqrt{2}$

$6 : y=\sqrt{2} : 1$에서 $y=3\sqrt{2}$

(2) $y : x : 3=\sqrt{2} : 1 : 1$

$x : 3=1 : 1$에서 $x=3$

$y : 3=\sqrt{2} : 1$에서 $y=3\sqrt{2}$

106_ 답 10

한 내각의 크기가 45°인 직각삼각형은 직각이등변삼각형이므로 세 변의 길이의 비는 $\sqrt{2} : 1 : 1$이다.

나머지 두 변의 길이를 x, y라 하면

$5\sqrt{2} : x : y=\sqrt{2} : 1 : 1$

$5\sqrt{2} : x=\sqrt{2} : 1$에서 $x=5$

$5\sqrt{2} : y=\sqrt{2} : 1$에서 $y=5$

따라서 두 변의 길이의 합은

$x+y=5+5=10$

107_ 답 3, $3\sqrt{3}$

$6 : x : y=2 : 1 : \sqrt{3}$

$6 : x=2 : 1$에서 $x=\boxed{3}$

$6 : y=2 : \sqrt{3}$에서 $y=\boxed{3\sqrt{3}}$

108_ 답 (1) $x=4\sqrt{3}$, $y=4$ (2) $x=2\sqrt{3}$, $y=\sqrt{3}$

(1) $8 : y : x=2 : 1 : \sqrt{3}$

$8 : x=2 : \sqrt{3}$에서 $x=4\sqrt{3}$

$8 : y=2 : 1$에서 $y=4$

(2) $x : y : 3=2 : 1 : \sqrt{3}$

$x : 3=2 : \sqrt{3}$에서 $x=2\sqrt{3}$

$y : 3=1 : \sqrt{3}$에서 $y=\sqrt{3}$

109_ 답 $6\sqrt{3}$

$\angle A=60°$이고 빗변의 길이가 12인 직각삼각형을 그리면 오른쪽 그림과 같다.

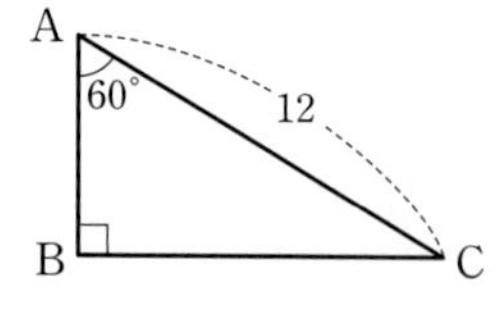

$\angle A$의 대변은 $\overline{BC}$이므로

$12 : \overline{BC}=2 : \sqrt{3}$

따라서 $\overline{BC}=6\sqrt{3}$

110_ 답 (1) 12 (2) $3\sqrt{2}$

(1) $x=\sqrt{13^2-5^2}=\sqrt{144}=12$

(2) $x=\sqrt{2}\times 3=3\sqrt{2}$

111_ 답 30 cm²

직사각형의 가로의 길이는

$\sqrt{(\sqrt{61})^2-5^2}=\sqrt{36}=6(\text{cm})$

이므로 직사각형의 넓이는

$6\times 5=30(\text{cm}^2)$

112_ 답 ③

정사각형의 대각선의 길이를 x cm라 하면

정사각형의 한 변의 길이가 $4\sqrt{2}$ cm이므로

$x=4\sqrt{2}\times\sqrt{2}$, $x=8$

따라서 정사각형의 대각선의 길이는 8 cm이다.

113_ 답 4

높이가 $2\sqrt{3}$이므로 $\frac{\sqrt{3}}{2}x=2\sqrt{3}$

따라서 $x=4$

114_ 답 $27\sqrt{3}\text{ cm}^2$

정삼각형의 한 변의 길이를 x cm라 하면

높이가 9 cm이므로 $\frac{\sqrt{3}}{2}x=9$, $x=6\sqrt{3}$

따라서 정삼각형의 한 변의 길이는 $6\sqrt{3}$ cm이므로

넓이는 $\frac{\sqrt{3}}{4}\times(6\sqrt{3})^2=\frac{\sqrt{3}}{4}\times108=27\sqrt{3}(\text{cm}^2)$

참고 한 변의 길이가 $6\sqrt{3}$ cm, 높이가 9 cm이므로 삼각형의 넓이 공식을 이용하여 $\frac{1}{2}\times6\sqrt{3}\times9=27\sqrt{3}(\text{cm}^2)$으로 구하여도 결과는 같다.

115_ 답 ④

정삼각형의 넓이가 $4\sqrt{3}$이므로

$\frac{\sqrt{3}}{4}a^2=4\sqrt{3}$, $a^2=16$

$a>0$이므로 $a=4$

따라서 높이는

$h=\frac{\sqrt{3}}{2}\times4=2\sqrt{3}$

116_ 답 -4

$\overline{AB}=\sqrt{(1-a)^2+(-1+2)^2}$
$=\sqrt{a^2-2a+2}=\sqrt{26}$

$a^2-2a+2=26$, $a^2-2a-24=0$, $(a+4)(a-6)=0$

점 B는 제3사분면 위의 점이므로 $a<0$

따라서 $a=-4$

117_ 답 (가) $2\sqrt{2}$ (나) $2\sqrt{2}$ (다) 4 (라) $\overline{AC}$

$\overline{AB}=\sqrt{(1-3)^2+(2-4)^2}=\sqrt{(-2)^2+(-2)^2}=\sqrt{8}=$ (가) $2\sqrt{2}$

$\overline{BC}=\sqrt{(3-1)^2+(0-2)^2}=\sqrt{2^2+(-2)^2}=\sqrt{8}=$ (나) $2\sqrt{2}$

$\overline{AC}=\sqrt{(3-3)^2+(0-4)^2}=\sqrt{0^2+(-4)^2}=\sqrt{16}=$ (다) 4 이므로 $(2\sqrt{2})^2+(2\sqrt{2})^2=4^2$에서 $\overline{AB}^2+\overline{BC}^2=\overline{AC}^2$

따라서 △ABC는 빗변이 (라) $\overline{AC}$ 이고, $\overline{AB}=\overline{BC}$인 직각이등변삼각형이다.

118_ 답 $\sqrt{34}$

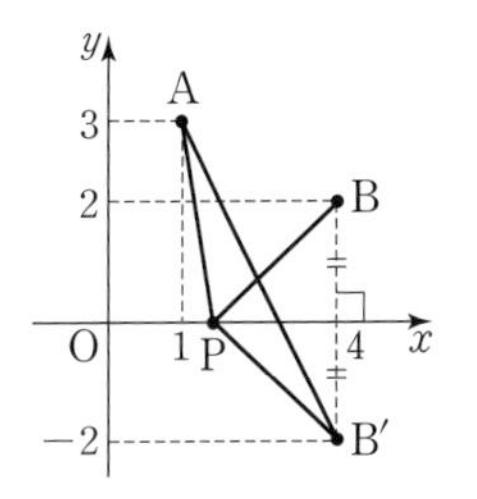

점 B를 x축에 대하여 대칭이동한 점을 B′이라 하면

B′(4, −2)이고, $\overline{BP}=\overline{B'P}$이므로

$\overline{AP}+\overline{BP}=\overline{AP}+\overline{B'P}\geq\overline{AB'}$이다.

$\overline{AB'}=\sqrt{(-3)^2+5^2}=\sqrt{34}$

따라서 $\overline{AP}+\overline{BP}\geq\sqrt{34}$이므로

$\overline{AP}+\overline{BP}$의 최솟값은 $\sqrt{34}$이다.

119_ 답 (가) -4 (나) $\sqrt{37}$ (다) $\sqrt{37}$

점 B를 y축에 대하여 대칭이동한 점을 B′이라 하면

B′((가) -4 , 2)이고,

$\overline{BP}=\overline{B'P}$이므로

$\overline{AP}+\overline{BP}=\overline{AP}+\overline{B'P}\geq\overline{AB'}=\sqrt{6^2+1^2}=$ (나) $\sqrt{37}$

따라서 $\overline{AP}+\overline{BP}$의 최솟값은 (다) $\sqrt{37}$ 이다.

120_ 답 (1) $\sqrt{77}$ (2) $3\sqrt{3}$

(1) $\overline{AG}=\sqrt{4^2+5^2+6^2}=\sqrt{77}$

(2) $\overline{AG}=\sqrt{3}\times3=3\sqrt{3}$

121_ 답 $\sqrt{53}$

$\sqrt{4^2+10^2+x^2}=13$, $\sqrt{x^2+116}=13$

$x^2+116=169$, $x^2=53$

$x>0$이므로 $x=\sqrt{53}$

122_ 답 $\sqrt{71}$

직육면체의 세로의 길이를 x라 하면

$\sqrt{3^2+x^2+8^2}=12$, $\sqrt{x^2+73}=12$

$x^2+73=144$, $x^2=71$

$x>0$이므로 $x=\sqrt{71}$

따라서 직육면체의 세로의 길이는 $\sqrt{71}$이다.

123_ 답 $2\sqrt{7}$

직각삼각형 AOB에서

$h=\sqrt{8^2-6^2}=\sqrt{28}=2\sqrt{7}$

124_ 답 25π

직각삼각형 AOB에서

$\overline{OB}=\sqrt{13^2-12^2}=\sqrt{25}=5$

따라서 밑면인 원의 반지름의 길이가 5이므로

밑면의 넓이는 $\pi\times5^2=25\pi$

125_ 답 $h=3\sqrt{3}$, $V=9\sqrt{3}\pi$

직각삼각형 AOB에서

원뿔의 높이는 '

$h=\sqrt{6^2-3^2}=\sqrt{27}=3\sqrt{3}$

원뿔의 부피는

$V=\frac{1}{3}\times\pi\times3^2\times3\sqrt{3}=9\sqrt{3}\pi$

126_ 답 ③

$\overline{AC}=6\sqrt{2}$이므로

$\overline{AH}=\frac{1}{2}\overline{AC}=\frac{1}{2}\times6\sqrt{2}=3\sqrt{2}$

직각삼각형 OAH에서

$\overline{OH}=\sqrt{\overline{OA}^2-\overline{AH}^2}=\sqrt{8^2-(3\sqrt{2})^2}=\sqrt{46}$

그러므로 정사각뿔의 부피는

$V=\frac{1}{3}\times6^2\times\sqrt{46}=12\sqrt{46}$

127_ 답 ④

$\overline{AC}=8\sqrt{2}$이므로

$\overline{AH}=\frac{1}{2}\overline{AC}=\frac{1}{2}\times8\sqrt{2}=4\sqrt{2}$

직각삼각형 OAH에서

정사각뿔의 높이 $h=\overline{OH}=\sqrt{(5\sqrt{2})^2-(4\sqrt{2})^2}=3\sqrt{2}$

정사각뿔의 부피 $V=\frac{1}{3}\times8^2\times3\sqrt{2}=64\sqrt{2}$

128_ 답 $h=\frac{2\sqrt{6}}{3}$, $V=\frac{2\sqrt{2}}{3}$

$h=\frac{\sqrt{6}}{3}\times2=\frac{2\sqrt{6}}{3}$

$V=\frac{\sqrt{2}}{12}\times2^3=\frac{2\sqrt{2}}{3}$

129_ 답 ③

정사면체의 한 모서리의 길이를 x라 하면

$\frac{\sqrt{6}}{3}x=2\sqrt{2}$, $x=\frac{6\sqrt{2}}{\sqrt{6}}=2\sqrt{3}$

따라서 밑면의 넓이는

$\frac{\sqrt{3}}{4}\times(2\sqrt{3})^2=3\sqrt{3}$

130_ 답 $\sqrt{3}$

정사면체의 한 모서리의 길이를 x라 하면

$\frac{\sqrt{6}}{3}x=2$, $x=\sqrt{6}$

따라서 정사면체의 한 모서리의 길이가 $\sqrt{6}$이므로 부피는

$\frac{\sqrt{2}}{12}\times(\sqrt{6})^3=\sqrt{3}$

131_ 답 $\sqrt{41}$ cm

다음 전개도에서 구하는 최단 거리는 $\overline{AG}$의 길이와 같다.

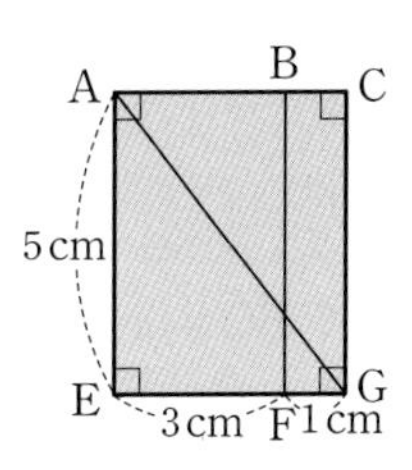

직각삼각형 AEG에서

$\overline{AG}=\sqrt{5^2+(3+1)^2}$

$=\sqrt{41}$(cm)

132_ 답 25 cm

다음 전개도에서 구하는 최단 거리는 $\overline{BH}$의 길이와 같다.

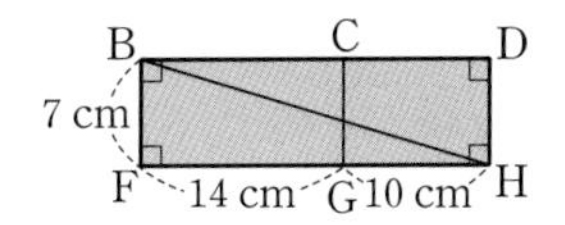

직각삼각형 BFH에서

$\overline{BH}=\sqrt{7^2+(14+10)^2}$

$=25$(cm)

133_ 답 10π cm

다음과 같이 원기둥의 옆면의 전개도를 그리면 필요한 실의 길이의 최솟값은 $\overline{AB}$의 길이와 같다.

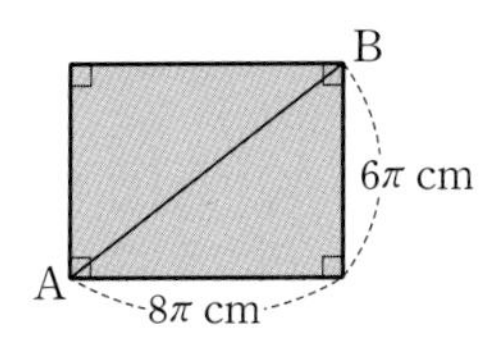

$\overline{AB}$를 빗변으로 하는 직각삼각형에서

$\overline{AB}=\sqrt{(8\pi)^2+(6\pi)^2}$

$=10\pi$(cm)

134_ 답 3 cm

원기둥의 밑면의 반지름의 길이를 x cm라 하자.

다음과 같이 원기둥의 옆면의 전개도를 그리면 필요한 실의 길이의 최솟값은 $\overline{BA}$의 길이와 같다.

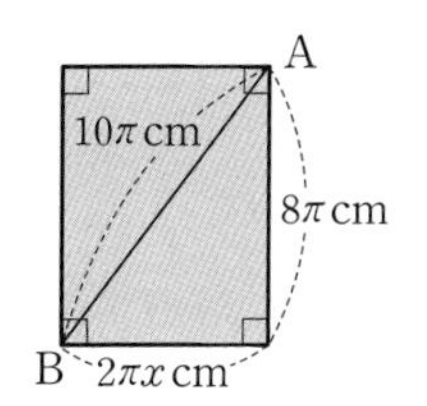

$\overline{BA}$를 빗변으로 하는 직각삼각형에서

$2\pi x=\sqrt{(10\pi)^2-(8\pi)^2}=6\pi$

$x=3$

따라서 원기둥의 밑면의 반지름의 길이는 3 cm이다.

THEME 09

삼각비와 원의 성질

001_ 답 ③

③ $\tan A=\frac{\overline{BC}}{\overline{AB}}=\frac{5}{12}$

002_ 답 $\sin C=\frac{2\sqrt{5}}{5}$, $\cos C=\frac{\sqrt{5}}{5}$, $\tan C=2$

$\overline{AC}=\sqrt{2^2+1^2}=\sqrt{5}$이므로

$\sin C=\frac{\overline{AB}}{\overline{AC}}=\frac{2}{\sqrt{5}}=\frac{2\sqrt{5}}{5}$

$\cos C=\frac{\overline{BC}}{\overline{AC}}=\frac{1}{\sqrt{5}}=\frac{\sqrt{5}}{5}$

$\tan C=\frac{\overline{AB}}{\overline{BC}}=2$

003_ 답 6 cm

$\cos B=\frac{\overline{BC}}{\overline{AB}}$이므로

$\overline{BC}=\overline{AB}\cos B=10\times\frac{3}{5}=6(\text{cm})$

004_ 답 $6\sqrt{3}$ cm

$\sin A=\frac{\overline{BC}}{\overline{AB}}$이므로

$\overline{AB}=\frac{\overline{BC}}{\sin A}=3\div\frac{\sqrt{3}}{6}=3\times\frac{6}{\sqrt{3}}=6\sqrt{3}(\text{cm})$

005_ 답 $3\sqrt{10}$ cm

$\tan C=\frac{\overline{AB}}{\overline{BC}}$이므로

$\overline{BC}=\frac{\overline{AB}}{\tan C}=3\div\frac{1}{3}=3\times3=9(\text{cm})$

직각삼각형 ABC에서

$\overline{AC}=\sqrt{3^2+9^2}=\sqrt{90}=3\sqrt{10}(\text{cm})$

006_ 답 $\frac{3}{5}$

$\sin A=\frac{\overline{BC}}{\overline{AC}}=\frac{4}{5}$이므로

$\overline{AC}=5a\ (a>0)$이라 하면 $\overline{BC}=4a$이고,

$\overline{AB}=\sqrt{(5a)^2-(4a)^2}=3a$

따라서 $\cos A=\frac{\overline{AB}}{\overline{AC}}=\frac{3a}{5a}=\frac{3}{5}$

007_ 답 $\frac{\sqrt{2}}{4}$

$\sin A=\frac{\overline{BC}}{\overline{AC}}=\frac{1}{3}$이므로

$\overline{BC}=a\ (a>0)$이라 하면 $\overline{AC}=3a$이고,

$\overline{AB}=\sqrt{(3a)^2-a^2}=\sqrt{8}a=2\sqrt{2}a$

따라서

$\tan A=\frac{\overline{BC}}{\overline{AB}}=\frac{a}{2\sqrt{2}a}=\frac{1}{2\sqrt{2}}=\frac{\sqrt{2}}{4}$

008_ 답 $\frac{17}{13}$

$\tan A=\frac{\overline{BC}}{\overline{AB}}=\frac{5}{12}$이므로

$\overline{AB}=12a\ (a>0)$이라 하면 $\overline{BC}=5a$이고,

$\overline{AC}=\sqrt{(12a)^2+(5a)^2}=13a$

$\sin A=\frac{\overline{BC}}{\overline{AC}}=\frac{5a}{13a}=\frac{5}{13}$

$\cos A=\frac{\overline{AB}}{\overline{AC}}=\frac{12a}{13a}=\frac{12}{13}$

따라서 $\sin A+\cos A=\frac{5}{13}+\frac{12}{13}=\frac{17}{13}$

009_ 답 $\frac{\sqrt{70}}{14}$

$\overline{BH}=\sqrt{1^2+2^2+3^2}=\sqrt{14}(\text{cm})$

$\overline{FH}=\sqrt{1^2+2^2}=\sqrt{5}(\text{cm})$

따라서

$\cos x=\frac{\overline{FH}}{\overline{BH}}=\frac{\sqrt{5}}{\sqrt{14}}=\frac{\sqrt{70}}{14}$

010_ 답 ④

④ $\tan x=\frac{\overline{BF}}{\overline{FH}}$

$=\frac{3}{3\sqrt{2}}=\frac{1}{\sqrt{2}}=\frac{\sqrt{2}}{2}$

011_ 답 $\frac{1}{4}+\sqrt{2}$

$\sin 30^\circ\times\cos 60^\circ+\tan 45^\circ\div\sin 45^\circ$

$=\frac{1}{2}\times\frac{1}{2}+1\div\frac{\sqrt{2}}{2}$

$=\frac{1}{4}+\sqrt{2}$

012_ 답 ②

$\sin 60^\circ : \cos 60^\circ : \tan 60^\circ=\frac{\sqrt{3}}{2} : \frac{1}{2} : \sqrt{3}$

$=\sqrt{3} : 1 : 2\sqrt{3}$

013_ 답 ⑤

① $\tan 0^\circ\times\cos 30^\circ-\cos 0^\circ=0\times\frac{\sqrt{3}}{2}-1=-1$

② $\cos 60^\circ+\sin 30^\circ=\frac{1}{2}+\frac{1}{2}=1$

③ $\cos 45^\circ\times\tan 45^\circ=\frac{\sqrt{2}}{2}\times 1=\frac{\sqrt{2}}{2}$

④ $\sin 60^\circ\div\tan 60^\circ+\cos 90^\circ=\frac{\sqrt{3}}{2}\div\sqrt{3}+0=\frac{1}{2}$

⑤ $\cos 30^\circ+\sin 60^\circ=\frac{\sqrt{3}}{2}+\frac{\sqrt{3}}{2}=\sqrt{3}$

따라서 옳은 것은 ⑤이다.

014_ 답 (1) $2\sqrt{2}$ (2) 10

(1) $\cos 45^\circ=\frac{x}{4}=\frac{\sqrt{2}}{2}$

따라서 $x=2\sqrt{2}$

(2) $\sin 30^\circ=\frac{5}{x}=\frac{1}{2}$

따라서 $x=10$

015_ 답 $x=3\sqrt{2}$, $y=6\sqrt{2}$

$\sin 45^\circ=\frac{x}{6}=\frac{\sqrt{2}}{2}$, $x=3\sqrt{2}$

$\sin 30^\circ=\frac{x}{y}=\frac{3\sqrt{2}}{y}=\frac{1}{2}$, $y=6\sqrt{2}$

016_ 답 $x=4\sqrt{3}$, $y=4$

$\tan 45^\circ=\frac{x}{4\sqrt{3}}=1$, $x=4\sqrt{3}$

$\tan 60^\circ=\frac{x}{y}=\frac{4\sqrt{3}}{y}=\sqrt{3}$, $y=4$

017_ 답 ⑤

⑤ $\sin z=\sin y=\overline{AB}$

018_ 답 0.4258

$\tan 50^\circ=\frac{\overline{CD}}{\overline{OC}}=\overline{CD}=1.1918$,

$\sin 50^\circ=\frac{\overline{AB}}{\overline{OA}}=\overline{AB}=0.7660$이므로

$\tan 50^\circ-\sin 50^\circ=1.1918-0.7660=0.4258$

019_ 답 ⑤

$x=10\cos 21^\circ=10\times 0.9336=9.336$,

$y=5\tan(90^\circ-68^\circ)=5\tan 22^\circ$

$=5\times 0.4040=2.02$

020_ 답 30°

일차함수 $y=\frac{\sqrt{3}}{3}x+4$의 그래프가 x축과 이루는 예각의 크기를 $\angle a$라 하면 직선의 기울기는 $\frac{\sqrt{3}}{3}$이므로

$\tan\angle a=\frac{\sqrt{3}}{3}=\tan 30^\circ$

따라서 $\angle a=30^\circ$

021_ 답 $y=x+5$

직선의 기울기는 $\tan 45^\circ=1$이므로 구하는 직선의 방정식을
$y=x+b$ (b는 상수)라 놓을 수 있다.
x절편이 -5이므로
$-5+b=0,\ b=5$
따라서 구하고자 하는 직선의 방정식은
$y=x+5$

022_ 답 $\frac{6}{5}$

$6x-5y+30=0$을 y에 관한 식으로 정리하면
$y=\frac{6}{5}x+6$이므로
$\tan a=$(직선의 기울기)$=\frac{6}{5}$

023_ 답 9 m

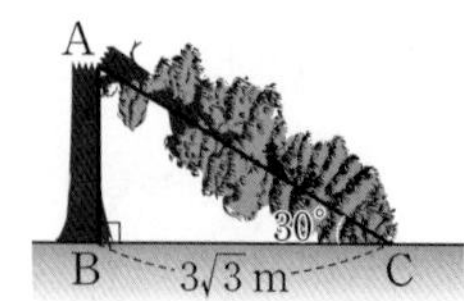

오른쪽 그림에서

$\overline{AB}=3\sqrt{3}\tan 30^\circ$
$=3\sqrt{3}\times\frac{\sqrt{3}}{3}=3(\text{m})$

$\overline{AC}=\frac{3\sqrt{3}}{\cos 30^\circ}=3\sqrt{3}\times\frac{2}{\sqrt{3}}=6(\text{m})$

따라서 처음 나무의 높이는
$\overline{AB}+\overline{AC}=3+6=9(\text{m})$

024_ 답 (가) $\sqrt{3}$ (나) 10 (다) $5(\sqrt{3}-1)$

전봇대가 지면과 만나는 지점을 H라 하자.
$\overline{AH}=x$ m라 하면
$\angle BAH=90^\circ-30^\circ=60^\circ$이므로
$\overline{BH}=x\times\tan 60^\circ=$ (가) $\sqrt{3}$ $x(\text{m})$
$\angle CAH=90^\circ-45^\circ=45^\circ$이므로
$\overline{HC}=x\times\tan 45^\circ=x(\text{m})$
$\overline{BC}=\overline{BH}+\overline{HC}$이므로 (나) 10 $=(\sqrt{3}+1)x$
$x=\frac{10}{\sqrt{3}+1}=$ (다) $5(\sqrt{3}-1)$
따라서 전봇대의 높이는 (다) $5(\sqrt{3}-1)$ (m)이다.

025_ 답 (1) $\frac{27\sqrt{3}}{2}$ (2) $\frac{15\sqrt{3}}{2}$

(1) $\triangle ABC=\frac{1}{2}\times6\times9\times\sin 60^\circ$
$=\frac{1}{2}\times6\times9\times\frac{\sqrt{3}}{2}$
$=\frac{27\sqrt{3}}{2}$

(2) $\triangle ABC=\frac{1}{2}\times5\times6\times\sin(180^\circ-120^\circ)$
$=\frac{1}{2}\times5\times6\times\sin 60^\circ$
$=\frac{1}{2}\times5\times6\times\frac{\sqrt{3}}{2}$
$=\frac{15\sqrt{3}}{2}$

026_ 답 6 cm

$\frac{1}{2}\times8\times\overline{AB}\times\sin 30^\circ=12$
$\frac{1}{2}\times8\times\overline{AB}\times\frac{1}{2}=12$
$2\times\overline{AB}=12$
따라서 $\overline{AB}=6$ cm

027_ 답 120°

$\frac{1}{2}\times2\times3\times\sin(180^\circ-\angle B)=\frac{3\sqrt{3}}{2}$
$\sin(180^\circ-\angle B)=\frac{\sqrt{3}}{2}$
$\sin 60^\circ=\frac{\sqrt{3}}{2}$이므로
$180^\circ-\angle B=60^\circ$
따라서 $\angle B=120^\circ$

028_ 답 $14\sqrt{3}\ \text{cm}^2$

$\triangle ABC=\frac{1}{2}\times4\times8\times\sin 60^\circ$
$=\frac{1}{2}\times4\times8\times\frac{\sqrt{3}}{2}$
$=8\sqrt{3}(\text{cm}^2)$
$\overline{AC}=8\times\sin 60^\circ$
$=8\times\frac{\sqrt{3}}{2}=4\sqrt{3}(\text{cm})$
이므로

$\triangle ACD=\frac{1}{2}\times 4\sqrt{3}\times 6\times \sin 30°$

$=\frac{1}{2}\times 4\sqrt{3}\times 6\times \frac{1}{2}$

$=6\sqrt{3}(cm^2)$

따라서

$\square ABCD=\triangle ABC+\triangle ACD$

$=8\sqrt{3}+6\sqrt{3}=14\sqrt{3}(cm^2)$

029_ 답 $16\sqrt{3}$ cm²

선분 BD를 그으면 $\square ABCD=\triangle ABD+\triangle DBC$이다.

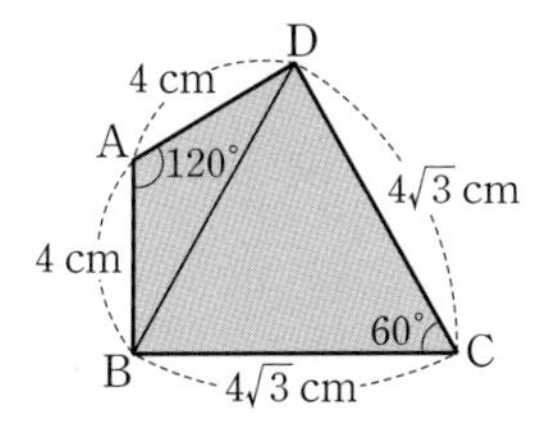

$\triangle ABD=\frac{1}{2}\times 4\times 4\times \sin(180°-120°)$

$=\frac{1}{2}\times 4\times 4\times \frac{\sqrt{3}}{2}$

$=4\sqrt{3}(cm^2)$

$\triangle DBC=\frac{1}{2}\times 4\sqrt{3}\times 4\sqrt{3}\times \sin 60°$

$=\frac{1}{2}\times 4\sqrt{3}\times 4\sqrt{3}\times \frac{\sqrt{3}}{2}$

$=12\sqrt{3}(cm^2)$

따라서

$\square ABCD=\triangle ABD+\triangle DBC$

$=4\sqrt{3}+12\sqrt{3}=16\sqrt{3}(cm^2)$

030_ 답 2

선분 AC를 그으면 $\square ABCD=\triangle ABC+\triangle ACD$이다.

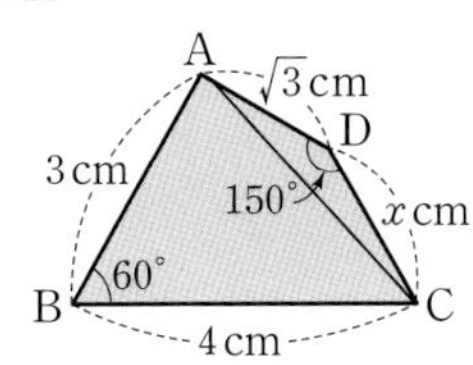

$\triangle ABC=\frac{1}{2}\times 3\times 4\times \sin 60°$

$=\frac{1}{2}\times 3\times 4\times \frac{\sqrt{3}}{2}$

$=3\sqrt{3}(cm^2)$

$\triangle ACD=\frac{1}{2}\times \sqrt{3}\times x\times \sin(180°-150°)$

$=\frac{1}{2}\times \sqrt{3}\times x\times \frac{1}{2}$

$=\frac{\sqrt{3}}{4}x(cm^2)$

따라서

$\square ABCD=\triangle ABC+\triangle ACD$

$=3\sqrt{3}+\frac{\sqrt{3}}{4}x=\frac{7\sqrt{3}}{2}(cm^2)$

에서 $3+\frac{x}{4}=\frac{7}{2}$이다.

따라서 $x=2$

031_ 답 $70\sqrt{3}$ cm²

$\square ABCD=10\times 14\times \sin 60°$

$=10\times 14\times \frac{\sqrt{3}}{2}$

$=70\sqrt{3}(cm^2)$

032_ 답 32 cm²

마름모는 네 변의 길이가 모두 같으므로

$\square ABCD=8\times 8\times \sin(180°-150°)$

$=8\times 8\times \frac{1}{2}$

$=32(cm^2)$

033_ 답 60°

$\square ABCD=2\times 3\times \sin \angle B$

$=6\times \sin \angle B=3\sqrt{3}(cm^2)$

그러므로 $\sin \angle B=\frac{\sqrt{3}}{2}$이다.

따라서 $\angle B=60°$

034_ 답 $48\sqrt{3}$ cm²

$\square ABCD=\frac{1}{2}\times 12\times 16\times \sin 60°$

$=\frac{1}{2}\times 12\times 16\times \frac{\sqrt{3}}{2}$

$=48\sqrt{3}(cm^2)$

035_ 답 $55\sqrt{3}\text{ cm}^2$

$\overline{AC}=2\overline{OC}=2\times5=10(\text{cm})$,

$\overline{BD}=2\overline{OB}=2\times11=22(\text{cm})$이므로

$\square ABCD=\frac{1}{2}\times10\times22\times\sin(180^\circ-120^\circ)$

$=\frac{1}{2}\times10\times22\times\frac{\sqrt{3}}{2}$

$=55\sqrt{3}(\text{cm}^2)$

036_ 답 $4\sqrt{2}\text{ cm}^2$

직사각형 ABCD에서 두 대각선의 길이가 같으므로

$\square ABCD=\frac{1}{2}\times4\times4\times\sin45^\circ$

$=\frac{1}{2}\times4\times4\times\frac{\sqrt{2}}{2}$

$=4\sqrt{2}(\text{cm}^2)$

따라서 직사각형 ABCD의 넓이는 $4\sqrt{2}\text{ cm}^2$이다.

037_ 답 3

직각삼각형 OAM에서

$\overline{OM}\perp\overline{AB}$이므로 $\overline{AM}=\overline{BM}$

$\overline{AM}=4(\text{cm})$

따라서 $x=\sqrt{5^2-4^2}=\sqrt{9}=3$

038_ 답 (가) 6 (나) $x-4$ (다) 6 (라) $\frac{13}{2}$

$\overline{OM}\perp\overline{AB}$이므로

$\overline{AM}=\overline{BM}=$ (가) 6 (cm)

$\overline{OM}=\overline{OC}-\overline{MC}=\overline{OA}-\overline{MC}=$ (나) $x-4$ (cm)

직각삼각형 OAM에서

$\overline{OM}^2+\overline{AM}^2=\overline{OA}^2$이므로

$(x-4)^2+$ (다) $6^2=x^2$

$x^2-8x+16+36=x^2$, $8x=52$

따라서 $x=$ (라) $\frac{13}{2}$

039_ 답 (1) 8 (2) 2

(1) 원의 중심으로부터 같은 거리에 있는 두 현의 길이는 같으므로 $x=8$

(2) 길이가 같은 두 현은 원의 중심으로부터 같은 거리에 있으므로 $x=2$

040_ 답 $x=12$, $y=10$

원의 중심으로부터 같은 거리에 있는 두 현의 길이는 같으므로

$x=12$

$\overline{OM}\perp\overline{AB}$이므로

$\overline{AM}=\overline{BM}=\frac{1}{2}\times12=6(\text{cm})$

직각삼각형 OAM에서

$y=\overline{OA}=\sqrt{8^2+6^2}=\sqrt{100}=10$

041_ 답 40°

$\overline{OM}=\overline{ON}$이므로 $\overline{AB}=\overline{AC}$

$\triangle ABC$는 이등변삼각형이므로

$\angle BAC=180^\circ-2\times70^\circ=40^\circ$

042_ 답 원의 반지름의 길이 : $2\sqrt{6}\text{ cm}$, 원의 넓이 : $24\pi\text{ cm}^2$

$\overline{PA}\perp\overline{OA}$이므로 $\triangle OPA$는 직각삼각형이다.

그러므로 $\overline{OA}=\sqrt{7^2-5^2}=\sqrt{24}=2\sqrt{6}(\text{cm})$

따라서 원의 넓이는 $24\pi\text{ cm}^2$이다.

043_ 답 8 cm

$\overline{PB}=\overline{PA}=\sqrt{10^2-6^2}$

$=\sqrt{64}$

$=8(\text{cm})$

044_ 답 8 cm^2

$\overline{OB}=\overline{OA}=2\text{ cm}$,

$\overline{PB}=\overline{PA}=\sqrt{(2\sqrt{5})^2-2^2}=\sqrt{16}=4(\text{cm})$이므로

$\square OBPA$의 넓이는

$2\times\left(\frac{1}{2}\times2\times4\right)=8(\text{cm}^2)$

045_ 답 $\angle POT=60°$, 원의 반지름의 길이 : 4

$\triangle OTP$에서

$\angle OTP=90°$이므로 $\angle POT=90°-30°=60°$

또 $\overline{OT}:8=1:2$에서 $\overline{OT}=4$이므로 원 O의 반지름의 길이는 4이다.

046_ 답 ⑤

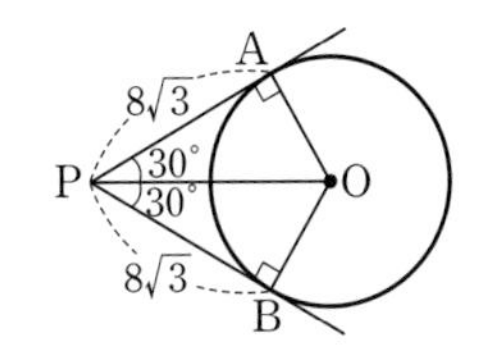

① $\overline{PA}=\overline{PB}=8\sqrt{3}$

② $\overline{OA}=\overline{PA}\tan 30°=8\sqrt{3}\times\frac{\sqrt{3}}{3}=8$

③ $\overline{OA}\perp\overline{PA}$이므로 $\angle OAP=90°$

④ $\angle AOB=180°-\angle APB=180°-60°=120°$

⑤ $\overline{PO}=\frac{8\sqrt{3}}{\cos 30°}$

$=8\sqrt{3}\div\cos 30°$

$=8\sqrt{3}\div\frac{\sqrt{3}}{2}$

$=8\sqrt{3}\times\frac{2}{\sqrt{3}}=16$

따라서 옳지 않은 것은 ⑤이다.

047_ 답 50°

$\triangle OAB$에서 $\overline{OA}=\overline{OB}$이므로

$\angle OBA=\angle OAB=25°$

따라서 $\angle AOB=180°-2\times25°=130°$

$\angle APB+\angle AOB=180°$이므로

$\angle APB+130°=180°$

따라서 $\angle APB=50°$

048_ 답 4 cm

$\overline{BD}=\overline{BE}=2$ cm

$\overline{AF}=\overline{AD}=5-2=3$(cm)

따라서 $\overline{EC}=\overline{FC}=7-3=4$(cm)

049_ 답 16 cm

$\overline{DE}=\overline{AD}=5$ cm

$\overline{CE}=\overline{BC}=11$ cm

따라서 $\overline{CD}=\overline{CE}+\overline{DE}=11+5=16$(cm)

050_ 답 20 cm

$\overline{AF}=\overline{AD}=2$ cm, $\overline{BD}=\overline{BE}=3$ cm,

$\overline{CE}=\overline{CF}=5$ cm이므로

$\triangle ABC$의 둘레의 길이는

$2(2+3+5)=2\times10=20$(cm)

051_ 답 8

$\overline{AB}+\overline{CD}=\overline{AD}+\overline{BC}$이므로

$x+6=4+10$

따라서 $x=8$

052_ 답 10 cm

원 O의 반지름의 길이가 4 cm이므로

$\overline{AD}=4+8=12$(cm)

$\overline{AB}+\overline{CD}=\overline{AD}+\overline{BC}$이므로

$8+\overline{CD}=12+6$

따라서 $\overline{CD}=10$ cm

053_ 답 32 cm

$\overline{DG}=\overline{DH}=3$ cm이고

$\overline{CG}=\overline{CF}=4$ cm이므로

$\overline{CD}=\overline{CG}+\overline{GD}=4+3=7$(cm)

$\overline{AD}+\overline{BC}=\overline{AB}+\overline{CD}$

$=9+7=16$(cm)

따라서 □ABCD의 둘레의 길이는

$\overline{AB}+\overline{BC}+\overline{CD}+\overline{AD}=2(\overline{AB}+\overline{CD})$

$=2\times16$

$=32$(cm)

054_ 답 (1) 75°　　(2) 80°

(1) 원주각의 크기는 중심각의 크기의 $\frac{1}{2}$배이므로

$\angle x=\frac{1}{2}\times 150^\circ=75^\circ$

(2) 중심각의 크기는 원주각의 크기의 2배이므로

$\angle x=2\times 40^\circ=80^\circ$

055_ 답 60°

반원에 대한 원주각의 크기는 90°이므로

$\angle x=180^\circ-(30^\circ+90^\circ)$

$=60^\circ$

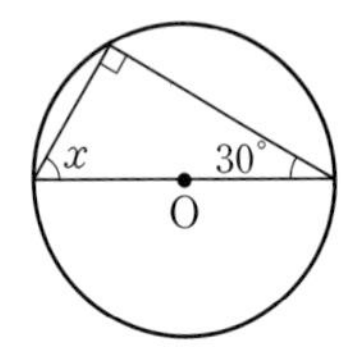

056_ 답 (1) 35°　　(2) 40°

(1) 한 호에 대한 원주각의 크기는 모두 같으므로

$\angle x=35^\circ$

(2) 한 호에 대한 원주각의 크기는 모두 같으므로

$\angle x=40^\circ$

057_ 답 (가) ∠PBQ　(나) 94　(다) 64

∠PAQ, ∠PBQ는 $\overset{\frown}{PQ}$에 대한 원주각이므로

∠PAQ= (가) ∠PBQ =30°

△PAC에서

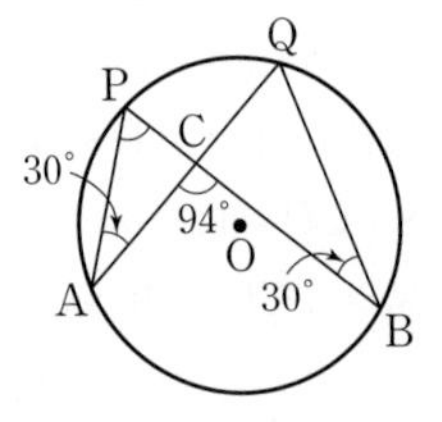

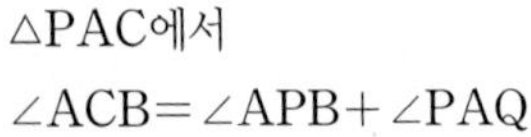

∠ACB=∠APB+∠PAQ

(나) 94 °=∠APB+30°

따라서 ∠APB= (다) 64 °

058_ 답 (1) 4　　(2) 60

(1) 길이가 같은 호에 대한 원주각의 크기는 같으므로 $x=4$

(2) 호의 길이는 중심각의 크기에 비례하고, 중심각의 크기는 원주각의 2배이므로 호의 길이는 원주각의 크기에도 비례한다.

$x : 30=10 : 5$, $x=60$

059_ 답 (가) ∠DCB　(나) 64

$\overset{\frown}{AC}=\overset{\frown}{DB}$이므로

(가) ∠DCB =∠ABC=32°

△PCB에서

∠BPD=∠ABC+∠DCB

=32°+32°= (나) 64 °

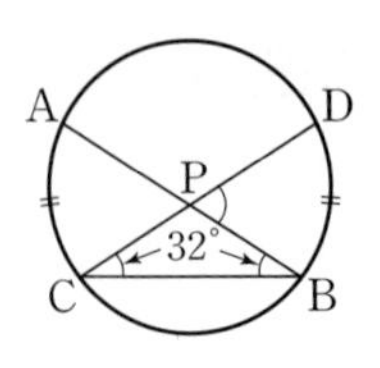

060_ 답 ②, ③

② ∠BAC=∠BDC=90°이므로

네 점 A, B, C, D가 한 원 위에 있다.

③ ∠ADB=∠ACB=50°이므로

네 점 A, B, C, D가 한 원 위에 있다.

061_ 답 50°

네 점 A, B, C, D가 한 원 위에 있으려면

∠x=∠ABD,

∠CAD=∠CBD=30°이므로

∠ABC=80°=∠x+30°

따라서 ∠x=50°

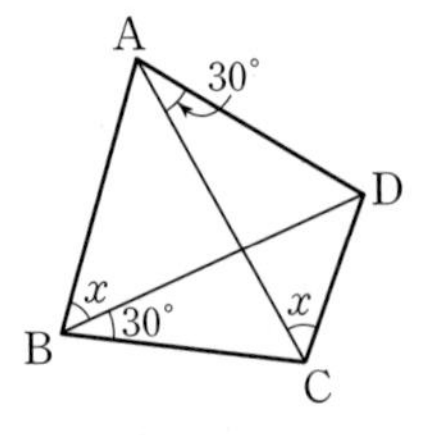

062_ 답 $x=85$, $y=80$

원에 내접하는 사각형 ABCD에 대하여

$x+95=180$이므로 $x=85$

$y+100=180$이므로 $y=80$

063_ 답 ∠x=100°, ∠y=85°

원에 내접하는 사각형 ABCD에 대하여

(180°−∠x)+(180°−80°)=180°이므로 ∠x=100°

∠y+95°=180°이므로 ∠y=85°

064_ 답 75°

△BCD에서 ∠C=180°−(35°+40°)=105°이고

∠A+∠C=180°이므로 ∠A+105°=180°

따라서 ∠A=75°

065_ 답 ①

□ABCD가 원에 내접하기 위해서는

$\angle A+\angle C=180^\circ$이어야 한다.

즉, $\angle A+82^\circ=180^\circ$, $\angle A=98^\circ$

△ABD에서

$\angle ABD=180^\circ-(98^\circ+50^\circ)$

$=180^\circ-148^\circ=32^\circ$

066_ 답 80°

$\angle BAC=\angle BDC=60^\circ$이므로 □ABCD는 원에 내접한다.

$\overline{AB}=\overline{AD}$이므로

$\angle ABD=\angle ADB=\angle ACB=20^\circ$

△ABC에서

$\angle DBC=180^\circ-(60^\circ+20^\circ+20^\circ)$

$=180^\circ-100^\circ=80^\circ$

067_ 답 (1) $\angle x=60^\circ$, $\angle y=70^\circ$ (2) $\angle x=90^\circ$, $\angle y=30^\circ$

(1) 접선 AT와 현 AB가 이루는 $\angle BAT$의 크기는 $\widehat{AB}$에 대한 원주각 $\angle ACB$의 크기와 같으므로 $\angle x=60^\circ$
또 접선 AT와 현 AC가 이루는 $\angle y$의 크기는 $\widehat{AC}$에 대한 원주각 $\angle CBA$의 크기와 같으므로 $\angle y=70^\circ$

(2) 접선 AT와 현 AC가 이루는 $\angle x$의 크기는 $\widehat{AC}$에 대한 원주각 $\angle CBA$의 크기와 같으므로 $\angle x=90^\circ$
또 접선 AT와 현 AB가 이루는 $\angle y$의 크기는 $\widehat{AB}$에 대한 원주각 $\angle BCA$의 크기와 같으므로 $\angle y=30^\circ$

068_ 답 20°

접선과 현이 이루는 각의 크기는 그 각의 내부에 있는 호에 대한 원주각의 크기와 같으므로

$\angle DBE=\angle DAB=75^\circ$

따라서

$\angle CBD=\angle DBE-\angle CBE$

$=75^\circ-55^\circ=20^\circ$

069_ 답 65°

접선과 현이 이루는 각의 크기는 그 각의 내부에 있는 호에 대한 원주각의 크기와 같으므로

$\angle DBE=\angle DAB=100^\circ$

따라서

$\angle CBE=\angle DBE-\angle DBC$

$=100^\circ-35^\circ=65^\circ$

070_ 답 $\angle x=65^\circ$, $\angle y=45^\circ$

접선과 현이 이루는 각의 크기는 그 각의 내부에 있는 호에 대한 원주각의 크기와 같으므로

$\angle PBA=\angle x$

$\overline{PA}=\overline{PB}$이므로

$\angle x=\angle PAB=\frac{1}{2}\times(180^\circ-50^\circ)$

$=\frac{1}{2}\times130^\circ=65^\circ$

접선과 현이 이루는 각의 크기는 그 각의 내부에 있는 호에 대한 원주각의 크기와 같으므로

$\angle DAC=\angle ABC$

따라서

$\angle CBE=180^\circ-(\angle PBA+\angle ABC)$

$=180^\circ-(65^\circ+70^\circ)$

$=180^\circ-135^\circ=45^\circ$

071_ 답 $\angle x=80^\circ$, $\angle y=60^\circ$

접선과 현이 이루는 각의 크기는 그 각의 내부에 있는 호에 대한 원주각의 크기와 같으므로

$\angle BAT=\angle BTP=40^\circ$

$\overline{BT}=\overline{BP}$이므로 $\angle BTP=\angle BPT=40^\circ$

그러므로 $\angle x=\angle BTP+\angle BPT=80^\circ$

△ATB에서

$\angle y=\angle ATB=180^\circ-(\angle BAT+\angle ABT)$

$=180^\circ-(40^\circ+80^\circ)=60^\circ$

072_ 답 65°

$\overline{AD}=\overline{AF}$이므로

$\angle ADF=\angle AFD=\frac{1}{2}\times(180^\circ-50^\circ)=65^\circ$

접선과 현이 이루는 각의 크기는 그 각의 내부에 있는 호에 대한 원주각의 크기와 같으므로

$\angle DEF=\angle ADF=65^\circ$

본문 100~112쪽

THEME 10 도형의 방정식

001_ 답 6

$\overline{AB}=|a-1|=5$, $a-1=5$ 또는 $a-1=-5$

그러므로 $a=6$ 또는 $a=-4$

$\overline{BC}=|11-a|=5$, $11-a=5$ 또는 $11-a=-5$

그러므로 $a=6$ 또는 $a=16$

따라서 $a=6$

002_ 답 4

$\overline{AB}=\sqrt{(a-2)^2+(-3+1)^2}=\sqrt{20}$이므로

$(a-2)^2=16$, $a-2=\pm4$

따라서 $a=6$ 또는 $a=-2$이므로

모든 a의 값의 합은 $6+(-2)=4$

003_ 답 −3

점 P는 x축 위의 점이므로 $b=0$이다.

점 P의 좌표를 $(a, 0)$이라 하면 $\overline{AP}=\overline{BP}$이므로

$\overline{AP}^2=\overline{BP}^2$

즉, $(a-1)^2+(0-1)^2=(a+2)^2+(0-4)^2$

양변을 전개하여 정리하면

$a^2-2a+2=a^2+4a+20$

$6a=-18$, $a=-3$

따라서 $a+b=(-3)+0=-3$

004_ 답 3

$A(-2)$, $B(x)$에 대하여 선분 AB를 $4:1$로 내분하는 점의 좌표는

$\frac{4\times x+1\times(-2)}{4+1}=2$

$\frac{4x-2}{5}=2$, $4x-2=10$

$4x=12$, $x=3$

005_ 답 8

선분 AB를 $2:3$으로 내분하는 점의 좌표는

$\frac{2\times3+3\times x}{2+3}=6$, $\frac{6+3x}{5}=6$

$6+3x=30$, $3x=24$, $x=8$

006_ 답 ②

선분 AB의 중점은 선분 AB를 $1:1$로 내분하는 점이므로 좌표는

$\left(\frac{1\times(-3)+1\times(-1)}{1+1}, \frac{1\times7+1\times3}{1+1}\right)$

즉, $(-2, 5)$이다.

따라서 $a=-2$, $b=5$이므로

$ab=(-2)\times5=-10$

007_ 답 $P\left(\frac{1}{3}, -2\right)$

선분 AB를 $1:2$로 내분하는 점 P의 좌표는

$P\left(\frac{1\times(-3)+2\times2}{1+2}, \frac{1\times(-4)+2\times(-1)}{1+2}\right)$

즉, $P\left(\frac{1}{3}, -2\right)$

008_ 답 ①

두 점 $A(a, 6)$, $B(b, a)$를 이은 선분 AB를 $1:2$로 내분하는 점 P의 좌표는 $\left(\frac{1\times b+2\times a}{1+2}, \frac{1\times a+2\times6}{1+2}\right)$이다.

즉, $\frac{1\times b+2\times a}{1+2}=-9$, $\frac{1\times a+2\times6}{1+2}=4$

$\frac{b+2a}{3}=-9$, $\frac{a+12}{3}=4$

$b+2a=-27$, $a+12=12$

따라서 $a=0$, $b=-27$이므로

$a+b=0+(-27)=-27$

009_ 답 ③

두 점 $A(1, a)$, $B(b, 8)$을 이은 선분 AB를 $1:3$으로 내분하는 점의 좌표는 $\left(\frac{1\times b+3\times1}{1+3}, \frac{1\times8+3\times a}{1+3}\right)$이다.

$\frac{b+3}{4}=2$, $\frac{8+3a}{4}=8$

$b+3=8$, $8+3a=32$
따라서 $a=8$, $b=5$이므로
$a+b=5+8=13$

010_ 답 ①

사각형 ABCD가 평행사변형이므로 두 대각선 AC와 BD의 중점이 일치한다.

선분 AC의 중점의 좌표는 $\left(\frac{4-a+6}{2}, \frac{4+b}{2}\right)$이고,

선분 BD의 중점의 좌표는 $\left(\frac{6+a}{2}, \frac{4-b+4}{2}\right)$이다.

두 점이 일치해야 하므로 $\frac{10-a}{2}=\frac{6+a}{2}$, $\frac{4+b}{2}=\frac{8-b}{2}$이다.

$10-a=6+a$, $4+b=8-b$
$a=2$, $b=2$
따라서 $ab=2\times2=4$

011_ 답 ④

무게중심 G의 좌표는 $G\left(\frac{3+3-3}{3}, \frac{4+8+0}{3}\right)$이므로

$G(1, 4)$이다.
따라서 $a=1$, $b=4$이므로
$ab=1\times4=4$

012_ 답 ⑤

무게중심 G의 x좌표는 $\frac{-3+1+(-7)}{3}=-3$이고,

y좌표는 $\frac{2+(-4)+5}{3}=1$이다.

따라서 무게중심 G의 좌표는 $(-3, 1)$이다.

013_ 답 ②

$\frac{1-2+2a}{3}=1$, $\frac{a-5+2b}{3}=3$이므로

$-1+2a=3$, $a-5+2b=9$
$2a=4$, $a=2$이므로
$2-5+2b=9$, $2b=12$, $b=6$
따라서 $a=2$, $b=6$이므로
$a+b=2+6=8$

014_ 답 ①

선분 CM은 삼각형 ABC의 중선이고 이를 2 : 1로 내분하는 점은 삼각형 ABC의 무게중심이다.
구하는 점의 좌표는

$\left(\frac{a-1+a+1+0}{3}, \frac{4+4+b+4}{3}\right)=\left(\frac{2a}{3}, \frac{b+12}{3}\right)$이고

$\frac{2a}{3}=a$, $\frac{b+12}{3}=b$이므로 $a=0$, $b=6$

따라서 $a+b=0+6=6$

015_ 답 ⑤

세 점 $A(x_1, y_1)$, $B(x_2, y_2)$, $C(x_3, y_3)$에 대하여 $\overline{AB}$, $\overline{BC}$, $\overline{CA}$의 중점의 좌표는

$\left(\frac{x_1+x_2}{2}, \frac{y_1+y_2}{2}\right)$, $\left(\frac{x_2+x_3}{2}, \frac{y_2+y_3}{2}\right)$, $\left(\frac{x_3+x_1}{2}, \frac{y_3+y_1}{2}\right)$

삼각형 A′B′C′의 무게중심의 좌표는

$$\left(\frac{\frac{x_1+x_2}{2}+\frac{x_2+x_3}{2}+\frac{x_3+x_1}{2}}{3}, \frac{\frac{y_1+y_2}{2}+\frac{y_2+y_3}{2}+\frac{y_3+y_1}{2}}{3}\right)$$

이므로

$\left(\frac{x_1+x_2+x_3}{3}, \frac{y_1+y_2+y_3}{3}\right)$이다.

즉, 삼각형 A′B′C′의 무게중심 G의 좌표는 삼각형 ABC의 무게중심의 좌표와 같다.

이때 $G\left(\frac{5+6+7}{3}, \frac{-2+0-1}{3}\right)$이므로 $G(6, -1)$이다.

따라서 $a=6$, $b=-1$이므로
$a+b=6-1=5$

016_ 답 ②

기울기가 2이고 점 $(1, 6)$을 지나는 직선의 방정식은
$y-6=2(x-1)$이므로
$y=2x+4$

017_ 답 $y=-5x+15$

기울기가 -5이고 점 $(3, 0)$을 지나는 직선의 방정식은
$y-0=-5(x-3)$이므로
$y=-5x+15$

018_ 답 ⑤

기울기가 -3이고 점 $(4,\ -2)$를 지나는 직선의 방정식은

$y+2=-3(x-4)$, $y=-3x+12-2$, $y=-3x+10$

이 직선이 점 $A(5,\ a)$를 지나므로 $x=5$, $y=a$를 대입하면

$a=-3\times5+10=-5$

019_ 답 -2

두 점 $A(0,\ 2)$, $B(1,\ 1)$을 지나는 직선의 방정식은

$y-1=\frac{1-2}{1-0}(x-1)$이므로 $y-1=\frac{-1}{1}(x-1)$

$y-1=-x+1$, $y=-x+2$, 즉 $x+y-2=0$

따라서 $a=1$, $b=-2$이므로

$ab=1\times(-2)=-2$

020_ 답 (1) $x=3$ (2) $y=-1$

(1) 두 점의 x좌표가 같으므로 x축에 수직인 직선이다.
따라서 $x=3$

(2) 두 점의 y좌표가 같으므로 y축에 수직인 직선이다.
따라서 $y=-1$

021_ 답 8

두 점 $A(7,\ -3)$, $B(9,\ -1)$을 지나는 직선의 방정식은

$y+3=\frac{(-1)-(-3)}{9-7}(x-7)$

즉, $y+3=\frac{2}{2}(x-7)$, $y+3=x-7$, $y=x-10$

점 $(k+3,\ 1)$이 이 직선 위에 있으므로

$x=k+3$, $y=1$을 대입하면

$1=k+3-10$

따라서 $k=8$

022_ 답 ③

$2x-3y+3=0$을 y에 관하여 풀면

$-3y=-2x-3$, $y=\frac{2}{3}x+1$

023_ 답 2

연립방정식 $\begin{cases} x+2y+4=0 & \cdots\cdots ㉠ \\ 3x-y-9=0 & \cdots\cdots ㉡ \end{cases}$ 에서

㉡은 $y=3x-9$이므로 이를 ㉠에 대입하면

$x+2(3x-9)+4=0$, $7x-14=0$

$x=2$, $y=-3$이므로 두 직선의 교점의 좌표는 $(2,\ -3)$이다.

두 점 $(2,\ -3)$, $(-2,\ 1)$을 지나는 직선의 방정식은

$y+3=\frac{-3-1}{2-(-2)}(x-2)$, $y+3=-(x-2)$

$x+y+1=0$

따라서 $a=1$, $b=1$이므로

$a+b=1+1=2$

024_ 답 ①

제1, 2, 4사분면을 지나기 위해서는 기울기는 음수, y절편은 양수이어야 한다.

① $x+y=1$은 $y=-x+1$이고 이 직선의 기울기는 -1, y절편은 1이므로 제1, 2, 4사분면을 지나는 직선이다.

025_ 답 (1) $y=-2x+4$ (2) $y=\frac{1}{2}x+\frac{3}{2}$

(1) 직선 $2x+y=1$, 즉 $y=-2x+1$의 기울기가 -2이므로 구하는 직선의 방정식을 $y=-2x+b$로 놓을 수 있다.
점 $(1,\ 2)$를 지나므로 $x=1$, $y=2$를 대입하면 $2=-2+b$
따라서 $b=4$이므로 $y=-2x+4$

(2) 직선 $2x+y=1$, 즉 $y=-2x+1$에 수직이므로 구하는 직선의 기울기는 $\frac{1}{2}$이다.
즉, 구하는 직선의 방정식을 $y=\frac{1}{2}x+b$로 놓을 수 있다.
점 $(1,\ 2)$를 지나므로 $x=1$, $y=2$를 대입하면 $2=\frac{1}{2}+b$
따라서 $b=\frac{3}{2}$이므로 $y=\frac{1}{2}x+\frac{3}{2}$

026_ 답 $y=2x+1$

두 점 $A(3,\ 2)$와 $B(-1,\ 4)$를 지나는 직선의 기울기는

$\frac{2-4}{3-(-1)}=-\frac{1}{2}$이므로 선분 AB의 수직이등분선의 기울기는 2이다.

또한 선분 AB의 중점 $(1,\ 3)$을 지나므로 선분 AB의 수직이등분선의 방정식은 $y-3=2(x-1)$, $y=2x+1$이다.

027_ 답 ⑤

두 직선이 평행하려면 기울기가 같고 y절편이 달라야 한다.

$x-4y+3=0$은 $y=\frac{1}{4}x+\frac{3}{4}$이고

$-3x+ay-2=0$은 $y=\frac{3}{a}x+\frac{2}{a}$이므로

$\frac{1}{4}=\frac{3}{a}$, $\frac{3}{4}\neq\frac{2}{a}$이다.

따라서 $a=12$

028_ 답 2

원점 $(0, 0)$과 직선 $3x-4y+10=0$ 사이의 거리를 d라 하면

$$d=\frac{|3\times0-4\times0+10|}{\sqrt{3^2+(-4)^2}}=\frac{10}{5}=2$$

029_ 답 ③

점 $(-1, 2)$와 직선 $3x+4y+10=0$ 사이의 거리를 d라 하면

$$d=\frac{|3\times(-1)+4\times2+10|}{\sqrt{3^2+4^2}}=\frac{15}{5}=3$$

030_ 답 $y=\frac{3}{4}x-1$

y절편이 -1인 직선의 방정식을 $y=mx-1$로 놓을 수 있다.

즉, $mx-y-1=0$과 점 $(1, 1)$ 사이의 거리를 d라 하면

$$d=\frac{|m-1-1|}{\sqrt{m^2+(-1)^2}}=1$$

$(m-2)^2=m^2+1$, $m^2-4m+4=m^2+1$

$-4m=-3$, $m=\frac{3}{4}$

따라서 구하는 직선의 방정식은 $y=\frac{3}{4}x-1$

031_ 답 ②

$x=a$, $y=6$을 $3x+2y-6=0$에 대입하면

$3a+12-6=0$, $a=-2$

032_ 답 $\sqrt{13}$

점 $(-2, 6)$과 직선 $3x+2y+7=0$ 사이의 거리를 d라 하면

$$d=\frac{|3\times(-2)+2\times6+7|}{\sqrt{3^2+2^2}}$$

$$=\frac{13}{\sqrt{13}}=\sqrt{13}$$

033_ 답 ⑤

$y=\frac{\sqrt{2}}{2}x+1$, $y=\frac{\sqrt{2}}{2}x+7$이므로 두 직선은 평행하다.

직선 $y=\frac{\sqrt{2}}{2}x+1$ 위의 점 $(0, 1)$과 직선 $y=\frac{\sqrt{2}}{2}x+7$, 즉

$\sqrt{2}x-2y+14=0$ 사이의 거리 d를 구하면 된다.

$$d=\frac{|\sqrt{2}\times0-2\times1+14|}{\sqrt{(\sqrt{2})^2+(-2)^2}}=\frac{12}{\sqrt{6}}=2\sqrt{6}$$

034_ 답 (1) $(x+1)^2+(y-3)^2=4$
(2) $(x-4)^2+(y+3)^2=25$

(1) 중심이 $(-1, 3)$이고 반지름의 길이가 2인 원의 방정식은
$(x+1)^2+(y-3)^2=2^2$이므로
$(x+1)^2+(y-3)^2=4$이다.

(2) 중심이 $(4, -3)$이고 반지름의 길이가 r인 원의 방정식은
$(x-4)^2+(y+3)^2=r^2$이다.
이 원이 원점을 지나므로
$4^2+3^2=r^2$, $r^2=25$
따라서 원의 방정식은 $(x-4)^2+(y+3)^2=25$

035_ 답 ③

원 $(x-3)^2+(y-a)^2=6^2$은 중심의 좌표가 $(3, a)$이고 반지름의 길이가 6이다.

그러므로 $r=6$이고 점 $(3, a)$가 직선 $y=2x-3$ 위에 있으므로

$x=3$, $y=a$를 대입하면

$a=2\times3-3$, $a=3$

따라서 $a+r=3+6=9$

036_ 답 $(3, 6)$

주어진 원의 중심의 좌표가 $(r, 2r)$이고 이 점이 제1사분면 위에 있으므로 $r>0$이다.

이 원의 반지름의 길이가 r이고 원의 둘레의 길이가 6π이므로

$2\pi r=6\pi$, $r=3$
따라서 원의 중심의 좌표는 $(3, 2\times3)$, 즉 $(3, 6)$

037_ 답 ④

구하는 원의 중심은 $\overline{AB}$의 중점이므로 $a=b=1$이다.
또한 지름의 길이는 $\sqrt{(2-0)^2+(0-2)^2}=2\sqrt{2}$이므로
반지름의 길이는 $\sqrt{2}$이다.
구하는 원의 방정식은 $(x-1)^2+(y-1)^2=2$이므로 $c=2$
따라서 $a=1$, $b=1$, $c=2$이므로
$a+b+c=1+1+2=4$

038_ 답 ④

원의 중심이 직선 $y=x$ 위에 있으므로 중심의 좌표를 (a, a)라 할 수 있다.
중심의 좌표가 (a, a), 반지름의 길이가 r인 원의 방정식은
$(x-a)^2+(y-a)^2=r^2$이다.
두 점 $(4, 0)$, $(3, -2)$를 지나므로
$(a-4)^2+a^2=r^2$, $(a-3)^2+(a+2)=r^2$에서
$(a-4)^2+a^2=(a-3)^2+(a+2)^2$
$a^2-8a+16+a^2=a^2-6a+9+a^2+4a+4$
$-8a+16=-2a+13$, $a=\frac{1}{2}$
$r^2=(a-4)^2+a^2=\frac{49}{4}+\frac{1}{4}=\frac{25}{2}$
따라서 원의 넓이는 $\pi r^2=\frac{25}{2}\pi$

039_ 답 $(x+4)^2+(y-3)^2=16$

원이 y축에 접하므로 중심의 x좌표의 절댓값이 반지름의 길이이다.
원의 중심의 x좌표의 절댓값이 $|-4|=4$이므로 반지름의 길이도 4이다.
따라서 구하는 원의 방정식은
$(x+4)^2+(y-3)^2=16$이다.

040_ 답 ⑤

원의 중심이 직선 $y=2x-1$ 위에 있으므로 중심의 좌표를
$(t, 2t-1)$로 놓을 수 있다.
원이 x축에 접하므로 원의 방정식은
$(x-t)^2+(y-2t+1)^2=(2t-1)^2$
이 원이 점 $(3, 0)$을 지나므로 $x=3$, $y=0$을 대입하면
$(3-t)^2+(-2t+1)^2=(2t-1)^2$, $(3-t)^2=0$, $t=3$
따라서 원의 반지름의 길이는 $2\times3-1=5$

041_ 답 6

원의 반지름의 길이를 a라 하면 원이 x축에 접하므로 중심의 y좌표의 절댓값은 a와 같다. 그런데 원의 중심이 제1사분면 위에 있으므로 원의 중심의 y좌표는 a가 된다.
마찬가지로 원의 중심의 x좌표도 a가 된다.
즉, 원의 중심의 좌표가 (a, a)이고 반지름의 길이가 a이므로
$(x-a)^2+(y-a)^2=a^2$
이 원이 점 $(1, 2)$를 지나므로 $x=1$, $y=2$를 대입하면
$(1-a)^2+(2-a)^2=a^2$
$1-2a+a^2+4-4a+a^2=a^2$, $a^2-6a+5=0$
$(a-1)(a-5)=0$, $a=5$ 또는 $a=1$
따라서 두 원의 반지름의 길이의 합은 6이다.

042_ 답 $k=0$ 또는 $k=1$

$(x-1)^2+(y-3)^2=k^2-k$가 한 점을 나타내기 위해서는
$k^2-k=0$이어야 한다.
$k(k-1)=0$
따라서 $k=0$ 또는 $k=1$

043_ 답 원의 중심 : $(1, -3)$, 반지름의 길이 : 4

$x^2+y^2-2x+6y-6=0$을 변형하면
$x^2-2x+1+y^2+6y+9=16$
$(x-1)^2+(y+3)^2=16$
따라서 원의 중심은 $(1, -3)$이고 반지름의 길이는 4이다.

044_ 답 24

$x^2+y^2-6x+8y+k=0$을 변형하면
$x^2-6x+9+y^2+8y+16=25-k$
$(x-3)^2+(y+4)^2=25-k$이므로 원이 되려면
$25-k>0$, $k<25$
따라서 이를 만족하는 자연수 k는 $1, 2, \cdots, 24$이므로 24개이다.

045_ 답 (1) 서로 다른 두 점에서 만난다.
(2) 만나지 않는다.

(1) 원의 중심 $(0, 0)$과 직선 $x+2y=1$, 즉 $x+2y-1=0$ 사이의

거리 d는

$d=\frac{|-1|}{\sqrt{1^2+2^2}}=\frac{\sqrt{5}}{5}$

이고 반지름의 길이 r는 $\sqrt{5}$이다.

$d<r$이므로 원과 직선은 서로 다른 두 점에서 만난다.

(2) 원의 중심 $(0,\ 0)$과 직선 $y=-x+6$, 즉 $x+y-6=0$ 사이의 거리d는

$d=\frac{|-6|}{\sqrt{1^2+1^2}}=3\sqrt{2}$

이고 원의 반지름의 길이 r는 3이다.

$d>r$이므로 원과 직선은 만나지 않는다.

046_ 답 $\frac{5}{2}$

$y=-\frac{1}{2}x+k$를 변형하면 $x=-2y+2k$이므로 두 도형의 방정식을 연립하면

$(-2y+2k)^2+y^2-5=0$, $5y^2-8ky+4k^2-5=0$

두 도형이 한 점에서 만나므로

이 이차방정식의 판별식을 D라 하면 $D=0$이어야 한다.

$\frac{D}{4}=(-4k)^2-5\times(4k^2-5)=0$

$16k^2-20k^2+25=0$, $k^2=\frac{25}{4}$

$k>0$이므로 $k=\frac{5}{2}$

047_ 답 ④

원 $x^2+y^2=9$와 직선 $y=x+a$를 연립하면

$x^2+(x+a)^2=9$, $2x^2+2ax+a^2-9=0$ …… ㉠

원과 직선이 서로 다른 두 점에서 만나므로 ㉠의 판별식을 D라 하면 $D>0$이어야 한다.

$D=(2a)^2-4\times2\times(a^2-9)>0$

$4a^2-8a^2+72>0$

$-4a^2>-72$, $a^2<18$

따라서 이를 만족시키는 자연수 a는 1, 2, 3, 4이므로 4개이다.

048_ 답 ④

원의 중심과 직선 $3x-y+k=0$ 사이의 거리를 d라 하면

$d=\frac{|3\times3+(-1)\times2+k|}{\sqrt{3^2+(-1)^2}}=\frac{|k+7|}{\sqrt{10}}$

두 점 $(3,\ 2)$, $(2,\ 2)$ 사이의 거리가 1이므로 원의 반지름의 길이는 1이다.

원과 직선이 접하려면 $d=1$이어야 한다.

$\frac{|k+7|}{\sqrt{10}}=1$, $k+7=\pm\sqrt{10}$, $k=-7\pm\sqrt{10}$

따라서 모든 상수 k의 합은 -14이다.

049_ 답 ③

원의 중심의 좌표가 $(-3,\ 2)$이므로

원의 중심과 직선 $5x-12y-7=0$ 사이의 거리를 d라 하면

$d=\frac{|5\times(-3)-12\times2-7|}{\sqrt{5^2+(-12)^2}}=\frac{46}{13}$

이때 원과 직선이 만나지 않기 위해서는 $d>r$이어야 한다.

따라서 $r<\frac{46}{13}$이므로 자연수 r의 최댓값은 3이다.

050_ 답 (1) $y=-3x\pm2\sqrt{10}$ (2) $y=2x\pm3\sqrt{5}$

(1) $r=2$, $m=-3$이므로 구하는 직선의 방정식은

$y=-3x\pm2\sqrt{10}$

(2) $r=3$, $m=2$이므로 구하는 직선의 방정식은

$y=2x\pm3\sqrt{5}$

051_ 답 ②

$r=2$, $m=-1$이므로 주어진 조건을 만족하는 직선의 방정식은 $y=-x\pm2\sqrt{2}$이다.

$x=\sqrt{2}$이면 $y=-\sqrt{2}\pm2\sqrt{2}$이므로 점 $(\sqrt{2},\ \sqrt{2})$ 또는 점 $(\sqrt{2},\ -3\sqrt{2})$를 지난다.

따라서 보기 중 이 직선 위에 있지 않는 점의 좌표는

$(\sqrt{2},\ -\sqrt{2})$

052_ 답 ⑤

원 $x^2+y^2=25$에 접하고 기울기가 2인 접선의 방정식은

$y=2x\pm5\sqrt{2^2+1}$, 즉 $y=2x+5\sqrt{5}$, $y=2x-5\sqrt{5}$이다.

직선 $y=2x+5\sqrt{5}$의 x절편은

$0=2x+5\sqrt{5}$에서 $x=-\frac{5\sqrt{5}}{2}$

직선 $y=2x-5\sqrt{5}$의 x절편은

$0=2x-5\sqrt{5}$에서 $x=\frac{5\sqrt{5}}{2}$

따라서 두 접선의 x절편의 곱은

$-\frac{5\sqrt{5}}{2}\times\frac{5\sqrt{5}}{2}=-\frac{125}{4}$

053_ 답 ④

직선 $x+\sqrt{15}y+3=0$, 즉 $y=-\frac{1}{\sqrt{15}}x-\frac{3}{\sqrt{15}}$의 기울기가 $-\frac{1}{\sqrt{15}}$이므로 이 직선과 수직인 직선의 기울기는 $\sqrt{15}$이다.

$r=2$이고 $m=\sqrt{15}$이므로 주어진 조건을 만족시키는 직선의 방정식은

$y=\sqrt{15}x\pm2\sqrt{(\sqrt{15})^2+1}$, 즉 $y=\sqrt{15}x\pm8$

따라서 $-\sqrt{15}x+y\mp8=0$에서 $a=-\sqrt{15}$, $b=\mp8$이므로

$a^2+b^2=(-\sqrt{15})^2+(\mp8)^2$

$=15+64=79$

054_ 답 ③

직선 $y=-\frac{1}{3}x-2$와 수직인 직선의 기울기는 3이다.

기울기가 3이고 원 $x^2+y^2=9$에 접하는 직선의 방정식은

$y=3x\pm3\times\sqrt{3^2+1}$, 즉 $y=3x\pm3\sqrt{10}$이다.

이 중 y절편이 음수인 직선은 $y=3x-3\sqrt{10}$이고

이 직선이 점 $(a,\ 6\sqrt{10})$을 지나므로 $x=a$, $y=6\sqrt{10}$을 대입하면

$6\sqrt{10}=3a-3\sqrt{10}$, $a=3\sqrt{10}$

055_ 답 (1) $2x+y=5$ (2) $\sqrt{2}x+\sqrt{3}y=5$

056_ 답 ④

원 $x^2+y^2=5$ 위에 점 $(1,\ a)$가 있으므로 $x=1$, $y=a$를 대입하면 $1+a^2=5$, $a^2=4$

따라서 $a=\pm2$

(i) $a=2$일 때, 점 $(1,\ 2)$에서의 접선의 방정식은

$x+2y=5$이므로 $b=2$, $c=5$이고

$a+b+c=2+2+5=9$

(ii) $a=-2$일 때, 점 $(1,\ -2)$에서의 접선의 방정식은

$x-2y=5$이므로 $b=-2$, $c=5$이고

$a+b+c=-2-2+5=1$

따라서 $a+b+c$의 최댓값은 9이다.

057_ 답 ①

점 $(a,\ b)$에서의 접선의 방정식은 $ax+by=52$이므로

기울기는 $-\frac{a}{b}=-5$, $a=5b$ ...... ㉠

한편, 점 $(a,\ b)$는 원 $x^2+y^2=52$ 위의 점이므로

$a^2+b^2=52$ ...... ㉡

㉠을 ㉡에 대입하면 $(5b)^2+b^2=52$이고 $b>0$이므로

$26b^2=52$, $b^2=2$, $b=\sqrt{2}$

이고 $a=5\sqrt{2}$이다.

따라서 $a+b=5\sqrt{2}+\sqrt{2}=6\sqrt{2}$

058_ 답 $\sqrt{3}x+y=4$, $-\sqrt{3}x+y=4$

점 $(0,\ 4)$에서 원 $x^2+y^2=4$에 그은 접선의 접점을 $(x_1,\ y_1)$이라 하면 접선의 방정식은 $x_1x+y_1y=4$이다.

접선이 점 $(0,\ 4)$를 지나므로

$x_1\times0+y_1\times4=4$, $y_1=1$ ...... ㉠

점 $(x_1,\ y_1)$이 원 $x^2+y^2=4$ 위에 있으므로

${x_1}^2+{y_1}^2=4$ ...... ㉡

㉠을 ㉡에 대입하면 ${x_1}^2=3$, $x_1=\pm\sqrt{3}$

따라서 구하는 접선의 방정식은

$\sqrt{3}x+y=4$, $-\sqrt{3}x+y=4$

059_ 답 ①

원 위의 접점을 $(x_1,\ y_1)$이라 하면 접선의 방정식은

$x_1x+y_1y=4$이다.

이 접선이 점 $(-1,\ 2)$를 지나므로

$-x_1+2y_1=4$, $x_1=2y_1-4$ ...... ㉠

점 $(x_1,\ y_1)$이 원 $x^2+y^2=4$ 위에 있으므로

${x_1}^2+{y_1}^2=4$ ...... ㉡

㉠을 ㉡에 대입하면

$(2y_1-4)^2+{y_1}^2=4$, $5{y_1}^2-16y_1+12=0$

$(5y_1-6)(y_1-2)=0$

$y_1=2$ 또는 $y_1=\frac{6}{5}$

$x_1=0$, $y_1=2$ 또는 $x_1=-\frac{8}{5}$, $y_1=\frac{6}{5}$이다.

따라서 접선의 방정식은 $y=2$, $4x-3y+10=0$이고

이 중 제3사분면을 지나는 것은 $4x-3y+10=0$이다.

따라서 $a=-3$, $b=10$이므로

$a+b=(-3)+10=7$

060_ 답 ②

원 위의 접점의 좌표를 (x_1, y_1)이라 하면 접선의 방정식은
$x_1x+y_1y=2$
접선이 점 $(1, 3)$을 지나므로
$x_1\times1+y_1\times3=2$, $x_1+3y_1=2$ …… ㉠
또한 점 (x_1, y_1)이 원 위에 있으므로
$x_1^2+y_1^2=2$ …… ㉡
㉠에서 $x_1=2-3y_1$이고 이를 ㉡에 대입하면
$(2-3y_1)^2+y_1^2=2$
$9y_1^2-12y_1+4+y_1^2=2$, $10y_1^2-12y_1+2=0$
이차방정식의 두 실근은 접점의 y좌표이므로
그 합은 근과 계수의 관계에 의하여 $-\frac{-12}{10}=\frac{6}{5}$

061_ 답 (1) $(-3, 7)$ (2) $(0, 4)$

(1) $(-1-2, 4+3)$이므로 $(-3, 7)$이다.
(2) $(2-2, 1+3)$이므로 $(0, 4)$이다.

062_ 답 $(x-5)^2+(y+4)^2=3$

주어진 원의 방정식에 x 대신 $x-5$, y 대신 $y+4$를 대입하면
$(x-5)^2+(y+4)^2=3$이다.

063_ 답 ①

직선 $2x-y+1=0$을 x축의 방향으로 1만큼, y축의 방향으로 -2만큼 평행이동시키면
$2(x-1)-(y+2)+1=0$
이 직선이 점 $(2, k)$를 지나므로
$x=2$, $y=k$를 대입하면
$2(2-1)-(k+2)+1=0$
$2-k-1=0$, $k=1$

064_ 답 ②

직선 $4x-3y+1=0$을 x축의 방향으로 a만큼 평행이동한 직선의 방정식은 $4(x-a)-3y+1=0$, 즉 $4x-3y-4a+1=0$이다.
이 직선이 원에 접하므로 원의 중심 $(-1, 2)$와 직선 사이의 거리가 원의 반지름의 길이 5와 같아야 한다.
$\frac{|-4-6-4a+1|}{\sqrt{4^2+(-3)^2}}=5$
$|9+4a|=25$이므로
(i) $9+4a=25$일 때, $a=4$
(ii) $9+4a=-25$일 때, $a=-\frac{17}{2}$
따라서 모든 실수 a의 값의 곱은
$4\times\left(-\frac{17}{2}\right)=-34$

065_ 답 ⑤

원 $x^2+(y+3)^2=5$를 원 $(x+3)^2+(y-4)^2=5$로 옮기는 평행이동은 원의 중심을 $(0, -3)$에서 $(-3, 4)$로 옮긴다.
즉, x축의 방향으로 -3만큼, y축의 방향으로 7만큼 평행이동한 것이다.
구하는 직선의 방정식은
$(x+3)-3(y-7)+4=0$
즉, $x-3y+28=0$이다.
따라서 $a=-3$, $b=28$이므로
$a+b=(-3)+28=25$

066_ 답 (1) x축 : $(4, 5)$, y축 : $(-4, -5)$, 원점 : $(-4, 5)$ (2) x축 : $(3, -6)$, y축 : $(-3, 6)$, 원점 : $(-3, -6)$

(1) 점 $(4, -5)$를 x축에 대하여 대칭이동한 점의 좌표는 $(4, 5)$
y축에 대하여 대칭이동한 점의 좌표는 $(-4, -5)$
원점에 대하여 대칭이동한 점의 좌표는 $(-4, 5)$
(2) 점 $(3, 6)$을 x축에 대하여 대칭이동한 점의 좌표는 $(3, -6)$
y축에 대하여 대칭이동한 점의 좌표는 $(-3, 6)$
원점에 대하여 대칭이동한 점의 좌표는 $(-3, -6)$

067_ 답 (1) x축 : $y=-2x+1$, y축 : $y=-2x-1$, 원점 : $y=2x+1$ (2) x축 : $x^2+y^2+2x-4=0$, y축 : $x^2+y^2-2x-4=0$, 원점 : $x^2+y^2-2x-4=0$

(1) 방정식 $y=2x-1$을 x축에 대하여 대칭이동한 도형의 방정식은
$-y=2x-1$, $y=-2x+1$
y축에 대하여 대칭이동한 도형의 방정식은 $y=-2x-1$
원점에 대하여 대칭이동한 도형의 방정식은

$-y=-2x-1$, $y=2x+1$

(2) 방정식 $x^2+y^2+2x-4=0$을 x축에 대하여 대칭이동한 도형의 방정식은

$x^2+(-y)^2+2x-4=0$, $x^2+y^2+2x-4=0$

y축에 대하여 대칭이동한 도형의 방정식은

$(-x)^2+y^2+2\times(-x)-4=0$, $x^2+y^2-2x-4=0$

원점에 대하여 대칭이동한 도형의 방정식은

$(-x)^2+(-y)^2+2\times(-x)-4=0$, $x^2+y^2-2x-4=0$

068_ 답 ⑤

B$(-1, 2)$이고 C$(2, -1)$이다.

따라서 $\overline{BC}=\sqrt{(-1-2)^2+\{2-(-1)\}^2}=3\sqrt{2}$

069_ 답 P$(-2, -3)$

점 P의 좌표를 (a, b)라 하자.

이를 원점에 대하여 대칭이동한 점의 좌표는 $(-a, -b)$이고

이를 다시 x축에 대하여 대칭이동한 점의 좌표는 $(-a, b)$이다.

$2=-a$, $-3=b$이므로 $a=-2$, $b=-3$

따라서 P$(-2, -3)$

070_ 답 ②

직선 $-5x+3y+4=0$을 직선 $y=x$에 대하여 대칭이동한 직선의 방정식은 $3x-5y+4=0$이다.

이를 y축에 대하여 대칭이동하면 $-3x-5y+4=0$이다.

이 직선이 점 $(-2, a)$를 지나므로

$-3\times(-2)-5\times a+4=0$, $6-5a+4=0$, $5a=10$

따라서 $a=2$

Memo

Memo

고1~2 내신 중점 로드맵

과목 | 고교 입문 > 기초 > 기본 > 특화 + 단기

과목: 국어, 영어, 수학, 한국사 사회, 과학

고교 입문
- 고등 예비 과정
- 내 등급은?

기초
- 윤혜정의 개념의 나비효과 입문편/워크북
- 어휘가 독해다!
- 정승익의 수능 개념 잡는 대박구문
- 주혜연의 해석공식 논리 구조편
- 기초 50일 수학
- 매쓰 디렉터의 고1 수학 개념 끝장내기
- 인공지능 수학과 함께하는 고교 AI 입문 / 수학과 함께하는 AI 기초

기본
- 기본서 올림포스
- 올림포스 전국연합 학력평가 기출문제집
- 유형서 올림포스 유형편
- 기본서 개념완성 / 개념완성 문항편

특화
- 국어 특화: 국어 독해의 원리, 국어 문법의 원리
- 영어 특화: Grammar POWER, Reading POWER, Listening POWER, Voca POWER
- 고급: 올림포스 고난도
- 수학 특화: 수학의 왕도
- 고등학생을 위한 多담은 한국사 연표

단기
- 단기 특강

과목	시리즈명	특징	수준	권장 학년
전과목	고등예비과정	예비 고등학생을 위한 과목별 단기 완성	●	예비 고1
국/수/영	내 등급은?	고1 첫 학력평가+반 배치고사 대비 모의고사	●	예비 고1
	올림포스	내신과 수능 대비 EBS 대표 국어·수학·영어 기본서	●	고1~2
	올림포스 전국연합학력평가 기출문제집	전국연합학력평가 문제 + 개념 기본서	●	고1~2
	단기 특강	단기간에 끝내는 유형별 문항 연습	●	고1~2
한/사/과	개념완성 & 개념완성 문항편	개념 한 권+문항 한 권으로 끝내는 한국사·탐구 기본서	●	고1~2
국어	윤혜정의 개념의 나비효과 입문편/워크북	윤혜정 선생님과 함께 시작하는 국어 공부의 첫걸음	●	예비 고1~고2
	어휘가 독해다!	학평·모평·수능 출제 필수 어휘 학습	●	예비 고1~고2
	국어 독해의 원리	내신과 수능 대비 문학·독서(비문학) 특화서	●	고1~2
	국어 문법의 원리	필수 개념과 필수 문항의 언어(문법) 특화서	●	고1~2
영어	정승익의 수능 개념 잡는 대박구문	정승익 선생님과 CODE로 이해하는 영어 구문	●	예비 고1~고2
	주혜연의 해석공식 논리 구조편	주혜연 선생님과 함께하는 유형별 지문 독해	●	예비 고1~고2
	Grammar POWER	구문 분석 트리로 이해하는 영어 문법 특화서	●	고1~2
	Reading POWER	수준과 학습 목적에 따라 선택하는 영어 독해 특화서	●	고1~2
	Listening POWER	수준별 수능형 영어듣기 모의고사	●	고1~2
	Voca POWER	영어 교육과정 필수 어휘와 어원별 어휘 학습	●	고1~2
수학	50일 수학	50일 만에 완성하는 중학~고교 수학의 맥	●	예비 고1~고2
	매쓰 디렉터의 고1 수학 개념 끝장내기	스타강사 강의, 손글씨 풀이와 함께 고1 수학 개념 정복	●	예비 고1~고1
	올림포스 유형편	유형별 반복 학습을 통해 실력 잡는 수학 유형서	●	고1~2
	올림포스 고난도	1등급을 위한 고난도 유형 집중 연습	●	고1~2
	수학의 왕도	직관적 개념 설명과 세분화된 문항 수록 수학 특화서	●	고1~2
한국사	고등학생을 위한 多담은 한국사 연표	연표로 흐름을 잡는 한국사 학습	●	예비 고1~고2
기타	수학과 함께하는 고교 AI 입문/AI 기초	파이선 프로그래밍, AI 알고리즘에 필요한 수학 개념 학습	●	예비 고1~고2